土石坝技术

Technology for Earth-Rockfill Dam

2018 年论文集

水 电 水 利 规 划 设 计 总 院
中国水力发电工程学会混凝土面板堆石坝专业委员会
中国电建集团昆明勘测设计研究院有限公司　组编
水 利 水 电 土 石 坝 工 程 信 息 网
国家能源水电工程技术研发中心高土石坝分中心

中国电力出版社
CHINA ELECTRIC POWER PRESS

图书在版编目（CIP）数据

土石坝技术.2018年论文集/水电水利规划设计总院等组编.—北京：中国电力出版社，2019.6
ISBN 978-7-5198-3297-1

Ⅰ.①土…　Ⅱ.①水…　Ⅲ.①土石坝—文集　Ⅳ.①TV641-53

中国版本图书馆 CIP 数据核字（2019）第 118531 号

出版发行：中国电力出版社
地　　　址：北京市东城区北京站西街 19 号（邮政编码 100005）
网　　　址：http：//www. cepp. sgcc. com. cn
责任编辑：安小丹（010－63412367）　柳　璐
责任校对：黄　蓓　郝军燕
装帧设计：郝晓燕
责任印制：吴　迪

印　　刷：三河市百盛印装有限公司
版　　次：2019 年 6 月第一版
印　　次：2019 年 6 月北京第一次印刷
开　　本：787 毫米×1092 毫米　16 开本
印　　张：26.25
字　　数：592 千字
定　　价：130.00 元

编　委　会

前言

据不完全统计，全世界所建设的百米以上的高坝中，土石坝所占的比重呈逐年增长趋势，20世纪60年代接近40%，70年代接近60%，80年代达到70%以上，至21世纪初增加至80%以上。2012年水利普查资料，我国已建大坝98000余座，土石坝占比高达95%；在坝高30m以上且库容1亿m^3以上的大型水库工程中，土石坝占比约60%，由此可见，土石坝不仅在中小水利工程中运用广泛，在高坝大库工程中也是首选坝型。

我国高土石坝建设在吸收国际建设经验的基础上，通过科技攻关和工程实践，在20世纪90年代后发展迅速。在高心墙堆石坝方面，先后建成了小浪底（160m）、瀑布沟（188m）、糯扎渡（261.5m）、长河坝（240m）等心墙堆石坝，在建有两河口（295m）、双江口（314m）等300m级超高心墙堆石坝；在面板堆石坝方面，先后建成了天生桥一级（178m）、水布垭（233m）、三板溪（185.5m）、洪家渡（179.5m）、猴子岩（223.5m）等面板堆石坝，在建大石峡（251m）、拉哇（245m）等高面板堆石坝；在沥青混凝土防渗土石坝方面，先后建成了三峡茅坪溪（104m），冶勒坝（124.5m）及去学坝（164m）等高坝；在土工膜防渗土石坝方面，国内外实践经验表明，70m以下水头采用土工膜作为主防渗体的经验已较为成熟，国内多用于围堰防渗或中低坝永久建筑物，老挝南欧江六级软岩土工膜面板坝（坝高85m）是由我国设计、施工、建设的用土工膜作为主防渗体的最高土石坝。这些工程的成功实践表明，我国土石坝无论是数量、规模，还是筑坝技术水平均已居于世界前列。

在土石坝填筑施工质量控制方面，以糯扎渡、长河坝工程为代表的实时质量监控系统，实现了大坝填筑全过程、全天候的可视化、信息化、实时质量监控，对料源与卸料分区的匹配、堆石料的加水量、坝料的铺料厚度、碾压轨迹、碾压遍数、压实厚度、碾压设备行车速度及激振力等施工参数及施工程序进行监控，以保证大坝填筑施工质量；同时在无人驾驶振动碾压技术、坝料快速检测试验设备和技术等方面有所创新突破。近年来，一些工程提出了智能建造概念，建立基于BIM信息、物联网的土石坝智能建造系统，集成工程BIM设计、施工仿真与决策优化、施工实时质量监控、工程安全监测与动态智能反馈、工程智能调度运行与维护等功能，实现"设计-施工-运维"一体化、可视化、精细化、智能化的土石坝全寿命周期的工程智慧建造和运行维护管理。

为总结土石坝工程建设经验，促进土石坝工程技术交流，推广土石坝建设发展的新技术、新经验、新理念，探讨土石坝建设中的新问题，水利水电土石坝工程信息网每年出版《土石坝技术》论文集。在各网员单位的大力支持下，2018年编委会征集收到学术论文90余篇，经有关专家评审，最终甄选了54篇论文出版成本论文集。

相信本论文集的出版、发行能为广大从事土石坝工程设计、施工、管理技术的同仁们提供有益的借鉴，为土石坝工程技术的发展起到了积极的促进作用。

《土石坝技术》编委会

2019年2月

前言

工程设计

工程建设

工 程 设 计

地下高压钢筋混凝土岔管结构围岩稳定分析

王 俊

（中国电建集团昆明勘测设计研究院有限公司）

[摘 要] 地下岔洞施工过程中的围岩稳定分析的研究一直是工程界研究的热点。结合工程实例，本文对高水头地下岔洞岩体围岩施工开挖期的稳定性分析进行了深入的研究。本研究中采用适用于岩石受荷的屈服准则及其关联流动法则的弹塑性材料本构模型，对地下岩体岔洞围岩的稳定性进行有限元数值分析，得出岔洞围岩关键部位位移、应力及塑性区的分布状态。

[关键词] 地下岔洞 围岩稳定分析 弹塑性本构模型 D-P 本构模型

1 引言

随着国民经济的高速发展，我国对能源的需求逐渐增加，这极大地促进了我国西南高山峡谷地区水电资源的开发与利用。在这一地区兴建大规模高水头电站，相应的高水头、大直径水工压力隧洞的建设逐渐增多，而且较多工程采用地下岔洞结构。因为这些地下岔洞结构具有内外水压高、口径大、岔洞结构受力复杂等特点，因此进行衬砌结构设计及围岩稳定分析等方面至今仍存在许多难题，值得深入研究。

20 世纪 60～70 年代，我国成功建成了洞潭、碧口工程等几座压力水头均在 100m 左右的钢筋混凝土衬砌岔洞，而后由于受到传统设计理论方法的制约，岔管稳定问题长期未再有任何突破。至 20 世纪 90 年代初期，Zagars A、Yeh CH、陆宏策等大批学者对广州抽水蓄能电站一期工程钢筋混凝土岔管利用结构力学法进行了大量的计算研究，同时也采用了混凝土裂缝开展宽度半理论半经验计算公式，设计衬砌结构时采用了按限裂方法。1994 年，田斌、刘启钊总结了天荒坪抽水蓄能电站的建设经验，在对地下钢筋混凝土岔管在内、外水压力下的工作性态研究时认为围岩稳定是地下钢筋混凝土岔管设计中的核心问题、安全的衬砌只可以以围岩自身稳定作为基本基础。1996 年，卢兆康在对广蓄电站二期工程高压钢混平底岔管在外水压力下的受力情况进行分析时利用的是边界元法。1999 年，郭海庆在对万家寨引黄入晋工程总干一级泵站出水岔管施工方法进行计算分析时运用的是 3D 弹塑性有限元方法。2001 年，肖明结合衬砌混凝土和岩体共同受力的特点，对不同体型构造的地下岔管结构作了大量的系统分析和计算，系统而全面地对大型钢混地下岔管结构提出了结构优化的评估方法。而后，陈卫忠、朱维申使用 3D 有限元方法对山西省万家寨引黄入晋工程总干一、二级泵站高压钢筋混凝土岔管作了系统分析，对目前的地下钢混衬砌结构优化的方案及相应的配筋率等参数提出了自己的见解。而武汉大学的苏凯、伍鹤皋等人又总结提出了地下洞室的钢混衬砌非线性有限元分析方法。陈卫忠在研究了高压地下岔管周边的渗流场和位移等参数的分布特点以后，依据大量的现场监测结果，该非线性计算模型的合理性和可行性就得到了很好验证。

针对高水头下的地下钢筋混凝土岔洞，其埋深一般较大，致使其围岩稳定性存在很大风险，特别是在内、外双重压力的作用下，如何合理地分析计算衬砌的结构稳定性问题。本文以某水电站地下钢筋混凝土岔洞工程为例，对其在施工过程中开挖时的岔洞围岩的稳定性等进行了三维有限元分析，为完善钢筋混凝土岔管及配筋的设计提供依据。

2　围岩模拟计算模型

2.1　岩体塑性力学的特点

高压力下地下隧洞中围岩的岩体塑性力学特点一般有以下几个方面：

（1）静水压力可引起岩土的塑性体积变化，且偏应力也可能引起塑性体积变化；不受稳定材料的限制，可考虑出现的软化阶段。

（2）岩土屈服准则不仅考虑剪切屈服，还要考虑体积应变屈服。表现在屈服面上，一般的屈服面为开口的单一的屈服面，而岩土塑性力学的屈服面则是封闭的，且越来越多采用双屈服面和多重屈服面。

（3）岩土塑性力学不受稳定材料的限制，也可考虑出现软化阶段的所谓不稳定材料，即变形达到一定程度后，随应变增加，应力减小。

（4）岩土塑性力学中往往要考虑塑性势函数和屈服函数不一致的情况，即非关联流动法则，这时塑性应变增量方向和塑性势平面正交，而和屈服面不正交。

（5）岩土塑性力学有时要考虑弹性系数随塑性变形的发展而变化，也就是弹塑性耦合现象。基于上述特点，围岩岩体的屈服准则可采用 Tresca 或 Mises 屈服准则及关联流动法则进行计算分析，但 Mohr-Cuolomb 和 Drucker-Prager 屈服准则也能反映围岩岩体塑性的特点，本文就采用 Drucker-Prager 屈服准则进行该工程地下钢筋混凝土岔管的围岩稳定性分析。

2.2　Drucker-Prager（D-P）材料模型

岩土介质的变形与荷载的大小和加载的应力路径有关，宜选用弹塑性模型。此 D-P 材料模型的屈服面并不随着塑性应变的增加而改变，为理想弹塑性。

假定材料的塑性行为为理想弹塑性，其表达式为

$$F = \alpha I_1 - k + \sqrt{J_2} = 0 \tag{1}$$

其中

$$\alpha = \frac{2\sin\varphi}{\sqrt{3}(3 - \sin\varphi)}$$

$$I_1 = \sigma_x + \sigma_y + \sigma_z$$

$$J_2 = \frac{1}{6}\left[(\sigma_x - \sigma_y)^2 + (\sigma_y - \sigma_z)^2 + (\sigma_z - \sigma_x)^2 + 6\tau_{xy}^2 + 6\tau_{yz}^2 + 6\tau_{xz}^2\right]$$

式中：α 为材料的内摩擦角；I_1 为第一应力不变量；k 为同内聚力 c 有关的材料系数；J_2

为应力偏张量的第二应力不变量。

根据式（1），D-P 材料模型准则屈服面如图 1 所示。

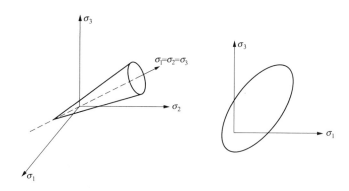

图 1　D-P 材料模型准则屈服面

3　工程实例分析

3.1　模型简介

以某水电站工程为例，根据围岩的塑性力学特点，采用 D-P 材料本构模型分析地下钢筋混凝土岔洞结构围岩稳定性。该水电站工程装机 4 台，最大引用流量 $379m^3/s$。电站引水系统布置在右岸，自进水口至调压室中心引水隧洞长约 3000m，为一等工程，其中引水岔管为一级建筑物，所处环境为二类。各个特征水位见表 1，岔洞岩体围岩的物理力学参数见表 2。

表 1　　　　　　　　　　　　　调压室特征水位　　　　　　　　　　　　　　　　m

最高涌浪水位	校核洪水位	正常蓄水位	上平洞洞底高程	调压井前水头损失
276.57	253	250	221.24	2.9387
上平洞流速水头	最高涌浪水位计算水头	校核洪水位计算水头	正常蓄水位计算水头	
0.684	63.95	31.572 1	29.513 3	

岔管结构计算模型计算范围：计算边界均取 xyz 三个方向上 3 倍开挖洞径，上部取至地表，计算模型详见图 2、图 3，其中围岩分区从上往下依次为全风化、强风化、弱风化和微风化带。

表 2　　　　　　　　　　　　　围岩材料物理力学参数

岩层	变形模量 $E(GPa)$	泊松比 μ	抗剪断参数 f'	抗剪断参数 $c'(MPa)$	密度 $\rho(kg/m^3)$
全风化	1.5	0.35	0.4～0.45	0.03～0.04	1.86～2.1
强风化	2.0～2.5	0.3	0.6～0.65	0.3～0.35	2.6
弱风化	6.0～7.0	0.28	0.8～0.85	0.7～0.75	2.6
微风化	10～11	0.24	1.1～1.2	1.2～1.5	2.6

注　同类材料参数计算均取下限，即加粗部分，岔洞围岩计算参数采用弱风化材料参数。

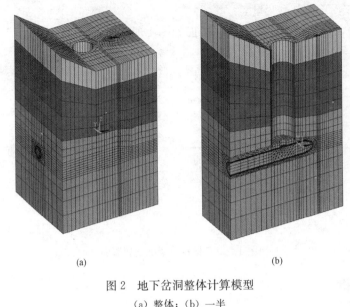

(a)   (b)

图 2   地下岔洞整体计算模型

(a) 整体；(b) 一半

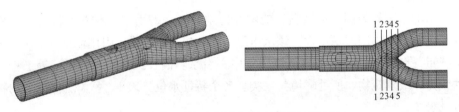

图 3   衬砌网格示意图及特征截面位置示意

3.2   隧洞开挖围岩稳定分析

3.2.1   围岩位移分析

隧洞开挖时，围岩发生朝向洞内的变形。从图 4 可以看出，隧洞开挖时，发生在隧洞顶拱和底板的回弹位移较大，其中在岔洞锐角区部位岩体，围岩回弹变形达到最大，为 6.24mm，主要表现为水平指向上游的变形。同时，从图 5～图 7 可以看出：隧洞开挖期间，水流向的位移量级最大，且分布相对集中，主要分布在岔管锐角区立柱位置，最大位移为 6.24mm，而垂直水流向的位移量级不大，最大约为 2.0mm 左右，而铅直向的变形相对较大，且主要分布在岔洞的顶拱和底板位置，其中底板处的最大变形为 3.07mm，方向向上，顶拱处的最大变形为 3.28mm，方向为铅直向下。

而从图 8～图 12 可以看出：在垂直于水流向的各个典型截面上，围岩变形主要发生顶拱和底板位置，顶拱位移稍大，并且随着开挖临空面的逐渐增大，铅直向的变形也逐渐增大，并在断面 4-4 处变形达到最大。

3.2.2   围岩应力状态分析

在隧洞开挖期间，由于隧洞内部岩体的开挖，造成了隧洞开挖边界外的围岩应力重分布，并形成局部两面受压一面临空的应力状态，而此时围岩主要表现为局部压应力集中现象，尤其在隧洞两侧位置最为明显，详见图 8～图 12。

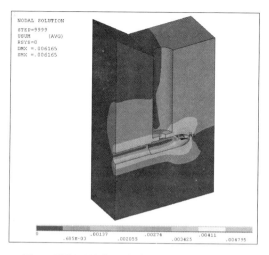

图 4 隧洞开挖期围岩合位移分布云图（m）

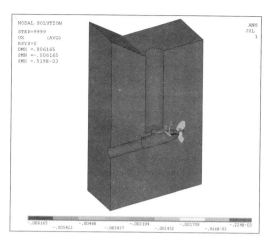

图 5 隧洞开挖期围岩水流向位移（m）

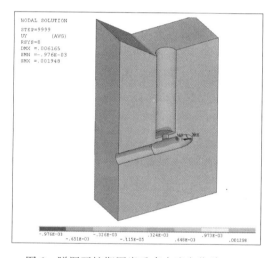

图 6 隧洞开挖期围岩垂直水流向位移（m）

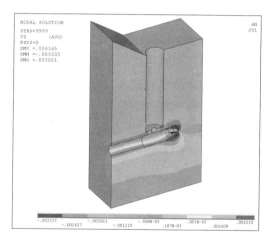

图 7 隧洞开挖期围岩铅直向位移（m）

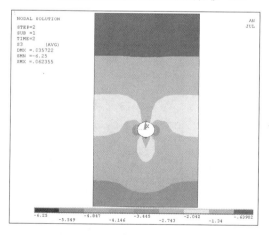

图 8 隧洞开挖期 1-1 断面围岩第三主应力（MPa）

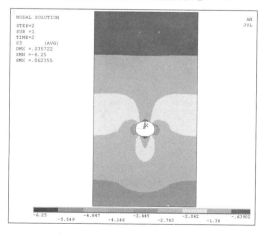

图 9 隧洞开挖期 2-2 断面围岩第三主应力（MPa）

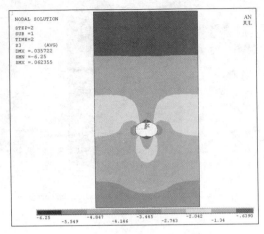 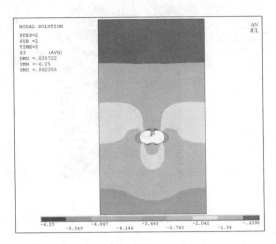

图 10　隧洞开挖期 3-3 断面围岩第三主应力（MPa）　图 11　隧洞开挖期 4-4 断面围岩第三主应力（MPa）

从图 8～图 12 可以看出：隧洞两腰的最大主应力在靠近开挖边界处集中现象较为明显，最大达到了－6.25MPa，且对于断面 1-1～5-5，随着开挖临空面的增大，最大主压应力集中程度越明显，数值也越大，在 4-4～5-5 断面附近的锐角区，压应力达到最大，并造成了局部围岩单元进入了塑性屈服。因此从围岩整体应力分布可以看出，围岩应力状态良好，稳定性较好。

3.2.3　围岩塑性区分析

隧洞开挖时，会造成隧洞周边围岩应力扰动，有可能造成局部围岩进入塑性屈服。从图 13 可以看出，隧洞开挖在岔洞锐角区造成了一定范围内的单元进入塑性屈服，最大塑性屈服深度约 3～4m，而隧洞周边围岩状态相对良好，仅在洞室两腰位置有部分围岩单元屈服，最大塑性屈服深度在 0.5m 以内，因此综上所述，存在调压室空洞的情况下，进行隧洞开挖，围岩基本是稳定的。

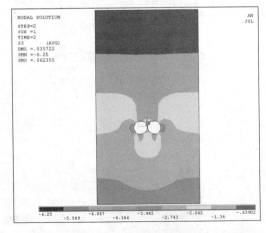 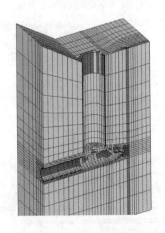

图 12　隧洞开挖期 5-5 断面围岩第三主应力（MPa）　　　图 13　隧洞开挖期围岩塑性区

4 结论

对某水电站工程地下岔洞的有限元分析结果分析可以看出：

（1）岔洞施工开挖期，在岔洞锐角区附近以及洞室的左右边墙位置有局部围岩单元屈服，但塑性区范围和深度均不大，同时洞室开挖造成洞室周边围岩回弹，最大位移发生在锐角区腰部位置，数值为 6.24mm，方向指向上游，而岔洞底板和顶拱位置也较大位移出现，分别为 3.07mm 和 3.28mm。

（2）而在调压室最高涌浪水位时，混凝土衬砌承受内水压力，出现了较大的拉应力，因而衬砌存在较大范围开裂的可能，因此，需要对地下岔洞衬砌进行配置受拉钢筋，或以提高混凝土标号或采用钢纤维混凝土以提高混凝土的抗拉能力，降低混凝土大范围开裂的可能。

参考文献

[1] 段乐斋. 我国水工隧洞设计的进展 [J]. 水电站设计，2000，16（4）：85-87.

[2] 韩前龙. 大型地下钢筋混凝土岔管结构研究 [D]. 武汉：武汉大学，2005.

[3] 侯靖，胡敏云. 水工高压隧洞结构设计中若干问题的讨论 [J]. 水利学报，2001，（7）：36-40.

[4] 中国水电顾问集团贵阳勘测设计研究院. 中国水电站压力管道第 6 界全国水电站压力管道学术论文集 [C]. 北京：中国水利水电出版社，2006：125-209.

[5] 叶冀升. 蓄电站钢筋混凝土岔管建设的几点经验 [J]. 水力发电学报，2001，（2）：93-105.

[6] ZAGARS A，YEH C H，等. 高压钢筋混凝土岔管的设计 [J]. 水力发电，1990，（10）：13-18.

[7] 田斌. 高水头大直径钢筋混凝土岔管的计算研究 [D]. 南京：河海大学，1994.

[8] 卢兆康. 高压钢筋混凝土平底岔管的边界元分析 [J]. 人民珠江，1996，（4）：19-23.

[9] 郭海庆. 地下钢筋混凝土岔管的二维弹塑性有限元研究 [D]. 河海大学，1999.

[10] 肖明. 大型地下钢筋混凝土岔管结构优化分析 [J]. 水利学报，2001，（12）：8-13.

[11] 肖明. 地下高压钢筋混凝土岔管渗水开裂二维数值分析计算 [J]. 岩石力学与工程学报，2002，21（7）：1022-1026.

[12] CHEN W Z，et al. Evaluation of Reinforced Concrete Design for an Under round out let Manifold in Shanxi Yellow River Diversion Project [J]. Rock Mech. Rock Engineer，2004，37（3）：213-228.

[13] 苏凯，伍鹤皋. 水工隧洞钢筋混凝土衬砌非线性有限元分析 [J]. 岩石力学，2005，26（9）：1485-1490.

[14] 陈卫忠. 裂隙岩体应力渗流耦合模型在压力隧洞工程中的应用 [J]. 岩石力学与工程学报，2006，25（12）：2384-2391.

[15] 章根德. 土的本构模型及其工程应用 [M]. 北京：科学出版社，1995.

双江口水电站智能地下工程系统建设方案研究[❶]

唐茂颖　段　斌　肖培伟　陶春华

（国电大渡河流域水电开发有限公司）

[摘　要]　随着信息化、数字化、智能化技术的兴起和运用，智慧工程建设将对我国水电行业的发展产生深远而重大的影响。结合双江口水电站工程特点，基于智慧工程基本概念和总体架构，研究了智能地下工程系统建设方案；分析了地下工程数据中心与决策会商中心，以及施工资源实时定位监控、快速高精度测量与计量管理、埋管埋件统计及管理、混凝土生产浇筑监控与管理、施工环境监控预警与决策分析、洞室群施工仿真及进度管理、爆破安全控制与微震监测成果集成管理、围岩监测与稳定分析动态反馈分析成果集成管理等模块；介绍了双江口水电站智能地下工程系统建设进展情况及成果。

[关键词]　智慧工程　双江口　地下工程　系统建设

1　引言

我们正处于飞速发展的信息时代。云计算、大数据、物联网、移动互联、人工智能、虚拟现实等新技术正在不断兴起和运用，它们正在改变着现实中的传统行业和产业。利用上述信息化、数字化、智能化技术给传统行业和产业增添了智慧的大脑，于是智慧浪潮风起云涌，"智慧地球""智慧城市""智慧企业"等概念相继诞生。在这样的时代背景下，我国水电行业也面临重大变革。对于水电开发企业而言，其主要任务是进行水电工程建设、电站生产检修、电力调度交易等。基于信息技术、管理技术的发展，涂扬举等人率先提出智慧企业的概念，研究了智慧企业的建设目标、管理模型、实施路径等内容，探索了水电企业如何建设智慧企业，实施了智慧大渡河建设。同时，基于水电开发企业"智慧企业"建设内容，相应提出了智慧工程、智慧电厂、智慧检修、智慧调度的概念。严军、周业荣、李善平等人在智慧企业体系和架构下制定了智慧工程建设实施方案，并在大渡河水电工程建设管理过程中进行了有益的尝试。随着智慧企业的不断深化发展，智慧工程建设将对我国水电行业的发展产生深远而重大的影响。基于智慧工程理论基础，本文研究了双江口水电站智能地下工程系统建设方案。

2　智慧工程理论简介

2.1　基本概念

智慧工程的概念源自于智慧企业。智慧企业完整的概念是由国电大渡河流域水电开发有限公司提出的，它是站在企业整体的角度，强化物联网建设、深化大数据挖掘、推进管

---

❶　本文发表于《地下空间与工程学报》（2017 年第 13 卷增刊 2）。

理变革创新，将先进信息技术、工业技术和管理技术深度融合，实现企业全要素数字化感知、网络化传输、大数据处理和智能化应用，从而使企业呈现出风险识别自动化、决策管理智能化、纠偏升级自主化的柔性组织形态和新型管理模式。

智慧工程是智慧企业四大业务单元脑之一。它的概念是与智慧企业一脉相承，它是以"全生命周期管理、全方位风险预判、全要素智能调控"为目标，将信息技术与工程管理深度融合，通过打造工程数据中心、工程管控平台和决策指挥平台，实现以数据驱动的自动感知、自动预判、自主决策的工程管理模式。

2.2 建设目标

智慧工程建设采用先进的信息化技术，实现信息全记载、全监控、全追溯，信息深度融合、管理精细规范，逐步实现工程建设的自动管理。智慧工程建设目标具体如下：

（1）自动感知是指工程管控信息采集自动化。以工程建设信息管控为中心，对工程建设过程中人员、材料、设备等相关信息进行自动化采集和分析，通过信息整合、技术改造以及新技术运用提高对内外部环境的信息采集能力和对象状态感知能力。

（2）自动预判是指工程管控风险识别自动化。指通过工程建设管理业务量化，采集并生成大数据，应用最前沿的大数据分析处理技术，实现工程建设各类风险全过程识别、判定，并自动预警。

（3）自主决策是指工程管控决策管理智能化。指自动预判工程建设过程中不同层级的问题及风险，运用信息技术、人工智能技术及前沿决策技术等，由工程管控平台"专业脑"自动生成应对问题及风险的方案，提交会商决策平台"决策脑"进行决策。

2.3 体系架构

根据水电工程建设特点，智慧工程采用"一中心、二平台、三板块"体系架构，见图 1。"一中心"是工程数据中心，包括数据存储、数据交换、数据治理等，它是智慧工程大数据中心。"二平台"是工程管控平台和决策会商平台，它们分别是智慧工程专业脑和决策脑。"三板块"是水电工程主要组成部分的枢纽、移民、送出三大业务板块，它们是智慧工程的智能业务单元。

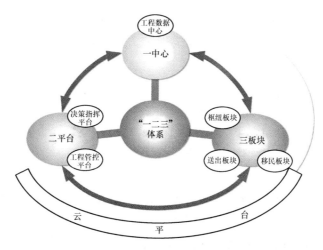

图 1　智慧工程体系架构图

3 双江口工程概况与技术难题

3.1 工程概况

双江口水电站是大渡河上游控制性水库工程,位于四川省阿坝州马尔康县、金川县境内大渡河上源足木足河、绰斯甲河汇口以下约 2km 河段。电站设计装机容量 200 万 kW,多年平均发电量 77.07 亿 kWh,具有年调节能力。电站枢纽工程由拦河大坝、引水发电系统、泄洪建筑物等组成。拦河大坝采用土质心墙堆石坝,最大坝高 312m,是目前世界已建和在建的第一高坝。引水发电系统布置于左岸,安装 4 台立轴混流式水轮发电机组,采用"单机单管供水"及"两机一室一洞"的布置格局,包括进水口、压力管道、主厂房、副厂房、主变压器室、出线场、尾水调压室、尾水隧洞及尾水塔等建筑物。泄洪系统包括洞式溢洪道、直坡泄洪洞、利用施工后期导流洞改建的竖井泄洪洞和利用施工中期导流洞改建水库放空洞。竖井泄洪洞布置于左岸,洞式溢洪道、直坡泄洪洞、放空洞布置于右岸。引水发电系统和泄洪系统共同构成了双江口水电站主要的地下工程。

3.2 工程地质条件

双江口水电站工程区地震基本烈度为 Ⅶ 度,地形地质条件复杂。坝址区两岸山体雄厚,河谷深切,谷坡陡峻,出露岩体主要为花岗岩。坝址区除右岸 F_1 断层规模相对较大外,主要由一系列低序次、低级别的小断层、挤压破碎带和节理裂隙结构面组成。坝址区地处深山峡谷之中,花岗岩成生于燕山期,岩体致密坚硬完整,抗变形性能强,故容易蓄积较高的应变能。根据地勘成果,坝址区左岸实测最大地应力 37.82MPa,平均最大主应力超过 24MPa,应力增高带的岩石强度应力比小于 2,应力平稳带的岩石强度应力比接近 3,为高~极高地应力区,在目前国内已建大型地下厂房洞室群中地应力水平最高。坝址区右岸由于受 F_1 断层、可尔因沟切割和地下水活动影响,地应力值相对较左岸略低。

3.3 地下工程建设面临的技术难题

双江口水电站地下洞室群水平和垂直埋深较大,实测最高地应力为 37.82MPa,岩体主要为花岗岩,岩石强度应力比低,洞室群规模大且布置密集。因此,双江口水电站地下工程主要面临的主要工程技术难题:一是高地应力区洞室岩爆预测预报与防治,二是地下洞室群围岩稳定分析与安全评价。

4 智能地下工程系统建设方案

为了做好双江口水电站地下工程建设管理,智能地下工程系统建设分为基础网络建设、通用系统建设、专用系统建设、预警决策系统等四个方面。

4.1 基础网络

采用光纤搭建业主营地与施工营地、施工仓库以及关键施工部位之间的施工区网络,地下洞室、廊道等复杂施工环境部位,采用 4G、Wi-Fi、GPS 等技术实现无线网络覆盖,建立高速、便捷的基础网络系统。采用租用网络运营商专线的方式,接入建设单位后方云平台,实现工程施工现场与后方的网络互联。

4.2 通用系统

通用系统包括投资管控、合同管理、安全管理、质量管理、物资管理、设计管理、预警决策中心、承包人管理、计量签证、环保管理等功能模块。目前已实现以下功能：一是投资管控，通过合同清单与工程项目概算相关联，实现合同费用自动归概，保证合同执行完毕即具备决算条件，同时对投资指标异常进行自动预警，已完成所有合同清单与概算对应；二是合同管理，实现了合同、变更及支付结算在线审批，解决异地审批的困难，大大提升支付结算审批效率，审批时间减少 80% 以上，已办理完成 628 个合同及其支付信息入库和在线流转；三是安全管理，实现了安全组织机构、安全会议、安全检查、安全培训、安全隐患及危险源等信息化管理，并在线闭环处理；四是设计管理，根据设计任务，自动催图，并进行供图计划提交、设计成果分发、设计交底等处理，提高设计管理效率；五是物资管理，在原有物资管控系统的基础上补充了物资现场运输和仓促管理，能实现物资计划、采购、运输、出入库、核销等全过程信息化管理，并自动预警物资超耗等异常情况；六是环保水保管理，集成环保水保日常管理信息，实现环保水保项目进度与检测指标在线监控及预警，确保环保水保项目按时保质保量完成。

4.3 专用系统

4.3.1 施工资源实时定位监控模块

该模块主要监控地下工程主要设备的实时位置和地下洞室的交通流量。对可能拥堵路段在岔口布置视频监控或 RFID 监控，通过图像识别或 RFID 监控交通流量。洞内施工车辆通过 Wi-Fi 进行定位。洞外车辆定位采用 GPS 监控。

4.3.2 快速高精度测量与计量管理模块

该模块主要对工程量进行精确计量，辅助超欠挖控制及计量。它利用三维激光扫描仪进行开挖洞段的全景扫描；对激光点云进行处理建立实景三维模型；对照实景三维模型与设计模型、地质三维模型，量化超欠挖工程量、并分析合理性；对照喷混凝土前后的实景三维模型，分析喷混凝土工程量和厚度是否满足要求。三维激光扫描设备与施工期扫描工作，已有成熟实施经验；超欠挖对比、喷混凝土量分析等功能，在三维模型中进行全过程综合展示与查询。

4.3.3 混凝土生产浇筑监控与管理模块

该模块自动采集混凝土生产过程的原材料检测、配料、运输等过程的数据；实现混凝土生产、运输、浇筑各环节的统一调度，加强衔接、提升效率，及时预警"运错料"等问题。对土石方运输车辆进行实时定位，追踪开挖渣料运输去向和时间。在拌和楼安装 RFID 读写器、在混凝土运输车加装 RFID 标签，实现生产与运输的准确衔接；实现浇筑仓位混凝土需求的提出与拌和楼生产的智能调度与匹配；通过在拌和楼生产系统加装数据自动传输模块，实现生产数据实时、自动录入决策会商系统，实现生产过程的实时监控。

4.3.4 埋管埋件统计及管理模块

该模块主要用于机电工程与土建工程交面的预埋管件的三维精细化设计、埋件清单及实际埋设情况的监控统计。采用三维设计技术进行埋管埋件的精细化设计、碰撞检测，生成埋管埋件清单；利用 RFID 技术，及时采集实际埋设情况，并与清单对比，实现埋设情况的及时监控与预警。

4.3.5 施工环境监控分析与管理模块

对于有害气体监控，目前有较为成熟的基于电化学、光离子等原理研发的有害气体分析传感器，主要用于 CO、H_2S、CO_2、NO_2 等有害气体的监测。但目前是集成在手持设备中，需要针对水电工程洞室开挖的特点进行微型化、工业化、功能定制改造，并集成噪音等传感器模块。该模块用于实现监测数据的自动化采集、无线传输与分析预警。它集成无线通信模块，对传感器监测数据进行解算，实时传输传感器检测数据至后方服务器，对比控制指标进行预警。

实施智能通风系统。根据监控信息，增加轴流风机等通风设备的远程控制模块，改善通风环境。记录通风参数和环境监测数据的规律，作为后续风机自动化控制的参考。

4.3.6 洞室群施工仿真及进度管理模块

通过仿真分析洞室群之间的动态复杂时空逻辑关系，揭示地下工程施工行为特征，优化洞室群施工方案，提升进度控制能力。该系统主要包括：实时监测引水发电系统开挖、支护、衬砌、灌浆等施工进度；模拟洞室开挖全过程，预先发现施工干扰问题，指导施工进度计划合理制定；输入不同施工资源配置方案，模拟不同配置方案下的施工进度，辅助合理配置施工设备；模拟复杂交叉洞室群的施工交通状况，分析各关键岔口的交通繁忙指标和出现概率，提醒施工管理人员重点关注可能拥堵的关键岔口、做好交通调度和安全管理，并为施工支洞布置优化提供建议；采用动态可视化仿真技术，基于施工仿真数值分析成果，直观展示施工过程和施工方案；分析开挖出渣强度和进度，为场内土石方整体平衡优化与调度提供数据和接口；建立分析模型，对关键线路施工进度进行预警。

4.3.7 工程安全监测成果集成管理模块

在设计提供的基于 BIM 技术的三维地质模型和设计模型，该模块在上述模型中集成管理地下洞室爆破安全控制与微震监测的成果数据并展示，包括地下工程开挖爆破震动安全控制标准及其爆破参数、开挖爆破方案、爆破参数、洞室收敛变形与应力监测数据、施工期微震监测数据、岩围岩破坏程度等。同时，集成管理施工期围岩监测与稳定分析动态反馈分析成果数据，包括开挖洞段的局部和整体稳定性评价结果、开挖支护参数的优化结果、围岩稳定安全控制措施等，并将这些数据和信息展示在三维模型中，采用动态设计理念，全面、精准分析现场实际情况，科学评价地下工程安全性，及时优化和调整设计方案，以指导工程施工和管理决策。

4.4 预警决策系统

预警决策系统包括地下工程数据中心与指挥中心。基于智能地下工程系统各个模块，通过建立统一数据标准，借助各类业务系统之间的数据转换接口和模型转换工具，采用mango DB 等 NoSQL 技术实现文档、模型和关系型数据的异构数据存储管理等技术和方法，建立了地下工程数据中心。该数据中心实现智能地下工程系统的数据集成，统一数据来源、建立数据之间的联系，实现数据、文档、模型的集中统一管理，为工程管控平台、决策会商平台、移动 APP、各业务系统提供数据支撑。

基于地下工程数据中心，利用跨平台模型融合轻量化技术、设计与施工数据标准协同技术、移动端 BIM 技术、三维可视化与交互技术等，研究建立专家库、知识库及管控模型，构建地下工程指挥中心。该指挥中心实现可视化、交互式展示设计、施工过程动态信息息，为工程管控提供可视化平台，为决策会商提供辅助支持。

5 双江口地下工程管理模式

基于智慧企业的"数据中心制"管理模式，国电大渡河流域水电开发有限公司在双江口水电站枢纽工程建设管理过程中设置了"部门＋中心"的管理模式。在该模式下，工程建设管理单位设置综合保障部、业务保障部、安全保障部等三个保障部门；同时设置工程指挥中心，工程指挥中心下设大坝分中心、厂房分中心、泄洪分中心、机电物资分中心等四个分中心；各保障部门对各分中心业务进行统筹、监督、协调和服务，工程指挥中心负责重大预警内容的处置和重大决策，分中心全面负责和实施所辖标段所有业务工作的管理。因此，在决策会商平台上，厂房分中心、泄洪分中心的工程管理人员使用双江口水电站智能地下工程系统进行地下工程管理工作。

6 结束语及展望

6.1 结束语

（1）双江口水电站于 2015 年 12 月完成河道截流，大坝、地厂、泄洪三大主体建筑物工程施工已全面开展，双江口智慧工程建设正结合主体工程施工有序实施。目前，双江口智能地下工程系统建设正在按照规划方案积极推进，2017 年该系统下的各模块将全面建成并投入使用，工程管理模式不断完善，这将为双江口水电站地下工程科学管理发挥重要作用。基于智慧工程概念的双江口水电站智能地下工程系统建设方案可供类似工程参考。

（2）智能地下工程系统是智慧工程的重要组成部分，通过数据中心、云计算中心、一体化平台的建设，将地下工程管理所有数据、流程进行统筹管理、挖掘、分析、利用，保障了数据来源的唯一性和业务流程的连贯性，使得流程更加快捷、沟通更加有效、决策更加高效，实现了工业化和信息化的深度融合。双江口水电站智能地下工程系统将在智慧工程，乃至智慧企业的发展奠定基础。

6.2 展望

智慧工程实现了管理理念、管理手段、管理模式的创新，它正在大渡河双江口水电站工程建设中积极探索和实践，并不断发展升级。按照智慧工程理念实施的工程管理，将使得投资管控更加精准、进度管控更加科学、质量管控更加有效、安全管控更加到位、环保管控更加深入、经济效益更加显著，真正实现工程建设项目的全生命周期、全方位、全要素管理。可以预见，智慧工程将在我国工程建设领域得到更加广泛的应用，创造更加丰硕的成果，引领着工程建设管理水平不断提升。

参考文献

[1] 涂扬举，郑小华，何仲辉，等．智慧企业框架与实践 [M].北京：经济日报出版社，2016.
[2] 涂扬举．瀑布沟水电站建设管理探索与实践 [J].水力发电，2010（6）：12-15.

［3］涂扬举.智慧企业建设引领水电企业创新发展［J］.企业文明，2017（1）：9-11.

［4］涂扬举.水电企业如何建设智慧企业［J］.能源，2016（8）：96-97.

［5］涂扬举.建设智慧企业，实现自动管理［J］.清华管理评论，2016（10）：29-37.

［6］国电大渡河流域水电开发有限公司."国电大渡河智慧企业"建设战略研究与总体规划报告［R］.成都：国电大渡河流域水电开发有限公司，2015.

［7］国电大渡河流域水电开发有限公司."国电大渡河智慧企业"建设之"智慧工程"总体方案［R］.成都：国电大渡河流域水电开发有限公司，2016.

［8］国电大渡河流域水电开发有限公司.四川大渡河双江口水电站"智慧工程"建设总体规划方案［R］.成都：国电大渡河双江口工程建设管理分公司，2016.

［9］王冠雄.迎接不可阻挡的"智能＋"时代［EB/OL］.2016.6.28. http：// wangguanxiong. baijia. baidu. com/article/517515.

［10］冀程.BIM技术在轨道交通工程设计中的应用［J］.地下空间与工程学报，2014（10）：1663-1668.

九甸峡面板堆石坝工程特点及运行状态分析

吕生玺　　张少杰

（甘肃省水利水电勘测设计研究院有限责任公司）

[摘　要]　九甸峡面板堆石坝最大坝高 133m，坝址区河谷狭窄，岸坡陡峻，河床深厚覆盖层最深达 56m，气候寒冷，地震烈度高。针对工程特点，通过对深厚覆盖层采用强夯处理，提高坝体的填筑标准，优化大坝的结构分区，优化面板混凝土配合比并掺加聚丙烯纤维提高抗裂等措施，有效解决了工程设计、安全运行的关键技术问题，对深厚覆盖层、狭窄河谷地区高面板堆石坝设计、建设具有一定的借鉴意义。

[关键词]　面板堆石坝　深厚覆盖层　狭窄河谷　运行

九甸峡水利枢纽工程主要包括混凝土面板堆石坝、左岸 1、2 号表孔溢洪洞、右岸放空泄洪排砂洞、右岸引洮总干进水口、右岸引水发电洞系统及电站厂房等。水库总库容为 9.43 亿 m³，设计正常蓄水位为 2202.00m，校核洪水位为 2205.11m，混凝土面板堆石坝最大坝高为 133m，电站总装机容量为 300MW，年发电量为 9.94 亿 kWh。工程总体布置见图 1。

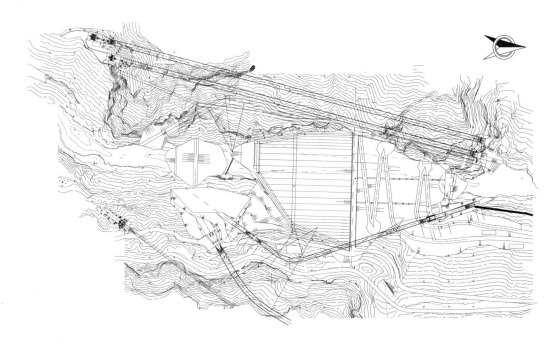

图 1　九甸峡水利枢纽工程总体布置图

1 地形地质特点

1.1 坝址区河床深厚覆盖层

九甸峡面板堆石坝坝址区河床分布深槽贯穿坝区，上游较宽，向下游变窄，面板坝轴线处深槽宽 10～15m，最大深度为 56m，深槽延伸方向在坝轴线上游靠近河床左岸，坝轴线下游偏向河床中心。

坝址区河床覆盖层结构大致可分三层，上部 I 组岩为崩坡积块石碎石土，疏松，成分为灰岩，大小混杂，厚度为河水面以下约 6～17m；中层 II 组岩为冲积块石砂砾卵石，厚度 5～13m，组成物以块石碎石为主，卵砾石次之，砂含量较少；下层 III 组岩为冲积砂砾卵石，厚度 12～37m，组成物主要为卵石和砾石，成分为砂岩、灰岩、石英岩等，磨圆度较好，多呈浑圆和次圆状，局部有 2～3m 的孤块石分布，砂以中粗砂为主，分布很不均匀，局部地方呈透镜体状富集，坝体范围内一般厚度几十厘米，连续性差。钻孔揭示河床无成层的砂层、淤泥层、壤土层分布，为零星鸡窝状的富集，不存在砂土振动液化的可能性。坝址区河谷典型横剖面见图 2。

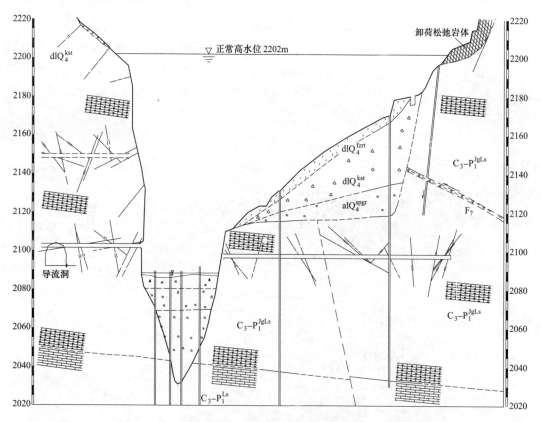

图 2 坝址区河谷典型横剖面示意

1.2 狭窄河谷地形

坝址位处九甸峡进口至下游瓦力沟长 800m 的峡谷上段，河流流向自南而北，为横向河谷。坝址区河道顺直，河床狭窄，河水面宽 35～50m，水深 2～6m，河水位高程为 2089.00～2092.00m。河谷左岸陡峻，右岸陡缓交替，呈不对称 V 字形。

左岸谷坡从峡谷进口至导流洞进口为高愈百米的基岩悬崖，地形坡度为 70°～80°；导流洞进口至 F₇ 断层以南沿河边分布着由崩积物构成的约 40°的陡坡带，坡高 30～40m，以上为近于直立的基岩悬崖，在河床平趾板线处呈倒坡，高度为 40m 左右，再上为 40°～50°的基岩或薄层坡积覆盖的陡～峻坡；F₇ 断层以北至瓦力沟为高出河水面 80～100m 的悬崖，局部呈倒坡，陡崖以上为 40°～50°的陡～峻坡。

右岸从上围堰至下围堰发育残留的Ⅱ、Ⅲ级侵蚀堆积阶地，其中Ⅲ级阶地中部发育宽约 40m、深 3～4m 的冲蚀凹槽，上覆冲积和坡积成因的松散堆积物，厚度为 10～60m，自然坡度为 30°～45°。阶地后缘覆盖层以下基岩坡度为 75°～80°，覆盖层以上的高程 2190.00～2240.00m 为自然坡度 40°～50°的基岩斜坡。

2 设计创新

2.1 河床平趾板直接置于深厚覆盖层上

在深入研究坝基覆盖层、防渗墙与上部坝体的相互作用，以及各防渗结构单元变形协调要求和应力条件的基础上，通过对单防渗墙柔性连接方案、双防渗墙柔性连接方案和双防渗墙刚性连接方案的对比分析，确定采用了单防渗墙柔性连接设计方案。

河床段平趾板上游坝基采用混凝土防渗墙截渗，厚度为 1.2m，机械造孔，混凝土强度为 C25，配钢筋笼，趾板与防渗墙之间采用一块连接板连接，连接板长度 4.0m，厚度 0.8m。连接板与趾板和防渗墙之间设置止水。同时，为协调连接板、趾板之间的变形，在其底部设有 0.3m 厚的砂浆垫层，并铺设有 1.0m 厚垫层料，混凝土防渗墙与连接板和趾板的细部设计见图 3。

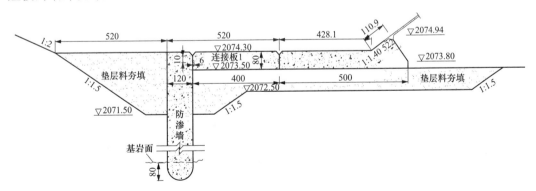

图 3　河床平趾板结构设计图（长度单位：mm；高度单位：m）

2.2 坝基强夯设计

为了进一步提高建基面的密实度，在大坝平趾板下游 100.00m 范围建基面经振动碾压后，其上又采取了强夯处理措施，夯点距为 4.00m，重锤自重 20.8t，锤径 2.20m，夯锤落距为 15.00m，夯击点数不少于 10 次，通过强夯以后，建基面的整体沉降达到了 30.0～40.0cm 以上，取得了较好的效果。对强夯后的覆盖层，按照反滤保护的要求，在河床建基面首先碾压填筑 2.00m 厚的垫层料，再碾压填筑 2.00m 厚的过渡料，以保证河床砂砾石的渗透稳定。

2.3　近岸坡过渡料设计

针对狭窄河谷对高面板堆石坝应力变形的影响，在堆石体坝轴线下游 80m 范围与较陡的岸坡相接处、坝基深河槽基础面以及堆石体与其他建筑物相接处采用低压缩性和高抗剪强度过渡料填筑，填筑水平宽度为 2.0m，过渡料填筑厚度为 40cm，用 10t 振动碾碾压 8 遍，洒水量为 20%，以减小高陡边坡处变形梯度。

2.4　高混凝土面板堆石坝面板混凝土抗裂综合措施

在面板混凝土配比和防裂处理方面，采取了系统的工程处理措施，有效控制了面板混凝土的开裂和裂缝发展。

（1）结合九甸峡工程的结构要求及气候特点，按照 C30 混凝土的强度要求，对其配合比、材料抗裂性能等进行了详细优化研究，提出了掺加聚丙烯腈纤维的设计方案，每立方米混凝土中掺加 0.9kg 聚丙烯腈，可以有效提高面板的早期抗裂性能和耐久性。

（2）针对工程区的寒冷天气条件，设计面板混凝土水灰比小于 0.35，溜槽入口处的坍落度控制为 3～7cm，含气量控制在 4.0%～6.0%。从而有效保证了面板混凝土良好的耐久性、抗渗性、低收缩性、和易性。

（3）为减轻和避免坝体不均匀沉陷引起面板裂缝，对坝体材料特别是主堆石料、过渡料和垫层料提出了严格的材料、级配、压实标准等要求，使其孔隙率分别控制在 19.1%、17.3%、16.2%以下，使大坝堆石料具有较低的压缩性。

（4）采用了挤压墙施工方法。为减小挤压式混凝土边墙对面板底部的约束，在挤压式混凝土边墙对应面板垂直缝处进行了人工切缝，并在挤压墙和面板之间喷涂乳化沥青。通过以上措施，一期面板未出现裂缝，二期面板仅有很少裂缝且不贯穿，面板质量优良。

3　运行情况

九甸峡面板堆石坝工程于 2005 年 12 月 31 日开始坝体填筑，2007 年 9 月 2 日～10 月 14 日，大坝一期面板混凝土浇筑完成；2008 年 4 月 5 日坝体填筑到坝顶 2203.00m 高程，2008 年 5 月 19 日二期面板混凝土浇筑完成。2018 年 7 月 28 日，首台机组并网发电。

工程安全监测共布置 865 个测点，其中绝大多数测点已实现数据的自动化，自动化采集系统采用 BGK-Micro-40 数据采集单元，于 2010 年 12 月 30 日完成安装调试。

大坝经过 9 年的蓄水运行及洪水考验，各监测项目的观测资料表明：大坝沉降、水平位移、坝体应力、周边缝、大坝渗流、面板变形及应力应变等测值均在设计控制指标范围之内，大坝总体变形趋于稳定。混凝土面板、趾板及接缝止水系统工作正常，坝后渗流量逐年减少，无异常现象，大坝处于正常运行状态。

3.1　大坝内部变形

大坝沉降观测坝横 0+057.5、0+105.5 断面分层埋设 36 支水管式沉降仪，最大沉降变化点位于坝轴线、2168.00m 高程处的 ES35，沉降值为 1203.9mm，目前基本趋于稳定。大坝 ES33～ES36 沉降位移量过程线见图 4。

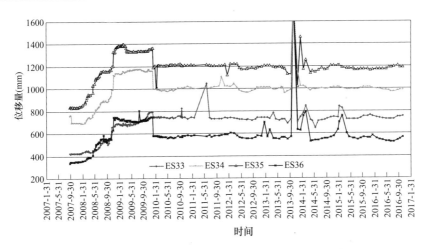

图 4 ES33～ES36 水管式沉降仪累计位移量过程线

大坝水平位移采用钢丝水平位移计，埋设点与水管式沉降仪相同，坝体内部水平位移在 2110.00m 高程处，靠近面板的 EX1、EX19 测点受水压作用，呈向下游位移，EX1 最大位移量达到 118mm，其他各点以坝轴线为界，轴线以上测点向上游位移，轴线以下测点向下游位移；在 2140.00m 高程处，只有 EX31 测点向上游位移，其他各点均呈现向下游位移趋势，最大位移出现在坝轴线处，位移量为 192.7mm；在 2165.00m 高程处，除靠近面板处的 EX15 有向上游 14.7mm 的位移外，其他各点均向下游位移，最大位移出现在坝轴线上游侧的 EX16 测点处。

面板脱空监测表明，在蓄水初期，脱空计测值是逐渐增大的，在蓄水后，位于坝前水位以下的脱空计测值开始减小，符合一般面板堆石坝的变形规律。当前 7 号面板最大脱空 K1（▽2176.03m）为 −0.023mm，11 号面板最大脱空 K6（▽2159.27m）为 −0.19mm，15 号面板最大脱空 K7（▽2176.03m）为 − 0.009mm；7 号面板最大错动 K3（▽2159.27m）为 0.01mm，11 号面板最大错动 K6（▽2159.27m）为 0.569mm，15 号面板错动 K7（▽2176.03m）为 0.036mm。

3.2 大坝渗漏

据水库运行以来的观测资料，坝后量水堰投运迟于水库蓄水，测得 2009 年最大渗漏量为 205.2L/s（库水位 2198.05m），2010 年最大渗漏量为 108.1L/s（库水位 2201.96m），2011 年最大渗漏量为 108.1L/s（库水位 2200.94m），2012 年受泄洪的影响，量水堰测值在泄洪时不真实，最大渗漏量为 68.8L/s（库水位 2201.79m），2013 年最大渗漏量为 81.2L/s（库水位 2198.41m），2014 年最大渗漏量为 41.3L/s（库水位 2201.91m），2015 年坝后量水堰最大渗漏水为 28.756L/s（库水位 2201.91m），2016 年坝后量水堰最大渗漏水为 26.656L/s，最大渗水量有逐年减小的趋势，说明大坝的渗流控制是成功的。水库水位与渗漏量关系曲线见图 5。

4 小结

（1）九甸峡面板堆石坝坝址区气候寒冷、河谷狭窄、地震烈度高，地形、地质条件复

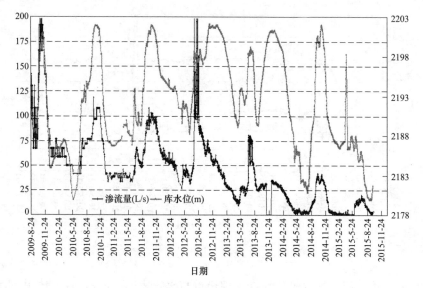

图 5　水库水位与渗漏量关系曲线

杂，是目前国内、外在深厚覆盖层上（最大厚度 56m）修建的最高面板堆石坝。工程的设计施工和安全运行，为复杂地形条件下面板堆石坝的建设积累了工程经验，具有一定的参考意义。

（2）在狭窄河谷地区深厚覆盖层坝址区，河床截渗采用防渗墙－连接板－平趾板结构形式，既节省了开挖量，又可以有效避免高边坡的处理，加快了施工进度，对类似陡岸坡地形面板坝工程建设具有推广价值。

（3）九甸峡面板坝河床深厚覆盖层位于河谷左岸，右岸分布两级台地，大坝延坝轴线方向高度变化剧烈，导致坝体延坝轴线方向沉降变形梯度较大，左岸坝段由于覆盖层厚度大，沉降量要明显大于右岸坝段。

（4）面板混凝土采用的综合抗裂措施，有效提高了面板的抗裂性能，截至目前，面板裂缝相对较少，且没有贯穿性裂缝，面板质量优良。

（5）大坝蓄水已经接近十年，从安全监测成果看，大坝填筑过程、蓄水期、运行期等各阶段大坝的坝体变形、应力应变、渗流、挠度等状况，满足规范和设计要求，目前工程运行良好。

参考文献

［1］蒋国澄，傅志安，凤家骥. 混凝土面板坝工程［M］. 武汉：湖北科学技术出版社，1997.

［2］张光斗，王光伦. 水工建筑物［M］. 北京：水利电力出版社，1992.

［3］徐泽平. 混凝土面板堆石坝技术文集［M］. 郑州：黄河水利出版社，2003.

作者简介

吕生玺（1970—　），男，甘肃会宁人，正高级工程师，项目设总，主要从事水利水电工程的设计工作。

狭窄河谷高沥青混凝土心墙堆石坝设计

孔彩粉　刘士佳

（中国电建集团北京勘测设计研究院有限公司）

[摘　要]　目前沥青混凝土心墙坝的建坝高度一般小于 150m，工程建设经验相对较多，去学沥青混凝土心墙堆石坝最大坝高达 165.2m，可借鉴的工程经验较少，且坝址处河谷狭窄，岸坡陡峻不对称。本文结合去学工程特点对高沥青混凝土心墙堆石坝进行坝体分区和结构设计研究，验证狭窄河谷高沥青心墙坝设计的合理性，为大坝施工和蓄水提供技术支撑，确保施工和运行期大坝安全。

[关键词]　沥青混凝土心墙堆石坝　结构设计　应力变形计算　去学水电站

1　工程概况

去学水电站采用混合式开发，坝址位于厂址上游约 6.5km，是以发电为主，兼顾环境生态用水，发展旅游等综合效益的中型水电工程。枢纽主要建筑物包括拦河坝、引水发电系统和泄洪建筑物。工程位于四川省甘孜藏族自治州得荣县境内的硕曲河干流上，坝址以上流域面积 6438km²，水库正常蓄水位 2330m，总库容 1.326 亿 m³，电站总装机容量 246MW。工程等别为二等，工程规模为大（2）型，拦河坝坝型为沥青混凝土心墙堆石坝。大坝为 1 级建筑物，设计地震标准为 50 年超越概率 10%，地震动峰值加速度为 0.185g，地震动反应谱特征周期为 0.45s；校核地震标准为 100 年超越概率 5%，地震动峰值加速度为 0.326g，地震动反应谱特征周期为 0.5s。

坝址区属深切割的高山峡谷地形，河流比较顺直，总体流向为 SW255°，与岩层走向斜交，属斜向谷。左岸地形总体坡度在 65°以上，右岸呈现陡坡、缓坡相间的台阶形，基岩裸露，断面呈不对称的 V 字形。河床高程为 2202～2206m，枯水期河水面宽度为 24～73m，正常蓄水位高程河谷宽度为 140～270m。坝址区岩性主要为中厚层～块状大理岩化细晶灰岩，矿物成分为方解石 92.1%～100%、高岭石 0%～7.9%。大理岩化细晶灰岩为区域性变质作用形成的浅变质岩，受变质作用影响岩石结构较松散易风化。坝址区岩溶总体上不太发育，右岸岩溶发育强于左岸；右岸山体内发育有溶蚀裂隙和岩溶管道，岩溶管道均为全充填型，充填物主要为灰白色钙质挥华物和紫红色泥质。坝址区第四系由崩坡积、洪积物及阶地物质组成，主要分布在缓坡、河床一带。河床全新统冲积层（Q4al）主要由灰～褐灰色砂卵砾石、局部为漂石组成，厚度为 14～39m。

硕曲河为定曲河支流，流域属高原山地气候，干湿季节分明，光照强度大，降水较少。坝址区多年平均气温为 14.6℃，平均气温 1 月最低，6 月最高，分别为 5.5℃ 和 22.6℃；极端最高气温为 36.3℃。

2 沥青混凝土心墙堆石坝设计

去学沥青混凝土心墙堆石坝坝顶高程为2334.2m，坝顶宽度为15.0m，坝顶轴线长度为219.85m，最大坝高165.2m。沥青混凝土心墙顶高程2333.0m，心墙高度132.0m。大坝上游坝坡为1：1.9，2242.0m高程以下为与坝体结合的上游围堰。下游坝坡设置之字形上坝公路，路面宽10.0m，路面之间坝坡为1：1.3，综合坡比为1：1.841。坝体典型横剖面见图1。

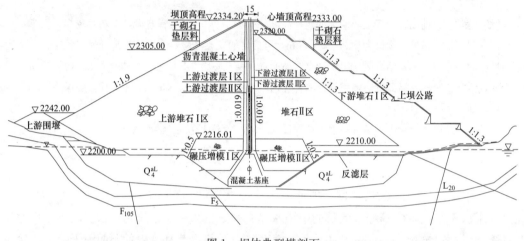

图1 坝体典型横剖面

2.1 堆石分区及坝料设计

根据料源和高坝结构功能、坝坡稳定要求，以及对坝料强度、坝体渗透性、压缩性等方面的要求，结合施工情况，对坝体进行分区和坝料设计，在保证高坝安全的情况下，尽量利用开挖料，解决狭窄河谷弃渣难问题，节省工程投资。

工程区石料丰富，天然砂砾料贫乏。经土石方平衡利用规划，坝体约420万m³的筑坝料，除采用开挖料外大部分坝料来自纽巴雪石料场。纽巴雪堆石料场分为4个区域，位于坝轴线下游约2.5~4.1km，岩性主要为玄武质熔结角砾岩，整体块状构造。石方开挖料包括明挖料和洞挖料，坝址区明挖料和泄洪建筑物洞挖料岩性主要为大理岩化细晶灰岩，输水系统隧洞开挖料岩性主要为玄武质熔结角砾岩夹灰岩、凝灰岩和板岩，厂房及附属洞室开挖岩性为玄武质熔结角砾岩；工程石方明挖、洞挖可用料66.7万m³。玄武质熔结角砾岩饱和抗压强度116~125MPa，软化系数0.86；大理岩化细晶灰岩饱和抗压强度25~45MPa，软化系数0.65~0.75。心墙沥青混凝土骨料采用灰岩，来自日瓦料场，饱和抗压强度123~130MPa，软化系数0.88。

根据坝料来源及坝址区地形地质条件，对堆石坝分区如下：沥青混凝土心墙上、下游两侧分别设两层过渡料，协调心墙与坝壳的变形。过渡层Ⅰ区水平厚度2.0m，坡比为1：0.0035；过渡层Ⅱ区顶部厚2.0m，底厚4.0m，坡比为1：0.019。心墙上游为堆石Ⅰ区，心墙下游为堆石Ⅱ区和堆石Ⅰ区。左岸陡边坡部位设置特别碾压区，减少陡边坡对坝体不均匀变形的不利影响。特别碾压区紧靠过渡Ⅱ区布置，顶部高程 2305m，水平宽度 5m 左右，分别沿坝轴线方向和垂直坝轴线方向以 1∶0.5 的坡度延伸至河床。堆石与岸坡之间设 1～3m 宽的细堆石料，下游覆盖层建基面与堆石坝料之间设 2m 厚的反滤排水层。上游坝坡 2305m 高程以上采用干砌块石护坡，下游坝坡全部采用干砌块石护坡，护坡厚 0.8m。

去学沥青心墙坝坝高超过 150m，对坝体填筑料要求高，结合施工情况对上坝料提出如下要求：过渡Ⅰ区和Ⅱ区填料由纽巴雪堆石料加工而成，堆石Ⅰ区部分利用工程开挖料，坝体其余部位堆石料均从纽巴雪堆石料场开采。纽巴雪料场开采的玄武质熔结角砾岩和枢纽区开挖的弱风化及微风化玄武质熔结角砾岩、凝灰岩、灰岩，均满足坝体填筑要求；枢纽区开挖的微新大理岩化细晶灰岩可用于坝体填筑，但由于遇水容易软化，所以使用于下游堆石Ⅰ区的干燥部位；弱风化大理岩化细晶灰岩、板岩抗压强度小于 40MPa，不宜上坝。结合工程情况并参考同类工程经验，提出去学上坝料填筑设计指标，见表 1。

表 1　　　　　　　　　　　　　　　坝体主要填料设计指标

名称	设计干密度 (g/cm³)	孔隙率 (%)	渗透系数 (cm/s)	最大粒径 (mm)	铺层厚度 (cm)	<P_{10} (%)	<P_5 (%)	<$P_{0.075}$ (%)
上游堆石Ⅰ	≥2.25	≤21	10^{-2}～10^{-1}	800	80～100	10～25	<15	<5
下游堆石Ⅰ	≥2.25	≤21	>10^{-1}	800	80～100		<10	<5
下游堆石Ⅱ	≥2.26	≤20	10^{-1}～10^{-2}	800	80～100	10～20	<10	<5
过渡料Ⅰ	≥2.35	≤20	≥10^{-3}	60	20～30	—	25～40	≤5
过渡料Ⅱ	≥2.32	≤21	≥10^{-2}	150	40～60	15～25	3～5
细堆石料	≥2.29	≤22	≥10^{-1}	300	60～80		15～25	3～5
特别碾压区	≥2.26	≤20	10^{-2}～10^{-1}	800	80～100	10～25	<15	<5
反滤料	≥2.29	≤22	≥10^{-2}	80	25～50		20～30	≤5
排水料	≥2.12	≤28	>10^{-1}	150	25～50		≤15	≤1

2.2 沥青混凝土心墙设计

沥青混凝土心墙采用碾压式，可较好地适应工程区的干热气候条件。心墙顶部高程 2333.0m，高出校核水位 0.8m。心墙顶部厚 0.6m，顶部高程以下按 $t = 0.6 + 0.007 \times$（2333 为该处心墙截面高程）逐渐加厚。心墙上、下游坡比为 1∶0.0035。心墙底部设 3.0m 高的放大脚与上部心墙平顺连接，最大坝高剖面放大脚厚度从 1.5m 渐变为 3.0m。放大脚上、下游坡比为 1∶0.176～1∶0.286。

心墙与周边混凝土基座采用凹槽连接，槽深 25cm，半径 462.5m。心墙与基座连接处，混凝土表面进行凿毛处理，刷一层冷底子油，铺 2～3cm 厚砂质沥青玛蹄脂，并沿缝面设一道纵向铜片止水。心墙基座左岸坡比为 1∶0.33，局部 1∶0.5 和 1∶0.26；右岸高程 2285.8m 以上坡比为 1∶0.5，高程 2285.8～2236.7m 之间坡比为 1∶1.1，高程 2236.7m 以下坡比为 1∶0.55。心墙基座位于基岩上，采用 C30 二级配混凝土，基座底宽 5.0～8.0m，厚 3m，横断面为倒梯形。心墙与坝顶防浪墙之间设混凝土连接板，连接板与心墙之间设一道铜止水。

沥青混凝土作为坝体的防渗结构，应具有足够的防渗性能，且力学指标等应满足设计要求。沥青混凝土主要设计指标见表2。通过室内试验研究推荐的沥青混凝土配合比见表3，其中沥青采用克拉玛依水工70号沥青，矿料采用日瓦料场的灰岩加工而成。表中配合比方案3适用于左岸陡边坡部位，其余部位采用方案1或方案2，通过现场摊铺碾压试验检验后优选。

表2　　　　　　　　　　　　　沥青混凝土主要设计指标

项　目	设计指标	备　注
密度（t/m³）	≥2.35	
孔隙率（%）	≤3	芯样
	≤2	马歇尔
渗透系数（cm/s）	≤1×10⁻⁸	
水稳定系数	≥0.9	
抗压强度（kPa）	3000	
抗压应变（%）	≥4	
拉伸强度（kPa）	≥500	工程区多年平均气温14.6℃
拉伸应变（%）	≥1.5	
弯曲强度（kPa）	≥400	
弯曲应变（%）	≥1.0	
模量数 K	≥300～400	室内成型试件
内摩擦角	≥25°	
黏结力（MPa）	≥0.3	

表3　　　　　　　　　　　　　　　沥青混凝土配合比

序号	级配参数				材料品种			
	最大骨料粒径（mm）	级配指数	填料含量（%）	油石比（%）	沥青	粗骨料岩性	细骨料岩性	填料
1	19	0.38	13	6.8	克拉玛依 SG-70	灰岩	灰岩人工砂	灰岩矿粉
2	19	0.38	11	6.5				
3	19	0.38	11	7.0				

2.3　基础处理

坝址河床覆盖层厚30m左右，覆盖层中下部不存在连续分布的粉细砂层，且承载力等满足设计要求，所以在清除表层松散的砂卵石后坝体置于覆盖层上，利用覆盖层厚

20m 左右。为减少 132m 高沥青混凝土心墙的沉降变形，将心墙基础部位覆盖层全部挖除，心墙混凝土基座建在基岩面上。

对基座范围出露的断层破碎带、软弱夹层及喀斯特等地质缺陷，采用混凝土塞置换处理，并加密加深固结灌浆。对坝体堆石范围出露的断层破碎带、软弱夹层及喀斯特等地质缺陷，表面设 1.0m 厚反滤保护层；对于可能引起坝体局部塌陷的地质缺陷，采用置换或固结灌浆方式进行处理。对勘探钻孔、探洞等，采用水泥砂浆或混凝土进行回填封堵。

堆石坝基础防渗采用帷幕灌浆，心墙通过混凝土基座与帷幕灌浆一起形成封闭的防渗系统。考虑到右坝肩范围内分布的溶蚀裂隙和岩溶渗漏通道，需进行重点防渗。设计采用以垂直灌浆帷幕防渗为主、结合防渗线上溶洞掏挖并回填混凝土为辅的处理方案，并根据溶蚀裂隙和岩溶发育情况，采用加密加深或加厚帷幕灌浆的措施。

2.4 抗震措施

拦河坝抗震设防类别为乙类。由于坝体高度大，河谷狭窄，两岸岸坡陡峻，为确保地震工况下坝体安全，减少震害影响，堆石坝设计考虑了如下抗震措施：

（1）坝体分区：结合坝体应力变形及地形地质条件等特点，对坝体进行合理分区，采用级配和性能较好的石料填筑施工，并适当提高碾压标准。心墙为柔韧性好的沥青混凝土，适应振动和变形能力强，且具有裂缝自愈能力。

（2）坝顶安全超高：考虑地震涌浪高度，并结合工程实际情况及工程经验预留地震沉降，使坝顶高程满足地震时的超高要求，不发生库水漫顶。

（3）坝顶结构及坝坡：由于坝体的动力放大作用，坝体上部的地震加速度较大，坝顶附近地震加速度最大。为提高地震时坝顶的整体性和稳定性，减少地震引起的永久变形，对坝顶宽度适当加大，取 15.0m；坝体高程 2305.0m 以上，每隔 2.0m 铺设一层双向聚丙烯土工格栅；上游坝坡在死水位 2300.0m 以下 5.0m 至坝顶高程范围，以及下游坝坡，均采用厚 80cm 的干砌块石护坡。坝顶路面以及附属构件采用轻型结构，减小坝顶的质量，提高抗震安全性。

（4）沥青混凝土心墙：心墙与基座连接部位采用心墙厚度逐渐扩大的形式连接，接触面设沥青玛蹄脂和铜止水，以提高地震时的防渗性能。心墙两侧设置两层过渡料，过渡 I 区采用细粒料，用于辅助防渗并便于在心墙破坏时进行补充灌浆；过渡 II 区适当加厚，起到反滤和排水作用，当心墙产生裂缝发生渗漏时，可迅速降低心墙后堆石体的浸润线。

（5）提高施工质量：施工中严格控制填筑层厚、碾压遍数、加水量等施工参数，做好过程控制，确保坝体碾压密实，减少地震沉陷。

3 坝体应力变形计算

3.1 计算模型及参数

坝体应力变形采用三维有限元法、邓肯-张 E-B 模型进行计算，模拟坝体分级填筑和蓄水加载过程。加载蓄水时水下堆石施加浮托力，水压力以面力的形式作用在沥青混凝土心墙上游面。分别进行了静力和动力工况计算，模型主要计算参数见表 4。

表4　　　　　　　　　　邓肯-张 E-B 模型计算参数

名称	ρ_d(g/cm³)	c(kPa)	φ_0	$\Delta\varphi$	K	n	R_f	K_b	m
过渡Ⅰ区料	2.35	0	50.8	7.5	901.0	0.30	0.67	358.8	0.23
过渡Ⅱ区料	2.32	0	50.2	7.5	980.8	0.27	0.69	561.1	0.05
堆石Ⅰ区料	2.26	0	52.3	8.5	912.0	0.21	0.73	398.2	0.06
堆石Ⅱ区料	2.25	0	52.0	8.5	944.1	0.20	0.69	389.3	0.03
覆盖层	2.10	0	44.0	3.8	400	0.45	0.75	250	0.1
碾压增模区	2.26	0	52.3	8.5	1003	0.21	0.73	438	0.06
心墙（油石比6.8）	2.467	320	26.3	0	160.4	0.12	0.40	1035.6	0.99
心墙与过渡料接触面	$K_1=2022$, $n'=0.64$, $\delta=32.4°$, $R_f'=0.84$, $c=19.5$kPa								
心墙与基座接触面	$K_1=4500$, $n'=0.24$, $\delta=20°$, $R_f'=0.95$, $c=250.0$kPa								

3.2　计算结果

（1）坝体位移。坝体沉降，竣工期最大值为 0.99m，发生在坝体中下部；蓄水后坝体最大沉降较施工期稍有减小，为 0.93m，最大值出现的位置向下游侧偏移，说明坝体蓄水后材料湿化对坝体沉降的影响较浮托力的影响小。顺河向位移，竣工期最大值为 0.25m（向上游）和 0.27m（向下游）；满蓄期，由于水压力作用，向上游变形区域和数值减小，向下游变形区域和数值增大，最大值为 0.23m（向上游）和 0.42m（向下游）。坝体内部顺坝轴线方向水平位移受陡峻河谷和两侧不对称岸坡影响较大，位移大多朝向左岸，仅右岸局部位移指向右岸。满蓄期大坝最大横断面的竖向位移和顺河向位移等值线见图2、图3。

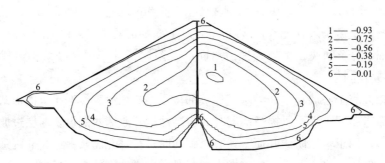

1 —— −0.93
2 —— −0.75
3 —— −0.56
4 —— −0.38
5 —— −0.19
6 —— −0.01

图2　满蓄期大坝竖向位移（m）

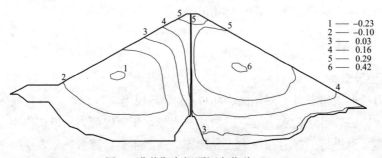

1 —— −0.23
2 —— −0.10
3 —— 0.03
4 —— 0.16
5 —— 0.29
6 —— 0.42

图3　满蓄期大坝顺河向位移（m）

（2）坝体应力。竣工期和满蓄期体坝主应力最大值均出现在基座顶部，大主应力和小主应力最大值竣工期分别为 2.50MPa 和 0.95MPa，满蓄期分别为 2.20MPa 和 1.15MPa。坝体的最大应力水平竣工期为 0.80，满蓄期为 0.85，坝体内未出现塑性破坏区域。大坝应力等值线见图 4、图 5。

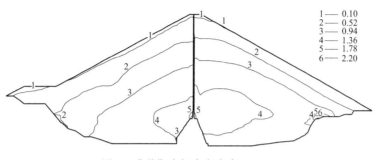

| 1 — 0.10 |
| 2 — 0.52 |
| 3 — 0.94 |
| 4 — 1.36 |
| 5 — 1.78 |
| 6 — 2.20 |

图 4　满蓄期大坝大主应力（MPa）

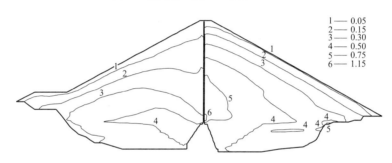

| 1 — 0.05 |
| 2 — 0.15 |
| 3 — 0.30 |
| 4 — 0.50 |
| 5 — 0.75 |
| 6 — 1.15 |

图 5　满蓄期大坝小主应力（MPa）

（3）心墙位移。心墙的竖向与坝轴向位移等值线见图 6、图 7。竣工期心墙的最大沉降为 1.06m，满蓄期最大沉降为 0.95m。最大值均位于河谷中央 1/2 坝高处，河床中部的沉降大于两岸心墙。竣工期心墙的顺河向最大位移为 0.04m（向下游），满蓄期最大位移为 0.32m（向下游）。竣工期心墙挠跨比最大值为 0.3‰，位于河床中部约 2250m 高程；满蓄期最大值为 2.16‰，位于河床中部约 2235m 高程。

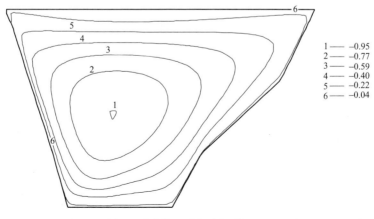

| 1 — −0.95 |
| 2 — −0.77 |
| 3 — −0.59 |
| 4 — −0.40 |
| 5 — −0.22 |
| 6 — −0.04 |

图 6　满蓄期心墙竖向沉降（m）

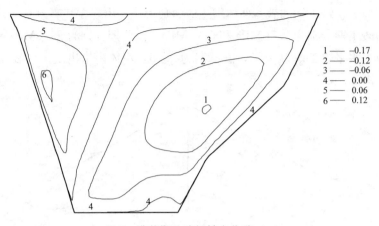

图7　满蓄期心墙坝轴向位移（m）

（4）心墙应力。心墙的主应力等值线见图8、图9。竣工期和满蓄期，心墙最大压应力分别为2.10MPa和2.05MPa，主要位于心墙底部，无拉应力出现。竣工期心墙最大应力水平为0.48，位于左岸中部靠上区域和心墙靠近底部区域，满蓄期增大至0.55，位于左岸中部靠上区域。满蓄期，心墙的竖向应力和坝轴向应力均大于水压力，工程发生水力劈裂的可能性不大。心墙竖向应力与水压力差值的等值线见图10。

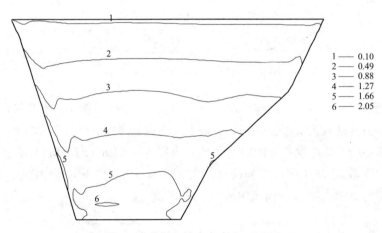

图8　满蓄期心墙大主应力（MPa）

（5）心墙沿岸坡向错动变形。竣工期心墙沿岸坡基座最大错动位移为3.26cm，满蓄期增至3.29cm，最大值均位于左岸靠顶部区域。心墙沿右岸基座最大错动位移竣工期为1.09cm，满蓄期为1.10cm。由于左岸山体陡峭，导致心墙沿左侧岸坡向错动较大。

（6）心墙与过渡料竖向错动位移。心墙与过渡料竖向错动位移竣工期最大为1.00cm，位于心墙左岸2310m高程处，满蓄期最大值为3.05cm，位于河谷中部2316m高程处。

（7）考虑堆石体湿化效应后，坝体最大沉降增加约22%，为1.13m，坝体大小主应力极值基本不变；心墙最大沉降为1.18m，增加约24%，心墙最大压应力为2.40MPa，增加了0.35MPa，心墙左岸顶部较小范围内出现了0.10MPa拉应力，心墙的应力水平出

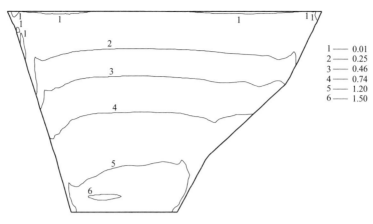

图 9 满蓄期心墙小主应力（MPa）

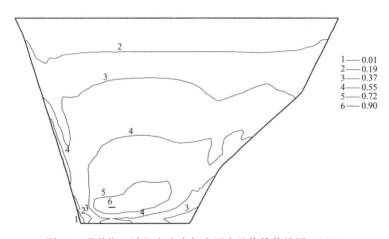

图 10 满蓄期心墙竖向应力与水压力差值等值线图（MPa）

0.55 增至 0.67；心墙与岸坡基座沿岸坡向最大错动变形由 3.29cm 增至 3.90cm；心墙与过渡料竖向最大错动变形由 3.05cm 增至 4.56cm。

（8）经动力时程法分析，最大加速度放大倍数为 1.87，坝体内部最大动剪应力不高，堆石体中动剪应力不超过 0.1MPa，心墙动剪应力最大值略超过 0.1MPa。最大残余变形为 16cm，位于心墙后 2275m 高程附近，震陷主要位于坝顶，坡脚鼓出不明显，满蓄遇校核地震情况下，最大沉陷 1.17m，小于地震工况的预留超高。因此，大坝在地震工况下是安全的。

4 结束语

去学沥青混凝土心墙堆石坝最大坝高 165.2m，坝址河谷狭窄、岸坡陡峻且两岸不对称，大坝应力变形计算成果表明，坝体沉降小于坝高的 1%，坝体位移较小，应力水平较低，心墙与堆石体变形协调较好；心墙在考虑堆石湿化效应后，局部出现拉应力但范围很小且数值不大，不会发生拉伸破坏；心墙不具备发生水力劈裂破坏条件。

　　施工图阶段，结合大坝施工进度，根据筑坝材料、沥青混凝土碾压试验、坝料碾压及生产性试验等，优化坝体结构及材料参数，进一步研究窄河谷陡边坡、坝体填筑施工和蓄水过程对坝体应力变形的影响，研究心墙与陡坡基座之间的剪切变形，以及心墙的应力水平、挠曲变形等，并对心墙发生水力劈裂的可能性进行深入研究。

参考文献

［1］邓建伟，凤炜，何建新．沥青混凝土心墙坝水力劈裂发生机理及分析．水资源及水工程学报，2014，25（05）.

［2］周欣华，饶锡保，朱国胜．沥青混凝土心墙堆石坝产生水力劈裂破坏的分析与评价//本书编委会．第二届全国岩土与工程学术大会论文集．北京：科学出版社，2006.

作者简介

　　孔彩粉（1966—），女，河南平顶山人，教高，主要从事水电工程设计。

天河口水库大坝除险加固设计

彭 琦

（长江勘测规划设计研究有限责任公司）

[摘 要] 天河口水库大坝在加固前存在土石坝渗漏、溢洪道泄槽弯道开挖未建、三条隧洞洞身未完全衬砌及已衬砌混凝土碳化严重等问题，为此采取了相应的加固措施，并取得了良好的加固效果，加固后土石坝渗漏问题得到有效解决，溢洪道得以科学完建，三条隧洞结构更为安全可靠。本文总结了天河口水库大坝的除险加固设计成功经验，可作为类似工程除险加固设计参考借鉴。

[关键词] 天河口水库 土石坝 溢洪道 隧洞 除险加固

1 工程概况

天河口水库位于湖北随县，是一座以灌溉为主，兼顾防洪、城镇供水等综合利用的大（2）型水库。水库总库容 1.029 亿 m^3。天河口水库大坝平面布置见图 1。

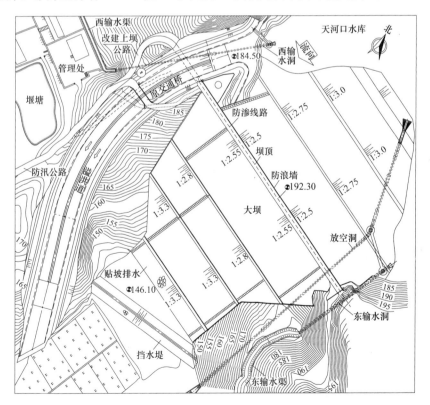

图 1 天河口水库大坝平面布置图

天河口水库枢纽主要建筑物包括大坝、溢洪道、东输水洞、西输水洞和放空洞。大坝为黏土心墙土石坝，坝顶长237.0m，最大坝高56.3m，上游坝坡为干砌石护坡，下游坝坡为草皮护坡，坝脚设贴坡排水。溢洪道位于大坝右岸，开挖山体而成，为开敞式宽顶堰，堰顶高程185.0m，堰顶宽20m，其后为泄槽段，未设消能防冲设施。东输水洞位于大坝左岸山体中，进口底板高程169.5m，洞身为直径2.0m的圆形隧洞，全长109.5m，隧洞进口和出口采用0.4m厚钢筋混凝土衬砌；出口段为消能防冲段，底部高程为169.2m。西输水洞位于大坝右岸山体中，进口底板高程170.50m；洞身为直径1.5m的圆形隧洞，全长156.2m，进口和出口采用0.4m厚钢筋混凝土衬砌；出口段为消能防冲段，底部高程为170.0m。放空洞位于大坝左侧与东输水洞之间的山体中，进口底板高程146.30m，洞径为2.0m，全长325.7m，出口段采用钢筋混凝土衬砌，出口底部高程为146.0m。

天河口水库工程于1965年兴建，1966年建成以来，经多次加固和改建才达到加固前的规模。由于各种原因，水库在运行时不断有险情出现，威胁着下游人民生命财产的安全。

2 大坝地质条件评价

2.1 土石坝坝体填料质量

经地质勘察，大坝心墙料低液限粉质黏土大于2mm的砾含量为0，砂粒含量为5.9%，粉粒含量为57.2%，黏粒含量为32.8%；经过分析，心墙料的平均压实度为0.97。大坝心墙填土以粉质黏土为主，黏土次之，碾压欠密实，心墙渗透系数普遍偏大。从室内试验和钻孔注水试验成果综合分析，心墙渗透系数为 $i \times 10^{-5} \sim i \times 10^{-4}$ cm/s 量级，具弱偏中等透水性，以弱透水性为主。总体防渗体渗透系数偏大。

大坝坝壳代料为砾石、砂和黏性土构成的混合物。灰-灰黄色，松散状，含大量砾石，砾石为岩石风化产物，砂粒以粗细粒为主，砾砂混合土填土来源于两岸山坡残坡积层和强风化混合片麻岩等。

2.2 坝基地质条件

水库大坝地处丘陵地带，坝址区大部分出露基岩，岩性为下元古界桐柏群天台山组浅黄色花岗片麻岩，单斜岩层。坡脚及河床覆盖第四纪全新统冲积物，具中等透水性，主要为细砂夹砾石、粉质黏土，厚2.3～6.1m，心墙部位已清除了此层冲积物。坝基岩体主要存在强风化层、弱风化、微风化～新鲜岩石三个分带，其中强风化层厚度变化大，岩体基本上为弱风化层直接过渡到较新鲜岩石。基岩渗透性整体属于弱透水中带，局部为中等透水带；左、右坝肩岩体上部为中等透水带，下部为弱透水带。

溢洪道主要出露浅灰黄色花岗片麻岩，构造不发育，为单斜岩层。

西隧洞围岩为花岗片麻岩，属硬岩，围岩呈弱～微风化状态。东输水洞、放空洞埋深较大，围岩多为微风化～新鲜状态。

3 水库大坝存在的主要问题

经对水库运行监测资料分析、现场安全检查、工程质量检测及地质勘查工作等综合分

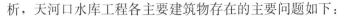

析，天河口水库工程各主要建筑物存在的主要问题如下：

（1）大坝上游干砌石块小、风化，局部松动、缺失；防浪墙裂缝、变形；心墙压实度和渗透系数均不满足要求，下游坝坡存在渗漏，贴坡排水块石风化，施工质量差，反滤层局部淤堵、失效；大坝存在白蚁危害；左、右坝肩岩体透水率大于 10Lu；未采取防渗措施。

（2）溢洪道为山体开挖而成，两侧边坡未衬砌，底板仅局部衬砌，岩体风化严重，局部出现崩塌，无消能防冲设施，泄洪渠未和主河道连接，冲刷坝脚和防汛公路。

（3）东输水洞进口挡土墙开裂、变形严重；进口工作桥栏杆局部缺失，排架局部破损；竖井混凝土剥蚀，破损露筋。洞身仅进、出口局部用混凝土衬砌，其余部位未护砌，衬砌混凝土碳化严重，骨料裸露，未护砌部分岩体冲蚀严重。

（4）西输水洞进口工作桥栏杆局部缺失，排架立柱局部麻面、破损；竖井混凝土质量较差，蜂窝较多。洞身仅进、出口局部用混凝土衬砌，其余部位未护砌，骨料局部裸露，未衬砌部分岩体冲蚀严重。

（5）放空洞进口工作桥栏杆局部缺失，排架立柱局部麻面、破损；竖井混凝土表面骨料裸露。洞身仅出口局部用混凝土衬砌，其余部位未衬砌，衬砌混凝土有贯穿裂缝，裂缝渗水，未衬砌部分岩体风化严重，局部脱落。

4 水库大坝除险加固设计

4.1 土石坝加固设计

4.1.1 坝体、坝基与坝肩防渗加固

为解决土石坝坝体、坝基与坝肩的渗漏问题，设计采用混凝土防渗墙对坝体进行防渗加固，采用帷幕灌浆对坝基与坝肩进行防渗加固。混凝土防渗墙沿大坝中心线布置，总长232m，最大墙深 56m，厚度为 60cm，防渗墙嵌岩不小于 1m；墙内预埋直径 110mm 钢管，以进行帷幕灌浆施工；混凝土防渗墙设计物理力学指标：抗压强度 $R_{28} \geqslant 10$MPa，弹性模量 $E < 1.5 \times 10^4$MPa，渗透系数 $\leqslant 5 \times 10^{-7}$cm/s，抗渗等级 W6，混凝土防渗墙实施后经检测均达到设计要求。防渗墙混凝土配合比应经试验确定，配制防渗墙混凝土原材料及配合比见表 1。

表 1　　　　　　　　　配制防渗墙混凝土原材料及配合比　　　　　　　　　kg

水	水泥	膨润土	砂	骨料	木钙减水剂
280	325	65～95	720	780	0.2%～0.3%

为形成封闭的垂直防渗体系，帷幕灌浆向两岸坝肩延伸一定距离，帷幕灌浆范围为整个大坝轴线并向左岸山体延伸 15.6m，向右岸延伸至溢洪道左侧边墙底部，再沿边墙向上游延伸至溢洪道控制段底板下，接着沿垂直于溢洪道底板轴线方向至右岸高程 193.5m平台下的山体。坝基和坝肩帷幕灌浆按深入基岩透水率 5Lu 以下 5m 控制，帷幕灌浆为单排孔，孔距 2m。帷幕灌浆采取自上而下的灌浆方式，灌浆段长度分为第 1 段 2m、第 2 段3m，以下各段 5m。灌浆材料采用水泥浆液，灌浆压力通过现场试验确定，压力取值范围

为坝前水头的 1.5～2.5 倍。帷幕灌浆位于隧洞以上，不影响隧洞结构安全。

土石坝坝体、坝基与坝肩防渗加固方案确定后，设计通过计算分析进一步了解了大坝进行防渗加固前后的渗流情况，对比分析了防渗加固的效果，其中，设计洪水位工况时土石坝加固前后典型剖面渗流浸润线对比见图2。

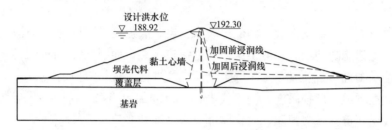

图 2　设计洪水位工况时土石坝加固前后典型剖面渗流浸润线对比

由图 2 可见，土石坝经防渗加固后，防渗墙与帷幕灌浆形成的垂直防渗体使浸润线明显降低。土石坝渗透分析计算成果统计见表2。

表 2　　　　　　　　　　　　大坝典型剖面渗流计算成果统计表

加固情况	工况	土层及位置	最大渗透比降	坝坡出逸点高程（m）	渗漏量 [m³/(m·d)]
加固前	正常蓄水位	黏土心墙	1.82	150.13	7.748
		坝壳代料	0.34		
	设计洪水位	黏土心墙	2.38	150.8	8.926
		坝壳代料	0.37		
	校核洪水位	黏土心墙	2.5	150.9	9.249
		坝壳代料	0.38		
加固后	正常蓄水位	黏土心墙	0.5	147.3	0.987
		坝壳代料	0.03		
	设计洪水位	黏土心墙	0.54	147.45	1.09
		坝壳代料	0.04		
	校核洪水位	黏土心墙	0.55	147.45	1.116
		坝壳代料	0.04		

黏土心墙与坝壳代料的允许渗透比降由地质勘察提出，黏土心墙允许渗透比降为0.57，坝壳代料允许渗透比降为0.2。根据以上计算成果判别，加固前黏土心墙渗透变形类型为流土型，坝壳代料渗透变形类型为过渡型。土石坝加固前后渗流基本符合一般心墙坝的渗流规律，但由于加固前心墙渗透性偏大及坝后贴坡排水反滤层施工质量差，淤堵失效，坝体浸润线偏高，下游坝坡浸润线出逸点较高，出现高于下游坝脚贴坡排水顶部高程150.90m 的情况；各计算工况下，黏土心墙和坝壳代料的最大渗透比降均大于其允许渗透比降，土石坝加固前存在渗漏安全隐患。

土石坝经加固处理后，土石坝渗漏量比加固前明显减少，黏土心墙与坝壳代料渗透水力比降也明显减小，黏土心墙与坝壳代料的最大渗透比降均小于允许渗透比降，因此，根据计算成果，土石坝渗流处于安全的状态。土石坝防渗加固已于 2010 年施工完成，据现场调查和水库管理人员讲述，土石坝防渗加固后再未见渗漏现象。

4.1.2 坝顶改造

经计算，土石坝坝顶加固前高程满足挡水要求，不需重建防浪墙，故设计坝顶高程维持原坝顶高程 192.3m 不变，土石坝防渗加固施工完成后，在坝顶上下游侧均设置路缘石。加固前坝顶为砂子路面，为改善坝顶交通，将原坝顶公路进行改建，坝顶铺设 20cm 厚 C25 混凝土路面，下设厚 15cm 的水泥稳定层。

4.1.3 坝坡改造

在上游原干砌石护坡上用砂砾石填缝找坡后，在上面现浇混凝土板，板厚为 15cm，长与宽均为 3m，起护高程 169.0m。并对下游坝坡实施白蚁防治并重建草皮护坡。

4.1.4 坝脚挡水堤新建

为防止溢洪道泄洪时的回水冲刷大坝下游坝脚，在土石坝下游溢洪道出口至放空洞下游段修建挡水堤，建基面高程 146.0m，堤顶高程 150.0m，挡水堤主要采用石渣料修筑，两侧边坡为 1∶2.5，挡水堤下游侧边坡采用浆砌石护坡，厚度为 35cm。

4.2 溢洪道加固设计

4.2.1 水工模型试验概况

溢洪道设计流量较大，流速较高，且由于该溢洪道泄槽段采用大圆弧形式，泄洪时，水流离心力和弯道冲击波的作用，使泄槽圆弧段水流流态复杂，因此，本工程进行了水工模型试验，模型试验采用正态水工模型，模型按重力相似准则设计，模型几何比尺采用 1∶40，见图 3。

通过试验，主要比较了泄槽段无中隔墙与有中隔墙两种设计方案的水力情

图 3 溢洪道水工模型试验泄槽弯道流态对比

况，其中，无中隔墙方案溢洪道泄槽引起的水面横向比降较大，消力池右侧形成远驱水跃，消力池水流条件很差，而有中隔墙的方案横向比降较小，有中隔墙方案较无中隔墙方案泄槽弯道横向比降明显降低，见表 3。

表 3　　　　　　　　溢洪道试验泄槽弯道最大横向比降对比表

方案	流量（m³/s）		
	163（消能防冲）	251（设计）	348（校核）
无中隔墙	9%	12%	14%
有中隔墙	6.1%	8.2%	9.4%

有中隔墙方案消力池水流分布也更均匀，流态较好，因此，对水工模型试验成果分析后，设计采用了泄槽段设有中隔墙的方案。溢洪道中隔墙方案泄槽段典型剖面见图4。

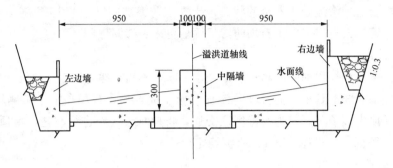

图4　溢洪道中隔墙方案泄槽段典型剖面图（mm）

4.2.2　溢洪道完建设计

天河口水库溢洪道为水库的主要泄洪建筑物，位于大坝右岸，开挖山体而成，为开敞式宽顶堰，两侧边坡未衬砌，底板仅局部衬砌，未设消能防冲设施。因此，本工程对原溢洪道进行了完建设计。

完建溢洪道仍布置在原溢洪道部位，进口形式为无闸门控制的开敞式宽顶堰，堰顶高程185.0m，控制段长度为18.0m，底宽20.0m；根据地形条件，泄槽分为三段，前段为直线段，长度为11.15m，中间段为圆弧形，中心线半径为200m，圆弧段长198.03m，后接直段，该段长61.92m，泄槽段总长为271.10m，泄槽底坡为1：6.31。泄槽段尾接消力池，采用底流方式消能，消力池长30.0m。消力池后部接出水渠，渠底高程为144.0m，控制段、泄槽段、消力池段，出水渠段边墙均采用衡重式混凝土挡墙。

4.2.3　溢洪道交通桥改造

原溢洪道泄槽段上交通桥的桥洞为直径5.0m的圆弧，对溢洪道泄流有阻碍作用，不利于溢洪道安全泄洪。因此，设计拆除了原交通桥，新建一座双跨钢筋混凝土交通桥，桥板采用预制钢筋混凝土空心板结构，交通桥单跨净跨即为溢洪道泄槽单侧过流断面宽度9.5m，支承处设板式橡胶支座。桥面宽6.0m，两侧设仿汉白玉栏杆。

4.3　隧洞加固设计

4.3.1　东输水洞加固

采用环氧灌浆与环氧胶泥对东输水洞进口与出口处原有钢筋混凝土衬砌进行裂缝及缺陷处理，闸室维修加固；洞身原钢筋混凝土衬砌裂缝及缺陷处理，未衬砌部位挂网锚喷支护，底部采用C25混凝土找平，原衬砌段与挂网锚喷段之间新建C25钢筋混凝土衬砌渐变段；隧洞出口边坡进行治理，东输水渠浆砌石拆除重建30m长；对竖井内外侧表面涂刷2.0cm厚丙乳砂浆进行碳化处理，启闭机平台上层新建12cm厚C30钢筋混凝土；拆除重建启闭机房、工作桥及浆砌石挡墙。

4.3.2　西输水洞加固

西输水洞进水口原设有封堵体，为保证加固后引水流量，将进水口原封堵体进行了拆除，洞身由无压洞改为有压洞，并采用环氧灌浆与环氧胶泥对西输水洞进水口老混凝土裂缝及缺陷进行处理，对闸室维修加固；对洞身原钢筋混凝土衬砌裂缝及缺陷进行处理，洞身未衬砌部位采用 C25 钢筋混凝土衬砌；隧洞出口边坡采用挂网锚喷支护；根据业主提出的供水要求，隧洞出口设钢衬钢筋混凝土岔管，岔管主管内径 150cm，支管内径 60cm，分岔角为 60°，各设蝶阀一套；对竖井内外侧表面涂刷 2.0cm 厚丙乳砂浆进行碳化处理；拆除重建西输水洞工作桥。

4.3.3 放空洞加固

首先利用检修门挡水，更换工作闸门，维修工作闸门相应埋件；随后更换检修闸门，洞前利用清淤船配合潜水员进行水下清淤，水下清淤清除进水口处淤泥、石块及其他杂物，以保障进水口水流通畅；水下施工比陆地施工难度要大很多，需严格遵守相关规范进行操作。闸室下游侧洞身老混凝土衬砌表面裂缝及缺陷处理后，粘贴两层 0.111mm 厚碳纤维布，并在老混凝土衬砌端部新建 C25 钢筋混凝土渐变段，洞身未衬砌部位围岩整体稳定性较好，洞身围岩为Ⅲ～Ⅳ类，洞身未衬砌部位围岩内径 3.0m～4.2m，超挖较多，采用挂网锚喷支护，喷混凝土厚度为 15cm；对隧洞出口进行边坡治理；新建下游泄槽、消力池及海漫；对连接放空洞与东输水洞的工作桥采用了黏钢加固。

5 结束语

天河口水库大坝除险加固时，对土石坝采用混凝土防渗墙与帷幕灌浆结合的方式，经加固后，浸润线明显降低，渗漏量明显减少，防渗加固效果好，渗漏问题得到有效解决；溢洪道采用大圆弧泄槽且泄槽中间设隔墙的布置形式，通过水工模型试验验证了这种布置形式的方案可行性和结构合理性；针对三条隧洞及隧洞建筑物存在的问题，也分别采取了结构补强加固措施，达到了消除水库大坝病险隐患的加固目的。

参考文献

[1] 长江勘测规划设计研究院. 湖北省随州市天河口水库除险加固工程初步设计报告 [R]. 武汉：长江勘测规划设计研究院，2008.

[2] 长江水利委员会长江科学院. 天河口水库工程除险加固溢洪道设计方案 1/40 模型试验研究报告 [R]. 武汉：长江科学院，2009.

[3] 谭界雄，高大水，周和清，等. 水库大坝加固技术 [M]. 北京：中国水利水电出版社，2011.

[4] 郑敏生，刘正国，裘建平，等. 里洞岙水库除险加固工程设计 [J]. 浙江水利科技，2001（S1）.

作者简介

彭琦（1981—），男，湖北武汉人，高级工程师，主要从事水工设计、咨询及病险水库安全评价、鉴定工作。

考虑原位结构效应确定深厚覆盖层土体的动强度参数[❶]

杨玉生[1,2]　刘小生[1,2]　赵剑明[1,2]　温彦锋[1,2]

[1　流域水循环模拟与调控国家重点实验室（中国水利水电科学研究院）

2　水利部水工程抗震与应急支持工程技术研究中心]

[摘　要]　深厚覆盖层土体原位结构性强，原状样取样困难，且由于粒径、级配的改变，室内重塑样试验确定的力学参数不能反映原位土体的实际性质，如何考虑原位结构效应确定深厚覆盖层土体的力学参数是工程建设中的难题。本文探索了联合现场原位试验和室内重塑样动力特性试验，考虑原位结构效应确定深厚覆盖层土体动强度参数的方法：基于现场试验确定原位土体的动强度基准值；基于室内重塑样试验确定动强度在不同振动强度和固结应力条件下的变化规律；结合室内动力试验确定的动强度参数变化规律，将基于现场试验确定的动强度基准值推延至多种震级和应力条件。以某实际深厚覆盖层深埋砂土为研究对象，联合现场标贯试验和室内动三轴试验结果，综合确定了能考虑深厚覆盖层土体原位结构效应的砂土动强度参数，并与室内试验结果进行了对比。研究成果可为该工程坝体—覆盖层地基系统抗震安全评价提供依据，也可供类似工程参考。

[关键词]　深厚覆盖层　原位结构效应　动强度参数　现场试验　室内试验

1　引言

土体的动强度是土体达到某种临界或极限状态时的应力状态，受包括土性、结构性、排水条件、固结应力状态、地震动特征等内在因素和环境条件及荷载条件的影响，直接关系到地基和结构物的动力稳定性。在实际应用中，可以采用现场试验或室内动力试验确定土体的动强度进行地基土体地震液化判别。动强度的表达方式可以有多种形式，既可以采用类似静力强度参数的表达形式，也可以表示为一定振次作用下引起土体破坏所需的动应力幅值或动剪应力比，其中表示为一定振次作用下引起土体破坏所需的动剪应力比是最常用的形式。现场常以地震引起的等效循环剪应力 τ_{av} 与竖向有效应力 σ'_{v0} 之比来表示土体的原位动强度。室内等压动三轴试验条件下，试样 $45°$ 面上的应力状态可以模拟水平表面土体在由基岩向上传播的剪切波作用下，任一水平面上的实际应力状态，常将试验结果绘制成动剪应力比（动三轴试验 $45°$ 面上的动剪应力 $\sigma_d/2$ 与作用于 $45°$ 面上的起始有效法向应力 σ'_0 之比）与破坏振次 N_f 的动强度曲线（ $\sigma_d/2\sigma'_0 \sim \log N_f$ ），这是应用最广泛的动强度表达形式，本文讨论的动强度即采用这种表示方式。

---

❶　本文发表于《水利学报》2017 年第 4 期。

在以往的地震液化震害调查中，根据以往地震中液化案例和不液化案例数据，基于现场标贯试验、静力触探试验或波速试验，已建立了土体动强度的分界线，据此在现场原位试验基础上，能够较好地确定原位土体的动强度。但原位试验的试验条件难以控制，应力条件单一，难以进行不同固结应力状态的试验，不能研究各种因素的影响，单纯基于原位试验难以提供系统的可供地震动力反应分析应用的动强度参数。

在实际应用中，常采用现场采取散装样运至试验室，基于干密度制样控制进行重塑制样，采用动单剪试验、动力三轴试验等室内动力试验确定土体的动强度，再采用现场条件系数转换为现场实际应力条件下的土体动强度进行地基土体地震液化判别。对于土石坝坝体和地基系统而言，更多的是以室内动三轴试验确定的不同固结围压力和不同固结比下的动强度作为输入参数，通过地震动力反应分析进行地震液化稳定性评价。已有研究表明土的结构性是影响土力学特性的诸要素中一个最为重要的要素，原位结构性对砂土动力特性参数有重要的影响。对于深厚覆盖层土体来说，其成层年代长，应力应变历史复杂，具有显著的原位结构效应。但室内重塑样难以模拟原位土体的结构性，基于干密度制样控制的室内重塑样试验难以反映深厚覆盖层土体原位结构性的影响。

综上所述，探索考虑原位结构效应确定可用于动力反应分析的深埋砂土动力特性参数是十分必要的。而在以往的研究中，原位土体的动强度可基于原位试验确定，也可在室内试验基础上采用现场条件系数将室内试验成果转换为现场实际应力条件下的土体动强度，但其缺陷是均难以提供系统的可供地震动力反应分析应用的动强度参数。本文以西部高地震烈度区某实际深厚覆盖层大厚度深埋含砾中粗砂（夹杂有中细砂层透镜体）为研究对象，探索联合现场原位试验和室内模拟试验，考虑原位结构效应确定深厚覆盖层土体动强度参数的方法。在现场标贯试验和室内动三轴试验成果基础上，综合确定了能考虑原位结构效应的动强度参数，并与室内试验结果进行了对比。研究成果可为该工程坝体—深厚覆盖层地基抗震安全评价提供依据，也可供类似工程参考。

2 室内和现场试验

某大型土石坝工程拟建于 500m 超深厚覆盖层上，该工程地处高地震烈度区，坝址区 100 年超越概率 2% 基岩水平向峰值加速度超过 0.5g。据钻孔揭示，河床覆盖层物质组成和层次结构复杂，覆盖层中埋藏有厚度较大的含砾中粗砂层，其中夹杂有中细砂层透镜体。现场试验和室内物理性质试验成果表明，该砂层具有天然密度小、承载力低和压缩性低的特点，且在设计地震作用下可能发生液化。

2.1 原位砂层及室内试验砂样的基本物理性质指标

为确定砂层的原位相对密度，对其进行了钻孔原状取样，在 10 个钻孔不同深度处取原状样，确定了原位砂层相对密度的平均值、小值平均值和大值平均值（见表 1）。为确定合适的干密度进行室内试验制样控制，对试验砂样进行了相对密度试验，确定了最大、最小干密度，并按照原位相对密度的小值平均值确定①层、②层砂样的室内试验制样控制干密度分别为 $1.75g/cm^3$（相对密度 $D_r = 0.72$）和 $1.78g/cm^3$（相对密度 $D_r = 0.78$）。原位砂层的平均级配与室内砂样平均级配的对比见图 1。由图 1 可知，室内砂样不含黏粒（粒径 $d < 0.005$mm），室内试验级配曲线与砂层相应的现场平均级配曲线较接近。

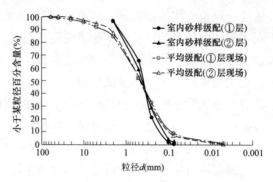

图 1　室内试验砂样级配与砂层现场平均级配

表 1									
			砂层原位相对密度						

砂层	埋深 （m）	厚度 （m）	有效上覆应力 （kPa）	原状样 （个）	干密度（g/cm³）		相对密度 D_r 平均值		
					最小	最大	平均值	小值	大值
①	12～20	36～54	100～900	19	1.217	2.009	0.77	0.72	0.85
②	70～95	150～170	800～1800	28	1.193	2.028	0.82	0.78	0.88

2.2　现场标贯试验

现场进行了 6 个钻孔的标贯试验，①层和②层测试点分别为 241 个和 71 个，测试深度范围分别为 14.6～66.1m 和 70.85～104.85m，对应上覆有效应力范围分别为 239～848kPa 和 790～1150kPa。按照美国国家地震工程中心（NCEER）推荐方法，并考虑上覆有效应力的影响，将测得的标贯击数校正到 100kPa 时，获得①层砂土和②层砂土标贯击数 $(N_1)_{60}$ 的平均值、小值平均值和大值平均值见表 2。

表 2	①层和②砂土的 $(N_1)_{60}$ 统计结果		
砂层	NCEER 方法		
	平均值	小值平均值	大值平均值
②	23.0	19.0	26.9
①	19.5	15.7	23.0

2.3　室内动三轴试验

给出了室内动三轴试验的控制条件、试验方法及基本试验结果，供下文分析使用。

2.3.1　试验控制条件

室内试验本质上是对现场条件进行模拟的模拟试验，试验时应尽量模拟土体自身的性质包括级配、干密度（相对密度）等现场土体的原位物理状态，还应尽量模拟现场的初始应力条件。砂层①埋深为 12～20m，厚度为 36～54m，建坝前其上覆有效应力范围为100～900kPa。砂层②埋深为 70～95m，厚度为 150～170m，拟建坝高为 150m。考虑①层和②层建坝前上覆有效应力（有效侧向应力）和建坝后坝基下①层和②层的上覆有效应力（有效侧向应力）范围，结合试验设备的性能和大坝—覆盖层系统动力分析的要求，综合确定土体动力特性试验的应力条件：①层和②层砂土的试验有效围压力范围分别为 300～800kPa 和 300～2500kPa，固结比为 1.0 和 2.0。试验控制条件见表 3。

表 3 试验固结应力条件

砂层	干密度 (g/cm³)	相对密度 D_r	有效固结围压力（kPa）					备 注
			300	800	1300	1900	2500	
①	1.75	0.72	√	√				每一个围压力对应于两个固结比 $K_c=1.0$ 和 $K_c=2.0$
②	1.78	0.78	√	√	√	√	√	
	1.83	0.86	√	√			√	

2.3.2 试验方法

试验设备采用日本产的 S3D 中型液压振动三轴试验仪，该仪器可提供的最大围压为 2.5MPa，最大轴向荷载为 20kN。试验按《土工试验规程》（SL 237—1999）进行，依据试验控制干密度采用干装法分三层在仪器底座上制样，试样直径为 50mm，高度为 110mm，成样后测量试样实际直径和高度。在三轴压力室内联合使用抽真空和反压饱和，当孔隙压力系数达到 0.95 以上时，认为试样饱和度满足要求，进入固结阶段，待固结稳定后，施加循环荷载进行试验。试验的激振波形采用正弦波，激振频率为 1Hz。对于每一个围压力，至少进行 3 个试样在不同的动应力作用下达到破坏，以确定不同的振动破坏周次。对于固结比为 1.0 的等压试验，取双幅轴向动应变等于 5% 为破坏标准，对于固结比为 2.0 的偏压试验，则以包括残余应变和动应变的轴向总应变等于 5% 作为破坏标准。

2.3.3 基本试验结果

依据往返加荷三轴试验过程中所得的试样动应变与振动次数的关系，按照试样轴向应变 5% 作为破坏标准，整理得到了①层砂土和②层砂土在不同围压力和固结比下动强度 CRR 与破坏振次 N_f 的关系，见图 2。从图 2 可见，有效固结围压力对①层砂土和②砂土的动强度参数有明显影响。有效固结围压力越增大，动强度越减小，特别是偏压状态下，动强度对有效固结围压力十分敏感，随有效固结围压力增大，动强度减小较快。依据图 2 得到的动强度 CRR 与等效破坏振次 N_f 的关系曲线，可得到对应于一定震级（等效破坏振次）的动强度，见表 4。

表 4 不同固结应力条件下的动强度

土层	有效围压 (kPa)	动强度 CRR							
		$K_c=1.0$				$K_c=2.0$			
		$N_f=12$	$N_f=20$	$N_f=30$	$N_f=40$	$N_f=12$	$N_f=20$	$N_f=30$	$N_f=40$
①	300	0.240	0.222	0.214	0.210	0.388	0.344	0.321	0.310
	800	0.210	0.202	0.197	0.196	0.272	0.239	0.217	0.208
②	800	0.196	0.177	0.169	0.168	0.227	0.211	0.201	0.196
	2500	0.173	0.152	0.145	0.143	0.157	0.139	0.133	0.129

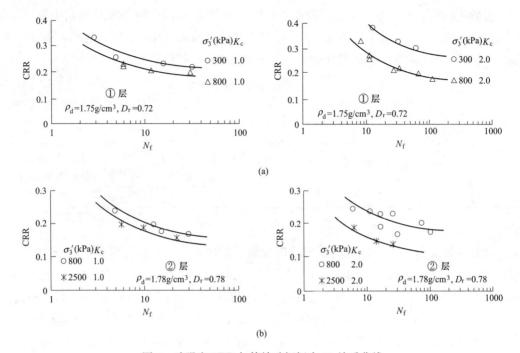

图 2　动强度 CRR 与等效破坏振次 N_f 关系曲线

(a) ①层砂土（$\rho_d = 1.75\text{g/cm}^3$，$D_r = 0.72$）；(b) ②层砂土（$\rho_d = 1.78\text{g/cm}^3$，$D_r = 0.78$）

3　考虑原位结构效应确定深厚覆盖层土体动强度参数的方法

土体地震液化研究中，为反映有效固结围压力和初始剪应力对土体动强度的影响，Seed（1983）分别引入上覆有效应力校正系数 K_σ 和初始剪应力校正系数 K_α 两个参数将基于标贯试验和静力触探试验获得的动强度调整到不同的应力条件：通过 K_σ 将动强度调整到高应力状态，通过 K_α 将动强度调整到存在不同初始剪应力的状态（如斜坡下土体）。土体的动强度受不同因素的影响可用下式表示

$$\text{CRR}_{M,\,\sigma'_{v0},\,\alpha} = \text{CRR}_{M=7.5\,100\text{kPa},\,\alpha=0} \times \text{MSF} \times K_\sigma \times K_\alpha \qquad (1)$$

式中：$\text{CRR}_{M,\sigma'_{v0},\alpha}$ 为震级为 M、上覆有效应力为 σ'_{v0}、初始剪应力比为 α 时土体的动强度；$\text{CRR}_{M=7.5\,100\text{kPa},\alpha=0}$ 为动强度基准值，是对应于震级 $M=7.5$、上覆有效应力为 $\sigma'_{v0}=100\text{kPa}$、初始剪应力比为 $\alpha=0$ 时土体的动强度；MSF 为震级修正系数；K_σ 为高上覆有效应力影响修正系数；K_α 为初始剪应力影响修正系数。

$\text{CRR}_{M=7.5\,100\text{kPa},\,\alpha=0}$ 的计算方法在基于原位试验判别土体地震液化的应用中已经比较成熟，美国国家地震工程中心（NCEER）推荐有相应的计算方法。Seed 和 Idriss（1982）最早给出了震级比例系数的代表值，此后很多学者对此开展了研究，美国国家地震工程中心（NCEER）对此做了系统的分析，并推荐了不同震级下对应震级比例系数的上、下限值，但这更多的是基于工程包络线概念的概化。自 SEED（1983）最早提出用高上覆有效应力校正系数 K_σ 和初始剪应力校正系数 K_α 来表征围压力和初始剪应力对土体动强度的影响后，不少学者对此开展了现场和室内试验研究。但有关上覆有效应力校正系数的研究所依据的试验有效围压力基本上都在 400kPa 以内，少数在 400～600kPa，对高上覆有效应力作用下 K_σ 的变化研究较少。对 K_σ 的研究中，砂土的相对密度较小（不超过 70%），且有效固结围压力较低（基本上不超过 300kPa）。

由于①层和②层砂土的相对密度较大，超过 70%，且砂层实际上覆有效应力较高，尤其是②层砂土，上覆有效应力超过了 700kPa。因此，不能依据已有的研究直接对较高相对密度（相对密度分别为 0.72、0.78）下的紧密砂土在高有效固结应力状态下的动强度变化规律进行分析。本文结合试验结果对动强度的变化规律进行分析，并根据式（1），联合现场和室内试验、考虑原位结构效应确定深厚覆盖层土体动强度参数，包括以下几个步骤：

（1）基于现场试验确定原位土体动强度基准值。在以往的震害调查中，标贯试验（SPT）和静力触探试验（CPT）在国内外历次震害调查中广泛应用，有较多的案例数据，研究者据此建立的动强度基准线已经在实践中得到较多的检验，相对已经比较成熟，这为联合现场原位试验能够考虑原位结构效应和室内动三轴试验能够进行多种应力条件控制，考虑多种因素影响的优势，综合确定深厚覆盖层土体动强度特性参数提供了基础。

可根据深厚覆盖层土体的土性特点，对其开展现场原位测试（静力触探试验、标贯试验、波速试验或贝克贯入试验，确定能反映覆盖层原位结构效应的力学指标（锥尖贯入阻力、标贯击数、剪切波速或贝克贯入击数），再依据这些力学指标，基于已建立的经震害资料检验的动强度确定公式或图表，确定深厚覆盖层土体原位条件下的动强度基准值。

（2）基于室内试验确定动强度的变化规律。对深厚覆盖层土体开展室内模拟试验，研究动强度随震级、上覆有效应力、初始剪应力比的变化规律，确定震级修正系数、上覆有效应力校正系数和初始剪应力校正系数。

（3）考虑原位结构效应确定深厚覆盖层土体的动强度参数。联合现场和室内试验综合确定覆盖层土体的动强度参数。即以现场确定的覆盖层土体原位条件下的动强度基准值为基础，结合室内试验获得的动强度随震级、上覆有效应力、初始剪应力比的变化规律，采用室内动力试验获得震级修正系数、上覆有效应力校正系数和初始剪应力校正系数变化将现场试验结果推延至多种应力条件，考虑原位结构效应确定深厚覆盖层土体的动强度参数。

鉴于标准贯入试验是国内外以往震害调查中应用最广泛的现场原位试验，下文以标贯试验确定原位土体的动强度基准值为例，详细介绍联合现场和室内试验、考虑原位结构效应确定深厚覆盖层土体动强度参数的方法。

3.1 基于现场试验确定原位土体的动强度基准值 CRR

对于干净砂，NCEER 方法推荐采用式（2）确定净砂动强度基准线，式（2）适用于震级 $M=7.5$ 级，上覆有效应力 100kPa 的情况，对标贯击数 $(N_1)_{60}$ 大于 30 的纯净砂视为不液化土

$$\text{CRR} = \frac{1}{34 - (N_1)_{60}} + \frac{(N_1)_{60}}{135} + \frac{50}{[10g(N_1)_{60} + 45]^2} - \frac{1}{200} \tag{2}$$

为了考虑细粒（<0.074mm）含量 FC 对动强度曲线的影响，采用式（3）对试验标

贯击数进行修正，得到等效洁净砂的标贯击数，以考虑细粒含量的影响

$$(N_1)_{60cs} = \alpha + \beta(N_1)_{60} \tag{3}$$

式中 α、β 的值按细粒含量 FC 来确定。当 FC$\leqslant$5％时，$\alpha = 0$，$\beta = 1.0$；当 FC$\geqslant$35％时，有 $\alpha = 5.0$，$\beta = 1.2$；当 5％$<$FC$<$35％时，α、β 采用下式计算

$$\alpha = \exp[1.76 - (190/FC^2)] \tag{4}$$

$$\beta = [0.99 + (FC^{1.5}/1000)] \tag{5}$$

据此，依据现场标贯试验获得的砂层标贯击数 $(N_1)_{60}$，计算可得原位砂层的动强度参数基准值 CRR 见表5。

表5   原位砂层的动强度参数基准值

砂层	NCEER 方法		
	平均值	小值平均值	大值平均值
①	0.209	0.167	0.257
②	0.257	0.203	0.336

3.2   基于室内试验确定动强度参数的变化规律

对深厚覆盖层土体开展室内模拟试验，研究动强度随震级、上覆有效应力、初始剪应力比的变化规律，确定震级修正系数、上覆有效应力校正系数和初始剪应力校正系数。

（1）震级比例系数。震级比例系数采用式（6）计算

$$MSF = \frac{CRR_{M \neq 7.5}}{CRR_{M=7.5}} \tag{6}$$

式中：MSF 为震级比例系数；$CRR_{M \neq 7.5}$ 为震级 $M \neq 7.5$ 时的动强度；$CRR_{M=7.5}$ 为震级 $M = 7.5$ 时的动强度。

对砂层①和②的室内动三轴试验资料进行整理，可得不同震级对应的震级比例系数，见图3。

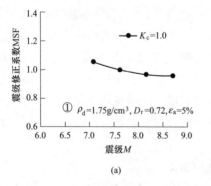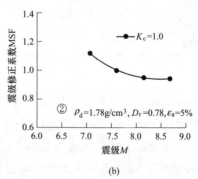

图3   动三轴试验确定的震级比例系数

(a) ①层砂土（$\rho_d = 1.75\text{g/cm}^3$，$D_r = 0.72$）；(b) ②层砂土（$\rho_d = 1.78\text{g/cm}^3$，$D_r = 0.78$）

（2）上覆有效应力校正系数。对于室内动三轴试验，K_σ 采用式（7）计算

$$K_\sigma = CRR_{\sigma'_c}/CRR_{\sigma'_c=p_a} \tag{7}$$

式中：$CRR_{\sigma'_c}$ 为有效固结围压力为 σ'_c 时土体的动强度；$CRR_{\sigma'_c=p_a}$ 为有效固结围压力为

100kPa 时土体的动强度。

美国国家地震工程中心（NCEER）推荐的地震液化判别方法，在世界范围内应用最为广泛，在该法中，采用式（8）计算上覆有效应力校正系数

$$K_\sigma = (\sigma'_{v0}/p_a)^{f-1} \tag{8}$$

式中：f 为包括相对密度、应力历史，沉积年代和超固结比等影响的场地条件系数。

依据动三轴试验获得的①层砂土和②层砂土在不同有效固结围压力下的动强度，结合式（7）和式（8），可以获得不同相对密度下①层砂土和②层砂土对应的 f 值分别为 0.903 和 0.870。据此，可计算得到不同上覆有效应力下的校正系数，见图 4。

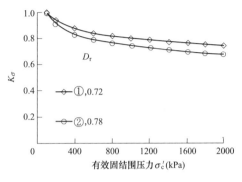

图 4　K_σ-σ'_c 关系曲线

（3）初始剪应力校正系数。初始剪应力校正系数 K_a 采用式（9）计算或按表 6 取值

$$K_a = CRR_\alpha/CRR_{\alpha=0} \tag{9}$$

式中：CRR_α 为初始剪应力比为 α 时土体的动强度；$CRR_{\alpha=0}$ 为初始剪应力比 $\alpha=0$（无初始剪应力状态）时的抗液化动剪应力。

对于室内动三轴试验，初始剪应力比 α 可依据试样 45°面上的初始静剪应力 τ_0 和法向有效应力 σ'_0 采用式（10）计算

$$\alpha = \tau_0/\sigma'_0 \tag{10}$$

式中：τ_0 为振前试样 45°面上的初始静剪应力；σ'_0 为振前试样 45°面上的有效法向应力。

表 6　初始剪应力校正系数 K_a

初始剪应力比	①层，$D_r=0.72$ σ'_c（kPa）		②层，$D_r=0.78$ σ'_c（kPa）	
	300	800	800	2500
0	1	1	1	1
0.333	1.536	1.16	1.18	0.91

依据相同围压力、不同固结比条件下的室内动三轴试验结果，整理可得一定有效固结围压力下、不同固结比时的初始剪应力校正系数 K_a，见表 6。

3.3　考虑原位结构效应确定覆盖层土体的动强度参数

根据前文基于现场试验确定的①层和②层砂土的动强度基准值，以及基于室内试验确定的震级比例系数、上覆有效应力校正系数和初始剪应力校正系数，考虑原位结构效应确定深厚覆盖层土体的动强度参数。

（1）原位与室内等压条件下动强度的转换关系。室内动三轴试验采用试样内所有面上的最大动剪应力与试样上的平均有效主应力之比 $\Delta\tau_{max}/\sigma'_0$ 表示动强度。水平地基条件下，其原位应力状态与室内等压动三轴试验的应力条件不同，现场计算获得的动强度 CRR 与室内试验的动强度 $\Delta\tau_{max}/\sigma'_0$ 的表示含义也不一致。因此，在将现场试验计算的 CRR 推到

室内三轴等压三轴试验条件时，需要采用相同定义的动强度表示方法。

对于现场原位应力条件，水平地基动强度采用式（11）表示

$$\frac{\Delta\tau_{\max}}{\sigma'_0} = \frac{\tau_{av}}{\left(\dfrac{1+2K_0}{3}\right)\sigma'_{v0}} \tag{11}$$

式中：σ'_{v0} 为上覆有效应力，K_0 为侧压力系数。

对于室内等压动三轴试验，动强度采用式（12）表示

$$\frac{\Delta\tau_{\max}}{\sigma'_0} = \frac{\Delta\tau}{\sigma_c} = \left(\frac{\sigma_d}{2\sigma_c}\right)_{tri} \tag{12}$$

式中：σ_d 为动应力，σ_c 为有效围压，$\Delta\tau$ 为动剪应力。

由式（11）和式（12）可得

$$\left(\frac{\sigma_d}{2\sigma_c}\right)_{tri} = \frac{3}{1+2K_0} \times \left(\frac{\tau_{av}}{\sigma'_{v0}}\right)_{field}$$

$$= \frac{3}{1+2K_0} \times CRR \tag{13}$$

式中：CRR 为现场土体动强度基准值。

正常固结砂土的侧压力系数大致为 $K_0 = 0.45 \sim 0.50$，则

$$\left(\frac{\sigma_d}{2\sigma_c}\right)_{tri} = (1.50 \sim 1.58) \times CRR \tag{14}$$

从偏于安全考虑，取

$$\left(\frac{\sigma_d}{2\sigma_c}\right)_{tri} = 1.50 \times CRR \tag{15}$$

式（15）即为室内等压条件下动强度与现场确定的动强度参数基准值之间的转换关系。

（2）考虑原位结构效应的动强度参数。联合现场标贯试验和室内动三轴试验确定考虑原位效应的室内动三轴试验动强度的步骤如下：

1）依据现场标贯试验确定的标贯击数（见表2），采用式（2）计算震级 $M=7.5$、上覆有效应力 $\sigma'_{v0}=100\text{kPa}$、初始剪应力为 0 情况下的动强度基准值（见表5）；

2）采用式（15）将该依据标贯试验获得的现场动强度基准值修正至室内等压动三轴试验条件下，有效围压为 100kPa，等效震动周次为 20 周（对应于 7.5 级地震）时的动强度；

3）依据室内试验获得的各层土料的震级修正系数，将等压条件、有效围压为 100kPa，等效振动周次为 20 周（对应于 7.5 级地震）时的动强度，修正至等压条件、有效围压为 100kPa，不同等效振动周次（震级）对应的动强度；

4）依据室内试验获得的围压力影响校正参数，将等压条件、有效围压为 100kPa、各等效振动周次（震级）对应的动强度修正至等压条件相应振动周次（震级）时的其他围压力；

5）依据室内试验获得的初始剪应力（固结比）影响校正系数，将等压条件下的动强

度修正至固结比为 2.0 情况时的动强度。

　　联合①层和②层砂土现场标贯试验和室内动三轴试验结果，按照上述步骤可推算考虑结构效应的动强度参数，见表 7 和表 8。

表 7　考虑原位效应的动强度参数-①层砂土

标贯击数（击）	有效围压（kPa）	动强度参数 CRR							
		$K_c = 1.0$				$K_c = 2.0$			
		$N_f = 12$	$N_f = 20$	$N_f = 30$	$N_f = 40$	$N_f = 12$	$N_f = 20$	$N_f = 30$	$N_f = 40$
大值平均值	300	0.367	0.346	0.336	0.332	0.562	0.530	0.514	0.507
23.0	800	0.334	0.315	0.305	0.302	0.392	0.370	0.358	0.354
平均值	300	0.299	0.282	0.274	0.270	0.457	0.431	0.418	0.413
19.5	800	0.272	0.257	0.249	0.246	0.319	0.301	0.292	0.288
小值平均值	300	0.239	0.225	0.219	0.216	0.365	0.345	0.334	0.330
15.7	800	0.217	0.205	0.199	0.196	0.255	0.240	0.233	0.230

表 8　考虑原位效应的动强度参数-②层砂土

标贯击数（击）	有效围压（kPa）	动强度参数 CRR							
		$K_c = 1.0$				$K_c = 2.0$			
		$N_f = 12$	$N_f = 20$	$N_f = 30$	$N_f = 40$	$N_f = 12$	$N_f = 20$	$N_f = 30$	$N_f = 40$
大值平均值	800	0.423	0.384	0.367	0.361	0.486	0.442	0.422	0.415
26.9	2500	0.365	0.331	0.316	0.311	0.343	0.311	0.297	0.292
平均值	800	0.324	0.294	0.281	0.276	0.372	0.338	0.323	0.317
23.0	2500	0.279	0.254	0.242	0.238	0.262	0.238	0.228	0.224
小值平均值	800	0.256	0.233	0.222	0.218	0.295	0.268	0.256	0.251
19.0	2500	0.221	0.201	0.192	0.188	0.208	0.189	0.18	0.177

　　（3）对考虑原位结构效应确定动强度参数的讨论。①层、②层砂样室内试验制样控制干密度是按照原位相对密度的小值平均值确定的，图 5 给出了室内试验确定参数及联合室内动三轴和现场标贯试验（标贯击数取小值平均值）考虑原位结构效应确定参数的对比。由图 5 可见，对于①层砂土，固结比为 1.0、有效围压力为 300kPa 时，联合室内和现场试验确定的动强度参数与室内试验确定参数基本一致；有效围压力增大到 800kPa 时，联合室内和现场试验确定的动强度参数比室内试验确定的动强度参数略高。固结比为 2.0 时，联合室内和现场试验确定的动强度参数与室内试验确定的参数比较接近。总的来看，联合室内和现场试验确定的动强度与室内试验确定的动强度较接近，固结比为 1.0 时，相差约 3%，固结比为 2.0 时，两者相差最大约 10%。可以认为①层砂土的原位结构效应较弱。室内试验参数基本上能反映砂层的实际动强度。对于②层砂土，联合室内和现场试验确定的动强度参数明显高于室内试验确定的动强度参数，不同有效固结围压力和不同固结比下，联合室内和现场试验确定的动强度均比单纯依靠室内试验确定的动强度高约 30%。

　　Yoshimi 的研究表明，Niigata 密砂的原状样动强度一般均大于相同密度下空中砂雨成型的重塑样强度的一倍以上。刘小生等对迁西砂的研究表明，相同相对密度（$D_r = $

0.735）的原状样比重塑样的动强度高 50％以上。赵冬等对小浪底细砂和中砂以及廊坊粉砂的试验研究表明，原状砂雨重塑砂动强度之间的差距明显，固结后相对密度等于原状砂相对密度上限的一组重塑极细砂，其动强度比原状砂低 10％左右，固结后等于原状砂相对密度平均值的砂，动强度比原状砂低 25％左右，固结后相对密度为 0.74 的重塑样，动强度比原状砂样低 40％～70％。蒋春田对两个地基原状砂和扰动砂的动强度的比较表表明，原状细砂和极细砂的动强度比相应扰动重塑细砂和极细砂的动强度分别高 40％和30％。本文联合现场标贯试验和室内动三轴试验考虑原位结构效应确定的动强度参数，与已有的重塑样和原状样试验结果的相对关系具有可比性。

本文方法的特点在于，原位结构效应是通过基于现场试验的动强度基准值 $CRR_{M=7.5100kPa,\alpha=0}$ 来反映的，而动强度在不同条件下的变化规律，是基于室内试验确定的。这实际上是一种近似的处理方法，能进行这种近似处理的原因在于，已有研究表明，从变化的规律性上来说，与原状结构性带来的动强度基准值的较大的差异相比，重塑样和原状样变化的规律性的差异相对是较小的，尤其是在震级较大时这一特点更为明显。

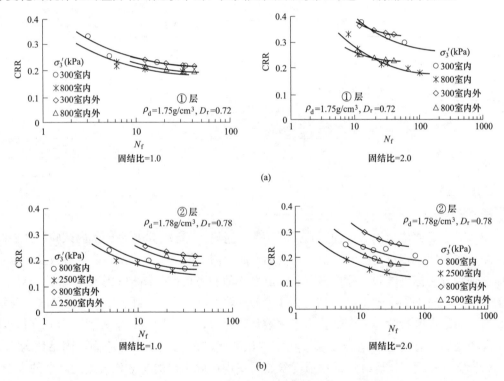

图 5　考虑原位结构效应确定的动强度参数与室内试验确定的动强度参数对比
（a）①层砂土（ρ_d=1.75g/cm³，D_r=0.72）；（b）②层砂土（ρ_d=1.78g/cm³，D_r=0.78）

4　结论

在国内外已有研究成果基础上，探索了联合原位试验能够考虑原位结构效应和室内试验能够进行多种应力条件控制，考虑多种因素影响的优势，综合确定深厚覆盖层土体动强度特性参数的方法：

（1）基于合适的现场试验确定原位土体动强度基准值；

（2）基于室内动力试验确定动强度参数在不同振动强度、不同固结应力条件下的变化规律；

（3）联合现场和室内试验，将基于现场试验的动强度基准值推延至多种应力条件，考虑原位结构效应确定深厚覆盖层土体的动强度参数。

结合某实际深厚覆盖层工程，在覆盖层现场标贯试验基础上，确定了深厚覆盖层土体的现场标贯击数，在室内动三轴试验基础上确定了等效振动周次（震级）、上覆有效应力和固结比对动强度参数的影响规律，考虑原位结构效应确定了深厚覆盖层砂土的动强度参数，并与室内试验参数进行了对比。结果表明，对于①层砂土，考虑原位结构效应确定的动强度参数与室内试验参数较接近，在固结比为 1.0 时，两者相差约 3%，在固结比为 2.0 时，两者相差最大约 10%。对于②层砂土，联合现场和室内试验考虑原位结构效应确定的动强度参数明显高于室内试验确定的动强度参数，不同的有效固结围压力和固结比下，前者比后者高约 30%。

目前，有关联合现场试验和室内重塑样动强度试验考虑原位结构效应确定深厚覆盖层土体动强度参数的相关研究还很少，本文仅是联合现场标贯试验和室内重塑样动强度试验对考虑原位结构效应确定土体结构模型参数的一个探索和尝试，其中还有不少问题需要根据实际情况在未来的研究中进行修正、补充和完善，比如如何根据具体的现场试验种类更好地确定动强度的基准值等，已有的研究成果也需要更多的试验资料支持，有待进一步开展研究。

参考文献

[1] Terzaghi K. Theoretical Soil Mechanics [M]. New York：Weley，1943.

[2] 沈珠江. 土体结构性的数学模型——21 世纪土力学的核心问题 [J]. 岩土工程学报，1996，18（1）：95-97.

[3] 谢定义，齐吉琳，朱元林. 土结构性及其定量化参数研究的新途径 [J]. 岩土工程学报，1999，21（6）：651-656.

[4] 刘小生，汪闻韶，常亚屏，等. 地基土动力特性测试中的若干问题 [J]. 水利学报，2005，36（11）：1298-1306.

[5] 汪闻韶. 饱和砂土振动孔隙水压力试验研究 [J]. 水利学报，1962，（2）：37-47.

[6] FINN W D L，BRANSBY P L，PICKERING D J. Effect of Strain History on Liquefaction of Sand [J]，J. Soil Mechanics and Foundations Div.，ASCE，Vol. 98，SM6，1970.

[7] SEED H B，MORI K，CHAN C K. Influence of Seismic History on Liquefaction Characteristics of Sands [J]，ASCE，1977，103（4）：257-270.

[8] SEED H B，MORI K，CHAN C K. Influence of Seismic History on Liquefaction Characteristics of Sands [J]，ASCE，1977，103（4）：257-270.

[9] MULILIS J P，CHAN C K，SEED H B. The Effects of Methods of Sample Preparation on the Cyclic Stress-Strain Behavior of Sand [R]，Report No. EERC-75-78，University of California，1975.

[10] LADD R S. Specimen Preparation and Cyclic Stability of Sands [J]，J. Soil Mechanics and Foundations Div.，ASCE，1977，103（6）：535-547.

［11］ MULILIS J P，SEED H B，CHAN C K，et al. Effects of Sample Preparation on Sand Liquefaction ［J］，J. Soil Mechanics and Foundations Div.，ASCE，1977，103（2）：91-108.

［12］ MULILIS J P ，SEED H B，CHAN C K. Resistance to Liquefaction Due to Sustained Pressure ［J］. J. Soil Mechanics and Foundations Div.，ASCE，1977，103（7）：793-797.

［13］ SEED H B. Soil Liquefaction and Cyclic Mobility Evaluation for Level Ground During Earthquakes ［J］，J. Geotech. Eng. Div.，ASCE，1979，105（2）：201-225.

［14］ 赵冬，刘小生，黄锦德．原状砂土取样和动力性质试验研究［J］．水利学报，1993，（8）：70-76.

［15］ 刘小生，汪闻韶，常亚屏，等．结构性对饱和砂土动孔隙水压力性状影响的探讨［J］．中国水利水电科学研究院学报，1997，（2）：47-57.

［16］ 汪闻韶著．土的动力强度和液化特性［M］．北京：中国电力出版社，1997.

［17］ 刘小生，汪闻韶，赵冬．饱和原状砂土的静、动力强度特性试验研究［J］．水利学报，1991，22（11）：41-46.

［18］ 刘小生，赵冬，汪闻韶．原状结构性对饱和砂土动力变形特性影响试验研究［J］．水利学报，1993，2：32-42.

［19］ 刘小生，汪闻韶，常亚屏．饱和原状砂动力特性研究［R］．国家自然科学基金重大项目"岩土与水工建筑物相互作用"研究成果汇编，1992.

［20］ 汪闻韶，饱和砂土振动孔隙水压力试验研究［J］．水利学报，1962，（2）：37-47.

［21］ 赵冬，刘小生，黄锦德．有效应力下原状砂土动力行为的试验研究．国家自然科学基金资助重大项目"岩土与水工建筑物相互作用"研究成果汇编［C］.1992.

［22］ 刘启旺，杨玉生，刘小生，等．考虑原位结构效应确定深厚覆盖层土体的动力变形特性参数［J］．水利学报，2015，46（9）：1047-1054.

［23］ 蒋寿田．两个地基原状砂和扰动砂的动强度特性比较［J］．大坝观测与土工测试，1991，15（1）：31-36.

［24］ 刘小生，汪闻韶．饱和砂土的原位动强度确定方法探讨［J］．土木工程学报，1996，29（2）：65-74.

［25］ YOUD T L，IDRISS I M，ANDRUS R D，et al. Liquefaction resistance of soils：summary report from the 1996 NCEER and 1998 NCEER/NSF workshops on evaluation of liquefaction resistance of soils ［J］. Journal of geotechnical and geoenvironmental engineering，2001，127（10）：817-833.

［26］ SEED H B. Earthquake-resistant design of earth dams ［C］/ Proceedings ，Symbosium on Seismic Design of Embankments and Caverns，Pennsylvania，ASCE，NY，1983：41-64.

［27］ IDRISS I M，BOULANGER R W. Soil liquefaction during earthquakes ［M］. Earthquake engineering research institute，2008.

［28］ SEED H B，IDRISS I M. Ground motions and soil liquefaction during earthquakes ［M］. Earthquake Engineering Research Institute，1982.

［29］ SEED R B，HARDER L F. SPT-based analysis of cyclic pore pressure generation and undrained residual strength ［C］//H. Bolton Seed Memorial Symposium Proceedings. 1990，2：351-376.

［30］ VAID Y P，SIVATHAYALAN S. Static and cyclic liquefaction potential of Fraser Delta sand in simple shear and triaxial tests ［J］. Canadian Geotechnical Journal，1996，33（2）：281-289.

［31］ HARDER JR L F，BOULANGER R. Application of K and K correction factors ［M］//Technical Report NCEER. US National Center for Earthquake Engineering Research（NCEER），1997，97：

167-90.

[32] HYNES M E，OLSEN R S，YULE D E. The influence of confining stress on Liquefaction Resistance [J]. NIST SPECIAL PUBLICATION SP，1998：167-184.

[33] PILLAI V S，MUHUNTHAN B. A review of the influence of initial static shear (Ka) and confining stress (Ks) on failure mechanisms and earthquake liquefaction of soils [C] //Proceedings of the 4th international conference on recent advances in geotechnical earthquake engineering and soil dynamics. Rolla，MO，USA：University of Missouri Rolla Press. 2001.

[34] BOULANGER，R W. High overburden stress effects in liquefaction analyses [J]. J. Geotechnical and Geoenvironmental Engineering，ASCE，2003，129 (12)：1071-1082.

[35] CETIN K O，SEED R B，DER KIUREGHIAN A，et al. Standard penetration test-based probabilistic and deterministic assessment of seismic soil liquefaction potential [J]. Journal of Geotechnical and Geoenvironmental Engineering，2004，130 (12)：1314-1340.

[36] STAMATOPOULOS C A. An experimental study of the liquefaction strength of silty sands in terms of the state parameter [J]. Soil Dynamics and Earthquake Engineering，2010，30 (8)：662-678.

[37] AL-TARHOUNI M，SIMMS P，SIVATHAYALAN S. Cyclic behaviour of reconstituted and desiccated-rewet thickened gold tailings in simple shear [J]. Canadian Geotechnical Journal，2011，48 (7)：1044-1060.

[38] MANMATHARAJAN V，SIVATHAYALAN S. Effect of overconsolidation on cyclic resistance correction factors Kσ and Kα [C] //Proc.，Fourteenth Pan-American Conference on Soil Mechanics and Geotechnical Engineering and the Sixty-Fourth Canadian Geotechnical Conference. 2011.

[39] VAID Y P，CHERN J C. Effect of static shear on resistance to liquefaction [J]. 土质工学会论文报告集，1983，23 (1)：47-60.

[40] VAID Y P，CHERN J C. Cyclic and monotonic undrained response of saturated sands [C] //Advances in the art of testing soils under cyclic conditions. ASCE，1985：120-147.

[41] BOULANGER R W，SEED R B，CHAN C K，et al. Liquefaction behavior of saturated sands under uni-directional and bi-directional monotonic and cyclic simple shear loading [J]. Geotechnical Engineering Rep. No. UCB/GT/91，1991，8.

[42] BOULANGER R W，SEED R B. Liquefaction of sand under bidirectional monotonic and cyclic loading [J]. Journal of Geotechnical Engineering，1995，121 (12)：870-878.

[43] VAID Y P，STEDMAN J D，SIVATHAYALAN S. Confining stress and static shear effects in cyclic liquefaction [J]. Canadian Geotechnical Journal，2001，38 (3)：580-591.

[44] 吉见吉昭，時松孝次，金子治，等. Undrained cyclic shear strength of a dense Niigata sand [J]. 土质工学会论文报告集，1984，24 (4)：131-145.

作者简介

杨玉生（1980—），男，河南南阳人，博士，高工，从事土动力学、土石坝与地基抗震理论和应用研究。主持 2 项国家自然科学基金项目。出版专著《覆盖层地基液化评价方法》一部，署名编写《水力发电工程地质勘察规范》（GB 50287—2016）、《水工设计手册》和《中国水力发电技术发展报告》（2012 年版）。

高面板堆石坝面板结构性破损防控技术及应用

湛正刚　张合作　田业军　蔡大咏

（中国电建集团贵阳勘测设计研究院有限公司）

[摘　要]　董箐面板堆石坝最大坝高 150m，混凝土面板最大斜长 245m，面板施工分三期。为避免面板发生结构性破损，在设计中应用了大坝变形控制、控制面板结构适应纵向变形、采用双层配筋等综合防控技术和预沉降、坝体反向渗透控制、面板脱空控制等多项施工控制措施。工程建设和运行表明，上述成套技术较好地防控了混凝土面板的结构性破损，面板变形、扰度和坝体渗漏量各项指标良好。

[关键词]　董箐面板堆石坝　面板结构破损　纵向变形　反向渗透破　面板脱空

1　概述

董箐水电站位于贵州省西南部的北盘江干流上，工程规模为大（2）型。工程枢纽由钢筋混凝土面板堆石坝、左岸开敞式溢洪道、右岸放空洞、右岸地面式引水发电系统等建筑物组成。大坝为混凝土面板堆石坝，大坝上游坝坡 1：1.4，下游坝坡综合坡比 1：1.5，最大坝高 150m。面板顶厚 0.3m，底部最大厚度 0.80m，面板最大斜长为 245m，面板受压区和两岸受拉区面板均采用 15m 宽。坝顶长约 678.63m，共有 45 块面板，受压缝 23 条，受拉缝 16 条。根据施工进度和大坝填筑分期，大坝面板共分三期进行浇筑，一期面板顶高程为 415.0m，二期面板顶高程为 477.0m，三期面板顶高程为 491.2m。

工程于 2006 年 11 月正式开工，2009 年 8 月蓄水，2009 年 12 月第一、二台机组发电，2010 年 6 月第三、四台机组发电，2012 年竣工。大坝在设计建设中借鉴国内外面板堆石坝对于面板结构破损控制的经验教训，同时重点从坝体变形控制、挤压垂直缝防控、面板脱空、施工期坝体反向渗透等方面对面板结构性破损进行了防控，笔者认为这一系列的成套技术对高面板坝防控面板破损具有较好的参考价值。

2　面板破损防控技术设计

面板破损的主要原因是坝体变形引起的，其次为不合理的面板结构和混凝土材料，董箐面板坝的面板结构是按照规范要求设计的，本文着重从变形控制方面进行论述。

2.1　大坝变形控制设计

坝体分区包括垫层区（2A）、过渡区（3A）、砂泥岩堆石区（3B）、排水堆石区（3F）、上游防渗区（混凝土面板）和防渗补强区（1A、1B）、特殊垫层区（2B），见图 1。

在传统使用硬岩料、局部软岩料、砂砾石料填筑高面板坝的基础上，创造性地提出了利用溢洪道开挖的软硬岩混合料作为筑坝材料，坝体填筑料为砂岩和泥岩互层的软硬岩料（砂岩占 65%～85%，泥岩占 15%～35%，砂岩属硬岩，湿抗压强度 16·60MPa；而泥

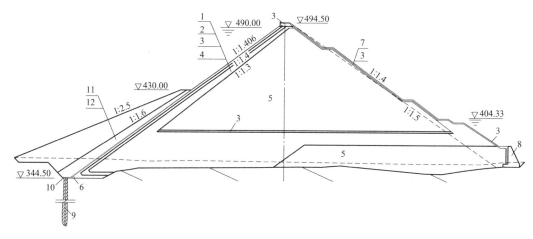

图 1　董箐大坝最大断面及分区图

1—混凝土面板（F）；2—垫层区（2A）；3—过渡区（3A）；4—排水堆石区（3F）；

5—砂泥岩堆石区（3B）；6—特殊垫层区（2B）；7—块石护坡（P）；8—混凝土挡墙；

9—灌浆帷幕；10—混凝土趾板；11—石渣盖重区（1B）；12—黏土铺盖区（1A）

岩属软岩，湿抗压强度为 10～20MPa），节约了工程投资、缩短了工期，同时为确保大坝安全性，在砂泥岩周边设置了 L 形排水堆石区，有效降低了砂泥岩内部的浸润线。

在坝体变形控制设计中，除加强坝体整体变形控制、不均匀变形控制外，还注重坝体全过程变形控制。本工程砂泥岩堆石料变形较一般中硬岩堆石料变形大，设计采用相对较小的孔隙率控制坝体整体变形，砂泥岩堆石区孔隙率采用 19.4%；坝体不分主次堆石区，砂泥岩堆石区和排水堆石区孔隙率均采用 19.4%，有利于坝体上、下游均匀变形；同时提出了面板浇筑前堆石体预沉降时间不少于 3～6 个月和月沉降量不大于 5～10mm 的两项设计指标，以及蓄水过程控制指标，控制坝体不同时段的变形量，使坝体后期有害变形尽量减小；为加速坝体施工期的变形，在施工碾压设计工艺中引入了冲碾压实技术。大坝总沉降变形为 205cm，占最大坝高的 1.37%，坝体沉降变形过程见图 2。

从图 2 分析可知，通过蓄水前长约 8 个月的沉降周期，使 20cm 的有害变形转化为无害变形，坝体变形 87% 均在蓄水前完成。通过蓄水过程的缓慢加载，又削减了 15cm 的有害变形，使坝体有害变形又降低了 60% 左右，最终的有害变形仅为 10cm，为坝高的 0.7‰。虽然坝体总沉降变形 205cm，为坝高的 1.37%，但主要发生在施工期，运行期沉降变形量值小。

上述变形控制措施较好的控制了面板浇筑后的坝体变形，避免了因面板浇筑后过大的坝体变形导致面板破损的现象发生。

2.2　面板结构适应纵向变形设计

混凝土面板厚度按照 $t=0.3+0.003\,5H$ 设计，最大底部厚度 0.80m，面板总面积 9.8 万 m^2。面板分缝均采用 15m，共有 45 块面板，其中受压缝 29 条，面板挤压缝宽按照应力变形计算分析结果，利用《混凝土面板堆石坝面板分缝结构及其施工方法》（ZL.201410763722.2）专利技术中的发明方法确定为 8mm，缝内嵌填 8mm 厚的 L600 低

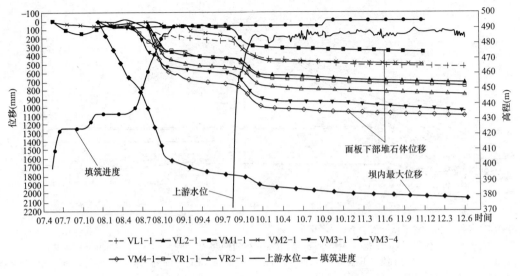

图2 董箐坝最大坝高断面沉降测点过程线

发泡聚乙烯闭孔塑料板。面板分缝设计见表1。

表1　　　　　　　　　　　　董箐坝面板分缝设计表

坝顶长度（m）	分缝间距（m）	应力变形坝体纵向水平位移计算值（mm）		缝宽（mm）	分缝条数	挤压缝总宽（mm）	缝面处理
		向左岸	向右岸				
678	15	176.1	188.7	8	29	232	8mm闭孔泡沫板

运行中坝体纵向水平位移测值和规律见图3。

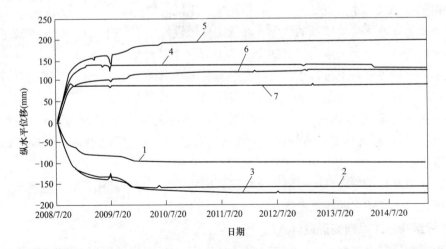

图3　坝体455m高程坝纵水平位移（mm）

1—HZ1；2—HZ2；3—HZ3；4—HR1；5—HR2；6—HR3；7—HR4

分析董箐面板堆石坝坝体纵向位移（图3）可知：

（1）坝体两岸向河床的水平位移最大值为 195.1mm，但是面板浇筑完成后的坝体纵向水平位移相对较小。面板浇筑时坝体纵向水平最大位移为 142.2mm 和 -163.0mm，截至 2015 年 3 月 20 日，以上两个测点的纵向水平最大位移为 176.59mm 和 195.1mm，即面板浇筑完成后坝体两岸向河床部位的纵向水平位移最大值分别为 34.39mm 和 -32.1mm。预设的垂直挤压缝和可压缩的嵌缝材料能够吸收发生的纵向水平位移，防止了面板间缝面的垂直挤压破坏。

（2）面板浇筑后在面板顶部设置的表面观测墩所测数据也基本和以上时段坝体内部的纵向变形规律和数值一致。坝体两岸向河床部位的纵向水平位移最大值分别为 34.9mm 和 -32.16mm。

所以大坝运行至今，混凝土面板未发现有挤压破坏现象。

2.3 面板配筋设计

面板配筋的作用主要有：限制混凝土硬化初期的温升、运行期外界温度变化而引起面板的温度裂缝；限制水泥硬化初期的干缩变形和自身体积变形而引起面板的裂缝。董箐面板坝一期面板配筋形式为：上层纵向筋及水平筋均为 Φ16@15cm，下层纵向筋为 Φ18@15cm，水平筋为 Φ16@15cm，钢筋保护层厚度为 10cm。二期、三期面板配筋形式为：上层、下层纵向筋及水平筋均为 Φ16@15cm，钢筋保护层厚度为 8cm。面板两侧配筋封闭，在面板与趾板、面板与面板之间接触带配设面板加强钢筋，加强其结构抗压性。

2.4 面板防裂及混凝土配合比设计

混凝土裂缝的主要危害是降低混凝土的耐久性，应通过一系列手段来确保不出现危害性较大的裂缝，董箐面板堆石坝面板防裂抗裂主要途径有：①在面板混凝土中内掺粉煤灰，以减小混凝土浇筑时的发热量；②在面板混凝土中外掺入具有后期膨胀性的外加剂（MgO），起到收缩补偿作用，抵消高龄期水化热温降阶段混凝土收缩引起的应力裂缝；③在面板混凝土中外掺聚丙烯腈纤维，可加强其抗裂性能，抵抗低龄期水化热温升阶段混凝土强度低时膨胀引起的温度应力裂缝；④选择有利时机进行面板混凝土浇筑，尽可能避免高温季节浇筑面板混凝土；⑤面板的保护和养护是防止温度、湿度变化引起裂缝的有效措施，混凝土浇筑完成后进行洒水养护和覆盖草袋养护。

综上，董箐面板混凝土强度等级（28d）为 C30 二级配，采用 P.O42.5 普通硅酸盐水泥，内掺粉煤灰 25％，外掺 MgO 含量为 3％，外掺聚丙烯腈纤维 0.9kg/m³，减水剂、引气剂等外加剂适量。董箐面板混凝土最大水灰比 0.50，最大坍落度 70mm，抗渗等级（28d）W12，抗冻等级（28d）F100，极限拉伸值（28d）$> 100 \times 10^{-6}$，干缩变形值（28d）$< 220 \times 10^{-6}$。面板混凝土总共 5.2 万 m³。

通过以上途径能改善面板混凝土自身体积变形，减少干缩变形，提高抗拉强度和极限拉伸值，可以有效减小或者避免面板结构性裂缝发生的可能。

3 施工控制技术

3.1 堆石体预沉降时间控制

当面板施工时，如果其下部堆石体尚存在较大的变形，必然会导致面板裂缝甚至结构性裂缝的发生，因此，根据大坝变形全过程控制思路，采用预沉降措施可以使部分有害变形尽量转化，以减小坝体后期有害变形对面板结构的不利影响。确定预沉降时间的基本原则是：任何一期面板浇筑前，其下部堆石体的变形趋于稳定或基本稳定。根据洪家渡工程经验，并结合本工程砂泥岩料的特性，面板浇筑时机严格按照本工程设计提出的堆石体预沉降两项控制指标：面板下部坝体预沉降时间不少于 3~6 个月，月沉降量不大于 5~10mm。

面板混凝土实际分三期施工，第一期从 2008 年 3 月 1 日~5 月 9 日，浇筑面板从 349~415m 高程，面板下部堆石体预沉时间达 7 个月，此时月沉量最大值为 8.1mm；第二期从 2009 年 2 月 11 日~5 月 23 日，浇筑二期面板至 477m 高程，面板下部堆石体预沉时间为 5 个月，此时月沉量最大值为 8.6mm；第三期从 2009 年 9 月 15 日~11 月 10 日，浇筑三期面板至 491.2m 高程，面板下部堆石体预沉时间达 7 个月，此时月沉量最大值为 7.5mm。

3.2　面板混凝土施工控制

面板混凝土工程包括钢筋绑扎、止水施工和混凝土浇筑等工序。面板宽度均为 15m，各期面板混凝土施工均从中央向两侧推进，采用跳仓方式浇筑。施工程序为大坝上坡面清理→修整→测量放线→砂浆找平→PVC 垫片→铜片→侧模→钢筋→预埋件→验收→浇筑→养护。验收合格后，浇筑混凝土，混凝土浇筑按跳块方式从中央向两岸进行施工，混凝土用自卸车运至施工块顶面，从溜槽上均匀滑至仓面，人工平仓后，振捣密实，混凝土与滑模平齐时，用卷扬机将滑模提升 25~30cm，然后继续浇筑混凝土，直至该施工块结束。混凝土脱模并经过二次压面后，混凝土初凝后，采用废旧毛毯和草袋覆盖，并全天 24h 洒水养护至下闸蓄水。

3.3　坝体反向渗透控制

董箐大坝工期 36 个月，需全年施工，围堰为枯期围堰，所以大坝临时断面需挡水度汛。趾板处天然河床高程 363m，趾板基础高程 345m，开挖深度 18m，下游结合量水堰布置有高 20m 的混凝土截水墙，墙顶高程 378m，与趾板基础高差达 33m。综上所述，董箐面板堆石坝施工期反渗水问题突出，工程采用了施工期反渗水处理方法及反渗排水系统技术，见图 4。在河床中部上游过渡区共设置了 10 套反渗排水系统，下游混凝土挡墙 366m 高程设置了 4 套排水系统。排水管直径均为 219mm，壁厚 6.5mm；排水盲材外径为 200mm，中空直径 100mm，孔隙率大于 85%，压缩率为 20%的抗压强度大于 120kPa。大坝填筑期排水效果良好，每根排水管在枯期均有出水，水质清澈，在汛期降雨时出水量会增大，坝内反向水头维持在 0.5~1m。在 2007 年和 2008 年汛期，洪水多次漫过围堰，由大坝临时断面挡水，洪水过后，通过排水系统较快地降低坝体内外水头差，混凝土面板未遭到破坏。

3.4　面板脱空控制

董箐大坝混凝土面板共 45 块，面板最大斜长 245m，分三期施工。根据计算分析及工程类比，预计各期面板顶部会有脱空。在分期面板顶部 12m 范围的垫层料表面上掏槽埋设了 PVC 回填灌浆管，回填灌浆管参数：直径 50mm，长 10m、12m 间隔布置，间距 4m。在施工期对一、二期面板顶部局部脱空部位通过预埋的回填灌浆管，采用纯水泥浆进行了处理（见图 5），根据监测数据，一、二期面板蓄水运行后无脱空。二期面板脱全

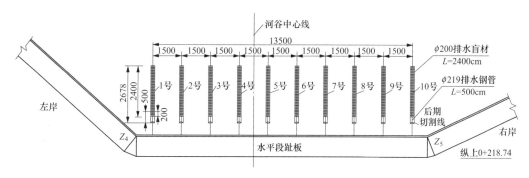

图 4　董箐大坝施工期反渗排水系统布置图（mm）

值较小，施工期未进行处理，所有回填灌浆管均穿过防浪墙外接到坝顶供后期使用，蓄水运行多年，目前三期面板脱空 0.2～0.4mm。董箐面板堆石坝采用了面板脱空处理技术，及时地解决了一、二期面板脱空问题，并为以后三期面板脱空处理创造了条件。

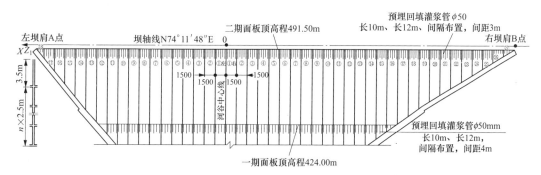

图 5　董箐面板脱空回填灌浆管布置及结构图

4　面板运行情况

4.1　垂直缝监测情况

大坝面板垂直缝监测仪器根据面板的分期情况进行布设，布置在分期面板顶部以下 5m 范围内，不同高程仪器的监测结果如下：

470m 高程测缝计表现为两岸受拉，中间受压，左岸接缝变形较大，河床中部及右岸接缝变形较小，左岸最大张拉位移为 18.94mm，中部压缩最大位移为 7.28mm，右岸最大张拉位移为 2.61mm；487m 高程测缝计表现为两岸受拉，中间受压，受压区域较大，左岸最大张拉位移为 19.99mm，中部压缩最大位移为 5.20mm，右岸最大张拉位移为 12.61mm。与非软岩筑坝材料的同类工程比较，董箐面板顶部垂直缝的压缩变形偏大，由于在压性垂直缝区域的每条缝均设置了 8mm 的缝宽，各缝的累计可压缩位移大于实测变形，面板未发生挤压破损现象。

4.2　面板挠度监测情况

面板挠度变形采用电平器和光纤陀螺仪进行监测，电平器测得面板最大挠度为

25.38cm，面板弦长比为 0.10%；光纤陀螺仪测得的面板最大挠度为 45.76cm，面板弦长比为 0.19%。与国内同类型工程相比（天生桥一级 0.26%、洪家渡 0.11%、水布垭 0.14%、三板溪 0.05%），董箐水电站面板挠度测值在合理范围内。

4.3 坝体渗漏量

董箐水电站渗流量监测分左右岸及总渗流量监测，从蓄水运行监测结果分析，坝体渗流量与库水位的相关性不明显，主要受降雨量影响，有一定的滞后性。左右岸的渗漏量较小，2015 年 3 月测值，左岸量水堰（WE1）测值为 0.041L/s，右岸量水堰（WE2）测值为 0.783L/s。坝体渗漏总水堰（WE3）测值稳定渗漏量为 20～30L/s，汛期受降雨影响，最大测量值为 77.4L/s，发生于 2010 年汛期。与同类工程相比，其坝体渗漏量较小，说明混凝土面板防渗效果良好。

4.4 现场检查

在施工期现场检查中各期面板均出现了浅表性裂缝，现场调查统计面板裂缝情况见表 2。

表 2   施工期大坝面板裂缝统计表

部 位	数 量	裂缝性质
一期面板（高程 349～415m）	44	浅表性裂缝
二期面板（高程 415～477m）	16	浅表性裂缝
三期面板（高程 477～491.20m）	23	浅表性裂缝

针对面板浅表层裂缝，首先用打磨机将裂缝左右宽各 5cm 范围内混凝土表面打毛、清除表面附着物，用水冲洗干净并除去表面明水，然后用帕斯卡 PENETRON 渗透结晶型防水材料灰浆（按容积把 5 份 PENETRON 料和 2 份水调和）涂抹打毛部分混凝土表面，干膜厚度不小于 300μm。然后进行 SR 防渗保护盖片粘贴，最后进行封边黏合剂封边。

5 结论

董箐面板坝在工程建设中应用了坝体变形控制技术、面板挤压垂直缝结构及其施工方法、坝体反向渗水和面板脱空处理技术，运行情况良好。坝体在运行后坝体沉降变形为总沉降的 10% 左右，很好地控制了蓄水后的坝体变形；同时对面板压性垂直缝设置了 8mm 的缝宽且充填了弹性材料，较好地吸收了坝体纵向变形，有效防止了面板挤压破坏；在建设中采用的反向渗透控制工艺和面板脱空处理技术均较好解决了工程中反向渗透破坏和面板脱空的处理，工程建设期未发生坝体上游面的反向渗透破坏，面板脱空处理也未对面板造成损坏。

董箐面板坝在已有的工程技术基础上进行技术改进、创新及再应用，取得了多项特色技术，形成了一套较系统的面板堆石坝面板结构破损防控技术，且工程应用效果好，取得了较大的经济效益和良好的社会效益，极具推广价值，可以供类似工程参考。

工程建设

智慧工程理念下的双江口智能大坝工程系统建设

康向文　唐茂颖　段　斌　陶春华　李　鹏

（国电大渡河流域水电开发有限公司）

[摘　要]　随着智慧产业的不断深化发展，智慧工程将对我国水电行业的发展产生深远而重大的影响。结合双江口水电站工程特点，基于智慧工程基本内涵，研究建设了双江口水电站智能大坝工程系统。针对当前水电站大坝施工过程控制研究，作为世界第一高坝的双江口水电站，结合国电大渡河公司智慧企业战略规划实施，研发出一套适用于双江口水电站300m级土质心墙堆石坝工程建设管理的智能大坝工程系统，以实现对双江口大坝工程进行全寿命周期的全面质量监控和全过程管控。

[关键词]　智慧工程　双江口　智能大坝　系统　建设

近年来，随着互联网、大数据、人工智能等信息技术发展进入新的阶段，"智慧地球""智慧城市""智能工厂""智能制造"等概念不断提出并付诸实践。在这些实践中，普遍存在信息孤岛、数据碎片等问题，基于企业特性的经营风险、管理变革、员工作用等关注不够，缺乏全面、系统的顶层设计和实践运用。水电企业属于传统行业，水电工程建设及运维技术比较成熟，流域梯级电站已实现集中统一调度，但水电企业的电力生产、检修、基本建设等仍主要靠人来运维和组织管理。由于水电企业行业特性，很多基层企业都在偏远的山区，企业员工长期远离家人、远离城市。基于这些实际情况及互联网技术、信息技术、工业技术、管理技术的发展，国电大渡河公司于2014年率先提出建设"智慧企业"，目的是使电力生产、检修、基本建设等实现更加智能化管理，将人从简单重复的劳动中解放出来，推动水电企业变革创新，使企业呈现出风险识别自动化、决策管理智能化、纠偏升级自主化。在智慧企业整体框架下，国电大渡河公司把基层单位按专业划分为智慧电厂、智慧检修、智慧调度、智慧工程四大业务单元。

1　智慧工程基本内涵

作为智慧企业四大业务单元之一的智慧工程，其基本内涵与智慧企业是一脉相承的，不仅涵盖信息技术、工业技术，还包括了管理技术，并将新技术产生的先进生产力与管理塑造的新型生产关系有机结合，使得两者彼此适应、相互促进。

1.1 基本概念

智慧工程是以全生命周期管理、全方位风险预判、全要素智能调控为目标，将信息技术与工程管理深度融合，通过打造工程数据中心、工程管控平台和决策指挥平台，实现以数据驱动的自动感知、自动预判、自主决策的柔性组织形态和新型工程管理模式。

1.2 主要特征

智慧工程是将信息技术、工业技术和管理技术进行深度融合的产物，是大渡河智慧企业的重要业务单元，该特点决定了它与其他智慧建设和数字化、智能化应用有明显不同，归纳起来有以下四个方面特征：

（1）风险防控特征。更加注重风险防控。智慧工程始终围绕风险管控，通过建设风险自动识别、智能管控体系，实现风险识别自动化、风险管控智能化。

（2）人的因素特征。更加注重人的因素。智慧工程除了应实现物物相联外，还应充分考虑人的因素，做到人人互通、人机交互、知识共享、价值创造。

（3）管理变革特征。更加注重管理变革。智慧工程通过信息技术、工业技术和管理技术"三元"融合，实现管理层级更加扁平，机构设置更加精简，机制流程更加优化，专业分工更加科学。

（4）系统全面特征。更加注重全面推进。智慧工程是全面系统的网络化、数字化和智能化，应按照全面创新进行规划和建设，做到全面感知、全面数字、全面互联、全面智能。

1.3 建设目标

按照智慧工程基本概念的描述，其建设目标有以下三个方面：

（1）全生命周期管理。通过实施信息化基础建设和打造标准统一、流程规范、业务量化的工程管控体系，形成全面感知、全面数字、全面互联、全面智能的管理形态，实现从发展规划、项目立项、前期设计、建设实施、竣工验收、移交运营到工程寿命终止的全阶段、全周期管理。

（2）全方位风险预判。通过对工程建设过程中各种风险数据管理和管控模型分析，形成大感知、大传输、大储存、大数据、大计算、大分析的管控体系，实现全方位、全过程风险识别和预控。

（3）全要素智能调控。通过打造工程建设中业主、设计、监理、施工、政府等相关方互联互通，彼此协调，形成枢纽工程安全、质量、进度、投资、环保与物资供应、移民搬迁、电力送出等专业专项智能协同和统一高效的管控体系，实现全专业、全要素智能调控。

1.4 关键路径

智慧工程建设按照业务量化、集成集中、统一平台、智能协同的关键路径实施。

（1）业务量化是通过各种新技术的应用，将工程建设管理的所有业务全面数字化，使工程建设管理从过去定性描述、经验管理，逐步转变为数据说话、数据管理。

（2）集成集中是全面整合以往分散的系统平台，消除业务系统间分类建设、条块分割、数据孤岛的现象，从而形成集中、集约的管理系统。

（3）统一平台是实现各类专业口径的数据标准化，并在统一运用平台上相互交换、实时共享，为大数据价值的持续开发利用提供支撑。

（4）智能协同是通过对大数据的专业挖掘和软件开发，形成自动识别风险、智能决策管理以及多脑协调联动的"云脑"，对工程建设进行科学管理。

2 双江口大坝工程概况及特点

双江口水电站位于马尔康县、金川县境内，是大渡河流域水电梯级开发的上游控制性水库工程。水库正常蓄水位 2500m，总库容 28.97 亿 m^3，调节库容 19.17 亿 m^3；电站装机容量 2000MW，多年平均发电量 77.07 亿 kWh。枢纽工程由拦河大坝、泄洪系统、引水发电系统等组成。拦河大坝采用土质心墙堆石坝，最大坝高 312m，坝顶高程 2510m，坝体填筑总量约 4400 万 m^3，是目前世界已建和在建水电工程中的第一高坝。双江口水电站工程区地震基本烈度为Ⅶ度，工程地处高山峡谷区，地形地质条件复杂，河床覆盖层达 76m；心墙堆石坝坝体结构复杂，坝体及坝基变形稳定、防渗排水、防震抗震等技术问题突出；工程地处高原严寒多雨地区，施工强度大，冬季和雨季施工问题突出，需采取先进技术、改进施工措施，保证工程质量。基于双江口大坝工程特点，依据智慧工程理念，以物联网、智能技术、云计算与大数据等新一代信息技术为基本手段，为解决传统的施工管理模式不足，以智能化管理取代或部分取代人的管理，建立了动态精细化可感知、可分析、可控制的智能大坝工程系统。

3 智能大坝工程系统建设方案

双江口智慧工程由"一中心、五系统"组成。"一中心"即工程决策指挥中心，"五系统"是智能大坝工程系统、智能地下工程系统、智能机电工程系统、智能安全管控系统、智能服务保障系统。其中，智能大坝工程系统建设主要包括技术架构和模块建设。

3.1 技术架构

智能大坝工程系统架构由五个基本环节构成，即大坝空间层、主动感知层、自动传输层、智能分析层和智能化实时管理决策层，其关系如图 1 所示。大坝空间层是物理层，是主动感知层的感知和处理对象；自动传输层将主动感知层获取的信息传送至智能分析层的储存空间；信息在智能分析层中进行分析处理；智能化实时管理决策层各服务子层调用智能分析层，智能表达处理结果，并将决策信息反馈回感知层，反作用于大坝空间。智能大坝建设实施框架由大坝信息实时主动感知模块、联通化实时自动传输模块、智能化实时分析模块及智能化实时管理决策系统等四个层级模块组成。

3.2 模块建设

智能大坝工程系统共包括施工进度智能控制、施工质量智能控制、灌浆过程智能控制及信息集成展示模块 4 个子模块，各子模块分别实现相应系统功能，同时模块之间在数据中心进行数据相通，从而整合为完整的智能大坝工程系统。

3.2.1 施工进度智能控制模块

大坝施工进度智能控制的目的，是基于多源多料土石方动态智能调度和场内施工交通仿真技术，建立计划进度条件下的初始施工方案，基于施工进度实时仿真技术实现施工方

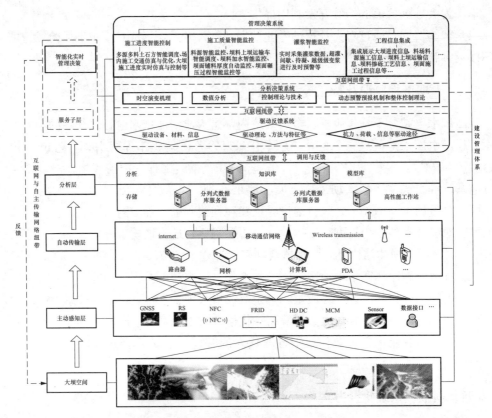

图1 双江口智能大坝工程系统技术架构图

案的更新，并通过预警与决策支持优化施工方案，确保总体预警指标和分级预警指标均处于受控状态。模块建设主要分为四个部分：多源多料土石方动态智能调度；场内施工交通仿真与优化；大坝施工进度实时仿真；大坝施工进度预警与决策支持。该模块实现了参建各方对工程建设进度管理过程的深度参与，有效提升工程建设进度的管理水平，实现工程建设管理模式的创新。施工进度智能控制模块框架如图2所示。

3.2.2 施工质量智能控制模块

该模块主要通过安装多种智能监控设备和研发智能系统及现场自主通信网络实现对大坝各施工环节的全过程跟踪、监控，排除外界及人为因素的干扰。同时，在各环节实时监控过程中建立分级预警模型和机制，并结合工程实际提出相应的处理措施及建议，以供工程管理者决策。此外，把整个建设期所有监控信息保存至数据库，可供后期追溯和历史查询。双江口大坝施工质量智能监控模块主要实现了料源开采、运输、掺和、加水、坝面施工及施工质检的全过程实时在线监控。大坝施工质量智能控制模块框架如图3所示。

3.2.3 灌浆施工过程智能监控模块

该模块解决双江口大坝工程灌浆施工技术难题，通过以下五个方面。

（1）根据设计院提供的地质资料、灌浆设计资料等，建立灌浆三维统一模型，并依据地质开挖揭露资料实现定期动态更新。

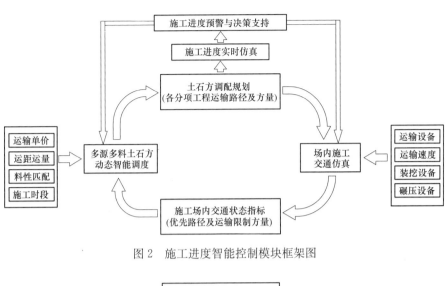

图 2 施工进度智能控制模块框架图

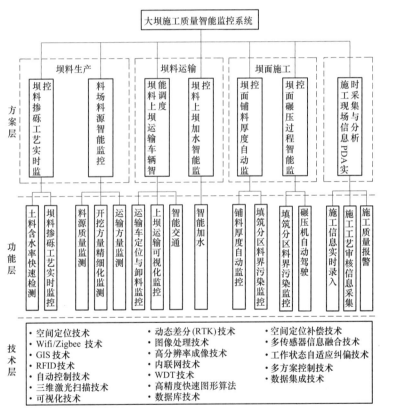

图 3 大坝施工质量智能控制模块框架图

（2）实时采集灌浆施工过程中灌浆记录仪数据到系统总控中心服务器，通过数据在线分析，结合工程实际及相应规范，针对灌浆过程异常情况建立分级预警模型。

（3）将采集到的灌浆信息进行信息管理及数据汇总，及时分析得到灌浆成果一览表、分序统计表、综合统计表以及灌浆成果图等分析成果，作为灌浆施工验收的材料。

（4）建立双江口心墙堆石坝灌浆三维动态可视化交互分析平台，实现灌浆施工这一隐蔽工程的可视化管理。

（5）基于灌浆智能监控，建立一套新的灌浆施工质量控制方法和制度，让灌浆施工质量控制真实客观，而确保工程建设质量。模块的总体框架如图4所示。

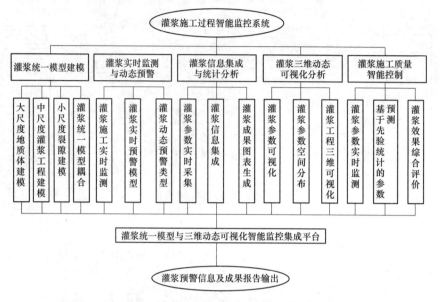

图4　灌浆施工过程智能监控模块总体框架图

3.2.4　信息集成展示模块

双江口水电站工程信息集成展示模块是基于成熟的"数字大坝"综合信息集成管理平台，结合双江口坝区智慧工程系统进行设计和实现的，双江口水电站工程信息集展示模型如图5所示。工程信息集成展示模块负责将施工过程中各种工程数据进行集成管理，并与工程布置及建筑物模型进行对应关联，将数据以三维可视化的形式进行展示，并进行统计分析。工程信息集成展示模块可以实现查询如大坝施工进度、料场料源施工、坝料上坝运输、坝料掺砾工艺、坝面施工过程，以及工程地质信息、大坝安全监测信息、渗控工程信息、工程综合资料、工程视频监控数据等功能。

4　智能大坝工程系统建设初步成果

4.1　坝面填筑质量实时监控

基于高精度 GPS 技术，对大坝碾压全过程实现三维厘米级高精度监控，对碾压参数异常自动报警，并针对预警信息提供相应的控制措施。智能大坝工程系统已完成运输监控、碾压监控和进度仿真等功能开发，并在大坝围堰填筑监控中应用，从根本上杜绝了围堰填筑施工过程中的欠碾、过碾、漏碾等质量问题。围堰填筑质量优良率从 90% 提升至 93.4%，保障了围堰填筑施工质量，目前围堰整体防渗效果良好。碾压轨迹实时监控成果如图6所示。

4.2　无人驾驶碾压技术成功测试

成功进行了碾压机无人驾驶现场测试。碾压机在无人操纵的情况下，完成了预定轨迹

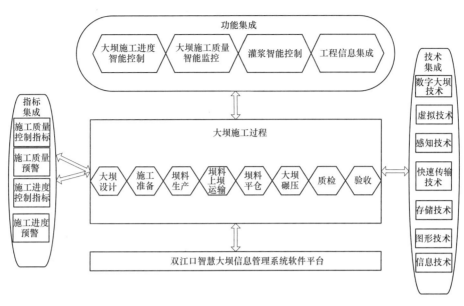

图 5 双江口水电站工程信息集成展示模型

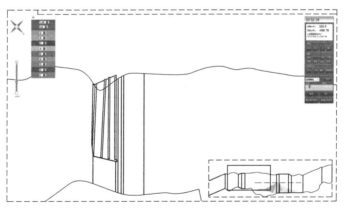

图 6 碾压轨迹实时监控成果示意

的前进和后退、错距碾压及自主避障。通过对 26t 徐工碾压机进行改装，配备高精度卫星定位装置、振动频率监测装置、障碍物检测雷达装置、陀螺仪、转向角传感器等信息感知单元，安装智能控制器、电动方向盘、电子油门、电子制动刹车和电子调挡的车载控制单元，内嵌程序进行碾压机行驶控制。下一步将继续对此技术改进升级，以更好地应用于工程实践。

4.3 运输车辆实时监控试运行

针对长途物资运输及施工场区内弃渣运输，通过动态规划运输线路及 GPS 定位，实现工程运输车、混凝土罐车、物资运输车辆实时、轨迹监控，从源头控制物资、弃渣流向及轨迹，防止非法弃渣和物资流失，为甲供物资管控及环水保管理提供了有效手段。

4.4 质量验评 APP 上线运行

堆石坝施工信息 PDA 采集与反馈控制系统主要由用户界面、数据接收类、发送类和服务端程序组成。针对施工质量，通过手机、平板等移动终端现场开展工序及单元工程质量现场验评，确保质量验评信息真实性、及时性，改变了传统手写记录方式及数据信息录入不及时等现状，目前该功能已上线试运行。下一步，无纸化质量验评将有望实现。

5　结束语

双江口水电站已于 2015 年正式开工建设，其智慧工程建设正结合主体工程施工有序实施。智慧工程是一种融合了信息技术和管理技术的全新管理系统，实现了管理理念、管理手段、管理模式的创新，它正在大渡河双江口水电站工程建设中积极探索和实践，并不断发展升级。智能大坝工程系统是双江口智慧工程的重要组成部分，通过主体架构、控制模块、数据管控中心、预警决策与分析平台的建设，将大坝工程管理所有数据进行集成、分析和预警，做到自主决策，实现工业技术、信息技术和管理技术的深度有机融合，为高效、高质量建设双江口水电站世界第一高坝提供了智慧解决方案，也可供类似工程参考。

参考文献

[1] 涂扬举，郑小华，何仲辉，等 . 智慧企业框架与实践［M］. 北京：经济日报出版社，2016.

[2] 涂扬举 . 建设智慧企业，实现自动管理［J］. 清华管理评论，2016（10）：29-37.

[3] 涂扬举 . 水电企业如何建设智慧企业［J］. 能源，2016（8）：96-97.

[4] 涂扬举 . 智慧企业建设引领水电企业创新发展［J］. 企业文明，2017（1）：9-11.

[5] 涂扬举 . 建设智慧企业推动管理创新［J］. 四川水力发电，2017（2）：148-151.

[6] 国电大渡河流域水电开发有限公司 . "国电大渡河智慧企业"建设战略研究与总体规划报告［R］. 成都：国电大渡河流域水电开发有限公司，2015.

[7] 国电大渡河流域水电开发有限公司 . 智慧企业理论体系（2.0 版本）［R］. 成都：国电大渡河流域水电开发有限公司，2017.

[8] 国电大渡河流域水电开发有限公司 . "国电大渡河智慧企业"建设之"智慧工程"总体方案［R］. 成都：国电大渡河流域水电开发有限公司，2016.

[9] 国电大渡河流域水电开发有限公司 . 四川大渡河双江口水电站"智慧工程"建设总体规划方案［R］. 成都：国电大渡河双江口工程建设管理分公司，2016.

[10] 钟登华，王飞，吴斌平，等 . 从数字大坝到智慧大坝［J］. 水力发电学报，2015（10）：1-13.

[11] 李善平，肖培伟，唐茂颖，等 . 基于智慧工程理念的双江口水电站智能地下工程系统建设探索［J］. 水力发电，2017（8）：67-70.

[12] 唐茂颖，段斌，肖培伟，等 . 双江口水电站智能地下工程系统建设方案研究［J］. 地下空间与工程学报，2017（13）：508-512.

作者简介

康向文（1981—），男，湖南新化人，高级工程师，硕士研究生，从事水电工程项目及技术管理工作。

HEC-RAS 在河道治理工程中的应用[①]

孙　熙　黄秋风

（河南省水利勘测设计研究有限公司）

[摘　要]　阐述了 HEC-RAS 的基本原理及功能；随着涉水建筑物的增多，河道水流变得复杂，该软件能估算桥、坝等涉水建筑物对河道水位的影响；通过工程实例将 HEC-RAS 计算结果与伯努利法水面线计算结果相比较，计算结果合理；且通过调整卡口段的设计断面，利用软件在较短的时间内完成多方案的水面线计算分析。

[关键词]　HEC-RAS　河道治理　水面线　估算　方案比较

1　HEC-RAS 基本介绍

HEC-RAS 是由美国陆军工程兵团水资源研究所水文工程中心开发的河流分析系统，用于模拟河流的水流、泥沙、水质等工程问题，可对天然的或人造的河网进行一维恒定流和非恒定流的河道水力推演，在国外河道水面线推算中已得到广泛的应用，该软件具有恒定流分析、非恒定流分析、输沙演算以及水质分析 4 个功能。该模型功能强大，恒定流分析里可模拟缓流、急流以及混合流三种流态；可以模拟仿真桥梁、涵洞、排洪道、滚水坝等水工建筑物对水流的影响，还能对跨河桥梁和滚水坝等涉水建筑物进行定量分析计算。

HEC-RAS 系统包括用户图形界面、单独水力分析单位、资料储存与管理功能及突变制作辅助功能。操作包括项目管理、输入编辑几何数据和水流数据、水力演算、成果展示等。几何数据主要包括横断面测点信息、糙率、断面间距、收缩扩散系数、桥涵、闸门等信息。水流数据包括上游流量以及边界条件。水力演算采用标准逐步推算法求解一维能量方程式，求解恒定流时基于能量方程守恒，非恒定流时基于圣维南方程。成果展示包括横断面输出图表、水面线图、水位流量关系曲线、三维断面图等各种分析图表。

HEC-RAS 把河道中涉水建筑物引起的能量损失分为三部分，第一部分为涉水建筑物占用过流断面使上游水流收缩引起的能量损失；第二部分为收缩的水流经过涉水建筑物后再扩散所引起的能量损失；第三部分为各种形状及排列的涉水建筑物本身造成的能量损失。因工程阻水造成的水头损失，该软件可通过增加水头损失来估算。

2　工程概况

伊洛河治理范围为伊河陆浑水库坝址以下，洛河长水以下，伊洛河全段。近年来中间部分河段已治理达标，本次治理工程涉及嵩县、伊川、洛宁、宜阳、洛阳市、偃师、巩义

---

❶　本文发表于《河南水利与南水北调》2013 年第 10 期。

等市县的不连续河段，伊河陆浑水库以下河长 93.94km，洛河长水以下河长 150.10km，伊洛河河长 36.00km。

3 计算条件

3.1 设计洪水标准

依据黄河流域防洪规划，伊洛河防洪标准为 20 年一遇，洛阳市防洪标准为 100 年一遇。按照《防洪标准》（GB 50201—2014）、《城市防洪工程设计规范》（GB/T 50805—2012），根据堤防保护区的重要性及该地区的社会经济发展状况，伊洛河治理范围内洛阳市区段按 100 年一遇，县市城区段按 50 年一遇，其他河段按 20 年一遇。

3.2 设计洪峰流量

伊洛河是黄河的主要支流，对黄河下游洪水影响较大。随着黄河干流上游三门峡和小浪底水库、主要支流伊洛河上的陆浑和故县水库以及沁河上的河口村水等控制工程的相继建设运用，黄河下游洪水组成发生变化，有工程以后，伊洛河下游设计洪水需要考虑黄河防洪规划要求，按照五库联调确定。伊洛河下游设计洪水采用黄河勘测规划设计有限公司最近分析成果。

伊洛河夹滩地区为自然滞洪区，对大洪水有蓄洪削峰作用，根据黄河流域规划，需要考虑夹滩地区滞洪运用。按 20 年以下洪水不分洪，20 年以上洪水洛河右岸分洪、伊河两岸均可分洪计算洪水位。

3.3 糙率

河道糙率是反映河流阻力的一个综合性系数，也是衡量河流能量损失大小的一个特征量。天然河道的糙率一般宜根据实测水位流量资料进行推求，或者根据实测水面线或洪水调查水迹线反推糙率。伊洛河河道整治以加固加高或新建堤防为主，对阻水严重的河段进行适当扩宽和顺直，河道断面及河床情况改变较小，可采用上述方法由水文站实测资料率定糙率，并参考相关资料中关于糙率的界定方法，对糙率进行综合分析确定。

根据以上原则，经分析河道糙率不同河段有所差别，主槽 0.02～0.025，边滩 0.035～0.04。根据不同河段河床情况，并以水文站实测水位流量关系率定，分段采用综合糙率 0.02～0.04。

3.4 起始水位流量

以伊洛河入黄河口 35＋932 断面作为起始断面，设计流量采用陆浑、故县水库作用后的黑石关站设计洪峰流量；伊洛河入黄口处水位受黄河干流小浪底水库下泄流量影响，因此起始水位确定，需由黑石关站设计流量加上黄河干流相应频率流量，查伊洛河入黄河口水位、流量关系而得，见表 1。

表 1　　　　　伊洛河入黄河口 35＋932 断面起始水位、流量

水位（m）	107.634	107.721	107.75	107.77	107.866
流量（m³/s）	4010	6340	8570	8980	10 900

4 HEC-RAS 计算

计算使用的是 HEC-RAS4.0 版，各版本的计算过程、界面基本一致。计算中最基本的是几何数据、水流数据模型的建立。

首先，建立几何数据模型。伊洛河共有 568 个断面数据，巨量基础数据的处理一向十分耗时的工程，该软件支持导入 gis、hec 其他版本、mike 11 以及 csv 等格式的几何数据，笔者采用 csv 格式数据文件批量处理，其中包括河流名称、河段名称、断面编号、x 坐标值、y 坐标值。一般渐变河段收缩和扩散系数分别为 0.1 和 0.3，涉水建筑物处收缩和扩散系数分别为 0.3 和 0.5。糙率取值从上游到下游逐渐减小，按河段分段采用不同的糙率。

其次，建立水流数据模型。

计算五种重现期的河道水面线；在河段上游端设置上游来水洪峰流量，且从上游到下游，在流量改变的支流入汇处增设流量。河段边界条件选择输入下游端已知水位，见图 1。可以为某一个位置点设置已知水位，比如水文站测流断面。通过增加涉水建筑物处水头损失，使估算桥、坝等涉水建筑物造成的水头损失成为可能。现状河流上桥梁数量多，采取估算方法。在涉水建筑物位置点设置水头损失的倍数，根据墩宽、墩形等参数，设置不同的倍数，见图 1。

该工程选择缓流流态进行恒定流分析。

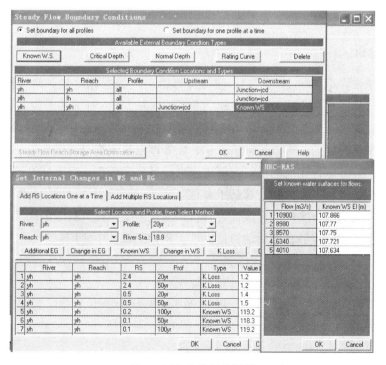

图 1　恒定流分析编辑器

伊洛河治理河段共有卡口段 4 个，分别为洛河白马寺、洛河喂养庄、伊河安滩和伊河渡槽。根据卡口段情况，设置了扩宽、维持现状和局部扩宽三个设计方案。根据表 1 的边界条件，自下而上推算出伊洛河不同设计洪水标准下的水面线成果。伊洛河重点河段治理工程选定方案 20 年一遇洪水水面线见图 2。

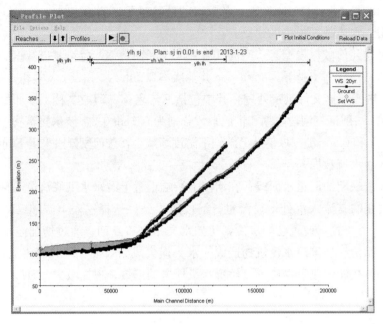

图 2　伊洛河重点河段治理工程选定方案 20 年一遇洪水水面线

5　计算结果分析

将伯努利法推算结果与 HEC-RAS 软件计算得出的数据相比较，对于同一个设计方案，两种方法计算的水深差在 0～0.15m，最大误差为 2%；对于两个设计方案之间的水深差值，两种方法计算的差在 0～0.1m，均在计算误差允许范围内。从而说明 HEC-RAS 软件的计算结果是合理的，可以用来估算桥、坝等涉水建筑物对河道水位的影响。

利用 HEC-RAS 软件建立的伊洛河河道水力计算数字模型，对不同设计洪水标准下伊洛河河道的水面线进行了计算，计算结果合理。且通过调整卡口段的设计断面，利用软件在较短的时间内完成多方案的水面线计算分析，为建设单位提供科学的决策依据，且最大限度地提高工作效率，能够在今后的河道治理工程方案设计中应用。

参考文献

[1] 李炜. 水力计算手册. 2 版 [M]. 北京：中国水利水电出版社，2006.

[2] GARY W. BRUNNER. HEC-RAS V4.0 User's Manual [M]. Davis：Hydrologic Engineering Center of US Army Corps of Engineers，2008.

[3] 王增亮，陈冬云，胡建平. HEC-RAS 软件在松荫溪干流睡眠曲线分析中的应用 [J]. 浙江水利水电专科学校学报，2005（3）：22-24.

[4] 姚高岭，刘德波，孙熙，等. 伊洛河重点河段治理工程可行性研究报告 [R]. 郑州：河南省水利勘测设计研究有限公司，2012.

［5］王开，傅旭东，王光谦. 桥墩壅水的计算方法比较［J］. 南水北调与水利科技，2006，4（6）：53-55.

［6］刘正风，占润进，李文祥. 应用 HEC-RAS 模型计算连续多桥梁阻水壅高分析［J］. 水利科技，2011（3）：60-62.

作者简介

孙熙（1979—），女，工程师，河南上蔡人，主要从事水文、水资源及工程规划工作。

防渗墙深槽接头管法技术应用❶

刘雪霞[1]　董振锋[1]　张首杰[2]　何晓辉[2]

（1　河南省水利勘测设计研究有限公司　2　灵宝市窄口库区管理局）

[摘　要]　墙段连接技术是土石坝防渗墙施工中的一项关键技术，墙段连接可选用接头管法、钻凿法、双反弧桩柱法等。接头施工质量的好坏直接影响防渗墙的防渗效果和整个土石坝坝体的安全，而接头管法连接采用弧线连接方式，整体性及抗渗性好，成为目前土石坝防渗墙及地下连续墙施工中普遍应用的接头处理新技术。文中通过窄口水库大坝防渗墙采用接头管法施工中所遇到的问题进行分析探讨，提出了施工过程中需要注意的问题及其解决对策。

[关键词]　深槽接头管法　防渗墙施工　墙段连接　接头管拔管成孔施工

1　引言

在传统的混凝土防渗墙施工中，根据具体情况，墙段接头的处理通常采用接头管法、钻凿法及双反弧桩柱法等。钻凿法及双反弧桩柱法成本高，工效慢，尤其是对于深度超过50m的深墙，这两种方法的施工难度大，孔斜不易控制，防渗墙的槽段连接质量难以保证。近年来，一种经济、高效、高质的墙段接头施工工艺——深槽接头管法逐渐被认可和采用。这种方法的优点是采用弧线连接，接缝质量好、接触面光滑、接缝紧密、整体及抗渗性能好，另外，还有占地面积小、起拔能力大、孔斜易控制等优点，避免了混凝土和钻凿工时的浪费，工效高、成本低。缺点是施工技术难度大，拔管时机选择尤为重要。在窄口水库除险加固主坝防渗墙工程中采用了此接头管法，最大拔管深度83.43m，拔管成功率100%，既保证了施工质量，又加快了施工进度，充分体现了接头管法的优越性。

2　工程概况

窄口水库主坝为黏土宽心墙堆石坝，始建于1959年，鉴于当时的施工条件和社会背景，坝体施工质量较差，大坝曾发生了以纵缝为主的纵横多条裂缝。"75.8"暴雨后，为提高水库抵御洪水的能力，对水库进行了除险加固处理，但是问题始终未得到彻底解决。2003年水库经历642.68m高水位后，坝顶裂缝有明显发展。为有效解决主坝心墙裂缝、两坝肩断层渗漏，局部河床坝段与基岩接触面处渗流场位势有升高趋势等病险问题，对窄口防渗墙进行防渗处理，具体大坝加固方案为648.0m高程以上拆除后重新填筑，648.0m以下坝体采用刚塑组合混凝土防渗墙的处理方案。窄口水库大坝设计坝顶高程657.00m，全长258m。主坝黏土心墙顶高程656.2m，顶宽4.0m，心墙底高程565.0m，

---

❶　本文发表于《南水北调与水利科技》2015年第二期。

上游心墙坡率 1∶0.414，下游坡率 1∶0.25。

窄口水库主坝防渗墙施工中就采用了接头管法的施工方法，该方法通过在一期槽段混凝土浇筑前，将接头管置入槽段两端预定的接头孔位，接头管直径与槽宽相同，待水下混凝土基本稳定后（初凝前），再用自动液压机将接头管拔出，进而形成接头孔。接头管法施工在二期槽段混凝土浇筑前只需用带钢丝刷的钻头刷洗孔壁连接部位后即可灌注混凝土。该法即可节约墙体材料，并且孔壁规则，不需对接头位置混凝土进行二次钻凿便可直接形成接头孔。多年来在槽身 20～40m 的地下连续墙工程施工中使用接头管法连接技术均取得了良好效果，但在最大墙深达到 83.43m 且墙前后水位不平衡情况下坝体防渗墙中应用国内尚无先例，具有相当大的技术难度。

3 坝体混凝土防渗墙施工

3.1 防渗墙槽段划分

窄口水库主坝防渗墙施工中槽孔的划分主要考虑防渗墙轴线处地质条件、导管布置、槽孔深度、成槽周期及混凝土浇筑能力等。窄口水库主坝河床深槽段，最大深度 83.43m，根据已掌握的资料，为目前国内外最高的坝体防渗墙，为保证槽身稳定，分三期跳槽间隔实施，槽长为 6.8m。

深槽段Ⅰ期槽段长度较小，可以加快施工进度，降低塌孔风险，Ⅰ期槽施工完成后可以为后续槽段提供有效支撑，减少槽孔间相互串浆的概率。

工程共划分 37 个槽孔：其中左坝段槽孔 19 个，右坝段槽孔 18 个。

主河床深槽段槽孔划分示意见图 1。

图 1　主河床深槽段槽孔划分示意

3.2 钻孔、成槽

防渗墙施工采用 CZ-30 型冲击钻及抓斗"两钻一抓法"成槽，墙身 60m 以内地层以抓斗施工为主，冲击钻为辅，充分利用抓斗造孔功效高的优势。对墙深超过 60m 的槽段，在保证造孔孔斜的前提下，尽可能使用抓斗抓取副孔，如抓取困难则由冲击钻机在副孔中间凿一钻后抓斗继续抓取，或直接由冲击钻完成，以保证孔位、孔斜的设计要求。

在防渗墙施工中，墙体轴线及高程，根据设计文件设计数值设置基准点进行控制。孔位的偏差不应大于 3cm；孔斜率不应大于 4‰，两端端孔的孔斜率应控制在 3‰ 以内；如在钻凿过程中遭遇含孤石、漂石的地层及基岩面倾斜度较大等情况时，其孔斜率应尽可能控制在 6‰ 以内。在Ⅰ、Ⅱ期槽孔的接头孔施工中，两次成孔孔位中心的偏差值，不应大于设计墙厚的 1/3。孔斜采用"重锤法"进行测量，造孔过程中应加强孔斜测量频次，一出现偏斜，及时采用有效的方法，如回填块石、定向爆破等进行纠偏，终孔验收时应测量孔斜。在造孔的全过程当中，应全程进行孔斜控制。

3.3　清孔换浆

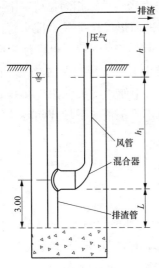

图2　气举反循环法清空工艺图

清孔换浆采用抽桶法结合气举反循环法。抽桶法是利用抽桶直接捞取孔底钻渣，同时向操控内补充新鲜浆液，该方法贯穿整个造孔过程；气举反循环法是借助空气压缩机输出的高压风来升扬排出泥浆并携带出孔底的沉渣。坝体防渗墙施工中清孔设备主要有抽桶、空气压缩机、排渣管、风管和泥浆净化装置。河床部位深槽段清孔就采用抽桶法结合气举反循环法，先用抽桶捞取孔底沉渣，然后采用气举反循环法进行清孔。气举反循环法清孔工艺见图2。

槽孔底部吸出混合浆液在经过净化机处理后直接返回槽孔，同时及时向槽孔内补充新鲜浆液。新鲜浆液与槽底浆液的置换量约为槽孔方量的1/3，直至排浆管排出的浆液不含砂或含砂量不大于6%。

3.4　"接头管法"墙段连接

3.4.1　Ⅲ期槽段接头刷洗

在Ⅲ期槽孔的清孔换浆结束之前，应采用具有一定重量的圆形钢丝刷子对Ⅰ期、Ⅱ期槽接头孔分段进行刷洗。将刷子钻头悬挂在冲击钻上，利用冲击钻机孔口附加侧压力使刷子钻头紧贴接头孔壁，使得刷子由孔底至孔口往返运动，进而刷洗孔壁。如果刷子钻头基本不带泥屑，并且孔底淤积不再增加，则接头刷洗结束。

3.4.2　"接头管法"墙段连接

"接头管法"是混凝土防渗墙施工中接头处理的先进技术，具有防渗墙接头质量可靠，施工效率高的优势。所以本次主坝防渗墙施工在强度高、工期紧的情况下，墙段间的连接采用"接头管法"。接头管下设至Ⅰ期槽端孔的孔底位置，深度根据试验拔管的具体情况确定，同时保证墙体搭接厚度，接头管起拔后，冲击钻进行扩孔。

3.4.3　接头管下设

接头管下设前应对接头管进行检查，如接头管接头的卡块、盖是否齐全、接头管底阀开闭情况是否顺畅，锁块活动是否自如、底管淤积泥沙是否清除等。检查完毕后需要在接头管外表面涂抹润滑油。

施工接头管下设应于吊车配合使用，在下设过程中速度不宜过快，特别是在塌过孔的槽段在下管发现接头管在旋转。下管时如遇障碍物或孔形较差等情况时应立即停止下设，同时将接头管提升一定的高度；下管时应可能下到孔底，接头管下设完成后再使用起拔机上下反复拔、放几次。

3.4.4　拔管前准备工作

拔管法施工宜在混凝土初凝前进行，为了取得混凝土初、终凝时间及拔管时机的参数，事前应进行模拟试验，准确掌握起拔时间。起拔时间早，混凝土尚未达到一定的强度，会出现接头孔缩孔和垮塌；如果起拔时间晚，接头管会因为管表面与混凝土的黏结力而被铸死拔不出来；只有当混凝土坍落度基本达到稳定状态，未达到初凝前进行起拔，管壁与混凝土胶结力较小，起拔是不会发生溜槽、缩径等现象，因此准确掌握起拔时间非常关键。

3.4.5 接头管起拔要点

在施工中为了掌握接头管外各接触部位混凝土的实际龄期，必须详细掌握混凝土的浇筑情况，应绘制能够全面反映混凝土浇筑、导管提升、接头管起拔过程的记录表，并随时从浇筑指示图上查看混凝土面上升速度的情况以及接头管的埋深情况。

在起拔过程中可能会有种种原因出现起拔压力过小，如混凝土强度不够、未到初凝时间等；也可能由于各种原因，引起起拔压力过大，如混凝土浇注后接头管偏斜、孔斜造成摩擦力过大等。因此，必须准确的检测并确定出混凝土的初、终凝时间，尽量减小人为配料误差。同时以接头管底管已埋入的混凝土的初凝时间确定为最晚起拔时间，进行起拔力和起拔时间的双重控制。

接头管的垂直度：由于混凝土浇筑时侧向压力的作用，容易造成接头管偏斜或挠度弯曲；端孔造孔时如果孔形不规则，在下设接头管时会使其偏斜。对接头管的偏斜应预防为先，下管时就应采取纠偏措施，使得接头管在自重状态下垂直。槽内混凝土开浇后发生接头管偏斜可将接头管微动起拔，并让其在自重情况下下落，插入混凝土内重塑孔形，可使接头管尽可能地垂直或顺直。另外在施工过程中应安排专职人员负责接头管起拔，随时观察接头管的起拔力，避免发生铸管事故。待接头管全部拔出后，应对接头孔及时进行检测、处理和保护。

4 接头管法技术控制

4.1 接头管法墙段连接

接头管法施工虽然存在一定的技术难度，但比其他接头连接技术有诸多优势。在窄口水库主坝防渗墙的施工中就采用"接头管法"进行墙段连接。该防渗墙深度达 83.43m，工程施工在国内外均属一项技术难题。在施工过程中缩短套打接头混凝土的时间，提高了施工工效、节约了墙体材料、降低了费用，接头管法采用弧线连接，利于延长渗径，形成了墙体可靠连接，更好地保证墙体抗渗要求。工程成功验证了 BG420/100 型液压拔管机的优点和效率，并为高土石坝防渗墙的拔管施工提供了经验和相应的施工参数。

首先为了满足拔管需要，要建造足够强度的导墙；在拔管过程中应采用专门的拔管机和接头管，以保证起拔力和导管本身刚度与强度；同时导管外表应平滑光顺，加工精细，下设之前应涂抹脱模剂减少摩阻力；为了准确确定起拔时间和起拔速度，应进行现场试验。

4.2 导墙施工要点

混凝土导墙是拔管架的基础，关系到拔管的成败。拔管法对导墙的承载力提出了严格要求，其承载能力可以按条形基础梁计算。

导墙施工，应注意以下几点：首先导墙混凝土强度等级不宜小于 C20，断面最好采用受力较好梯形断面结构，顶部宽度比防渗墙设计厚度加宽 30～50mm，导墙深度一般为 1～

2m，顶部高出施工地面 100～200mm，并保证平整；导墙净距中心线与防渗墙中心线重合，现浇混凝土导墙拆模后应在导墙之间设置牢固支撑，水平间距 2～2.5m；在施工中如果遇到导墙承载力不能满足拔管需要，可以通过加大拔管机底座面积分散拔管荷载，但因拔管架底座太大，施工困难，在施工前应按照规范要求进行承载力复核，在导墙的顶面和底面配置受力钢筋，并依据规范满足构造要求。

5 结束语

防渗墙接头管法施工是一项综合性很强的技术。不论是施工前拔管机具的加工制作，导墙承载力的计算，还是施工中对起拔力的控制及混凝土强度发展规律的掌握都极具技术含量。

工程使用 BG420/100 型液压拔管机施工，掌握了拔管施工技术，成功完成了深度达83.43m 的窄口水库主坝防渗墙施工，以及郑州市常庄水库大坝防渗墙的施工，使得防渗墙的施工获得重大突破。利用该项施工技术可以使防渗墙施工工期缩短，节约成本。接头管法是一项非常值得推广的实用技术。

参考文献

[1] 刘雪霞，王春磊，吕学梅，等．河南省窄口水库除险加固工程初步设计报告 [R]．郑州：河南省水利勘测设计研究有限公司，2007-01.

[2] 何杰，李玉娥，董振峰，等．高土石坝加固渗控技术研究 [R]．郑州：河南省水利勘测设计研究有限公司，2010-12.

[3] 黄辉．地下连续墙接头形式及其渗漏的防治措施 [J]．施工技术，2004（10）.

[4] 杨吉忠，吴超瑜，汤文涛．接头管施工工艺在地下连续墙中的应用 [J]．广东土木与建筑，2003（12）.

作者简介

刘雪霞（1973—），女，河北省元氏县人，高工，硕士研究生，主要从事水工建筑物设计及研究工作。

董振峰（1972—），男，河南省荥阳市人，教授级高工，大学本科，主要从事水工建筑物设计及研究工作。

张首杰（1967—），男，河南省灵宝市人，工程师，本科，主要从事水工建筑物设计及工程管理工作。

何晓辉（1983—），男，河南省灵宝市人，助理工程师，专科，主要从事水工建筑物设计及管理工作。

刚塑组合防渗墙在高土石坝中的应用[1]

刘雪霞　董振锋

（河南省水利勘测设计研究有限公司）

[摘　要]　河南省窄口水库主坝坝体质量差、坝体裂缝、坝基断层破碎带渗漏，使水库不能正常运行。通过认真研究分析，采用坝体防渗墙、两坝肩帷幕灌浆、坝顶 648.0m 高程以上坝体拆除重建的处理方案，从根本上解决了大坝的安全隐患。防渗墙采用刚塑性组合防渗墙方案，墙体材料 615.0m 高程以上采用塑性混凝土，615.0m 高程以下采用 C10 混凝土，抗渗标号 W8。从施工后的坝体安全监测数据及三维非线性有限元分析看，刚塑性组合混凝土防渗墙很好地适应了坝体变形，满足设计防渗要求，目前大坝已经历了 639.3m 水位考验，运行情况良好。

[关键词]　土石坝加固　塑性混凝土　刚塑组合防渗墙　配合比　三维非线性有限元分析

1　引言

混凝土防渗墙技术已在水利工程中得到了广泛应用，但前期的墙体材料一般采用普通混凝土，但由于其刚性土适应变形能力差，与坝体变形不协调，所以在坝体加固应用方面受到了很大限制。塑性混凝土是近几年才发展起来的一种介于土与普通混凝土之间的柔性工程材料，是一种由水泥、水、黏土、膨润土、石子、砂等为原材料经搅拌、浆体浇筑、凝结而成的混合材料。塑性混凝土的胶凝材料除了水泥之外，还有膨润土、黏土等，也可以同时掺入两种材料。塑性混凝土拌和物的和易性好，流动性、黏聚力良好，不易离析，易于泵送、自密实特点，尤其是其弹模低，适应变形能力强，因此，在坝体加固应用方面得到了较快发展。窄口水库大坝加固过程当中特别对塑性混凝土性能进行了专门研究，确保了工程安全。

2　工程概况

窄口水库主坝为黏土宽心墙堆石坝，坝顶高程 657.00m，全长 258m。主坝黏土心墙顶高程 656.2m，顶宽 4.0m，心墙底高程 565.0m，上游心墙坡率 1∶0.414，下游坡率 1∶0.25。上、下游坝壳分别在 618.0m 和 593.0m 高程以下填筑砂卵石，以上填筑石渣、泥砾石、堆石。坝基为弱～微风化安山玢岩。坝体 1959 年施工质量较差，大坝曾发生了以纵缝为主的纵横多条裂缝。"75·8"暴雨后，对心墙裂缝采取挖填、黏土灌浆和在两坝头做混凝土防渗心墙处理，但是问题始终未得到彻底解决。2003 年水库经历 642.68m 高水位后，坝顶裂缝有明显发展。通过认真研究分析，大坝加固采用刚塑性组合混凝土防渗

---

❶　本文发表于《人民长江》总第 521 期第 44 卷。

墙、两坝肩帷幕灌浆、坝顶648.0m高程以上坝体拆除重建的处理方案。窄口坝址处河谷下窄上宽，左岸岸坡615.0m高程存在一个天然平台，下部坝体心墙宽厚，又长期处于库水位之下，密实性较好、变形小，墙体强度要求相对较高，采用C10普通混凝土。615.0m高程以上河谷宽阔，心墙质量差，变形可能性大，强度要求低，采用塑性混凝土。

3 大坝混凝土防渗墙设计

3.1 防渗墙布置

防渗墙范围自0+036~0+270，共234m，采用封闭式防渗墙。防渗墙轴线在桩号0+075及0+224.3点处，分别与两岸原倒挂井防渗墙相应端点的位置重合；在0+036~0+075段及0+224.3~0+270段分别向上游略有移动。新增防渗墙顶部为坝体开挖后的648.0m平台，底部深入岩基1.0m，设计最大墙深82.3m，施工中确定最大墙深为83.43m。防渗墙布置见图1。

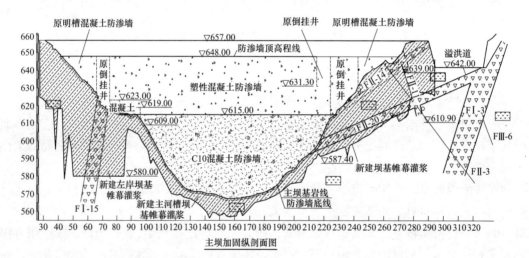

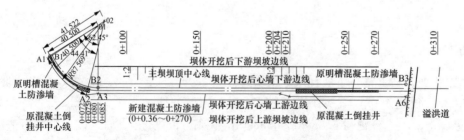

图1 混凝土防渗墙平、剖面图

3.2 墙厚度确定

防渗墙厚度按下式计算

$$T = \frac{H}{[J]} = \frac{63.23}{80} = 0.79\text{m}$$

式中：T 为防渗墙的厚度（m）；H 为防渗墙最大设计水头，取坝前水头的 90%，为 63.23m；$[J]$ 为塑性混凝土防渗墙的允许渗透比降，计算取 80。

结合其他工程经验，本工程设计防渗墙厚度取 0.8m。

3.3 墙体材料

在墙体设计中墙体材料 615.0m 高程以上采用塑性混凝土，615.0m 高程以下采用 C10 混凝土，抗渗标号 W8。配制墙体材料的水泥、骨料、水掺合料及外加剂等按规范要求选材，其配合比及配制方法均由试验确定。塑性混凝土设计指标：R90 抗压强度 5.0MPa；弹性模量 1500～3000MPa；渗透系数不大于 $1×10^{-7}$cm/s；极限渗透坡降不小于 300。

4 坝体塑性混凝土特性研究

依据窄口水库主坝结构特点以及混凝土防渗墙的受力条件，初步拟定塑性混凝土的基本性能参数：单轴抗压强度 3～8MPa，弹模 1000～2500MPa，渗透系数 10^{-7}～10^{-9}cm/s，坍落度 180～240mm，扩散度 300～400mm。根据初定的有关参数，共拟定了 6 组配比方案，进行了室内十字交叉试验，结论如下：

4.1 抗压强度

根据典型试件应力应变关系、塑性混凝土抗压强度随着水泥用量增加而增加，基本呈线性关系，随着水胶比增大而减小，随着胶凝材料用量增大，强度有增大趋势。粒径较大粗骨料可提高混凝土强度，过多掺加黏土对强度不利，而以膨润土取代部分黏土，有助于塑性混凝土抗压强度的提高。

塑性混凝土轴心抗压强度与立方体抗压强度呈线性比例关系，比值为 0.70～0.92。

4.2 弹性模量试验结论

塑性混凝土的弹性模量随着立方体抗压强度提高相应有所提高，与水泥用量、水胶比有较为密切关系。另外，塑性混凝土的砂率越小，粗骨料粒径越大，弹性模量就越大；而黏土和膨润土用量越大，则塑性混凝土弹性模量就越小。

4.3 剪切试验结论

随着单轴抗压强度增加。剪切强度有所增加，剪切强度指标也随之增加；单轴强度较高的配合比，其剪切强度指标也较高。

4.4 抗渗性能试验结论

因塑性混凝土渗透性主要取决于凝结后混凝土中的孔隙尺寸、分部及其连续性，影响因素众多，通过调整配比中单一参数控制渗透系数是不现实的，所以塑性混凝土的抗渗透能力指标必须结合工程的实际情况和已有的工程经验数据成果来确定。

窄口水库加固主坝防渗墙（615.0～648.0m）范围，采用塑性混凝土，参照室内试验成果，结合工程实际情况，又确定了三组配比进行现场施工对比试验，最终确定采用配合比见表 1，下部 C10 刚性混凝土施工配合比见表 2，试验成果见表 3。

表 1 　　　　　　　　　　　最终推荐塑性混凝土防渗墙配合比

水（kg）	水泥（kg）	砂（kg）	小石（kg）	膨润土（kg）	黏土（kg）	外加剂（kg）	坍落度（mm）	扩散度（mm）
245	180	995	815	40	40	2.34	220	390

表 2 　　　　　　　　　　　C10 混凝土防渗墙配合比

等级	水（kg）	水泥（kg）	粉煤灰（kg）	砂（kg）	小石（kg）	外加剂（kg）	坍落度（mm）	扩散度（mm）
C10	190	207	138	747	1040	3.11	215	400

表 3 　　　　　　　　　　　配合比试验结果

推荐塑性混凝土	坍落度（mm）	扩散度（mm）	弹性模量（MPa）	抗渗系数（cm/s）	抗压强度（MPa）	
					7d	28d
指标值	220	390	1660	3.83×10^{-8}	3.7	5.6

5　大坝防渗墙组合方案的三维有限元分析

5.1　计算分析条件

窄口水库除险加固工程塑性混凝土防渗墙分析主要考虑防渗墙的设计参数的验证和防渗墙施工的三维仿真模拟。

塑性混凝土防渗墙计算模型采用德鲁克—普拉格模型，计算选用 0＋130～0＋190 段，高程取基岩以上至 655.0m。模型边界的选取主要考虑该段防渗墙最深（70～83.43m），而防渗墙厚度相对坝宽较小。在该段塑性混凝土防渗墙施工的单槽长为 6.0m。

计算采用 ANSYS 高级工程有限元分析软件。

考虑到除险加固中防渗墙最大深度 83.43m，坝体 615.0m 高程以下采用 C10 刚性混凝土，上部采用轴心抗压强度为 5MPa 的塑性混凝土。计算工况分施工期和运行期两类，施工期考虑死水位和枯水期最大水位，运行期考虑兴利水位、设计洪水位和校核洪水位等 5 种条件。

计算中主要考虑 5 种材料属性，分别为卵石、石渣、黏土、红色泥砾石和塑性混凝土，各种材料的属性见表 4。

表 4 　　　　　　　　　　　窄口水库大坝计算参数

岩性	重度（kN/m³）	弹性模量（MPa）	泊松比	内聚力（kPa）	摩擦角
卵石	17.3	15.0	0.32		36°
石渣	22.0	10.0	0.34	0	32°
黏土	20.4	8.0	0.38	20	24°
红色泥砾石	22.0	17.0	0.32	0	33°
塑性混凝土	22.0	2000	0.27	1100	34°
刚性混凝土	24	10 000	0.25	1500	40°

计算中共剖分 19 796 个单元，节点 5200 个。计算剖分图见图 2。在塑性混凝土防渗墙处剖分网格较密，其余部分较疏。

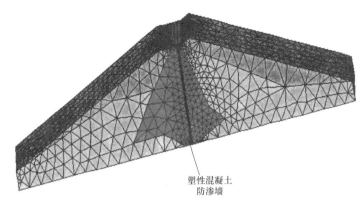

塑性混凝土
防渗墙

图 2　计算剖分图

5.2　计算结果分析

5.2.1　施工期坝体应力分析

施工期坝体应力分析分为死水位、施工期最大水位两种情况。

（1）第一主应力分布。图 3～图 5 显示了刚塑性方案时施工期坝体内部第一主应力分布。从第一主应力图分析，沿着混凝土防渗墙从上至下方向，墙身第一主应力逐渐增大，两种情况最大主应力分别为 3.91、4.12MPa。

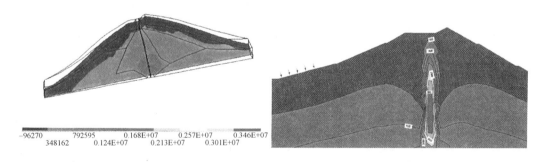

-96270　　　792595　　　0.168E+07　　0.257E+07　　0.346E+07
　　　348162　　　0.124E+07　　0.213E+07　　0.301E+07

图 3　刚塑性方案施工期死水位下坝体第一主应力分布

（2）x 方向的应力分析。x 方向的应力分布（沿着河流方向）主要表现在坝体两侧变形小，坝体心墙应力较大，从坝顶至坝底，应力逐渐增大，在坝底处达最大，施工期两种工况最大主应力分别为 1.52、1.41MPa。

（3）z 方向的应力分析。两种工况 z 方向的应力分布（竖直高程）主要为从上至下，应力逐渐增大，但防渗墙墙体应力明显大于周围土体的应力；z 方向的应力主要有坝体自重引起的，而塑性混凝土的密度要大于周围防渗心墙的土体，故防渗墙的应力明显大于周围土体的应力。另外，其应力还受到坝体心墙沉降与混凝土防渗墙沉降变形不一致产生的摩擦力影响。

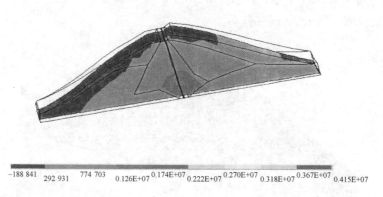

-188 841　　292 931　　774 703　　0.126E+07　0.174E+07　0.222E+07 0.270E+07　0.318E+07　0.367E+07　0.415E+07

图 4　刚塑性方案施工期最大洪水位下坝体第一主应力分布

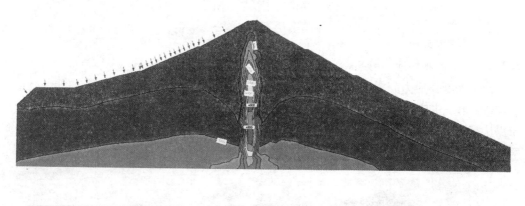

-188 841　　　　774 703　　　　0.174E+07　　　0.270E+07　　　　0.367E+07
　　　292 931　　　　0.126E+07　　　0.222E+07　　　0.318E+07　　0.415E+07

图 5　刚塑性方案运行期设计洪水位坝体第一主应力分布示意图

5.2.2　运行期坝体应力应变分析

运行期分为校核水位、设计水位、兴利水位三种情况进行坝体受力分析。

（1）三种情况下坝体内部应力分布施工期工况条件下的分布类似，最大值分别为 4.63、4.57、4.40MPa；x 方向应力校核、设计情况下最大值分别为 1.44、1.39MPa。z 方向应力校核、设计最大值变为 4.10、3.95MPa。

（2）窄口水库塑性混凝土防渗墙三维有限元分析可以得知：刚塑性方案坝体最大主应力沿防渗墙从上至下方向墙身第一主应力逐渐增大，防渗墙应力明显大于周围土体的应力；沿河流方向主要表现为坝体两侧变形小，坝体心墙应力较大，从坝顶至坝底应力逐渐增大，坝底处达最大，且坝体应力（<5MPa）均在允许范围内。

6　安全监测

通过在主坝防渗墙轴线 0+120、0+170 及 0+215 三个横断面上，布置 14 支应变计和 7 支无应力计，对防渗墙的应力、应变情况进行监测，进而反映出防渗墙的施工质量。

应变计观测资料的特征值表明：防渗墙最大拉应变测值为 $379.15\mu\varepsilon$，最大压应变测值为 $134.63\mu\varepsilon$，最大变幅测值为 $247.64\mu\varepsilon$，均在混凝土允许范围内。

应变量在混凝土浇筑后一段时期内起伏多变，主要原因是由于混凝土浇筑后的温度变化；水化热逐渐消散后，主要变形因素为当时的负载状态。

无应力计所反映的应变是一种"非应力变形"，是混凝土的自由变形。从观测资料过程线看出，无应力计观测数据比较正常，测值呈周期性变化，随温度的变化基本呈负相关，且所有测点的测值变化不大。

无应力计观测资料的特征值表明：防渗墙最大拉应变测值为 $474.45\mu\varepsilon$，最大压应变测值为 $12.19\mu\varepsilon$，最大变幅测值为 $474.45\mu\varepsilon$，无应力计工作正常，各仪器测值没有发生明显跳跃现象。

通过对观测资料的整理分析可以得出如下结论：

（1）混凝土防渗墙处于正常的工作状态、墙体受力情况符合结构的受力特点。

（2）从量级来看均不大，且大部分受温度应力的影响，目前结构处于正常的工作状态。

通过对安全监测数据应力、应变分析可以得知混凝土防渗墙处于正常的工作状态，墙体受力情况符合结构的受力特点，与三维非线性有限元分析结果相符。

7 结束语

本项目通过分析混凝土防渗墙体材料特点、配比设计和高坝条件下防渗墙的具体应用、设置必要的安全监测设施，为类似土石结构物的防渗处理提供了宝贵的工程经验。刚塑组合防渗墙处理方案已在灵宝市窄口水库大坝加固中得到实施，效果良好。为今后大量的坝体、堤防等加固建设和基础工程处理方案提供有效参考。

参考文献

[1] 零雄，李上游 . 单掺黏土塑性混凝土在大坝防渗墙中的应用研究 . 广西水利水电，2006（1）：24-26.

[2] 冯霞芳 . 防渗墙新型墙体材料塑性混凝土 . 水利水电技术，1993（8）.

浅谈某隧洞开挖爆破施工技术

米长征

（葛洲坝集团第二工程有限公司）

［摘　要］　隧洞开挖爆破施工地质较为复杂，且隧洞断面小，通过不断改进技术方法和抓住关键控制点，在钻爆施工中确保了安全质量，取得了良好的经济效益。

［关键词］　有压隧洞　引水隧洞　爆破参数　爆破效果　质量控制

1　工程概况

大雷山隧洞工程 1 号（桩号：40＋255.74m～41＋857.51m 段）和鸟尖山隧洞工程 2 号（37＋683.74～39＋867.98m 段）2 段隧洞，隧洞总长 3786.01m，隧洞全部为有压隧洞，大雷山隧洞工程 1 号纵坡为 $i＝0.000\,3$ 鸟尖山隧洞工程 2 号纵坡为 $i＝0.000\,5$。主隧洞的开挖洞径为 $2.2×2.8m$ 马蹄形，衬后为 $\phi2.2m$ 圆形，钢筋混凝土衬砌段衬砌厚度 30cm。根据洞线地质条件，主要采用喷锚支护，必要时挂钢筋网、锚杆加固；围岩地质条件较差地段采用 C20 钢筋混凝土衬砌。

输水隧洞沿线穿越的地质以侏罗系上统 c 段第一亚段（J_3^{c-1}）、第二亚段（J_3^{c-2}）为主，局部有 e 段（J_3^e）与 d 段（J_3^d）地层分布。白垩系下统朝川组（K_1c）地层局部分布于宁海桥头胡至峡山一带。围岩的岩性较复杂，以侏罗系（含角砾）晶屑玻屑凝灰岩、凝灰岩、凝灰质砂岩、熔结凝灰岩、流纹岩、粉砂质等为主，局部为燕山晚期花岗岩及白垩系凝灰岩粉砂岩、沉凝灰岩等。其中侏罗系、白垩系的凝灰质粉砂岩、粉砂质泥岩、砂岩、砂砾岩等，岩性软，易风化，遇水易软化，此类围岩分布段是薄弱洞段。

2　施工布置

2.1　施工道路

施工现场的现有道路为水泥路面道路，与两洞口接近，交通十分方便，主要利用现有的道路。洞口与现有道路连接修筑 6m 以上宽施工便道，满足施工机械与材料的进场。大雷山隧洞与现有道路连接间要跨越方家岙水库溢洪道，修筑了桥梁。进洞处修筑施工道路 600m。

2.2　施工防水排水及防洪

2.2.1　洞外排水

洞口顶部设截排水沟将洞顶地表水引入排水沟排出。生活区和机修房及弃碴场等区域挖水沟排水至污水沉淀池，经净化处理后排出。

2.2.2　洞内排水

在隧洞一侧设排水沟，每 200m 设一集水坑，用水泵接力排水，经洞口沉淀池沉淀后排出。

2.2.3 洞内防水

根据地质情况，在断层带附近可能有较大涌水，为顺利穿越该地段，防止大量涌水，应进行超前探水，必要时，可进行注浆堵水。采用的注浆参数凝胶时间 1～3min，可根据地层情况进行调整，扩散半径 0.5m，注浆终压 0.3～0.5MPa，根据地层条件进行现场注水试验，评定地层裂隙情况，并依此确定单孔注浆量。采用全孔一次性注浆，注浆液为水泥-水玻璃双液浆。

3　施工程序

隧洞施工先施工洞脸工程和洞口处理，同时做好洞口坡面防护和排水。后安排洞身段施工，洞身内衬砌和支护跟进施工。

隧洞开挖采用光面爆破，全断面一次开挖成型的钻爆法开挖施工。每个工作面拟布置 3 台 YT-28 型气腿式凿岩机于工作面进行钻孔作业，上半部钻孔时搭设简易施工台架。供风由布置于洞口处附近的 20m³ 电动空压气机通过 D108 钢管供给。供水通过洞外供给钻爆方式设计以 2.2m×2.8m 马蹄形断面进行。隧洞开挖按光面爆破要求进行钻爆设计，周边眼使用小直径光爆炸药，炮眼间距 45～55cm。采用间隔装药，非电毫秒导爆管雷管引爆导爆索，通过导爆索传爆起爆炸药，孔口用炮泥堵塞。炮孔痕迹在开挖轮廓面上均匀分布，炮孔痕迹保存率达到 80% 以上，保证开挖面与设计轮廓线一致，径向超挖值和开挖岩面的起伏差均小于 200mm，平均小于 100mm。围岩中不得有明显震动裂隙，不得有欠挖。掏槽眼、辅助眼采用连续装药，非电毫秒导爆管雷管起爆，$\phi32×200$ 2 号岩石硝铵炸药。装填系数 0.7～0.85，掏槽方式考虑围岩的夹制力，每循环进尺控制在 2m 左右，掏槽形式采用直线方式，确保掏槽效果。

钻孔作业钻孔前准确测画开挖轮廓线，点出掏槽眼和周边眼的位置。炮眼钻孔采用 YT-28 型气腿式凿岩机，钻孔深度 2.3m，每个工作面配 3 台风钻同时作业，司钻手安设计划定的区域和炮眼顺序钻孔。

爆破按照钻爆设计图准备好爆破材料，装药前先用高压风清孔，检查钻孔是否堵塞或塌孔，然后按划定的区域装药连线，各负其责。装药顺序先上后下，先两侧后中间。导爆管连线采用"一把抓"法，配两个起爆雷管，装药结束经安全检查后起爆，各步骤按《塑料导爆管非电起爆操作原则》进行。

掏槽眼 $\phi32$ 2 号岩石硝铵炸药；辅助眼：$\phi32$ 2 号岩石硝铵炸药；底板眼：$\phi32$ 2 号防水乳化炸药；光面眼：$\phi25$ 2 号岩石硝铵炸药，施工中遇水现象，将改用防水乳化炸药。

起爆网络材料采用 MS1～15 段非电毫秒导爆管雷管，8 号纸质火雷管，导火索、导爆索。起爆方法周边眼采用导火索及 8 号纸质火雷管引爆非电豪秒导爆管雷管。通过导爆索传爆起爆炸药；其他眼采用导火索及 8 号纸质火雷管引爆非电毫秒导爆管雷管，非电毫秒导爆管雷管起爆炸药。起爆顺序为先掏槽孔，再辅助孔，辅助孔起爆后再起爆周边孔，底孔最后起爆。

（1）爆破设计。炮眼数目的多少直接影响每一循环凿岩工作量、爆破效果、循环进尺、隧洞成型的好坏。暂按下式计算炮眼数目，在施工中，根据具体情况再作调整，以达到最佳效果。

炮眼 N 按下式计算：

$$N = \frac{qs}{r\eta}$$

式中：q 为炸药单耗量，取 2.0kg/m^3；s 为开挖面积，取 6.63m^2；r 为每米长度炸药的药量，2 号岩石硝铵炸药为 0.78kg/m；η 为炮眼装药系数，取 0.7。

经计算，$N = 25$，光面爆破需多增加周边眼 13 只，共计 38 只。

每个炮眼的装药量分别如下：

1）掏槽眼

$$Q_1 = \eta L r$$

式中：η 为炮眼装药系数，取 0.8；L 为眼深，取 2.5m；r 为每米长度炸药的药量，取 0.78kg/m。

经计算 $Q_1 = 1.56$ 取 1.5kg。

2）辅助眼

$$Q_2 = \eta L r = 0.7 \times 2.3 \times 0.78 = 1.25 \text{(kg)}$$

取 1.20kg。

（2）光面爆破参数。针对 XI 类岩石初次选用表 1 所列爆破参数，在施工中可按照选定的参数总结每次爆破效果，测量半径和轮廓不平整，不断调整光爆参数。

周边孔间距 $a = (15 \sim 10)d = (15 \sim 10) \times 43 = 645 \sim 430 \text{(mm)}$

密集系数 $m = a/W = 0.65 \sim 1.0$，XI 类可选为 $0.8 \sim 0.7$。

最小抵抗线 $W = 600 \sim 400\text{mm}$。

表 1　　　　　　　　　　　爆　破　参　数

岩石坚固系数 f	不耦合系数 k	装药量 q（g/m）	炮孔间距 a（cm）	最小抵抗线 W（m）
2～4	2～2.4	50～125	0.4～0.3	0.4～0.3
4～6	1.6～1.8	100～200	0.45～0.35	0.45～0.35
6～10	1.4～1.6	150～250	0.5～0.4	0.55～0.45

4　复杂地层掘进技术措施

在破碎、松散等不良复杂地层段中掘进，应遵守"超前锚、短开挖、弱爆破、早支护、快封闭、勤量测"的原则。派有经验的人员进行统一指挥，确保安全通过。

不同类型的围岩，采用不同结构形式的安全防护技术。超前锚杆支护法。施工中发现可能出现破碎的迹象马上沿隧洞轮廓线钻孔，孔深至少应大于循环进尺 1m（一般 3～5m），然后充填砂浆，再插入锚杆，锚杆外插角宜为 5°～10°，安设的锚杆使一定区域成为整体，以锚杆长度作为控制长度形成模拟挡土墙，通过这个挡土墙抵抗背后土压，以达到超前支护的效果。锚喷网联合支护。喷锚的效果来源于它的及时性、独特性、灵活性及柔性密贴性。喷射混凝土具有比较好的柔韧性，其蠕变形和可压缩性都相当大，其延伸率可达 10%，为了改善喷射混凝土的静态抗拉强度、桡性疲劳强度、冲击强度、抗震性能、柔韧性和抗裂性，可在每立方米素混凝土混合料中加入 80～100kg 的钢纤维，这是一种安全、快速、有效的临时支护方法。

钢筋网的作用在于提高喷射混凝土结构的整体性，是喷层中应力均匀分布，避免应力局部集中，提高喷射混凝土支护抵抗长期机械震动和爆破震动的能力，可以避免个别危石冒落，并可以防止或减少因混凝土收缩而产生的裂纹，为了起到上述作用，要求钢筋直径不宜过大，网度不宜过密，应紧贴岩石。施工中钢筋采用 $\phi6$～10 钢筋，间距为 200～300mm。格栅拱摸喷复合支护法。在破碎带与地质条件特差的地段，则在锚网喷的基础上再结合超前锚杆采取格栅拱模喷复合支护措施。岩量测。现场围岩量测是锚喷支护监控设计和施工管理的重要内容。通过量测可及时掌握围岩动态和支护受力情况，判断围岩稳数和修改施工方法。为了安全、顺利地通过断层，保证工程质量，要及时采取措施。当施工中遇到地下水有变化时，应进行超前探水，放水引排。应配备足够的排水设备。当涌水较大时，应灌浆封堵止水，后进行支护。

5　通风排烟安全措施

粉尘浓度，有害有毒气体含量在 30min 内降低到允许范围内，见表 2。

表 2　各主要有害气体安全浓度表

CO	H$_2$S	NO$_2$	粉尘
体积比＜0.0016	＜0.0066	＜0.00025	SiO$_2$＞10% 时，＜2mg/m³

按同时工作的人数计算，排尘最小平均风速，在工作面不得低于 0.15m/s，沿巷道不得低于 0.25～0.6m/s。放炮后要将风筒及时接止工作面，使风筒末段与工作面距离，压入式通风不超过 10m，抽出式通风不超过 5m，混合式通风不超过 10m。为降低风阻要做到：吊挂平直，拉线吊线，封环必吊，缺环必补，拐弯缓慢，放出积水，有破损要及时补好。同时避免在洞内正面任意停放设备，堆积杂物或器材。坚持以风、水为主的综合防尘措施，做到湿式凿岩标准化，通风排尘、喷雾洒水制度化，个人防护经常化。凿岩用水尽量保持清洁，禁止使用污水，要求固体悬浮物不大于 150nk/e，pH 值为 6.5～8.5。给水量（重量）应达到排粉量的 10～20 倍，一般为 5～8kg/min。喷雾水要常开，隧洞内有人，喷雾不停。装岩前，应向工作面 10～15m 内的顶、帮和岩渣上洒水，岩渣要分层洒水，洒湿洒透。

6　结束语

隧洞钻爆法施工中，钻爆施工除了制定合理的爆破参数外，规范、精准的施工控制也是施工质量控制的重要影响因素。施工中准确测量画出开挖轮廓线对开挖面的超欠挖控制存在着直接的影响；人工钻爆中使用的气腿式风钻，在打钻时必须有 3°~5°的外插角，钻孔深度越深，外偏角越大，造成的偏差就越大；掏槽眼要尽量保证在水平面上，越平开挖爆破效果越好；周边眼间距控制和装药量控制为爆破质量控制的重点，在周边眼的布置上，要按照开挖面的围岩地质情况随时调整布眼的间距尺寸。施工过程中必须对这些因素重点控制，以确保爆破效果。

施工企业要想控制成本，创造效益，就需要不断提高管理的精细化程度。一方面，要通过系统化分析制定合理的爆破方案；另一方面，要加强施工现场的管理。在施工过程中坚持做好开挖断面复测工作，有利于班组随时调整爆破参数。

参考文献

[1] 中国力学协会工程爆破专业委员会. 爆破工程. 北京：冶金工业出版社，1992.

[2] 刘殿中. 工程爆破实用手册. 北京：冶金工业出版社，1999.

[3] 张继春. 工程控制爆破. 成都：西南交通大学出版社，2001.

[4] 张志毅. 交通土建爆破工程师手册. 北京：人民交通出版社，2002.

[5] 顾义磊. 隧道光面爆破合理爆破参数的确定 [J]. 重庆大学学报，2005 (03).

[6] 刘仁旭. 公路隧道的光面爆破 [J]. 重庆大学学报，2005 (10).

[7] 王梦恕. 中国隧道及地下工程修建技术 [J]. 人民交通出版社，2010 (5).

作者简介

米长征（1978—），男，河北宁晋人，水利水电工程高级工程师，长期从事大中型水电站施工技术管理工作。

一种新型拦沙坎在沙坪二级水电站的创新应用及施工技术

刘　钊　薛守宁　汪　烊

（国电大渡河沙坪水电建设有限公司）

[摘　要]　为解决河床式水电站厂房上游拦沙坎水下施工的质量、安全和进度控制的问题，沙坪二级水电站创新采用了地下连续墙拦沙坎替代原重力式挡墙拦沙坎，并在施工过程中严格按质量控制要点做好过程质量控制，卓有成效地解决了混凝土重力式挡墙结构拦沙坎施工存在的水下基础情况不明、水下模板及混凝土浇筑工艺控制难度大、混凝土浇筑质量难以保证等问题。该创新方案的经济、安全、质量等效益明显，直接节约投资约 20％，节约工期 75％，混凝土用量为原方案的 15％，实现节能减排、文明环保等社会效益，可为同类工程提供借鉴。

[关键词]　河床式　地下连续墙　拦沙坎　施工技术

1　工程概况

沙坪二级水电站位于四川省峨边县境内，为河床式开发电站，总装机容量 348MW。河床式开发水电站厂房进水口拦沙坎往往设在进水渠上游，而为了减小基坑面积，上游围堰一般布置在拦沙坎的下游，因此拦沙坎便位于基坑外部，导致拦沙坎施工为水下施工。因此解决水下施工的质量、安全和进度问题成为重中之重。目前，拦沙坎一般采用混凝土重力式挡墙结构，存在水下基础情况不明、水下模板及混凝土浇筑工艺控制难度大、混凝土浇筑质量难以保证等问题。为解决以上问题，沙坪公司经研究采用地下连续墙替代重力式挡墙的方案，取得了良好的综合效益。

本次施工范围为上游拦沙坎地下连续墙。因上游发电导致水位变幅较快的影响，原设计中挡墙式拦沙坎施工方案失效，现实施地下连续墙式拦沙坎施工。拦沙坎地下连续墙轴线与挡墙式拦沙坎轴线一致，由 L1～L2 轴线长约 85.0m。本次拦沙坎地下连续墙施工采用钻劈法，槽孔分为一、二期槽，均为四主三副；墙段连接采用钻凿法。

2　地下连续墙拦沙坎设计

沙坪二级水电站厂房上游拦沙坎（见图 1）采用地下连续墙设计方案主要基于在满足结构功能要求的前提下解决重力式挡墙拦沙坎难以在水下施工的问题，通过将地下连续墙设计思路及施工技术与拦沙坎的功能要求完美结合，解决了工程实际问题。

地下连续墙设计施工程序为：①以拦沙坎轴线为轴线填筑施工平台，填筑料采用小粒径的砂砾石料，施工平台需高出施工期水面高程；②在施工平台上进行钻孔成槽作业，槽宽一般 1m 左右，槽底一般深入基岩 1m 左右即可；③在所成槽内下钢筋笼，浇筑混凝

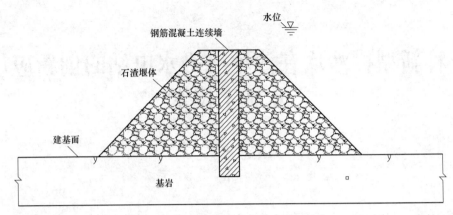

图 1　地下连续墙式拦沙坎横断面示意

土，从而形成钢筋混凝土连续墙，连续墙墙顶高程与原设计相同；④待混凝土达到一定龄期后，挖除墙顶以上回填料及堰体上下游多余回填料。

3　施工工艺及质量控制要点

地下连续墙拦沙坎本质上就是用地下连续墙替代重力式挡墙，起到承受侧向土压力的作用，该方案实施与地下连续墙施工类似。主要包含施工平台建造、冲击钻造孔、成槽、下设钢筋桁架、浇筑混凝土等工序。

3.1　施工平台建造

混凝土地下连续墙施工平台沿拦砂坎轴线通长布置，下游侧布置钻机行走轨道，宽 6.5m；地下连续墙上游区域为倒浆平台和排浆沟，宽 3.0m，排浆沟上游侧设 2 个 2.0m×2.0m×2.0m 沉淀池。

钻机行走轨道由四道钢轨组成，其下按 80cm 左右的间距铺设 15cm×15cm×450cm 的枕木，钢轨固定于枕木之上。枕木铺设前对场地进行平整和夯实，并与地下连续墙轴线平行埋设 3 道卧木，经测量平整度满足要求后，方可铺设；倒浆平台和排浆沟采用 C20 混凝土浇筑，厚度为 30cm；倒浆平台至排浆沟为 3％的斜坡，以便于浆液自流。

3.2　造孔成槽施工

Ⅰ期槽孔造孔采用冲击钻机配十字钻头、抽砂筒等机具。先钻主孔，再劈打副孔，最后"找小墙"。

钻进主孔时特别要求孔位准确，垂直度符合规范要求，因为槽孔的两端主孔的垂直度将直接影响与Ⅱ期槽段的连接，影响整个地下连续墙的连续性。

混凝土地下连续墙底线深度要求深入弱风化基岩 1.0m。成槽过程中，根据先期勘探地质资料，在接近基岩面时，开始采取基岩样品，并由现场地质工程师会同监理工程师和设计工程师进行岩样鉴定，经监理工程师批准终孔。

副孔采用"劈打法"，由于副孔相邻的均为已经钻进的主孔，有两个自由面，因此成孔速度较快。劈打副孔时的岩渣，利用接渣斗直接捞出孔外。

副孔全部终孔后，需要找主副孔之间的"小墙"。最终造出符合设计和规范要求的规整槽孔。

成槽质量标准不低于如下设计要求：孔位偏差不大于 3cm；孔斜率不大于 0.4%，遇有含孤石、漂石的地层及基岩面倾斜度较大等特殊情况时，孔斜率应控制在 0.6% 以内。对于Ⅰ、Ⅱ期槽孔接头，要求套接孔的两次孔位中心任一深度的偏差值应不大于施工图纸规定墙厚的 1/3，并采取措施保证设计厚度。

槽孔终孔后，报告现场监理工程师进行孔位、孔形及孔斜全面检查验收，合格后进行清孔换浆。孔斜检查可采用重锤法进行，通过孔口偏差值计算孔斜率。

在Ⅰ期槽孔施工时，如果出现其中一台钻机无空位停等时，就可按排此钻机施工Ⅱ期槽中间孔。在Ⅰ期槽孔浇筑混凝土完毕后待凝 12～24h 后就可进行套打接头孔施工，接头孔套打施工完毕就可全面施工Ⅱ期槽孔，余下施工同前述Ⅰ期槽孔施工方法。

造孔成槽主要质量要求如下：

（1）各单孔开孔中心线位置在设计连续墙中心线径向内外误差不大于 3cm。

（2）连续墙槽壁及接头开挖均应保持平整垂直，对其质量要求为：

1）槽孔偏斜率不大于 0.4%；遇有含孤石、漂石的地层及基岩面倾斜度较大等特殊情况时，槽孔偏斜率应控制在 0.6% 以内。

2）槽段厚度方向允许偏差 ±20mm。

3）槽段长度方向允许偏差 ±50mm，两相邻槽段接头处中心线在任意深度处的偏差不大于 60mm。

3.3 钢筋桁架制安装

3.3.1 桁架制作

用于地下连续墙施工的钢筋均应附有产品质量证明书及出厂检验单，在使用前，应分批进行钢筋机械性能试验，检验合格后方能用于工程施工。

钢筋表面应洁净，粘着的油污、泥土、浮锈使用前必须清理干净；钢筋调直尽量使用机械调直机，经调直后的钢筋不得有局部弯曲、死弯、小波浪形，其表面伤痕不大于钢筋截面的 5%；钢筋切断应根据钢筋号、直径、长度和数量、长短搭配，先断长料后断短料，尽量减少和缩短钢筋短头，以节约钢材。

地下连续墙钢筋桁架钢筋搭接采用双面焊缝，其搭接长度不小于 $5d$（d 为钢筋直径）。

每段钢筋桁架高度应据槽孔孔深分段制作，其两侧采用定位钢筋固定，定位钢筋采用单面焊接，确保钢筋保护层厚度为 5cm。

3.3.2 桁架安装

因为每段钢筋桁架长度均比较长（9m），为避免起吊时桁架变形，一方面要选好起吊位置，另一方面，加设临时槽钢、钢管等刚性体，以增加钢筋桁架的整体起吊刚度，起吊完毕后于槽孔孔口将临时刚性体除去。

该工程地下连续墙采用焊接法的连接方式进行钢筋桁架的下设，即钢筋桁架底段先期入槽，并稳妥地架立于孔口，其余段利用吊车起吊，与底段进行逐段对接。当全部钢筋桁架对接完毕后，利用吊车进行整体下设。下设时一定安全、平稳，对应好钢筋桁架在槽中的位置。遇到阻力时不得强行下放，以免钢筋桁架变形，造成管体移位，影响下设精度。钢筋桁架接头处利用电焊机牢靠的进行焊接连接。并在每一接头处竖向焊设 2～3 根钢筋加劲肋，以确保接头处强度。其优点是允许钢管有一定的变形，并且连接可靠，连接强度高。缺点是焊接时间长，耗费时间，会使槽孔底部的淤积增加，加大混凝土浇注的难度。

3.4 混凝土浇筑

3.4.1 墙体材料物理力学性能指标

本次地下连续墙墙体材料为 C25 二级配混凝土，混凝土施工物理特性指标按下列要求进行控制：

(1) 入槽坍落度 18～22cm，扩散度 34～40cm；

(2) 坍落度保持 15cm 以上时间不小于 1h；

(3) 初凝时间≥6h；

(4) 终凝时间≤24h；

(5) 混凝土密度≥2.1g/cm³。

3.4.2 混凝土拌和及运输

地下连续墙混凝土由集中拌和系统拌制提供，拌好的混凝土采用混凝土搅拌车运至现场入槽浇筑。

3.4.3 混凝土浇筑

与防渗墙混凝土浇筑工艺基本类似，采取拔管水下混凝土浇筑方案。

(1) 浇筑导管及安装要求。

1) 混凝土浇筑导管采用快速丝扣连接的 ϕ250mm 的钢管，导管接头设有悬挂设施。

2) 导管使用前做调直检查、压水试验、圆度检验、磨损度检验和焊接检验，检验合格的导管做上醒目的标识，不合格的导管不予使用。

3) 导管在孔口的支撑架用型钢制作，其承载力大于混凝土充满导管时总重量的 2.5 倍以上。

(2) 导管下设。

1) 导管下设前需进行配管和作配管图，配管应符合规范要求。

2) 导管按照配管图依次下设，导管距槽孔端部或接头孔壁距离保持在 1.0～1.5m，导管间距不得大于 4.0m，当孔底高差大于 25cm 时，导管中心置放在该导管控制范围内的最低处。导管底口距槽底距离控制在 15～25cm。

(3) 混凝土入仓及控制要点。

混凝土入仓程序如下：

1) 混凝土搅拌车运送混凝土进槽孔前储料罐，再分流到各溜槽进入导管。

2) 混凝土开浇时采用压球法开浇，每个导管均下入隔离塞球。开始浇筑混凝土前，先在导管内注入适量的水泥砂浆，并准备好足够数量的混凝土，以使隔离的球塞被挤出后，能将导管底端埋入混凝土内。

3) 混凝土必须连续浇筑，槽孔内混凝土上升速度不得小于 2m/h，并连续上升至高于设计规定的墙顶高程以上 0.50m。

4）必要时，采用天泵直接入导管进行浇筑。

混凝土入仓质量控制要点如下：

1）导管埋入混凝土内的深度保持在 1～6m，以免泥浆进入导管内。

2）槽孔内混凝土面应均匀上升，其高差控制在 0.5m 以内，每 30min 测量一次混凝土面，每 2h 测定一次导管内混凝土面，在开浇和结尾时适当增加测量次数。

3）严禁不合格的混凝土进入槽孔内。

4）浇筑混凝土时，孔口设置盖板，防止混凝土散落槽孔内。槽孔底部高低不平时，从低处浇起。

5）混凝土浇筑时，在机口或槽孔口入口处随机取样，检验混凝土的物理力学性能指标。

6）为保证地下连续墙槽段浇筑混凝土质量，各槽段浇筑混凝土超浇高度不小于 0.5m。超浇混凝土须凿除，并保证槽浇混凝土墙顶部密度大于 2100kg/m³ 为止。

7）混凝土浇注顶高程为 535.3m，钢筋笼设置顶高程为 534.8m。

4 新技术应用优势

水下浇筑混凝土重力式挡墙拦沙坎存在较多施工难点和质量控制难点，主要不利可总结为：

1）重力式挡墙基础在水下，难以控制基础高程及平整度。

2）模板在水下难以架立及拼接，安全和质量均难以保证。且模板下口与基础面无法保证紧贴，浇筑混凝土过程中容易造成混凝土外露和浪费。

3）混凝土水下浇筑容易导致离析，且基本无法振捣，混凝土浇筑质量无法保证。

4）模板无法拆除及回收，增加施工成本。

地下连续墙的特性及结构形式能够满足拦沙要求，从功能上讲可以替代重力式挡墙拦沙坎的作用，相对于水下浇筑混凝土重力式挡墙拦沙坎存在的不利因素，地下连续墙施工可参照防冲墙施工、防渗墙施工等类似施工，有较为成熟的质量控制标准，从而实现质量可控、安全可控、进度可控、投资可控。

5 结束语

沙坪二级水电站发电厂房上游拦沙坎采用地下连续墙形式替代原重力式挡墙形式，在满足功能要求的基础上克服了混凝土水下施工存在的问题，实现质量可控、安全可控、进度超前、投资节省的工程管理目标。该方案最终节约工期 75%，节约投资约 20%，该方案的混凝土用量为原方案的 15%，实现节能减排、文明环保等社会效益，可为同类工程提供借鉴。

参考文献

[1] 宗敦峰，刘建发，肖恩尚，等．水工建筑物防渗墙技术 60 年 Ⅰ：成墙技术和工艺 [M]．2016：455-462.

[2] 陈灯霞. 水利水电工程建筑中混凝土防渗墙施工技术的运用 [J]，工程技术研究，2017，41.

[3] 张长志. 防渗处理技术在水利施工中的应用分析 [J]. 河南科技.2016（01）：124-125.

作者简介

刘钊（1987—），男，陕西人，工程师，硕士学位，主要从事水电工程管理工作。

智慧工程理念下的双江口工程信息管理系统研究与应用

彭旭初　　陈国政　　段　斌　　王燕山　　吴高明

（国电大渡河流域水电开发有限公司）

[摘　要]　智慧工程正在对我国水利水电工程建设领域产生重大而深远的影响。结合双江口水电站工程特点，基于智慧工程基本概念、建设目标和体系架构，研究了双江口水电站工程信息管理系统建设方案，介绍了系统应用成效，总结了系统建设及应用经验，可供其他工程项目参考和借鉴。

[关键词]　双江口　智慧工程　信息管理　应用

1　引　言

随着信息技术迅猛发展，"智慧企业"已成为企业未来发展的方向。国电大渡河流域水电开发有限公司正加速推进建设大渡河"智慧企业"建设，运用物联网、大数据、云计算等现代 IT 技术，通过体系、流程、人、技术等企业要素的有效变革和优化，提高对流域开发、电站建设、生产运行、电力交易和企业管理的洞察力，提升企业智慧，增强企业应对外部风险能力，实现健康可持续发展。"智慧工程"作为大渡河"智慧企业"的关键子系统和重要组成部分，将按照大渡河"智慧企业"总体规划有序实施，并与大渡河"智慧企业"其他管理模块实现无缝衔接。"智慧工程"已在大渡河双江口、猴子岩、沙坪等水电站得到全面应用，双江口工程信息管理系统作为双江口水电站智慧工程大数据收集及分析、管理优化的主要载体，在实现日常业务流程管控同时，实现工程管理大数据收集及深化挖掘。由于双江口水电站坝高达 312m，是世界已经建成和正在建设中的最高坝，工程建设管理要求很高，迫切需要基于智慧工程理念，才用信息化、数字化、智能化的技术手段建立工程信息管理系统，以保证双江口工程建设管理科学合理。

2　智慧工程理论概述

2.1　基本概念

作为大渡河"智慧企业"四大业务单元之一的智慧工程，其基本概念与智慧企业是一脉相承的，不仅涵盖信息技术、工业技术，还包括了管理技术，并将新技术产生的先进生产力与管理塑造的新型生产关系有机结合，使得两者彼此适应、相互促进。智慧工程是以全生命周期管理、全方位风险预判、全要素智能调控为目标，将信息技术与工程管理深度融合，通过打造工程数据中心、工程管控平台和决策指挥平台，实现以数据驱动的自动感知、自动预判、自主决策的工程管理模式。

2.2 建设目标

依据基本概念，智慧工程建设主要包括三方面目标：

（1）全生命周期管理，是指工程建设标准统一，全面感知，全面数字，全面互联，全面存储，实现立项、规划、可研、设计、施工、监理、验收、移交，乃至工程寿命终止全过程管理。

（2）全方位风险预判，是指工程建设实现大感知、大传输、大储存、大数据、大计算、大分析，使整个工程具有人工智能的特点。

（3）全要素智能调控，是指工程建设安全、质量、进度、投资、环保等物的要素与建设队伍、移民等人的要素实现互联互通，智能调配与控制。

2.3 体系架构

根据水电工程建设管理的内容，智慧工程采用"一中心、二平台、三板块"的体系架构，见图1。"一中心"是指工程数据中心，是智慧工程实现自动预判、自主决策的信息基础。此数据中心统一建设在公司云平台，负责业务量化数据的存储和管理。"二平台"是指工程管控平台和决策会商平台，是智慧工程实现自动预判、自主决策的中枢。是工程"五控制"业务管控的专业脑。"三板块"是指枢纽、移民、送出三大业务板块"五控制"管控的专业应用，是智慧工程的业务基础和自动感知核心。在此基础上，智慧工程业务构架紧紧围绕工程建设管理的核心内容，由感知层、数据管理层、业务支撑层、综合管理层、决策层组成。

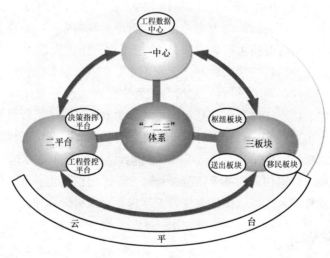

图1　智慧工程体系架构图

3　双江口工程信息管理系统建设方案研究

3.1　工程概况

双江口水电站是大渡河干流上游控制性水库，装机容量200万kW，多年平均发电量77.07亿kWh，具有年调节能力。电站枢纽工程由拦河大坝、引水发电系统、泄洪建筑

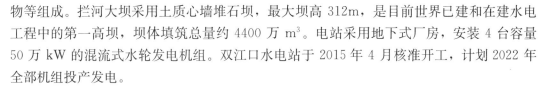

物等组成。拦河大坝采用土质心墙堆石坝，最大坝高 312m，是目前世界已建和在建水电工程中的第一高坝，坝体填筑总量约 4400 万 m^3。电站采用地下式厂房，安装 4 台容量 50 万 kW 的混流式水轮发电机组。双江口水电站于 2015 年 4 月核准开工，计划 2022 年全部机组投产发电。

3.2 系统框架及功能设计

3.2.1 系统设计原则

采用"成熟可靠、技术先进、方便易用、功能完善、集成性好"的成熟原型软件平台来建设系统，系统设计遵循如下原则：

（1）成熟可靠。系统能保证已经在国内外类似多个项目上稳定运行多年，系统应用成熟稳定可靠。

（2）技术先进。采用国际先进的技术构架，通过 SOA 标准化系统集成框架将各个软件以及开发的模块有机融合在一起。

（3）功能完善。能够满足双江口水电站工程管理的所有业务要求，实现各业务部门的横向协作，提高管理人员的工作效率和工作质量。同时尽可能与公司整体信息化规划相匹配。

（4）集成性好。系统各子系统能真正无缝的集成在一起，实现统一管理和登录。

（5）具开放性。系统设计遵循开放原则，使用公共的协议和接口标准，便于系统的扩展和维护。

（6）安全可靠。有完善的分级授权、数据备份机制，能有效防止系统本身及应用可能产生的数据安全问题，如误操作、非法登录、权限分配不当等。

（7）具有可扩展和可复制性。系统满足新增管理内容的要求，及后续项目部署的要求，并具有平滑扩展至 ERP 系统的功能，符合公司总体信息化规划要求。

3.2.2 系统框架设计

系统技术架构从实现的功能与业务分层角度对标准的架构规范上进行了细分和扩充，整个系统由展示层、业务层、应用服务层、数据层、基础设施层组成。

展示层是利用多终端来创建沉浸式工程建设辅助管理和总体决策支持的虚拟现实环境，通过构建可视化会商平台实现关键信息的快速获取，同时满足双江口工程所有信息交互与共享的需求，依靠统计报表、KPI 指标等信息的运用，通过风险预警和决策支持，建立跨平台、多终端、可视化决策会商平台。

业务层实现工程项目建设管理的各个子功能模块的数据与业务处理，体现工程建设的具体特点，涵盖工程建设从设计、采购、施工、文档、设备、物资、财务、质量管理的所有业务，并且体现了水电站工程建设特有的一些管理特点。

应用服务层提供了本系统的应用服务支持，IIS 服务器提供了系统 WEB 访问的标准 HTTP 协议封装，以标准规范的 Web 服务实现本系统内数据和业务集成。

数据层为信息系统提供所需的各类数据资源，包括业务数据和系统数据，提供了系统数据的灾备、集群与负载均衡。还可包括双江口工程建设其他信息系统的数据，包括关系型数据、多媒体数据、文件型数据等。

基础设施层为信息系统提供最基本的软硬件设施保障，包括网络基础设施、服务器系统、系统软件及其他。

3.2.3 应用系统设计

双江口工程信息管理系统的应用平台总体结构见图2，IT系统架构见图3。整个系统的层次划分，从最底部的数据库层开始，一层一层向上提供接口服务，最终实现用户按业务要求的可见操作界面和其他系统接口。各层次专注于自身功能的接口实现，整个层次保持相对的稳定。系统通过不改变接口，各个层次、各个组件进行优化的策略，能在不影响整个业务的前提下，不断地完善和改进。

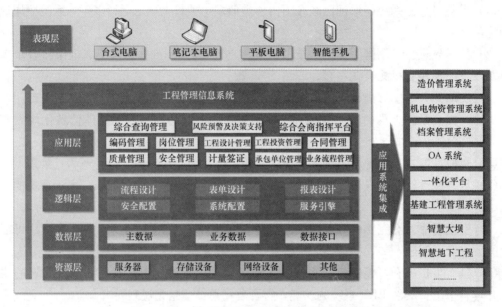

图2 双江口工程信息管理系统应用平台总体结构图

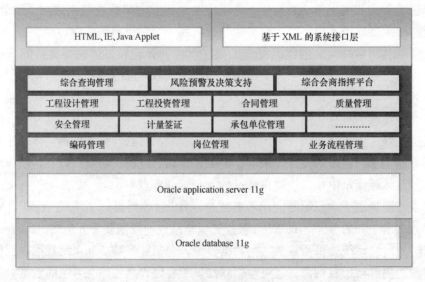

图3 双江口工程管理信息系统应用IT系统架构图

在客户层，直接通过网页浏览器和 Java Applet 插件访问系统，能给用户提供交互性强、可操作性好的系统体验；中间件层采用 Oracle Application server11g 实现。Oracle Application server11g 是一个集成的、基于标准的软件平台，它使不同规模的组织能够更好地应对不断变化的业务需求，能够支持所有主流 Web 开发语言、API 和框架的应用服务器，它能够与 Oracle 数据库紧密结合，是一组在 Web 上动态传递内容的服务集合；业务逻辑层封装了各业务功能模块和流程的 API，保证系统的灵活和高效；数据库层采用 Oracle Database 11g。Oracle Database 11g 在管理企业信息方面最灵活和最经济高效，在尽可能提高服务质量的同时削减了管理成本，除极大地提高质量和性能以外，Oracle Database 11g 还通过简化的安装、大幅减少的配置和管理需求以及自动性能诊断和 SQL 调整，显著地降低管理 IT 环境的成本。

3.2.4 主要功能划分

双江口工程信息管理系统作为双江口水电站智慧工程建设管理的通用系统，包括投资管控、合同管理、安全管理、质量管理、物资管理、设计管理、预警决策中心、承包人管理、计量签证、环保管理等功能模块，是双江口水电站"智慧工程"架构体系中，重要集中管理和协同工作平台，在该平台上实现了以合同、财务为中心的数据加工、处理、传递及信息共享，以控制工程成本、确保工程质量、按期完成工程目标。系统包含 13 个功能子系统，即编码结构管理、岗位管理、工程设计管理、资金与成本控制、计划与进度、合同与施工管理、物资管理、设备管理、工程财务与会计、文档管理、质量管理、安全管理、施工区与公共设施管理。

4 双江口工程信息管理系统运用初步成果

双江口工程信息管理管理系统在智慧工程建设理念和总体要求下，集成各专业系统，实现数据相互联通，打破数据壁垒，提高工作效率，设置 KPI 预警管理指标，达到辅助预警和决策的目的，提高了工程管理工作决策的科学性。系统已完成与原有的造价管理系统、机电物资管理系统、档案管理系统、OA 系统、一体化平台等多个信息系统的对接，同时可与智慧大坝、智慧地下工程等智慧工程系统对接，获取并提炼大坝、厂房、泄洪等工程施工安全、质量、进度、投资、环保水保、基础灌浆等方面的相关性信息。系统建设和运行的主要应用效果：

（1）提高效率，规范管理。截至 2018 年 3 月，系统实现了合同、变更及支付结算在线审批，大大提升支付结算审批效率，大量减少审批时间；通过系统将相关资料进行收集，减少了资料遗失风险，为后期资料归档打下良好基础；通过对工程概算、合同、财务等业务环节有效数据的采集、结构化、串联和整合，形成双江口水电站工程相关业务完整、清晰、标准的数据体系，实现相关工程数据的沉淀和共享。

（2）智慧预警、科学决策。风险预警及决策支持子系统主要从质量、进度、投资、安全、环保水保等"五控制"方面，对关键指标实现风险自动感知、自动预判，自动预警，并通过专家知识库、知识推理、人工智能等技术，采取人机交互等方式，就风险及问题为各方用户智能地提出专业、可行的解决方案及措施，提高了决策的科学性。

（3）依托概算、控制投资。概算管理是水电项目投资控制的基础，系统将工程建设管理过程中签订的所有合同及时归概，并细化到每个合同清单子目与概算精准对应，新增的变更子目也通过系统设置强制归概，严格按照"未归概，不结算"的原则进行投资控制。可将工程建设的所有经济活动与概算紧密联系，做到实时分析，为投资决策提供准确数据。

（4）落实"总包直发"，降低稳定风险。系统通过承包商模块和结算模块联动，实现民技工工资由总包单位直发，最大限度保障民技工权益，维护工区稳定。系统通过在承包商模块实时录入民技工信息，实现了信息的动态管理，及时掌握各参建单位分包队伍民技工工资发放情况，同时在结算模块按照"两步制结算法"设置流程，即先支付民技工工资，确定全部支付后，再支付剩余工程款项，确保民技工按时足额发放。

（5）打破数据壁垒，加强物资管控。系统实现物资计划、采购、运输、出入库、核销等全过程信息化管理，规范了管理流程，提高了管控效率。同时，系统打通了结算变更模块和物资管控模块的数据壁垒，通过结算变更模块录入的单价分析表自动提取物资单耗，使物资核销工作更加及时精准，通过自动预警物资超耗等异常情况，加强各环节的物资管控，减少物资流失，降低物资管控风险。

（6）实现设计工作在线管理。根据设计任务，自动催图，并进行供图计划提交、设计成果分发、设计交底等处理。实现了设计文件在线共享，大幅提高参建各方工程技术管理信息交流反馈效率。

5 结束语

（1）在传统经典管理体系基础上，基于智慧工程管理理念，利用信息化、数字化、智能化技术，建成了打破信息孤岛、打通数据壁垒的双江口工程信息管理系统，该系统实现了多个系统的深度融合，形成了集中集成的共享平台。系统与已建、在建或拟建的相关信息系统，通过数据接口实现与各系统的融合，保证了数据来源唯一性和业务流程连贯性。

（2）双江口工程信息管理系统可实现风险预警及决策支持。系统从质量、进度、投资、安全、环保水保等"五控制"方面，对关键指标实现风险自动感知、自动预判，自动预警（包括自动分级预警、工程质量预警、工程投资预警、安全风险预警、环保水保风险预警），并通过专家知识库、知识推理、人工智能等技术，采取人机交互等方式，就风险及问题智能地提出专业、可行的解决方案及措施，实现智能分析及趋势预警，提升决策管理和风险管控水平。

（3）后续工程管理系统建设前期须高度重视数据结构治理。工程管理信息系统建设是个复杂的系统开发、实施和集成工程，其涉及专业多、参与单位与部门多。工程管理信息系统建设应本着"统一领导、加强管理；统一规划、分期实施；应用驱动、重点突破；统一标准、资源共享；先固化、后优化"的原则，在系统建设前期需重点统一各子系统的数据结构治理，形成统一的数据结构规则，以便于后期系统长期稳定高效运行。

参考文献

[1] 涂扬举，郑小华，何仲辉，等．智慧企业框架与实践［M］．北京：经济日报出版社，2016．

[2] 涂扬举 . 建设智慧企业，实现自动管理［J］. 清华管理评论，2016（10）：29-37.

[3] 涂扬举 . 水电企业如何建设智慧企业［J］. 能源，2016（8）：96-97.

[4] 涂扬举 . 智慧企业建设引领水电企业创新发展［J］. 企业文明，2017（1）：9-11.

[5] 涂扬举 . 建设智慧企业推动管理创新［J］. 四川水力发电，2017（2）：148-151.

[6] 国电大渡河流域水电开发有限公司 . "国电大渡河智慧企业"建设战略研究与总体规划报告［R］. 成都：国电大渡河流域水电开发有限公司，2015.

[7] 国电大渡河流域水电开发有限公司 . 智慧企业理论体系（2.0 版本）［R］. 成都：国电大渡河流域水电开发有限公司，2017.

[8] 国电大渡河流域水电开发有限公司 . "国电大渡河智慧企业"建设之"智慧工程"总体方案［R］. 成都：国电大渡河流域水电开发有限公司，2016.

[9] 国电大渡河流域水电开发有限公司 . 四川大渡河双江口水电站"智慧工程"建设总体规划方案［R］. 成都：国电大渡河双江口工程建设管理分公司，2016.

[10] 李善平，肖培伟，唐茂颖，等 . 基于智慧工程理念的双江口水电站智能地下工程系统建设探索［J］. 水力发电，2017（8）：67-70.

[11] 唐茂颖，段斌，肖培伟，等 . 双江口水电站智能地下工程系统建设方案研究［J］. 地下空间与工程学报，2017（13）：508-512.

作者简介

彭旭初（1984—），男，湖北麻城人，硕士研究生，高级工程师，从事水电工程项目及技术管理工作。

高边坡快速开挖支护施工技术在
金寨抽水蓄能电站的应用

王　波　　闫文博　　文　臣

（中国水利水电建设工程咨询北京有限公司）

[摘　要]　高边坡开挖与支护技术作为水利建设的基础，质量要求高，施工难度大。安徽金寨抽水蓄能电站上下库高边坡开挖工程中，面对复杂多变，多工作面交叉施工的不利局面，在传统开挖支护施工技术的基础上，按照"新奥法"原理，采用新型开挖支护施工方法"小开挖，快支护"，实现了高陡边坡快速开挖、支护施工。确保了工程质量，加快了施工进度，同时也为类似抽水蓄能电站高边坡开挖支护提供了参考。

[关键词]　高边坡　快速开挖支护　边开挖边支护　取消常规支护排架　小开挖　快支护

1　工程概况

金寨抽水蓄能电站位于安徽省金寨县张冲乡境内，距金寨县城约 53km。电站主要由上水库、输水系统、地下厂房系统、地面开关站及下水库等建筑物组成。地下厂房内安装 4 台单机容量为 300MW 的混流可逆式水轮发电机组，总装机容量为 1200MW。

本工程的高边坡开挖支护主要位于上水库进/出水口、上水库左/右岸坝肩、上水库主坝趾板、下水库溢洪道、下水库库盆、下水库库内石料场、下水库主坝趾板。

工程区物理地质现象主要表现为岩体的风化、卸荷，局部发育小规模的崩塌、变形体。

1.1　岩体风化、卸荷

岩体风化程度主要受岩性、地质构造及地下水活动的影响。工程区岩性主要为片麻岩及角闪岩。片麻岩类为硬质岩，抗风化能力较强，以正常风化为主，具有明显的垂直分带特性，局部受暗色矿物富集、断层、节理（裂隙）影响，具裂隙式和夹层式风化特征。角闪岩抗风化能力较弱，全～强风化层发育，具夹层式、带状风化及球状风化特征。工程区山顶及缓坡带全～强风化岩体较发育，冲沟及地形较陡山坡多为弱风化出露，坝址区全风化层主要在角闪岩中发育，一般厚度为 2.0～5.0m，钻孔揭露的最大埋为 12.70m；片麻岩全风化层较薄，一般厚度为 0.30～2.00m。强风化下限埋深左岸为 3.00～20.40m，沟谷全强风化层不发育，右岸为 8.30～17.20m；弱风化层下限埋深左岸为 25.20～48.00m，沟谷为 15.0～25.0m，局部沿断层构造深达 39.8m，右岸为 13.00～29.00m。

1.2　危岩体

危岩体主要在陡坡段发育，规模不大，据地面地质调查，工程区有近十处，一般具备

2～4 组相互切割的结构面，方量几十到几百立方米不等，主要分布于上水库右库岸及下水库坝址区两岸陡坡处，自然稳定性较好，少有滑动、坠落现象，但遇施工扰动、暴雨等强烈内、外营力作用，易失稳。上、下水库区危岩体应结合库岸清理、环库公路开挖，采取清除或支护处理。

1.3 变形体

下水库小河湾沟口左岸发育一变形体，地形坡度约 25°～35°，在东、西两侧各发育一条浅蚀小冲沟，属季节性流水，地表植被发育，下部为茶园，上部为竹园。在高程约 210.00～220.00m 处发育一条拉裂缝，裂缝呈 N20°～30°E 延伸，可见长约 35m，最宽约 30cm，可见最深约 1.8m。坡面其他部位未见裂缝、错台等变形迹象。地质测绘表明，两侧冲沟沟底局部可见零星弱风化基岩露头，岩性为二长片麻岩，岩体完整性差。

2 研究快速开挖支护施工技术的目的

国内抽水蓄能电站高边坡开挖支护一般采用搭设排架进行边坡的系统支护加固，由于排架的设计、搭设、验收及日常管理中存在一系列的问题，钻机等施工机械在排架上频繁移动，边坡马道开挖和支护同时进行，出现上下交叉作业等造成排架的垮塌、高处坠落事故屡有发生，安全问题日渐突出。同时边坡地质条件复杂多变及水利水电本身多工作面交叉施工的特点，也给施工作业带来很大的难度，严重阻碍了项目施工的顺利进行。因此如何快速高质量的开挖支护，成为制约施工质量、安全及经济的关键因素。

3 施工工艺技术研究和应用

以金寨抽水蓄能电站溢洪道边坡开挖支护为例，面对复杂多变，多工作面交叉施工的不利局面，在传统开挖支护施工技术的基础上，按照"新奥法"原理，采用新型开挖支护施工方法（小开挖，快支护），实现了高边坡快速开挖、支护施工。

溢洪道沿线为斜坡地形，前段（约 95m）山坡走向约 N25°E，与溢洪道走向近平行，发育两条浅蚀冲沟。后段山坡整体走向为 N40°W，与溢洪道大角度相交，山坡整体地形坡度 25°～40°。沿线未见较大规模滑坡、崩塌、泥石流等不良物理地质现象，自然边坡稳定性好。在调整段部位发育危岩体 WY3，主要为浅层岩体风化、卸荷作用形成，产生岩块崩塌现象。

根据地质测绘及钻探揭示，沿线覆盖层厚度一般约 0.5～2.0m，局部厚 5.50m。基岩主要为二长片麻岩夹角闪斜长片麻岩以及角闪岩，角闪岩主要分布于堰首段及燕子河，岩体风化深，全风化层厚约 5～10m，强风化下限埋深约 8～14m；二长片麻岩主要分布于坝线下游侧，全、强风化层较浅，全风化层厚约 2～5m，强风化下限埋深约 5～8m，弱风化基岩为完整性差～较完整岩体。

溢洪道调整段地形上为一凸出山包，山包一带覆盖层厚约 1.0～2.0m，岩体风化破碎，坝线上游侧表部为全～强风化角闪岩，下游侧表层为全～强风化片麻岩。溢洪道右侧（东侧）边坡高约 20～32m，开挖边坡上部 6～15m 为全、强风化岩体，岩体破碎，边坡稳定性差，需加强支护或放缓开挖坡比，下部边坡为弱风化岩体，片麻理顺坡缓倾，岩体完整性差～较完整，局部较破碎，边坡基本稳定，局部稳定性差，需采取喷锚支护措施。F_{140}断层与边坡交角较大，宽约 1.0～1.5m，性状差，与陡倾角结构面组合，可在边坡上形成稳定性差～不稳定块体；f_{141}倾向山内，与 f_{142} 之间的组合体稳定性差。边坡横断面见图 1。

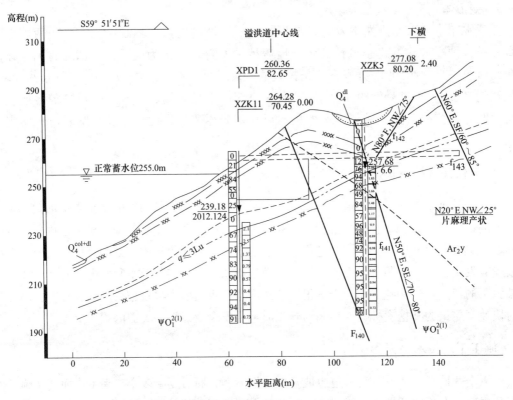

图 1　溢洪道堰首段边坡稳定性分析示意

溢洪道泄槽段垂直开挖深度约 10～16m，开挖边坡上部覆盖层及全强风化层总厚约 3～8m，边坡稳定性差，需加强支护或放缓开挖坡比，下部边坡为弱风化岩体，岩体完整性差～较完整，局部较破碎，节理①与边坡走向交角较小，且倾角陡，若其密集发育时，与其他两组节理组合，边坡易出现片状剥落，稳定性差，需支护处理。边坡横断面图见图 2。

挑流鼻坎位于简易公路处，公路上方边坡覆盖层较浅，弱风化基岩裸露，局部全强风化呈槽状发育，厚约 3～5m。公路下方覆盖层厚约 5.50m，强风化下限埋深为 7.20m。该处山坡陡，覆盖层、全强风化层贴坡，局部垂直厚度大，但水平深度浅，物理力学性状差。

护坦位于小河湾沟与燕子河交汇处的河滩上（见图 3），主要为冲洪积漂卵砾（块）石堆积，厚 2～5m，河床中零星基岩裸露，需清除覆盖层以下伏强风化基岩为地基，强风化岩石地基承载力特征值为 300～350kPa，强风化岩石抗冲流速 2.0～3.0m/s，弱风化岩石为 6.0～8.0m/s。

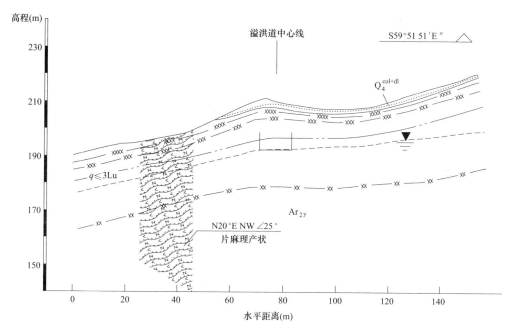

图 2 溢洪道泄槽段边坡稳定性分析示意

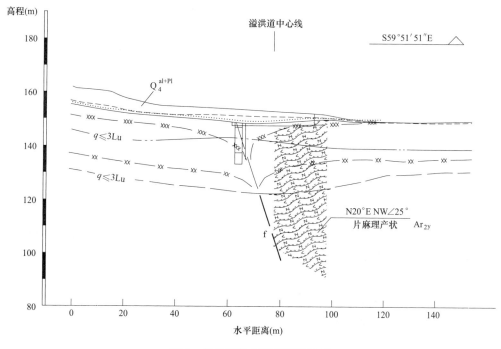

图 3 溢洪道护坦段横断面示意

4 主要施工方法及措施

4.1 小开挖快支护的原则

边坡按照自上而下的顺序进行土方和石方分层开挖，土方开挖高度不大于 5m，石方梯段爆破 6～10m（见图 4），开挖出渣台阶高度 3～5m，采取不搭设脚手架，开挖一层后，立即进行锚杆支护施工，边开挖边支护，支护滞后出渣面 3m，支护完成后继续下挖。永久支护中的锚杆、锚筋桩、锚索与开挖面的高差不大于 3m，上层边坡的支护保证下一层的安全，下层开挖不影响上层已完成的支护。

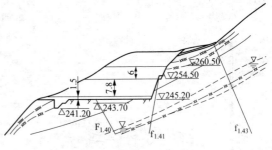

图 4　梯段爆破示意（m）

4.2　土石方开挖施工

4.2.1　开挖方法

砍青测量原始地形后，再根据设计开挖图纸放出开挖范围、边坡坡比、高程及桩号，孔位上喷红色喷漆，并对现场技术员进行交底。根据开挖剥露情况做好土石比界定。边坡开挖先以外采用反铲进行清理，边坡开挖线以内采用阶段分层爆破、边坡预裂、台阶开挖。

利用至下库管理用房进行高程 260m 以上边坡清表和开挖支护，再从小河湾沟右岸现有道路（高程 225m）修筑便道至溢洪道进口高程 246m，进行高程 246～260m 区间段的清表和开挖支护施工，考虑在坝前弃渣，为了缩短运距，高程 246m 以上高程开挖的弃渣料全部在高程 246m 处集渣，反铲装车后运至坝前弃渣场，有用料运至下库库内 1 号中转料场。

4.2.2　开挖分层

边坡每级马道分 2 层梯段爆破，梯段高度 6～10m，在接近马道和建基面时，底部预留 2.0m 保护层。坡面采取预裂爆破，预裂深度按马道高程控制，马道作为一个预裂面；马道和建基面采取水平预裂爆破。

4.2.3　土石方开挖

4.2.3.1　土方施工

首先进行测量放样，标识出开挖范围和位置，然后人工砍青、清理开挖区域内的树木和杂物。同时，将开挖区域上部孤石、险石排除，较大块石用小炮清除。开挖区域清理完毕后，即开始按设计要求施工边坡上部地面排水系统，地面排水系统施工始终超前开挖工作面 1～2 个台阶，在梯段开挖之前完成。

覆盖层采用 1.6m³ 反铲开挖、集渣。按照设计开口线自上而下分层开挖，分层高度 5m。

4.2.3.2　石方开挖

根据开挖区不同部位的岩石特点，采用浅孔爆破和梯段爆破，采取中大孔径梯段微差爆破。为保证边坡的完整性和平整度，采用预裂爆破，建基面采用预留保护层的开挖方法。

岩石开挖采取分块、分序、分层进行。对于岩石较集中部位，在按部位分块基础上，

进行边坡预裂和深孔梯段微差爆破，由上至下分层开挖，梯段高度 6～10m 左右。

（1）深孔梯段爆破。

1）钻孔。梯段爆破以 CM351 高风压钻机造孔为主，QZJ-100B 支架式钻机造孔为辅，外缘部分（距边坡留 4.0～5.0m）采用 $\phi105～115$ 的 CM-351 高风压潜孔钻机或 QZJ-100B 支架式钻机造孔，基础保护层按预留 2.0m 高程控制，边坡预裂孔采用 QZJ-100B 支架式潜孔钻机造孔为主，CM351 高风压钻机造孔为辅。

在布孔时应尽可能避开侵蚀槽、软弱夹层。钻孔施工过程中，由专人对钻孔的质量及孔网参数进行检查，如发现钻孔质量不合格及孔网参数不符合要求，立即要求返工，直至达到钻孔设计要求。最终钻孔参数根据现场爆破试验确定。

2）装药、联网爆破。采取人工装药，主爆破孔采用乳化炸药，装药结构为柱状连续装药；缓冲孔和预裂孔采用乳化炸药，柱状不耦合装药及间隔不耦合装药。岩石爆破单位耗药量暂按 0.35～0.40kg/m³ 考虑，最终单耗根据爆破试验确定。梯段爆破采用微差爆破网络，1～20 段非电毫秒雷管联网，非电起爆。分段起爆药量按照技术规范控制，梯段爆破最大一段起爆药量不大于 300kg；水平保护层上部一层梯段爆破最大一段起爆药量不大于 150kg；临近建基面和设计边坡时，最大一段起爆药量不大于 100kg。

排间或孔间（有特别控制要求时在孔内）采用非电雷管毫秒微差起爆。紧邻边坡预裂面的 1～2 排爆破孔作为缓冲爆破孔，其孔排距、装药量相对于主爆孔减少 1/3～1/2，缓冲孔起爆时间迟于同一横排的主爆孔，以减轻对设计边坡的震动冲击。

从上至下分台阶逐级开挖，开采钻爆主要采用高风压钻机进行，CM351 高风压钻机和手持式手风钻配合进行局部地质缺陷及溶沟、溶槽清理，装药采用乳化炸药柱状装药，毫秒微差非电雷管起爆。深孔梯段微差爆破施工工艺流程见图 5。

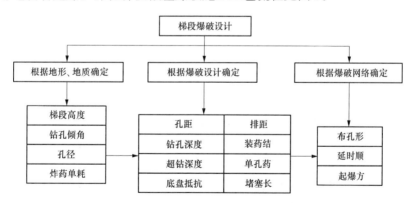

图 5　深孔梯段微差爆破施工工艺流程

（2）预裂爆破施工。在边坡开挖施工中采用预裂爆破技术，QZJ-100B 支架式钻机（预裂孔）和 CM351 高风压钻机造孔，孔径 90～110mm，预裂孔间距 0.8～1.0m（根据爆破试验确定）。钻孔深度按马道高程控制。

预裂爆破施工流程为：下达作业指导书→测量布孔→钻机就位（角度校正）→钻孔→验孔检查→装药、联网爆破→进入下一循环。

预裂爆破施工工艺流程见图 6。

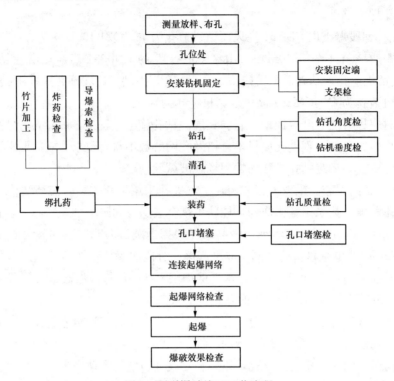

图 6　预裂爆破施工工艺流程

4.2.4　台阶出渣及支护型式确认

一次梯段爆破（6～10m）后，必须遵循自上而下分台阶进行，每阶段开挖下降高度应与边坡支护和锚固进度相协调；对于岩质边坡实行以 3～4m 为台阶、开挖后立即支护和锚固的原则；对于崩坡积体或结构面发育的不稳定楔形体的边坡，必须实行"先锚后挖"的原则。严禁一坡到底开挖再做支护和锚固；每层台阶出渣后，由监理组织业主、设计及施工四方现场确认该段台阶永久边坡支护事宜，发现不稳定块体，及时明确处理方案，减少支护对开挖的影响。

4.3　支护施工

明确支护范围及方式后，由施工单位立即组织人员开始当前层支护施工。根据合同清单和设计图纸溢洪道边坡支护类型主要有锚杆、锚筋桩、排水孔、喷射混凝土、预应力锚索、框格梁等。采用分层台阶作为施工作业平台，不需搭设排架。

4.3.1　锚杆（锚筋桩）施工

由于锚杆角度垂直于坡面，且具有向下的倾角，锚杆施工优先采用先注浆后插杆的施工工艺（见图 7），锚筋桩采取先插杆后注浆施工工艺（见图 8）。

根据锚杆孔的孔径、孔深和施工部位的不同，分别采用 CM351 钻机和 YTP-28 气腿钻造孔。

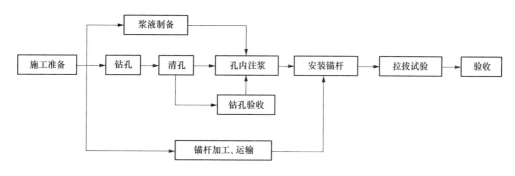

图 7　先注浆后插杆施工工艺流程

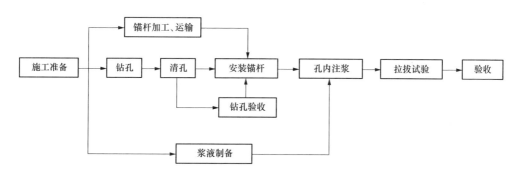

图 8　先插杆后注浆施工工艺流程

（1）根据设计要求和围岩情况确定孔位，做出标记，开孔位置允许偏差为 10cm。选用比锚杆直径大 5mm 以上的钻头钻孔，钻孔深度的运行偏差为±50mm，钻孔孔内的石粉和积水清除干净后，采取临时封堵孔口。锚筋桩钻孔直径以锚筋束的外接圆的直径作为锚杆直径来选择。

（2）锚杆杆体按设计长度进行加工，且顺直、无锈蚀、无油污、无接头，注浆的水泥浆搅拌均匀，防止石块或其他杂物混入，随拌随用，初凝前必须用完；锚杆采用安装采用"先注浆后插杆"的程序进行．注浆管必须插到孔底，再退出 50～100mm 后开始注浆，注浆管随浆液的注入缓慢匀速拔出；锚杆安装后，水泥砂浆经试配，其基本配合比范围按水泥：砂＝1：1～1：2（质量比），水：水泥＝0.38：1～0.45：1（质量比）。

先注浆后插杆的锚杆，注浆时将 PVC 注浆管插至距孔底 50～100mm，随砂浆的注入缓慢匀速拔管，浆液注满后立即插杆，并在孔口加塞使锚杆体居中。

先插杆后注浆的锚杆，先插入锚杆（束）和注浆管，锚杆（束）应插入孔底并对中，注浆管插至距离孔底 50～100mm，当浆液至孔口，溢出浓浆后缓慢将注浆管拔出。

4.3.2　喷射混凝土

边坡喷射混凝土强度等级为 C25，喷射厚度 10cm、15cm。其中网喷混凝土在喷射前布设钢筋网。根据设计蓝图，挂网钢筋为Φ8@200×200mm，龙骨钢筋Φ12@1.5×1.5m，钢筋网与系统锚杆焊接。钢筋网采用在现场加工营地将钢筋调直断料后，运至施工部位现场绑扎编制成网。

喷射混凝土施工工艺流程见图9。

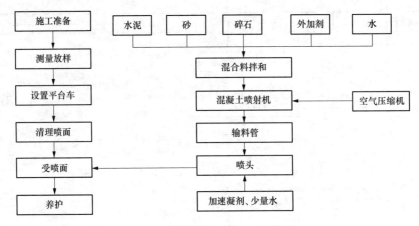

图9　喷射混凝土施工工艺流程

4.3.3　预应力锚索

溢0+50上游（高程254.5m以下）开挖坡面为角闪岩，岩体呈全～强风化为主，夹弱分化岩块，岩体破碎，节理发育，局部顺坡卸荷裂隙发育，边坡稳定性较差。该段边坡采用1000kN无黏结预应力锚索进行加强支护，锚索由7根7ϕ5型15.24钢绞线组成。施工工艺流程见图10。

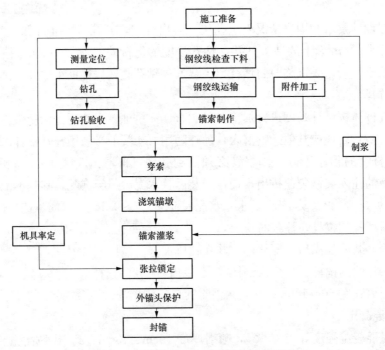

图10　无黏结预应力锚索施工工艺流程

5 经验与总结

快速开挖支护施工技术（"小开挖，快支护"）在金寨抽水蓄能电站一年多的顺利应用，使溢洪道高边坡在 3 个月内实现高程 292.3～260.5m 的开挖支护，确保了工程施工质量和安全，同时加快了工程进度，由此可见研究本工程边坡快速开挖支护技术是必要的，可充分的指导施工，但在施工过程中仍存在一些难点，可为后续工作或类似工程提供良好的建议，主要为以下几个方面：

（1）由于 3～4m 的现场高差较小，且取消了常规排架搭设，降低了支护施工难度，缩短工序间的衔接时间，大大加快支护施工进度，解除支护进度对快速开挖的制约，但由于受工作面的限制，施工通道较为狭窄，施工高峰期道路拥堵，影响材料、设备运输，因此在施工过程中需合理的安排资源配置。

（2）受地质结构多变影响，支护形式根据开挖面及时优化调整，降低了工程造价。

（3）上下交叉作业及相邻标段的干扰，边坡的支护结构布置集中，高差较大，根据各部位的边坡结构特点，采取较为可靠的防护措施，减少施工干扰，降低安全风险。

高边坡开挖与支护技术作为水利建设的基础，质量要求高，施工难度大。在前期施工过程中，从技术方案的选择，到技术措施的制定，再到具体的实施，均经过一番认识探讨和研究调整，以"小开挖，快支护"的施工工艺技术取得了良好的质量安全效果，值得同类工程借鉴和参考。

参考文献

[1] 张建清，陈勇 . 高陡边坡快速开挖与支护施工进度方案研究 [J]. 水利水电施工，2015（03）：12-14，45.

作者简介

王波（1969—），男，本科，高级工程师，主要从事抽水蓄能电站技术咨询与管理工作。

闫文博（1988—），男，本科，工程师，主要从事抽水蓄能电站技术咨询与管理工作。

文臣（1991—），男，硕士研究生，工程师，主要从事抽水蓄能电站技术咨询与管理工作。

数字大坝在堆石坝填筑碾压质量管控中的应用

王　波　万　秒　文　臣　卢　强　马国栋

（中国水利水电建设工程咨询北京有限公司）

[摘　要]　随着近年来的能源规划调整，抽水蓄能电站发展迅速，面板堆石坝作为其常用坝型之一被广泛采用。面板堆石坝填筑碾压质量直接影响着大坝变形协调及后期运营安全，采取行而有效措施进行填筑质量实时控制至关重要。安徽金寨抽水蓄能电站上、下库面板堆石坝填筑工程施工中，结合以监理单位为项目管理主体金寨 BIM 管理平台，接入了大坝填筑碾压质量监控系统，实现了填筑碾压轨迹、速度、碾压遍数、层厚等在线实时监控，为工程质量控制提供了技术保证，实现了监理管理手段的智能化转变。

[关键词]　金寨抽水蓄能工程　大坝填筑　数字大坝　质量管控

1　引言

按照能源发展规划总体思路，目前我国正在加快建设安全、清洁、高效、低碳的现代能源体系，保证能源安全，提高能源利用效率，促进能源布局优化。抽水蓄能电站作为电力系统中最可靠、寿命周期长、容量大、技术最成熟的储能装置，对电网有填谷调峰作用，在用电负荷低时存储多余电能，用电高峰时发电。作为新能源发展的重要组成部分，蓄能电站启动迅速，运行灵活、可靠，除填谷调峰外，还适合承担调频、调相、事故备用等任务，在各自的电网中发挥了重要作用，使电网总体燃料得以节省，降低了电网成本，提高了电网的可靠性。

水电站建设规模大，施工条件复杂，技术难度大，建设工期紧，参见单位众多，协调工作繁琐。水电水利工程施工监理单位依据法规、规范、行业标准和合同文件等开展工程技术管理，落实工程风险控制，推进了技术进步。但常规管理手段人为干扰大，管理粗放，施工质量难以控制，因此水电站工程积极探索更为先进的数字化、智能化管理手段，成效显著。黄声享、钟登华等人分别研发的碾压实时在线监控系统，已成功应用于糯扎渡、龙开口、长河坝、溧阳抽水蓄能电站等工程，为技术推广提供了借鉴。然而，目前针对监理质量管控的数字化技术研究较少。

2　工程概况

安徽金寨抽水蓄能电站（简称金蓄电站）位于安徽省金寨县张冲乡境内，电站枢纽主要由上水库、下水库、输水系统、地下厂房等建筑物组成，总装机容量 1200MW（4×300MW）。电站上/下水库主坝均为钢筋混凝土面板堆石坝，上游面坡比均为 1：1.405。上水库大坝最大坝高 76.00m，坝顶高程 599.00m，坝顶长 530.85m，坝顶宽 8.00m，填筑量约为 230 万 m³；下水库大坝最大坝高 98.50m，坝顶高程 260.50m，坝顶宽 10.00m，坝顶长 364.03m，填筑量约为 270 万 m³。大坝填筑方量大，筑坝材料岩性多样，地质条件较复杂，如何保证大坝填筑施工质量是工程建设控制的重难点，且密切关系到大坝后期安全运行。

3 金寨大坝填筑碾压实时监控技术

中国水利水电建设工程咨询北京有限公司（简称咨询公司）作为其监理单位，为保证工程质量，积极探索新方法。咨询公司以监理单位为项目管理主体，针对安徽金寨抽水蓄能电站项目进行工程监理的施工质量、施工进度、施工安全、工程投资、资料档案的精细化管控，独立搭建了安徽金寨抽水蓄能电站 BIM 协同管理平台，旨在实现工程项目全过程信息数字化、信息传递网络化、工程管理标准化等管理目标。

结合 BIM、移动互联、三维可视化等技术通过虚拟实物模型进行进度推演与分析，直观展现工程建设的质量状态，有效辅助工程施工过程模拟和动态管理，实时监控项目建设过程，全面管控和记录现场实际施工工作。针对主体工程关键部位施工管理要求，金寨 BIM 协同管理平台引入大坝填筑碾压质量实时在线监控系统，实现碾压过程远程、移动、高效、及时监控，单元质量的评定及流程管理等功能。

3.1 总体控制方案

针对金寨抽水蓄能电站大坝填筑碾压实时监控要求，在"互联网＋"背景下，利用 GPS/北斗全球定位系统，通过安装在碾压机械上控制终端，利用数据库及应用服务器，结合自动控制技术及信息控制技术，即实时采集碾压机的动态坐标（精度厘米级）和激振力，对碾压机械进行实时自动监控，监测碾压机械状态，当碾压机械运行速度、振动状态、碾压遍数和压实厚度等不达标时，系统通过监控移动端自动给车辆司机、现场监理和施工人员发送报警信息，通过实时监控、统一调度，以保障工程质量。金寨抽水蓄能电站碾压质量监控系统见图 1。

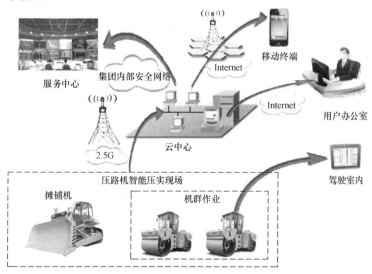

图 1　金寨抽水蓄能电站碾压质量监控系统（ICS）

3.2 金寨实时监控控制准则

参考糯扎渡等其他工程经验，按照《混凝土面板堆石坝施工规范》（DL/T 5128—2009）、《碾压式土石坝施工规范》（DL/T 5129—2013）及设计相关要求，经过金蓄电站各参建方研讨确定，碾压实施控制准则见表1。

表1 金蓄工程堆石坝碾压实时控制准则

碾压控制项	控制准则
碾压遍数	按照碾压试验论证的遍数确定，仓面碾压遍数合格区域面积占比90%以上，且无明显漏碾、欠碾区域
行车速度	碾压限速为2km/h，连续10s超速发出警报提醒，仓面总的超速时间占总的施工时间不超过15%
松铺厚度	不得超厚摊铺，仓面松铺厚度与设计松铺厚度值相差不超过10%
振动状态	动碾实时监测碾压机具激振力按设计要求执行

3.3 碾压过程可视化监控

碾压过程可视化监控操作流程如图2所示。按照金蓄电站大坝基本信息，设定大坝位置、设备参数以及报警设置等；按照大坝填筑单元工程划分，预先输入分区高程及层级边界坐标点，设定单元空间位置；现场监理确定施工相关人员技术交底完成后，打开工作区复核压实区域基本信息以及压实遍数、行驶速度等。碾压工作开始，碾压机械进行数据采集并实时监控，区域碾压完成后，操作员检查本工作区施工质量概况，并发送工作总结报告给相关人员，关闭此工作区。填筑现场一般24h不间断作业，管理人员通过系统支持的碾压过程回溯功能，可追溯统计已完成区域整体工程进度、压实历史查询、工程施工质量等。

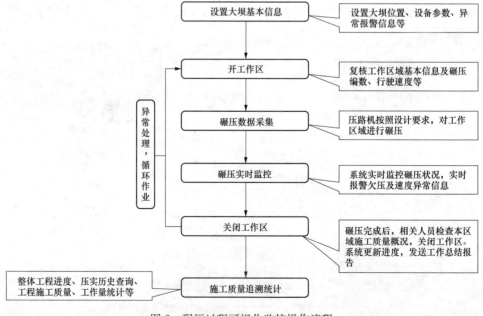

图2 碾压过程可视化监控操作流程

碾压过程的实时监控，通过安装在摊铺机及碾压机上的控制组件（见图3、图4）进行信息采集与传送，对摊铺机及碾压机同时远程监控。现场严格按照先摊铺后碾压的施工工序，一旦出现边摊铺边碾压，系统立即向现场监理、施工管理人员及司机发送警报信息。

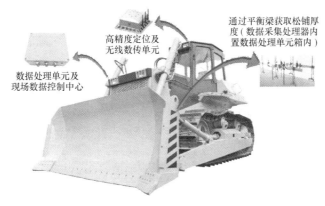

图 3　摊铺机组件安装

图 4　碾压机组件安装

通过安装在摊铺机上高精度定位及无线数据传输单元，向 GPS 基准站差分站输送位置数据信息，实时采集摊铺机动态坐标。在摊铺机平衡梁上安装数据采集处理器，获取卸料摊铺厚度数据。如金寨工程大坝主堆石区松铺厚度为 $90 \times (1 \pm 10\%)$ cm，一旦摊铺超过设计允许值，碾压系统则以短信方式同时发送给现场监理、施工管理人员及司机，现场收到警报后立即整改落实。

基于像素点，以不同颜色表示碾压遍数，通过高精度快速图形算法，以碾压轨迹为轴线，碾轮宽度为显色条带宽度。碾压机通过装配的数据处理单元实时监控仓面碾压机械行走速率、激振力等参数，驾驶室内实时导航显示平板实时提醒指导司机碾压规范操作，提供实时导航服务，并在大坝施工地图提供可视化呈现。监控系统（见图5～图7）支持每个仓面施工车辆间的协同作业，所有车辆都能感知其他车辆的施工过程，避免过度碾压、欠压、漏压事件的发生。当系统发现施工过程中碾压司机违规操作且不及时整改，系统将立即通过手机短信的方式发出实时告警，通知相关的管理者。

图 5　系统碾压单元设置页面

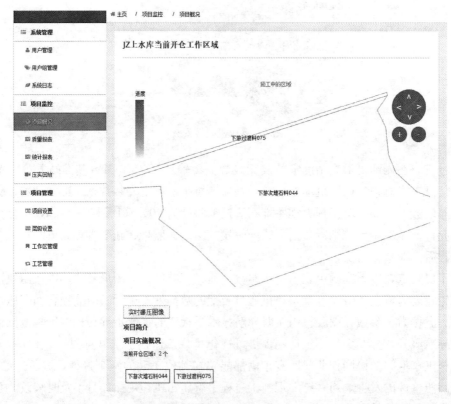

图 6　碾压区域图元页面

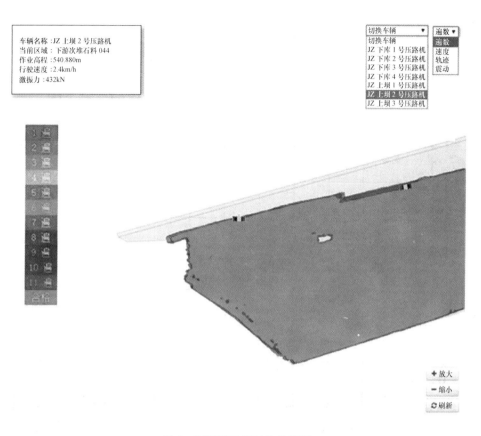

图 7　碾压施工实时监控页面

仓面碾压需设置坝体沉降变形监测仪器部位（见图 7 中碾压区域中间白色部分）时，现场按照规范《土石坝安全监测技术规范》（DL/T 5259—2010）进行施工。在沉降管周围 ϕ25cm 范围内细料回填，仪器埋设部位 ϕ3m 范围内采用小型夯板夯实，但夯板施工信息未接入碾压系统采集，后期将进行系统改进。

3.4　BIM 协同平台质量验收管理

咨询公司自主研发的金寨 BIM 系统平台，通过三维模型链接，可以实现大坝填筑单元验评资料的实时跟进。所有施工数据实时上传云中心，相关人员可通过网络及时查看施工情况及验收评定情况。

每个仓面施工结束后，碾压系统将会对该仓面的施工过程进行统计，自动生成质量监控报告（见图 8），包括碾压轨迹图、碾压遍数图、碾压速率图、压实震动情况、仓面施工过程合格率、整体工程进度以及预计完工的时长等（见图 9～图 12）。传统碾压施工质量受人为因素影响，现场质量管控人员空口无凭，不易监管，机械操作人员完全凭经验，易导致坝体碾压试验结果波动大。监理人员通过实时查看碾压监控系统信息，现场管理实现了有理有据。管理人员现场实时监控，前期不断纠正督促，施工人员操控机械行为习惯在监管中不断改善。

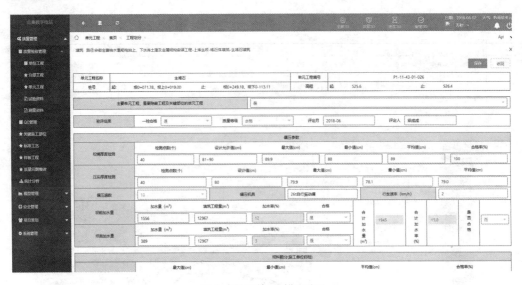

图 8　碾压单元验评页面

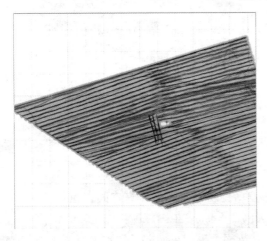

图 9　碾压轨迹图

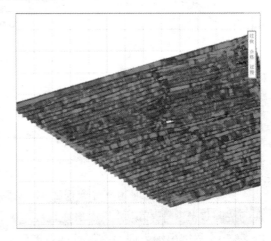

图 10　碾压速率图

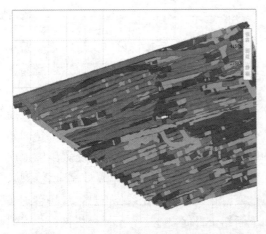

图 11　碾压激振力图

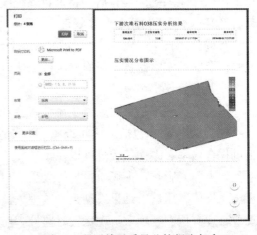

图 12　碾压单元质量监控报告打印

4 结束语

水电工程的数字化、智能化管理，是未来发展必然趋势。监理团体要做好监理工作，除了凭借自身丰富的施工经验外，还需要与时俱进，凭借先进的现代化手段做好监理管理工作，及时科学的为业主、施工方出谋划策，为工程排忧解难。通过 BIM 技术的实施与应用，对施工监理阶段现场工作进行动态管控和信息化管理，有利于提高监理工作效率，提升监理服务水平。后期咨询公司将进一步进行平台开发，接入坝料运输车辆管控系统、填筑加水系统，实现大坝填筑全过程监控。

参考文献

[1] 李勇，管昌生 . 基于 BIM 技术的工程项目信息管理模式与策略 [J]. 工程管理学报，2012，26 （4）：17-21.

[2] 陈述，郑霞忠，余迪 . 水利工程施工安全标准化体系评价 [J]. 中国安全生产科学技术，2014，10 （2）：167-172.

[3] 黄声享，刘经南 . GPS 实时监控系统及其在堆石坝施工中的初步应用 [J]. 武汉大学学报，2005，30 （9）：813-816.

[4] 钟登华，常昊天，刘宁，等 . 高堆石坝施工过程的仿真与优化 [J]. 水利学报，2013，44 （7）：863-871.

[5] 钟登华，刘东海，崔博 . 高心墙堆石坝碾压质量实时监控技术及其应用 [J]. 中国科学：技术科学，2011，41 （8）：1027-1034.

[6] 马洪琪，钟登华，张宗亮，等 . 重大水利水电工程施工实时监控关键技术及其工程应用 [J]. 中国工程科学，2011，13 （12）：20-27.

[7] 陈宁，钟登华，龚家明，刘东海 . 溧阳抽水蓄能电站面板堆石坝施工质量实时控制技术 [J]. 水利水电技术，2015，46 （10）：111-116.

[8] 姚宝永，田政 . 数字化技术在丰满水电站重建工程中的应用 [J]. 水利建设与管理，2017，12：87-89.

作者简介

王波（1969—），男，本科，高级工程师，主要从事抽水蓄能电站技术咨询与管理工作。

万秒（1991—），女，硕士研究生，工程师，主要从事抽水蓄能电站技术咨询与管理工作。

文臣（1991—），男，硕士研究生，工程师，主要从事抽水蓄能电站技术咨询与管理工作。

卢强（1989—），男，硕士研究生，工程师，主要从事抽水蓄能电站技术咨询与管理工作。

马国栋（1990—），男，硕士研究生，工程师，主要从事抽水蓄能电站技术咨询与管理工作。

PVA 纤维及抗裂防水剂对面板混凝土抗冻抗渗性能的影响

唐德胜　邓　健　周天斌

（中国水利水电第五工程局有限公司）

[摘　要]　为了改善混凝土的抗裂及耐久性能，确保面板堆石坝面板防渗效果。在高抗冻、抗渗混凝土中掺入 PVA 纤维、抗裂防水剂，研究其对混凝土力学、变形、早期抗裂、耐久等方面性能影响。并对 PVA 纤维、抗裂防水剂单掺、复掺方案效果进行对比，试验结果表明：掺纤维较掺抗裂防水剂对混凝土劈裂抗拉强度、轴向拉伸强度、极限拉伸值分别增长 6%、4%、9%，28d 弹性模量降低 1%。掺纤维混凝土抗裂等级为Ⅰ级，掺抗裂防水剂混凝土抗裂等级为Ⅱ级。300 个冻融循环后，与掺纤维混凝土相比掺抗裂防水剂混凝土平均相对动弹模量小 7%、平均质量损失率大 0.92%，说明掺纤维对混凝土抗冻性能改善更佳。而复掺纤维及抗裂防水剂与掺纤维混凝土相比对混凝土特性改善较小，未能形成明显的优势叠加效应。

[关键词]　PVA 纤维　抗裂防水剂　混凝土　抗裂性能　抗冻等级

1　引言

近年来，聚乙烯醇（PVA）纤维已在锦屏一级水电站、溪洛渡水电站、向家坝水电站等大型水利水电工程中得到了应用，但多为在混凝土拱坝中应用。阿尔塔什大坝坝型为面板堆石坝，本身具有深厚覆盖层、高地震带的工程特点。且工程地址位于新疆南疆喀什地区，气候干燥、昼夜温差大，这些都是对面板混凝土浇筑、养护极其不利的外界条件。在以上背景基础上进行面板混凝土配合比设计时考虑引入新材料以降低混凝土脆性，提高变形能力和韧性。

PVA 纤维是以聚乙烯醇为主要原料，运用纺丝工业开发制得的新型合成纤维，具有优异的物理力学性能，抗拉强度和弹性模量较高；具有良好的亲水性和分散系，与水泥基体的黏结强度很高；具有优异的耐碱性，能在水泥基体的碱性环境中维持较高的稳定性。抗裂防水剂具有改善新拌混凝土工作性能以及硬化后混凝土的力学性能和变形性能，具有抗裂、减渗及提高耐久性能的功效。在以上两种新材料的基础上，本文结合水利工程的实际，对 PVA 纤维、抗裂防水剂混凝土的性能进行研究，为混凝土配合比的合理设计提供参考和借鉴。

2　试验

2.1　原材料

水泥：P.O42.5 水泥，3d、28d 抗折强度 5.7、7.0MPa，3d、28d 抗压强度 20.4、

45.6MPa，碱含量 0.97％。

粉煤灰：Ⅰ级粉煤灰，细度为 9.9％，需水量比 94％，烧失量 4.2％。

骨料：河床天然砂石骨料（天然骨料混掺部分人工破碎骨料），砂细度模数 2.66，石粉含量 7.8％；粗骨料为二级配碎石，最大粒径 40mm，压碎指标 6.9％，骨料具有潜在碱活性。

外加剂：减水剂为聚羧酸系高性能减水剂（缓凝型），减水率 32.4％；AE 型引气剂，推荐掺量 1/万，1h 含气量经时变化 -0.6％；WHDF 型抗裂防水剂，收缩率比 78％，3d、14d、28d 抗压强度比 118％、114％、105％。

纤维：PVA 纤维，掺量 0.9kg/m³，单丝长度 12mm，断裂强度 1671MPa，初始模量 43GPa，断裂伸长率 7.0％，耐碱性 96％。

2.2 试验方法

混凝土抗压强度、劈拉强度、极限拉伸、干缩、耐久试验按《水工混凝土试验规程》（SL 352—2006）进行，抗裂试验按照《混凝土结构耐久性设计与施工指南》（CCES01—2004）的平板法进行。

3 试验结果分析

3.1 拌和物性能

混凝土拌和物性能统计见表 1，从中可以看出，单掺 PVA 纤维、抗裂防水剂及材料复掺方案对混凝土坍落度损失、含气量变化及凝结时间均无太大影响。但在现场采用 HZS120 型拌和站进行试拌时发现，掺有 PVA 纤维的混凝土较基准混凝土相比搅拌时间明显延长，基准混凝土、掺抗裂防水剂混凝土正常搅拌时间仅需 120s，而掺 PVA 纤维混凝土搅拌时间需延长至 150～180s。这可能有两个方面的原因：①纤维为单丝絮状结构，在混凝土中搅拌分散所需时间较长；②纤维表面吸附了一定量的拌和用水，导致净浆的稠度增加，减缓水泥水化反应。

表 1　　　　拌和物性能测试结果统计表

试件编号	PVA 纤维 (kg/m³)	抗裂防水剂 (％)	坍落度 （mm）			含气量变化 （％）			凝结时间 （s）		拌和时间 (s)
			0h	0.5h	1h	0h	0.5h	1h	初凝	终凝	
JZ-1	0	0	85	78	70	5.2	4.4	3.8	505	695	120
CXPB-1	0.9	0	88	76	66	5.8	5.2	4.6	525	680	180
CXPB-2	0	2.0	82	75	62	5.4	5.0	4.4	545	710	120
CXPB-3	0.9	2.0	85	77	63	5.0	4.4	3.8	550	715	180

3.2 力学性能

试验混凝土劈裂抗拉强度、抗拉弹性模量、轴向拉伸强度的检测结果见表 2，可见，与基准混凝土相比，掺 PVA 纤维使混凝土 7d、28d 劈裂抗拉强度分别提升 6％、7％，掺抗裂防水剂后混凝土 7d、28d 劈裂抗拉强度基本无变化，复掺两种材料对混凝土 7d、28d 劈裂抗拉强度与单掺 PVA 纤维效果基本一致，说明掺抗裂防水剂对混凝土劈裂抗拉强度基本无影响。

与基准混凝土相比，掺 PVA 纤维、抗裂防水剂及复掺两种材料对混凝土抗拉弹性模量影响不大，7d 抗拉弹性模量为 26.5～27.5GPa，28d 抗拉弹性模量为 31.3～32.2GPa。7d 抗拉弹性模量已达到 28d 时的 85% 左右，这与已有研究中混凝土抗拉弹性模量随龄期变化趋势相同，并与抗压强度具有一定的相关性。

与基准混凝土相比，掺 PVA 纤维使混凝土 7d、28d 轴向抗拉强度分别上涨 10%、6%，掺抗裂防水剂后混凝土 7d、28d 轴向抗拉强度分别上涨 1%、2%，复掺两种材料对混凝土 7d、28d 轴向抗拉强度影响基本为两种材料单掺影响之和。说明掺纤维对混凝土轴向抗拉强度提升较为有利，而掺抗裂防水剂对混凝土轴向抗拉强度影响较小。

以上试验结果表明，抗裂防水剂对混凝土力学性能的提高作用不大，复掺抗裂防水剂和 PVA 纤维时，其力学性能各项指标均几乎接近单掺 PVA 纤维的力学指标，由此看来，抗裂防水剂对混凝土力学性能的影响很小。

表 2　　　　　　　　　　　　　混凝土力学性能统计表

试件编号	PVA 纤维（kg/m³）	抗裂防水剂（%）	劈裂抗拉强度（MPa）		抗拉弹性模量（GPa）		轴向拉伸强度（MPa）	
			7d	28d	7d	28d	7d	28d
JZ-1	0	0	2.41	3.02	27.5	32.2	2.94	3.72
CXPB-1	0.9	0	2.56	3.22	26.8	31.5	3.22	3.96
CXPB-2	0	2.0	2.42	3.05	27.1	31.8	2.98	3.81
CXPB-3	0.9	2.0	2.58	3.24	26.5	31.3	3.26	3.98

3.3　变形性能

试验混凝土极限拉伸值、干缩值的检测结果见表 3，由表可见，与基准混凝土相比，掺 PVA 纤维后混凝土 7d、28d 极限拉伸值分别增长 11%、13%，而掺抗裂防水剂对混凝土极限拉伸值增长影响较小。与 28d 的实测极限拉伸值相比，7d 测值可达到其 87%，表明混凝土的极限拉伸值主要在早龄期形成。

由表 3 及图 1 可见，与基准混凝土相比，掺抗裂防水剂、PVA 纤维均能有效抑制混凝土干缩。说明添加 PVA 纤维、抗裂防水剂有助于提高混凝土的韧性，同时可一定程度上补偿混凝土干燥收缩，有益于改善混凝土抗裂性能。从图 1 可见，混凝土前 7d 干缩值较大，后期干缩量发展较大，但增长趋势放缓。

表 3　　　　　　　　　　　　　混凝土变形性能统计表

试件编号	PVA 纤维（kg/m³）	抗裂防水剂（%）	极限拉伸值（×10⁻⁶）		干缩（×10⁻⁶）			
			7d	28d	3d	7d	14d	28d
JZ-1	0	0	90	103	60	144	225	348
CXPB-1	0.9	0	100	116	52	126	205	316
CXPB-2	0	2	93	105	50	122	198	304
CXPB-3	0.9	2	101	118	48	121	196	302

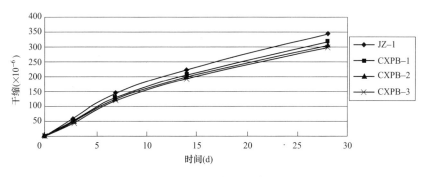

图 1　干燥收缩与时间关系图

3.4　早期抗裂性能

混凝土早期抗裂试验的测试结果见表 4，试验结果表明，掺有纤维的混凝土抗裂等级均为Ⅰ级，单掺抗裂防水剂的混凝土抗裂等级为Ⅱ级，由此看来掺纤维可显著改善混凝土的早期抗裂性能。

表 4　　　　　　　　　　　抗裂性能统计表

试件编号	PVA 纤维（kg/m³）	抗裂防水剂（％）	开裂时间（min）	开裂面积 A（mm²/根）	单位面积裂缝数目（根/mm²）	单位面积开裂面积（mm²/m²）	抗裂性等级
JZ-1	0	0	368	6.2	15.3	92.4	Ⅱ
CXPB-1	0.9	0	—	0	0	0	Ⅰ
CXPB-2	0	2	486	2.4	12.2	45.3	Ⅱ
CXPB-3	0.9	2	—	0	0	0	Ⅰ

3.5　耐久性能

3.5.1　抗渗性能

混凝土抗渗性能检测结果见表 5，试验结果表明：各试验方案均可以明显提高混凝土抗渗性能，其中抗裂防水剂对改善混凝土抗渗性能效果更明显。而复掺 PVA 纤维、抗裂防水剂与单掺抗裂防水剂相差不大，复掺方案对混凝土性能并未形成明显的优势叠加效应。

表 5　　　　　　　　　　　抗渗性能统计表

试件编号	PVA 纤维掺量（kg/m³）	抗裂防水剂掺量（％）	最大水压（MPa）	平均渗水高度（mm）	抗渗等级
JZ-1	0	0	1.4	6.2	＞W12
CXPB-1	0.9	0	1.4	3.4	＞W12
CXPB-2	0	2	1.4	2.2	＞W12
CXPB-3	0.9	2	1.4	2	＞W12

3.5.2　抗冻性能

混凝土抗冻性能检测结果见表 6，试验结果表明：与基准混凝土相比，掺 PVA 纤维使混凝土冻融后平均相对动弹模量损失降低 13％，平均质量损失减少 1.1％。掺抗裂防水剂混凝土平均相对动弹模量、平均质量损失率变化幅度较小。

质量损失率和相对动弹模量是混凝土抗冻性的重要评价指标。可以看出掺 PVA 纤维能有效改善混凝土抗冻性能，对运行期面板混凝土抗冻性能改善具有积极作用。

表 6　　　　　　　　　　　　抗冻性能统计表

试件编号	PVA 纤维掺量（kg/m³）	抗裂防水剂掺量（%）	冻融次数	平均相对动弹模量（%）	平均质量损失率（%）
JZ-1	0	0		70	3.82
CXPB-1	0.9	0	F300	83	2.72
CXPB-2	0	2.0		76	3.64
CXPB-3	0.9	2.0		87	2.57

4　优选配合比

从试验结果综合分析来看，PVA 纤维有助于改善混凝土力学性能、变形性能、耐久性能和抗裂性能，单掺抗裂防水剂不能很好地改善混凝土的抗裂性能。所以，经综合考虑，确定最终施工配合比见表 7。

表 7　　　　　　　　　　推荐面板混凝土施工配合比

编号	设计等级	混凝土材料用量（kg/m³）								
		水	水泥	粉煤灰	砂子	小石	中石	减水剂	引气剂	纤维
1	C30W12F300	126	249	83	758	592	592	3.32	0.027	0.9

5　结束语

（1）掺纤维后，要达到基准混凝土相似坍落度，用水量需增加 2kg/m³。这表明 PVA 纤维具有一定的亲水性，在进行配合比设计时应充分考虑此方面影响。

（2）经 HZS120 拌和站现场试验，掺纤维混凝土较基准混凝土搅拌时间需延长 30～60s 方可使纤维在混凝土中均匀分布。

（3）加入 PVA 纤维能有效提高混凝土抗拉强度及极限拉伸值，改善混凝土抗裂性能，减少混凝土裂缝。而掺加抗裂防水剂能显著改善混凝土抗渗性能。复掺 PVA 纤维、抗裂防水剂与单掺 PVA 纤维对混凝土特性改善相差不大，复掺方案对混凝土性能未能形成明显的优势叠加效应。

（4）掺 PVA 纤维对混凝土早期抗裂性能改善明显，根据平板试验结果，掺加 PVA 纤维后混凝土单位面积裂缝数目、单位面积开裂面积均显著降低，抗裂等级从Ⅱ级提升到Ⅰ级。

参考文献

[1] 宁逢伟，陈波，张丰，等 . PVA 纤维掺量对水工混凝土抗裂性能的影响 [J]. 水利水电技术.

2017.48（2）：125-129.

［2］计涛，纪国晋，王少江，等 . PVA 纤维对水工抗冲磨混凝土性能的影响［J］. 东南大学学报 . 2010.40 增刊（Ⅱ）：192-196.

［3］LIVC. Largevolume，high-performanceapplicationsoffibersincivilengineering［J］. JournalofApplied PolymerScience. 2002.83（3）：660-686.

［4］蒋正武，周磊，李文婷 . 石灰岩骨料混凝土强度与弹性模量相关性研究［J］. 建筑材料学报 . 2014.17（4）：649-653.

［5］杜笑寒，李军，张秀芝，等 . 低掺量聚乙烯醇纤维混凝土抗冻性研究［J］. 济南大学学报 . 2017.31（4）：371-376.

［6］窦立刚，施建梅 . 金沙江向家坝改性 PVA 纤维混凝土的技术参数研究［J］. 黄河水利职业技术学院学报 . 2012.24（1）：18-21.

作者简介

唐德胜（1990—），男，四川乐山人，助理工程师，项目科技办主任，从事水电工程施工质量与科技管理工作。

邓健（1981—），男，甘肃天水人，工程师，分局工程部副主任，从事水利水电工程施工技术与管理工作。

周天斌（1984—），男，甘肃天水人，工程师，项目试验室主任，从事水电工程试验检测及质量管理工作。

阿尔塔什大坝工程乳化沥青隔离层
施工工艺与质量控制

王真平　王建帮　李振谦

（中国水利水电第五工程局有限公司）

[摘　要]　乳化沥青隔离层设置在面板和挤压边墙两者之间，使两者受力明确，确保各自自由应变、减少和降低堆石体和面板的相互约束作用；其施工工艺及质量检测方法，是控制施工质量的关键，阿尔塔什大坝使用了涂层测厚仪这一创新检测施工成膜厚度的工具手段，确保了乳化沥青隔离层的施工质量。本文对阿尔塔什大坝乳化沥青施工工艺及质量控制要点做详细介绍，可供类似工程参考借鉴。

[关键词]　阿尔塔什大坝工程　乳化沥青隔离层　涂层测厚仪　施工工艺　质量控制

1　概述

新疆阿尔塔什水利枢纽工程是叶尔羌河干流梯级规划中"两库十四级"的第十一个梯级，总库容 22.49 亿 m³，正常蓄水位 1820m，最大坝高 164.8m，电站装机容量 755WM。工程由拦河坝、1、2 号深孔放空排沙洞、发电引水系统、电站厂房、生态基流引水洞及其厂房、过鱼建筑物等主要建筑组成。本枢纽工程为大（1）型Ⅰ等工程，坝体上游护坡设计为混凝土挤压边墙结构。

挤压边墙由强度 C3～C5 的混凝土构成，由于胶凝材料较少，表面布满孔、坑等缺陷；另外，成型后的挤压边墙受到大坝坝体沉降影响，会随之发生变形，挤压边墙表面层间会产生错台、掉角等结构性缺陷。如果直接在挤压边墙上浇筑混凝土面板，上述缺陷会加大边墙该面板的基座对面板本体的约束，对面板产生不利影响，增加面板开裂的概率和程度。为减少上述影响，《混凝土面板堆石坝施工规范》（SL 49—2015）和《混凝土面板堆石坝设计规范》（SL 228—2013）均要求设置乳化沥青隔离层，作为降低面板和挤压边墙层间约束的"润滑"措施。结合大坝面板混凝土浇筑施工工期安排及度汛目标，乳化沥青隔离层与面板浇筑施工分期一致，分为三期施工，每期的施工面积分别为 4.5 万、6.9 万、6.4 万 m²，共计 17.8 万 m²。施工安排在每年的 12 月～下年的 4 月期间（2017～2020 年），施工时段气温低，每日适合施工时间很短，工期紧、强度高、施工难度大。

2　工艺设计及现场试验

阿尔塔什设计文件只对乳化沥青隔离层的材料和成型厚度有要求，对工艺和施工成型方法没有提出具体技术要求，设计文件和《混凝土面板堆石坝施工规范》（SL 49—2015）均无法指导施工和进行质量监督和控制。故施工单位需要进行现场生产性试验，确定施工工艺及参数。

2.1 工艺设计

乳化沥青是液状材料，仅喷洒乳化沥青，即使喷洒多遍，隔离层厚度也达不到设计要求的 1.5mm 尺度要求，不能有效封闭坡面，填补坡面结构缺陷，强度也很低，这样仅仅喷洒乳化沥青形成的隔离层结构达不到隔离层设置的工程目的和效果。因此，在隔离层工艺设计上，需要植入混合材料，即在已施喷乳化沥青的表面，采用撒砂机撒砂，这样可以形成以沥青为黏结料，砂粒为骨架的胶-砂混合结构层，可增加隔离层厚度，有效充填、弥补挤压边墙表面缺陷，又具有一定强度，能够达到隔离层设置的工程目的。

2.2 现场试验

根据设计图纸要求和工艺设计原理，项目部组织进行了"两油""一油一砂""两油一砂"的生产性工艺试验，以确定乳化沥青的喷涂施工工艺参数。试验成果见表 1。

表 1　　　　　　　　　　　　　　　　试验成果统计

工艺	沥青用量（L/m²）	砂用量（m³/m²）	喷层平均厚度（mm）	固坡检验	评价
两油	1.2		0.4～0.6	未破坏	不合格
一油一砂	1.2	0.002	1.2～1.4	未破坏	不合格
两油一砂	2.4	0.003	1.6～2.5	未破坏	合格

生产性工艺试验结果表明：两油一砂施工工艺满足设计喷涂厚度 1.5mm 的指标要求。

3 乳化沥青隔离层的施工

3.1 原材料的选用及施工前检测

乳化沥青原材料性能是质量保证的前提条件，所有进场的原材料必须经过试验检测合格后方可投入使用，否则按照不合格品进行清退处理。乳化沥青的主要检测内容见表 2。

表 2　　　　　　　　　　　　　　乳化沥青的主要检测内容

项 目		指 标
蒸发残留物量（%）		>55
沥青标准黏度计（25℃）（S）		12～100
电荷		+
筛上残留物（%）		<0.3
黏附性（裹覆面积）		>2/3
蒸发残留物性质	针入度（100g，25℃，5s）（0.1mm）	60～200
	延伸度（15℃）（cm）	>20
	溶解度（三氯乙烯）（%）	>97.5
常温贮存稳定性	1 天（%）	1
	5 天（%）	5

砂采用细度模数为 2.4～2.8 现场混凝土浇筑用砂，筛分试验结果见表 3。

表 3   试验用砂主要技术指标

筛孔直径（mm）	10	5	2.5	1.25	0.63	0.315	0.16
累计筛余量 1		2.4	22.4	32	45	74.4	85.6
累计筛余量 2		2.1	24.2	34	45.4	73.8	84.6
平均累计筛余量		2.3	23.3	33	45.2	74.1	85.1

3.2 主要机具准备

主要施工机械设备配置见表 4。

表 4   主要施工机械设备配置

设备名称	规格型号	单位	数量	备注
专用随车起重机	12t	辆	1	
沥青泵及加热器	2CY/2.5	台	4	
沥青运输车	25t	辆	1	
专用斜坡多用途撒砂机	GH2	台	1	
专用高速卷扬机（双钢丝绳带排绳器）	5t	台	1	
沥青储存罐	5t	个	2	
高压软管	$\phi 32$	m	400	
装载机	3m³	台	1	
涂层测厚仪	MC2000	个	1	

（1）采用随车起重机将 5t 沥青储存罐吊至施工作业面顶部平台，并布置好沥青输送管路。

（2）将装有砂料的撒砂机用车吊吊放至挤压边墙斜坡坡面上，用双钢丝绳与工作车上的卷扬机连接，收放钢丝绳，撒砂机可顺坡上下滚动；汽车沿坝轴线方向平移便于工作面的转换；并增加汽车配重以防止出现侧翻。

（3）采用齿轮泵将沥青储存罐中的沥青泵入高压软管，通过喷枪进行喷涂。

3.3 工作面准备

（1）对挤压边墙坡面进行清扫，要求无浮渣和掉块、缺角，表面无缺陷性孔洞。亏盈坡面要进行修整，坡面线符合设计要求的任意位置超高不高于 20mm，欠填不大于 30mm。表面平整度采用 3m 的直尺进行检查，高差不大于 20mm。

（2）将大坝上游顶面整平压实，拆除顶坡顶缘 3m 内栏杆、管线等障碍，使施工车辆可沿坝轴线方向行走，便于乳化沥青喷涂连续施工。

（3）撒砂机采用随车起重机吊装放置在挤压边墙坡面上，利用安装在随车起重机上的卷扬机牵引上下移动工作；随车起重机须加侧支撑以抗侧翻。施工用砂分堆在坝顶上，或将砂装盛在运砂车上，用随车起重机吊装运至撒砂机上。

3.4 施工方法

3.4.1 喷沥青

采用沥青泵将乳化沥青先在循环管路和沥青储存灌中循环约 10min（温度低时须加热），然后加压输送到管道中，使乳化沥青到达喷枪出口处；通过调节喷枪上的开关及调整喷头锥型空隙，将乳化沥青压力调整到最佳，使乳化沥青喷出后形成伞形雾流，喷射到坝坡面上；由于射流有一定压力（1～1.2MPa），可将坝坡面上清理后残留的粉尘和松散块粒冲开、击打、翻转，使得沥青可充分涂覆在坚实的基面上；喷洒手有两名，在安全绳的牵拉保护下，一人持喷枪，另一人配合随动牵拉软管，在坡面上左右上下移动，将雾化后的乳化沥青均匀喷涂在坡面划定的条块上。

3.4.2 撒砂

乳化沥青喷洒在坡面后，撒砂手开动撒砂机，在甩盘转速达到 270～480r/min 时，启动输送装置，将料斗中的砂料送到甩盘上，通过甩盘将砂料呈扇形抛出，均匀铺撒到已喷涂乳化沥青的坡面上；对撒砂机抛砂不能覆盖的局部边缘地带和布撒不均匀的地带，人工用铲辅助铺撒，实现工作面无缝覆盖撒砂。

4 质量控制及检测方法

沥青喷涂前，一定将坡面清扫干净，修整平整，盈亏符合设计要求：表面不能有浮渣，基面坚实，以利于沥青与坡面和砂料的黏结。乳化沥青质量符合要求，材料到场要随附出厂检测报告和合格证，材料到达现场后要按要求及时抽样送检，检测合格才能使用。乳化沥青及砂料撒布要均匀，工作面要求全覆盖，无漏白。掌握好喷洒乳化沥青和撒砂的时机，乳化沥青完全破乳前，应完成撒砂，以利于砂料和乳化沥青的黏结。每仓乳化沥青施工完成后，须进行隔离层厚度检测；利用 MC2000 涂层测厚仪对现场剥取的样块量测厚度，要求隔离层厚度值大于 1.5mm。

测定方法为现场监理在每仓工作面随机指定 8 个点，安排作业人员在该点用铲刀剥剔隔离层，取下样块后，采用 MC2000 涂层测厚仪检测厚度。MC2000 涂层测厚仪是采用电磁感应原理测量乳化沥青喷涂厚度；将剥剔下来的乳化沥青样块放置在金属垫片上部，检测仪器的探头与金属垫片产生一个闭合的磁回路，随着探头与金属垫片间的距离的改变，该磁回路将不同程度的改变，引起磁阻及探头线圈电感的变化。利用这一原理可以精确地测量探头与金属垫片间的距离，即为乳化沥青喷涂厚度。涂层测厚仪具有精度高（测量范围为 0～5000um）、数字显示、示值稳定、功耗低、操作简单方便。各工艺喷涂厚度取涂层测厚仪读数的算术平均值作为乳化沥青的喷层厚度。

5 结束语

通过阿尔塔什大坝工程乳化沥青喷涂施工，明确了乳化沥青隔离层施工工艺与质量控制要点。面对气温低、工期紧、强度高等困难因素，项目部组织得力，高质量、高效率地完成了乳化沥青的喷涂施工，为阿尔塔什面板混凝土的顺利施工奠定了坚实的基础，特别是采用了涂层测厚仪这一检测新设备，能更加精确的检测乳化沥青隔离层的喷涂厚度；可控制和确保乳化沥青隔离层施工质量，为今后类似工程提供了有价值的参考。

参考文献

[1] 林屹峰. 混凝土乳化沥青施工探讨 [J]. 科技专刊. 2017 (02).

[2] 徐成中，林彬，周新顺. 巴贡电站 200m 级堆石坝一期面板混凝土施工技术 [J]. 四川水力发电. 2007 (04).

[3] 肖化文，杨清. 对高面板堆石坝一些问题的探讨 [J]. 水利水电技术. 2003 (01).

作者简介

王真平（1990—），男，湖北洪湖人，项目质量部主任，助理工程师，从事水利水电工程施工技术与管理工作。

王建帮（1986—），男，甘肃天水人，项目质量部副主任，助理工程师，从事水利水电工程施工技术与管理工作。

李振谦（1987—），男，甘肃庆阳人，项目工程部主任，工程师，从事水利水电工程施工技术与管理工作。

混凝土面板堆石坝高强度填筑施工技术管理

张正勇　巫世奇　唐德胜

（中国水利水电第五工程局有限公司）

[摘　要]　阿尔塔什水利枢纽在大坝填筑工程量约 2500 万 m³，原计划月平均填筑强度为 80 万 m³，后来由于工期调整，月平均填筑强度需要达到 120 万 m³；强度相当大，为确保按期完工，在施工过程中对料场、坝体填筑分区、运输道路进行认真规划，合理布置称量系统，实现了坝体填筑最高峰月强度 171.5 万 m³，2017 年全年月平均强度 130 万 m³ 的施工记录。现对高强度的坝体填筑施工工况下如何进行施工组织、质量控制、资源配备等方面进行总结，为后续类似面板坝堆石体填筑施工积累相关经验。

[关键词]　高强度　坝体填筑　施工技术　施工管理　资源保障

1　概述

阿尔塔什水利枢纽工程位于新疆克州阿克陶县，为国家重点水利工程，工程因其在设计和施工上的诸多难点，被业界称为"新疆三峡工程"。水库总库容 22.49 亿 m³，正常蓄水位 1820m，最大坝高 164.8m，坝基覆盖层深度 94m，电站装机容量 755MW。挡水坝为混凝土面板砂砾石‐堆石坝、坝顶宽度为 12m，坝长 795m。主堆石区采用砂砾石料，次堆石区为爆破堆石料，上游坝坡坡度 1∶1.7，下游平均坝坡坡度 1∶1.89。

坝体设计填筑工程量约 2500 万 m³，主堆石区为天然砂砾石料，料源为 C1、C3 砂砾石料场。C1 料场位于大坝上游，可开采储量 120 万 m³；C3 料场位于大坝下游河床，距坝址 1.5～7.8km，储量 2520 万 m³。次堆石区为爆破开采料，料源为 P1、P2 爆破料场。P1 爆破料场位于坝址上游左岸约 1.7～2.5km，可开采储量大于 3600 万 m³；P2 爆破料场位于坝址下游右岸，距上坝址约 0.8～1.6km。2017 年主要开采料场为 C1、C3 砂砾石料场、P1 爆破料场。工程主要料场分布见图 1。

2　阿尔塔什面板堆石坝分期填筑规划

2.1　主要节点工期

工程于 2015 年 6 月 10 日开工建设，2015 年 11 月 19 日截流，2017 年 11 月底坝体临时断面填筑不低于 1730.0m 高程，2018 年 5 月 31 日前一期面板浇筑高程不低于 1715.0m，2019 年 7 月下旬下闸蓄水，2020 年 12 月 31 日工程完工。

2.2　坝体分期设置

2017 年大坝填筑主要围绕 2018 年 I 期面板施工节点目标，分为 3 个阶段形象进行填筑。第 1 期为 2017 年 5 月 31 日完成大坝上游 I-2 期临时断面（高程 1661～1715m）填筑 307.52 万 m³；第 2 期节点目标 2017 年 8 月 31 日完成大坝 I-3 期临时断面填筑（高程

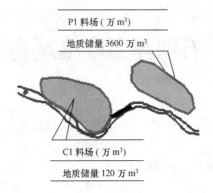

图 1　工程主要料场分布图

1715~1730m）填筑 337.05 万 m³；第 3 期节点目标 2017 年 12 月 31 日完成大坝 II-1 期临时断面填筑，填筑高程范围为 1715~1746m，填筑方量共计 396.57 万 m³。合计计划填筑方量 1041 万 m³。大坝填筑分区规划示意见图 2。

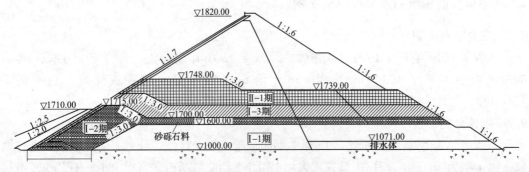

图 2　大坝填筑分区规划示意

2.3 填筑工程量及强度

根据坝体填筑进度规划，对每月填筑强度及高峰期强度进行了分解。2017 年坝体填筑计划平均月强度 116 万 m³/月，高峰期强度 152 万 m³/月。进度计划与实际填筑强度统计对比见表 1。

表 1   2017 年计划填筑强度与实际强度对比表

项目	3 月	4 月	5 月	6 月	7 月	8 月	9 月	10 月
计划强度（万 m³）	100.6	151.8	135.6	137.9	105.2	105.2	115.8	112.7
实际强度（万 m³）	110.5	171.5	153.8	150.6	119.7	138.8	135.0	120.2

2.4 资源配置

根据设计填筑指标要求，经过碾压实验，确定碾压设备采用 32t 振动碾（最大激振力 590kN），既满足经济又满足施工强度的要求。按照 2017 年最高月平均强度 150 万 m³ 需求，配置了 13 台振动碾、26t 振动碾 2 台、SD32 推土机 13 台、料场开采液压反铲 32 台、20t 自卸汽车 218 台、高风压钻机 3 台，同时配备 10t 液压平板夯、3.5t 自行式振动碾、电动平板夯等用于边角部位等碾压施工。

根据计算复核，20t 自卸汽车月运输上坝强度能达到 1 万 m³/月、32t 振动碾能达到 16 万 m³/月，SD32 推土机在实际施工中采用后退及饼堆法进行施工，功效能达 16~17 万 m³/月；通过计算，投入的资源设备能保证每月 150 万 m³ 开采及上坝强度，设备配置有一定富余。

3 高强度填筑准备和实施

3.1 料场准备

3.1.1 砂砾石料场规划

2017 年主要开采料场为 C1、C3 砂砾石料场，料场开采前针对砂砾石料场覆盖范围广、汛期淹没、河道宽的施工特点，确定了分期分区、先近后远、枯低汛高的原则，枯期开挖先锋槽、筑堤挡水、汛期开采高河床的开采方案。

（1）先锋槽开挖。为满足汛期河道分流、降低开采水位、保证汛期大坝填筑连续施工，料场开采分两期进行施工，先锋槽为一期开采区域，该区域在枯期进行开采。开采断面宽 100m，深 6m，按汛期高水位时平均约 2m/s 流速计算，先锋槽有效过流能力能达到 1200m³/s。

（2）防洪堤构筑。结合 C3 料场河床实际地形情况，为汛期料场开采创造有利的施工条件，先锋槽在靠左岸开采区域设置围堰进行保护，围堰填筑高度 3m、堰顶宽度 8m，临水侧采取铅丝石笼护坡，增加料场抗超标洪水的应对能力。

（3）分区开采规划。根据施工进度和上坝强度要求，开采次序由右岸向左岸依次分区进行，开采过程中逐步增加先锋槽过流能力。同时为充分发挥料场范围宽广、储量大、开采作业面多的天然优势，将 C3 料场开采划分为 3 个区域同时进行开采，分别由不同专业开采、运输作业队组织施工，确保高强度料源开采及运输有序进行。通过上述举措，2017年砂砾石料场月开采强度能持续保持在 90 万 m³ 以上。

3.1.2 爆破料场爆破试验

爆破料场开采前进行了料场复勘，对储量、剥采比、力学性能等进行了复核，通过复勘料场各项指标均满足设计及规范要求。为确保合格爆破料开采上坝，先后进行了多次爆破试验，并联合业主、长江科学院等单位进行了相应的爆破设计。通过一系列的措施坝料开采强度满足施工进度要求，开采质量满足设计要求。

3.2 道路布置

施工道路是保证坝体填筑强度的重要保障，施工前，对实时车流强度进行计算，对场内道路通行能力进行复核、对道路布置进行了优化，按照每个爆破料场至少设置一条道路，砂砾石料场结合河滩地形设置多条道路原则进行道路规划布置，所有道路均按双向车道 9m 路面宽度设计。为避免因车辆故障出现道路堵塞、影响上坝强度，通过利用左岸 1号交通洞连通大坝上下游场内道路系统，将工程区上下游道路形成道路交通网。

工程将主要上坝道路与永久道路相结合，进行了全路面硬化。并对部分弯道较多，路况较差的运输道路进行重新规划，降低了运输道路对工程安全、运输强度带来的不利影响。

增加上游跨趾板道路：根据料场揭露的地质条件，P1 料场料源质量稳定，形成了约6 万 m² 开采面，开采条件好，每月开采上坝强度能达到 45 万～50 万 m³；在前期道路整体规划时，上游 P1 料场上坝道路跨趾板处为 1715m 高程，料场只能用于高程 1715m以下大坝填筑，为充分发挥 P1 料场的工效，在左岸上游 1750m 高程处增加修筑一条上坝道路，能增加 P1 料场上坝 200 万 m³，有效保证了 2017 年上坝强度。

3.3 自动加水及称量系统

应用自动加水、自动称量系统替代传统人工操作极大地减少了循环作业所需时间，根据上、下游料场同时开采的施工特点，分别在上、下游主干道布置了 2 个自动加水系统以及上游 2 套称量系统，下游 5 套称量系统（其中 1 套备用系统）。并将重车、空车称量系统相互分离、错位布置，减少交叉对运输计量带来的不利影响。

3.4 设备组织

对坝面摊、碾设备管理采用矩阵式组织结构替代传统职能式组织结构，设置机械队负责对设备的使用、保养、维修进行管理；调度室负责对设备进行统一协调，合理配备资源；坝面各区施工管理小组对该区施工设备进行现场调度、指挥。在此之上设置生产副经理及设备副经理进行生产、设备的统筹调度管理。

对料场挖装机械、自卸车管理采用数量加产量的结合管理模式，根据称量系统数据对每个时段的设备强度进行统计，每日进行计划与实际完成量对比，及时调整纠偏，在工程施工过程中设备管理涉及的种类、数量均较大，建立一支高效的设备管理、保障团队对坝体填筑强度的提升具有非常大的促进作用。

为提升机械设备利用率、完好率，项目部设立了 4 个设备维修中心，成立了总人数超过 30 人的专业设备维修队伍错时段对机械设备进行维护保养，并实施计件制工资考核制度。

3.5 坝面管理

3.5.1 合理分区规划

为充分利用阿尔塔什大坝工程坝轴线长、填筑面大的施工特点，将约 20 万 ㎡ 的填筑区域按坝料特点划分为 6 个区，在每个区域内按铺料→整平→碾压→试验→验收的工艺流水化组织施工，在每区近 4 万 ㎡ 的填筑面上充分发挥机械施工效率和优势。填筑面积大、合理分区填筑是实现坝体快速填筑的必要条件。

3.5.2 推行施工标准化

严格按标准、设计要求组织施工，提升一次验收合格率和优良率，减少坝体填筑返工率，这是推行施工标准化的目的与意义。为加强标准化、流水化施工建设，工程引入样板先行制度，发挥样板及先锋模范作用。

3.5.3 完善考核制度

工程每月梳理重要施工节点目标，每周进行复核，每月进行考核，并设置节点目标奖。按多劳多得的原则实施计件制薪酬制度，激励机械操作手及前方生产人员，提高员工工作积极性。

3.5.4 薄弱部位控制

对坝内临时道路、分区填筑结合部位、岸坡结合部位等重点质量控制点，制定专项质量保证措施并安排人员进行现场监督、检查。针对砂砾料分区、分段施工接缝部位采用液压平板夯（激振力 10t）对振动碾压不到部位进行夯实。填筑接缝部位时采用推土机将表层松散料剥离后整平并骑缝碾压，试验重点对接缝部位进行抽样检测。岸坡结合部位采用 200mm 以下砂砾石料薄层（40cm）填筑，碾压参数同大面要求碾压完成后用液压平板夯进行行辅助压实。

3.6 应急措施及处置

高强度填筑施工对整个组织管理提出了极高的要求，要保证填筑强度，各个环节都必须有预案，才能保证所有环节都在受控中；经现场施工实践证明，总结了以下行之有效的保证措施。

3.6.1 自动称量、加水系统保障

自动加水系统出现故障主要发生在抽水电机及自动识别系统上，系统保障主要通过每日专职人员巡查、设置人员 24h 值班、配备备用发电机及识别系统等措施确保系统出现故障时能第一时间进行处理、修复。称量系统修复所需时间周期较长，因此主要通过配备备用系统来进行保障，在上、下游主要施工干道旁分别配备备用系统，方便及时启用。

3.6.2 运输车辆抢修

运输车辆是保证上坝强度的基础，工程充分利用当地修理厂，与其联合开办施工现场维修中心，方便车辆进行及时维修保养。同时为确保车辆行驶过程故障及时排除，督促每个运输队伍均配备相应的移动修车点，发现车辆故障及时进行修理。

3.6.3 摊碾设备保障

针对坝面摊、碾设备维修专业性强的特点，工程设置专业机械修理厂负责对摊、碾设备的维修保养。实行24h值班制度，同时在进行资源配置时考虑了相应的富裕度系数，确保坝面摊、碾设备始终满足施工需求。

3.6.4 挤压边墙快速施工

挤压边墙施工是决定垫层料、过渡料填筑强度的基础，工程通过改造挤压边墙机行走控制装置、优化施工配合比、配备备用挤压边墙机、分段同时施工等措施有效提升了挤压边墙施工速度和质量。

3.6.5 适时使用利用料场

为避免汛期超标洪水导致C3料场淹没、无法开采影响上坝强度，在填筑规划时，将其他标段提供的利用料用于汛期特殊时段使用，同时对C3料场进行开采备料，应对超标洪水的影响。

3.7 建立信息化管理系统

随着近几年高精度定位技术、云计算技术以及物联网技术的飞速发展，利用高精度卫星定位技术对大坝碾压施工过程进行实时智能化监控逐步成为现实。采用卫星定位技术对大坝填筑碾压过程进行了实时监控，对大坝施工质量控制起到了十分重要的作用，并且提高了大坝碾压施工过程管理的信息化水平。

4 质量管理和保证措施

在高强度的填筑施工过程中如何保证坝体填筑施工质量是工程探索、控制的重点，在本工程的施工过程中通过全面料源质量检测、结合数字化监控系统进行试验检测、加强重点部位质量控制、及时进行质量统计分析等方法对如何提升施工质量进行了探索和研究。

4.1 全面料源检测

全面料源检测分为定期检测和不定期复查，检测频次结合坝面填筑检测结果及开采进度进行，质量波动较大时进行原因分析并加密质量检测频次，对检测不合格料区进行现场标识并禁止开采。

4.2 填筑试验检测

坝面填筑试验检测采用试坑法进行。检测部位采用现场监理工程师指定，结合数字化监控系统碾压轨迹两种方法确定。重点对碾压轨迹中薄弱环节、填筑结合部位、岸坡部位等进行试验检测，所选检测点应具备能代表本层压实质量的特点。

不同坝料填筑采用不同试验检测方法，对垫层料挤压边墙后1m范围内采用薄层填筑、3.5t振动碾＋电动平板夯压实，灌砂法试验检测，后2m范围垫层料采用26t振动碾压实，灌水法试验检测；对过渡料、砂砾料、爆破料采用灌水法试验检测。试验检测频次在规范要求基础上工程控制标准有所增加，尤其对垫层料、过渡料填筑为保证质量加大检测频次。

4.3 数字化实时监控系统

数字化实时监控系统较传统人工控制碾压参数有明显的技术优势，作为辅助质量检测工具和质量初步判断依据在工程施工中得到了良好的应用。其在质量控制方面的重要性主要体现在：

（1）碾压参数实时监控。碾压参数实时监控是工程施工过程中使用频次最高的功能，对振动碾行走速度、振动频率、碾压遍数、行走轨迹等参数进行实时管理，发现振动碾行走速度超速时进行报警通知。

（2）碾压合格率统计。采用数字化监控系统进行不仅能形成完整的控制记录，并且能实时进行统计分析，发现偏差及时调整。生成的数据报表实现了对工程过程控制的追溯和分析，结合现场挖坑试验可对坝体填筑质量进行较为全面的分析。

（3）数据回放。监控系统的应用实现了对施工记录的全面、长时间保存，具有数据回放功能，为后期坝体填筑质量评定、理论研究及沉降分析等均提供了重要的依据。

4.4 质量统计

从工程建设之初起项目始终以创造国家优质工程为目标，通过以上控制措施的有效实施，坝体填筑在强度提升的情况下，施工质量也得到了有效的保证。2017 年工程累计完成填筑单元工程验收 1731 个，其中一次验收合格单元数 1697 个，一次验收合格率 98.0%，优良单元数 1621 个，优良率 93.6%。

4.5 坝体沉降

坝体沉降量是侧面反映坝体填筑施工质量的重要指标，坝体沉降量与填筑压实质量有直接关系，阿尔塔什大坝填筑干密度试验标准由《土工试验规程》（SL237—1999）室内振动台法改为《土石筑坝材料碾压试验规程》（NB/T 35016—2013）现场原级配相对密度试验法，试验方法的改变将砂砾石料填筑设计干密度从招标阶段的 2.26g/cm³ 提升至 2.38g/cm³，干密度提升幅度达到 0.12g/cm³，有效减小了坝体沉降变形。

根据检测数据统计，截至 2017 年 10 月底，大坝完成坝体 85m 高度填筑，坝体及坝基最大沉降量 170mm，沉降率 0.2%。与类似高度面板堆石坝同阶段数据相比，阿尔塔什面板堆石坝沉降量较小。

5 结束语

（1）通过精心组织工程达到 171.5 万 m³ 月填筑强度记录，提前实现了度汛形象，2017 年 9 个月内完成坝体填筑 1200 万 m³，全年平均月强度超过 130 万 m³。

（2）数字化监控系统应用对坝体填筑碾压参数控制具有积极的促进作用，碾压参数控制是保障坝体填筑施工质量的重点，现场试验检测结合实时碾压轨迹监测记录进行可提升试验检测代表性，加强施工薄弱环节质量控制。

（3）坝体高强度填筑环境下如何进行料场开采、坝面管理及设备保障是工程控制重点，以上保障措施基于工程施工实践总结，希望能为类似工程施工起到相应的参考借鉴作用。

参考文献

[1] 兰博，毛石根，罗永华. 董箐水电站面板堆石坝高强度填筑施工技术 [J]. 贵州水力发电. 2009.10.

［2］周廷江 . 混凝土面板堆石坝坝体高强度填筑施工［J］. 水电站设计 . 2005.12.

［3］胡永富，吴永伟 . 面板堆石坝持续高强度填筑的施工组织与管理［J］. 贵州水力发电 . 2005.12.

作者简介

张正勇（1983—），男，重庆永川人，工程师，项目总工程师，从事水利水电工程施工技术与管理工作。

巫世奇（1980—），男，四川成都人，高级工程师，项目经理，从事水利水电工程施工项目管理工作。

唐德胜（1990—），男，四川乐山人，助理工程师，项目科技办主任，从事水电工程施工质量与科技管理工作。

堤防工程泥结石路面施工

万海东　　常利冬　　李彤君

（中国水电基础局有限公司）

[摘　要]　堤防工程中的堤顶道路对于防汛抢险、防汛物资及时到位起着至关重要的作用。堤顶道路通常采用混凝土路面和泥结石路面两种类型，但是混凝土路面造价较高，因此，泥结石路面在实际设计施工中得到广泛应用。本文根据胖头泡蓄滞洪区的堤防工程为例，介绍了泥结石路面施工方法和质量控制要点。

[关键词]　泥结石　施工工艺　质量控制

1　概况

胖头泡蓄滞洪区位于嫩江、松花江干流的左岸，肇源县的西北部，东以安肇新河下段右侧堤防及林肇公路左侧的自然岗地和新建堤防为界，南至养身地到古恰的松花江干流左侧堤防，西以老龙口到养身地的嫩江干流左岸堤防为界，北至南引水库的 1～4 号、21～33 号堤坝。工程中东部应急围堤达标工程长达 20.498km（不含大、小河北段堤防），堤顶道路路面宽 5m，路面厚度 20cm，下设 20cm 白灰土，堤顶坡度 2%，由中间向两侧倾斜。堤顶道路横断面见图 1。

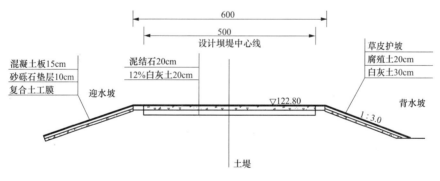

图 1　堤顶道路横断面图

2　施工准备及工艺流程

2.1　施工前期准备

2.1.1　材料

碎石采用轧制的碎石或天然碎石，不得使用河卵石，石料等级不低于Ⅲ级，扁平细长颗粒不超过 20%，近似正方形有棱为好，不能含有其他杂物。泥结碎石层所用黏土（不可为砂土）应具有较高黏性，塑性指数 12%～15%，黏土内不得含腐殖质或其他杂物。

黏土用量一般不超过碎石用量的 15%~18%（按质量）。泥浆一般按水与土 0.8:1~1:1 的体积比进行拌和配置。过稠和过稀都将影响路面的强度和稳定。泥结石路面按两层铺筑，上层为 8cm，下层为 12cm。主层矿料粒径底层一般采用 10~20mm 或 20~30mm 碎石，面层一般采用 30~40mm 碎石。泥结石面层材料级配组成参考见表 1。

表 1　　　　　　　　　泥结石面层材料级配组成参考

| 碎石类型 | 通过下列筛孔（mm）的质量百分率（%） | | | | | | | | 液限 | 塑性 |
（层位）	40	30	20	10	5	2	0.5	0.075	（%）	指数
级配碎石 A （面层）8cm	100	85~100	70~90	50~70	40~60	25~40	20~32	8~15	<43	12~15
级配碎石 B （面层）12cm	100	85~100	70~90	50~70	35~55	15~35	10~20	4~10	<25	<6

2.1.2　施工机械

泥结石路面施工过程中，采用翻斗车、自卸车或其他运输车辆按计划直接卸入路床，使用推土机和人工配合的方式进行摊铺，用洒水车洒水养护，用压路机或其他夯实机具进行压实。

2.1.3　外部条件

白灰土施工检验合格后，才能进行堤顶泥结石路面的施工。同时要保证备料充足，现场运输、机械调转作业方便，各种测量仪器齐备，不影响各工序施工。

2.1.4　泥结石碾压实验

泥结石路面是以不同粒径的碎石作为骨料，黏性土作为填充料和黏结料，经压实修筑成的一种路面，泥结石路面的力学强度和稳定性不仅要依赖于骨料（碎石）的相互嵌挤作用，同时也有赖于黏结料的黏结作用。为了能够满足施工和设计技术要求，需要进行碾压实验，碾压方法及试验过程均按公路路基施工工序进行，检查项目和方法见表 2。

表 2　　　　　　　　　泥结石面层检查项目和方法

项次	检查项目	规定偏差或允许偏差	检查方法
1	压实度（%）	≥97	用灌砂法每个单元取 5 点
2	平整度（mm）	15	3m 直尺：每 200m 测 2 处×10 尺
3	纵断高程（mm）	+5，-20	水准仪：每 20 延米一个断面，每断面 3~5 个点
4	宽度（mm）	不小于设计	尺量：每 40 延米 1 处
5	厚度（mm）	-12	每个单元取 5 点
6	横坡（%）	±0.5	水准仪：每 100 延米 3 处

（1）击实试验。在 4 个 6m×10m 的试验段内分别进行 2、4、6、8 遍数碾压，并在不同碾压遍数的填筑面上进行现场取样，共取样 24 点，每个试验段内取样 6 点。具体试验及计算方法可参考灌砂法。

取样后进行烘干，称重采用 MP1100B 型电子天平进行称重。

1）含水率计算

$$W_0 = (m_0/m_h - 1) \times 100\%$$

式中：W_0 为含水量，%；m_0 为湿土质量；m_h 为干土质量。

2）干密度计算公式

$$\rho_d = \rho_0/(1 + W_0)$$

式中：ρ_d 为干密度；ρ_0 为密度；W_0 为含水量，%。

3）压实度

$$压实度 = 实测干密度/最大干密度 \times 100\%$$

在击数一定时（见图 2），当含水率较低时，击实后的干密度随着含水率的增加而增大；而当含水率达到某一值时，干密度达到最大值 2.11g/cm^3，此时含水率继续增加反而导致干密度的减小。干密度的这一最大值称为最大干密度，与它对应的含水率称为最优含水率。设计技术说明明确要求压实度必须大于等于 97%，即合格指标干密度值为 2.05g/cm^3。

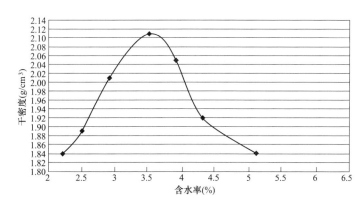

图 2　试验室干密度与含水率关系曲线

（2）碾压试验结果。本次试验在碾压 2 遍的填筑面上取试样 6 个，平均干密度值为 1.64g/cm^3，见表 3。碾压 4 遍的填筑面上取试样 6 个，平均干密度值为 1.83g/cm^3。碾压 6 遍的填筑面上取试样 6 个，平均干密度值为 2.06g/cm^3。碾压 8 遍的填筑面上取试样 1 个，平均干密度值为 2.09g/cm^3。综上所述，碾压 6 遍填筑面上 6 个试样干密度值均满足要求，合格率 100%，故碾压遍数选取 6 遍为宜。

表 3　　　　　　　　　碾压遍数干密度值取样记录

碾压遍数	干密度值（g/cm³）					
	1	2	3	4	5	6
2	1.65	1.61	1.65	1.63	1.67	1.63
4	1.83	1.79	1.85	1.81	1.84	1.86
6	2.05	2.08	2.07	2.05	2.06	2.05
8	2.09					

根据碾压试验成果分析，绘制出干密度指标与碾压遍数关系曲线，见图 3。

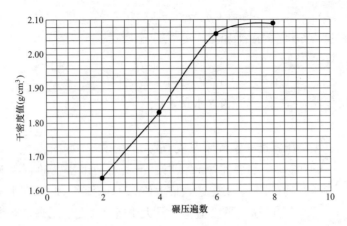

图 3 干密度指标与碾压遍数关系曲线

2.2 施工工艺流程

2.2.1 准备工作

主要包括放样、布置料堆、路基处理与混合料的拌制等。根据测量结果，对施工范围内场地进行表面清理工作，清除堤顶的杂草及腐殖土，并将清除的土料运至指定地点妥善堆放。

自检堤顶白灰土填筑中土方干密度、堤防高程、堤防断面宽度、前后坡度等，达到设计标准后，才能进行泥结碎石路面的施工。

2.2.2 拌和料摊铺

摊铺过程中采用推土机进行摊铺，同时以 4～6 人进行人工找平，按要求做到摊铺均匀平整，满足设计技术要求。现场施工人员应根据放线标高及虚铺厚度，用白灰标出显著标志，为推土机指示推平标高，以便推土机按准确高度和横坡推平，横纵断面高程采用水准仪进行测量控制和找平，为下一步碾压创造良好条件。

2.2.3 碾压

泥结石的碾压是在混合料铺好后使用压路机进行碾压，压路机在路基全宽内进行压实，由两侧向路中心碾压碾速宜慢，每分钟约 25～30m，轮迹重叠 25～30m，碾压 6～8 遍，至混合料无松动为止。

2.2.4 路面养生

路面铺设完成之后要进行养生期为 7d 的养生，不应延误。养生可用洒水车经常洒水，水要洒的均匀，表层浇透，到路面稍有存水为止，时间不宜少于 7d，养生期间应由专人负责看管，限制重型车辆通行，以防表面受到破坏。

3 质量控制要点

要保证泥结石结构具有足够的强度，一定要使组成混合料的骨料具有最佳级配和良好颗粒形状，经充分拌和，使各级骨料分布均匀，并碾压密实，实施过程中关键要注意：

（1）严格控制骨料级配的均匀性。碎石和黏性土的配合比例要严格按照试验配合比进行，混合料颗粒状态良好和均匀拌和，是板结良好的基础。

（2）尽可能使泥结石混合料的含水率均匀一致，避免碾压时造成波浪面。

（3）使用人工辅助找平，保证碾压面的平整度。推土机或平地机配合进行摊铺为粗平，还需要人工用铁锹进行局部处理为精平，以达到设计要求的平整度。

（4）若碾压过程中局部出现"回弹"现象，必须翻松晾干或换填，然后再进行碾压；若出现推移，应适量洒水，整平后再压实。

（5）压路机压不到的地方用人工打夯，以免漏压。

（6）泥结石碾压密实后，必须及时进行泥结石基层周边防护，铺设路缘石，避免水流冲刷以及防止雨水进入泥结石基层。

4 施工成果与质量检查结果

泥结石路面严格按照技术要求和质量控制要点施工，本工程于 2016 年 5 月 23 日完工，共完成泥结石路面 100 560m²。检测时，每 200m 划分为一个单元。平整度、纵断高程和外形尺寸等检测指标的合格率为 100%；干密度检测，每个单元取 5 点，干密度值最大值为 2.08g/cm³，最小值为 2.05g/cm³，均大于等于合格指标干密度值 2.05g/cm³，合格率 100%，满足设计技术要求。

泥结碎石路面主要克服车辆和外界环境带来的垂直压力、振动力、水平剪切力和空气涡流作用等作用力，从实际使用效果来看，板结良好，整体性强，没有出现局部"回弹"现象，泥结石碾压密实，无明显车辙印迹，完全符合设计技术和使用要求，为堤防工程中防汛抢险、防汛物资及时到位提供了有力保障。

5 结束语

目前关于国内泥结石的施工尚无相应的规范要求，但只要采取合理的防护措施，如上述防止不必要的水流进入或滞留在泥结石碾压层内，并根据当地的气候特点以及原材料的实际供应情况施工，效果还是能够满足设计和实际使用的要求：主要体现在泥结石解决了堤防工程中战线长，造价高的实际情况，就近取材，可极大地降低材料成本，经济实用；泥结石施工方便，碾压施工受时间限制较小，适应大面积大型机械连续快速施工要求，工作效率高；泥结石碾压密实后板结良好，强度较高，整体性强。

柬埔寨甘再水电站混凝土坝体渗漏处理

丁全新　刘　孟

（中国水电基础局有限公司）

[摘　要]　柬埔寨甘再水电站大坝坝体渗漏发生在雨季高水位运行期，为确保大坝安全度汛及长期正常安全运行，采用水泥灌浆结合化学灌浆和表面处理等方法对渗漏部位进行封堵。本文依托柬埔寨甘再水电站大坝渗漏封堵项目，基于渗漏部位的渗漏特点、形成原因和具体施工条件及要求，采用适合渗漏部位的封堵施工技术进行处理，取得了良好效果。

[关键词]　柬埔寨　甘再水电站　坝体　渗漏　封堵

1　工程概况

柬埔寨甘再水电站工程位于 Kamchay 河干流上，流域总面积 $822km^2$，河长 77km。工程位于柬埔寨王国西南贡布省（Kampot）境内，水电站总装机容量为 194.1MW，年平均发电量为 4.98 亿 kWh。

甘再水电站高水位运行阶段，量水堰发生突变，从 700L/min 突变到 1010L/min，主要引起量水堰变化原因为高程 120m 廊道（桩号坝左 0+40m）处排水孔出水量增大所致，伴随出水量的增大，同时析出混凝土粗骨料。经现场多方查勘、论证，得出结论：此处排水孔出水量增大主要与大坝上游坝面桩号坝左 0+47.8m～坝左 0+52.2m，高程 142.5m 处集中渗漏通道有关。

为确保大坝处于全面可控状态，保证电站正常安全运行，经研究采用水泥灌浆结合化学灌浆和表面处理的方法对坝体渗漏部位进行封堵。大坝渗漏封堵施工旨在解决大坝量水堰总体渗流量大幅度减小并达到合理的坝体渗流标准要求。

2　坝面部位处理

2.1　渗漏原因分析

针对大坝坝面集中渗漏部位处于混凝土的接缝位置，分析渗漏主要原因：库内水头压力和水流的不断冲蚀，沿混凝土接缝形成渗漏。

2.2　处理方案思路

针对现场实际情况，对坝面渗漏部位分阶段处理：高水位期采用临时封堵以保证大坝安全度汛，低水位期，待水位低于渗漏位置后，采用钻孔灌浆和表面处理进行永久封堵。

临时封堵是让专业潜水员下至渗漏部位摸清渗漏点情况，采用混合水泥封堵材料对渗漏点进行临时封堵。工程施工期内临时封堵工作共进行了三次，封堵效果明显，每次封堵后流量骤降，同时排水孔内不再析出混凝土骨料，充分保证了坝体安全度汛。

汛后，待水位低于渗漏部位（高程 142.5m），对集中渗漏点进行永久封堵处理：水泥灌浆结合化学灌浆，同时对表面进行环氧砂浆封缝，环氧胶泥抹面和 SR 防渗盖片覆盖处理等。首先对渗漏点凿毛，钻孔，预埋灌浆管，进行环氧砂浆封缝处理，再进行水泥灌浆，对较大的渗漏通道进行填充。水泥灌浆后，由于渗水通道较深，水泥灌浆对于较深的混凝土结构微小裂缝封堵效果有限，考虑到化学灌浆液的良好渗透性、扩散性和可灌性，对于微小渗漏通道进行化学灌浆处理，使化学浆液扩散、填充、凝固，以达到良好的防水、堵漏、补强、加固的效果。灌浆结束后对裂缝表面进行环氧砂浆封堵，环氧胶泥抹面处理，之后在混凝土表面进行三元乙丙 SR 防渗盖片处理，以达到永久彻底封堵的目的。

2.3 技术方案实施

2.3.1 孔位布置

坝面集中渗漏部位为总体长 4.4m 宽 0.2m 深 0.3m 的裂缝带，狗洞状，内部混凝土骨料缺失严重。根据现场实际裂缝情况进行布孔，具体孔位布置如图 1 所示，图中灌浆孔共 11 个，其中水泥灌浆孔 5 个，化学灌浆孔 6 个。因裂缝出漏明显，为保证水泥灌浆效果，对于水泥灌浆孔采取按照裂缝深度直接预埋，孔深均 0.3m 左右，埋管方向依照裂缝走向倾斜混凝土面，化学灌浆孔布置于水泥灌浆孔中点上侧 25cm，向裂缝方向倾斜 15°，以保证最大限度的切割裂缝。

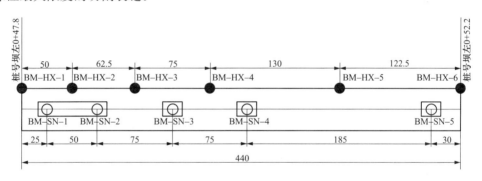

图例：○—普通水泥灌浆孔；●—化学灌浆孔；▭—渗漏集中部位
标注：图中除桩号单位为 m 外，其他所有标注单位均为 cm。

图 1　坝面堵漏处理实际孔位布置

2.3.2 表面处理及埋管

（1）扩槽。采用电锤对集中渗漏部位裂缝进行凿毛，根据裂缝实际情况，凿宽 15～20cm，深 30cm 的 V 形槽，将松散混凝土清除干净。

（2）清洗及埋管。采用压力水将槽内清洗干净，同时孔内预埋直径 1in 水泥灌浆管，灌浆管外露混凝土面 15cm，方向依照裂缝走向倾斜混凝土面，管口安装 1in 阀门，方便灌浆控制。

（3）涂刷环氧基液。在基面涂刷一层 1mm 厚的环氧基液（按化灌材料 A∶B＝2.5∶1 进行配制），力求基液涂刷薄且均匀，消除涂层中的气泡，并在用手触摸不粘手并能拔丝时再填补环氧砂浆。

（4）回填环氧砂浆。对槽内回填 PSI-EPM 环氧砂浆，回填应分层进行，每层的回填厚度不大于 3cm，回填时预埋管与孔壁之间需封闭好，堆砌密实。

2.3.3 水泥灌浆施工

（1）钻孔冲洗。对水泥灌浆孔进行压缩空气或压力水冲洗，以保证孔内岩粉或沉淀物被清洗干净。

（2）注水试验。灌浆前封闭与坝面渗漏部位贯通的高程 120m 廊道排水孔，堵头端焊接阀门，进行灌浆前粗略注水试验，检查坝面渗漏部位之间连通情况及初步确定空腔体积以准备适量水泥保证灌浆连续进行。经注水试验检验，注入水量约 1400L 后，高程 120m 廊道排水管开始大量出水，关闭排水孔阀门后，继续注水约 600L 后，除注水孔外，其他预埋灌浆管均大量出水，表明坝面埋设灌浆管间均相互连通，空腔体积约 2000L。

（3）水泥灌浆。

1）灌浆顺序。为排尽孔内及缝内空气，水泥灌浆按水平缝从左端到右端进行灌注，灌注时所有孔口管阀门均处于打开状态。

2）灌浆压力。考虑到渗漏部位位于 142.5m 高程，距离坝顶（高程 153m）约 10.5m，灌浆过程中采用 0.2MPa 压力进行水泥灌浆，在满足水头压力要求的同时，附加 0.1MPa 灌浆压力，以保证浆液填充密实。

3）灌浆方法。采用全孔纯压式灌浆法。灌注时密切注意高程 120m 廊道的排水孔（桩号坝左 0+40m）和其他水泥灌浆孔的情况。当排水孔流出浆液后，继续进行灌注，待排水孔流出的浆液浓度与灌入浆液浓度相同时，关闭排水孔阀门；继续保持灌注，当其他孔返浆后，排掉孔中的积水或杂物，待孔内流出浆液与灌入浆液浓度相同时，关闭孔口管阀门，以使浆液沿渗流通道推进，灌浆应连续进行，切勿中断。

4）灌浆浆液变换。考虑到渗漏通道内部空腔较大，灌浆时直接采用 0.5：1 浓浆进行灌注。

5）闭浆。当灌浆压力达到设计压力，吸浆量小于 1L/min，继续屏灌 30min 再结束灌浆，达到屏浆要求后关闭注浆阀门进行闭浆。

6）结束灌浆。按上述灌浆方法，实际灌浆过程中，灌注第一个孔时，廊道内排水孔流出浓浆，且其他四个孔也均满管返出浓浆，互相之间全部连通，第一个孔达到灌浆结束标准，表明整体渗漏通道浆液填充密实，灌浆结束，共灌入浓浆 1760L，注灰量 2155kg。

2.3.4 化学灌浆施工

（1）钻孔。水泥灌浆结束后 24h，采用 YT-28 手风钻依照孔位进行化学灌浆孔钻孔，钻孔孔径 40mm，钻孔深度 1m，方向倾斜于混凝土面裂缝 15°左右，以保证最大限度的切割裂缝。

（2）钻孔冲洗。钻孔完成后对钻孔进行压力水冲洗，以保证孔内岩粉或沉淀物被清洗干净。

（3）化学灌浆。

1）灌浆材料。化灌材料采用 PSI-5 系高性能改性环氧灌浆材料，分为主剂 A 和固化剂 B，依照施工经验、浆液性质和材料使用方法，考虑到渗漏通道较深，为保证浆液扩散充分，填充密实，施工时按照质量比 7：1 进行配比。

2) 灌浆顺序。为排尽孔内及缝内空气，化学灌浆按水平缝从一端到另一端逐孔进行灌注，灌注时所有孔口管孔阀门均处于打开状态。

3) 灌浆压力。考虑到水泥灌浆压力 0.2MPa，化学灌浆时采用 0.3MPa 压力进行灌注，在满足水头压力要求的同时，附加 0.1MPa 灌浆压力，以保证浆液扩散范围和扩散深度，使渗漏通道内浆液填充密实。

4) 灌浆方法。采用单液全孔纯压式灌浆法。化学浆液采用 PSI-5 系高性能改性环氧灌浆材料，依照化灌材料说明书中的使用方法进行配制。灌注时密切注意高程 120m 廊道的排水孔（桩号坝左 0+40m）和其他灌浆孔的情况。当其他孔返浆后，排掉孔中的积水或杂物，待孔内流出浆液与灌入浆液浓度相同时，关闭孔口阀门，以使浆液沿渗流通道推进；当排水孔流出浆液后，继续进行灌注，待排水孔流出的浆液浓度与灌入浆液浓度相同时，关闭排水孔阀门，继续灌注，直至达到结束标准，关闭注浆阀门，灌浆应连续进行，切勿中断。

5) 闭浆。当灌浆压力达到设计压力，吸浆量为 0L/min，继续屏灌 30min 再结束灌浆，达到屏浆要求后关闭注浆阀门进行闭浆。

6) 结束灌浆。按照上述灌浆方法，如此逐个进行，直至最后一个孔闭浆完成，化学灌浆结束。实际灌浆过程中，化灌孔 4 号与 5 号之间相互连通，其他孔均未串浆，排水孔未见化灌浆液流出，共灌入化灌浆液 576.50kg。

2.3.5 表面处理及恢复

（1）在灌浆结束后拆除孔口管，磨平施工孔位，对整体基面进行打磨，打磨深度 3～5mm，采用压力水将打磨范围内清洗干净，待打磨范围内基面干燥或饱和面干后，批刮 PSI-HY 环氧胶泥，批刮厚度为 3～5mm，批刮后表面应光滑且与附近混凝土面平顺连接，表面修补工艺应达到与混凝土保持无明显的突出与痕印。

（2）安装三元乙丙 SR 防渗盖片（规格：宽 50cm，厚 6mm），见图 2。

方法：混凝土表面清理（干净）→刷 SR 配套底胶→粘贴三元乙丙橡胶型 SR 防渗保护盖片→安装角钢及锚固膨胀螺栓→封边剂封边保护。

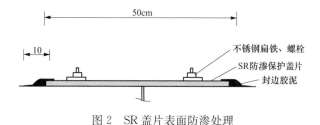

图 2　SR 盖片表面防渗处理

施工步骤：

1) 混凝土表面清理。沿裂缝两侧各 25cm 范围内混凝土表面用钢丝刷刷毛进行清理，除去松动浆皮及凸出部位，并将混凝土表面的浮渣、粉尘及杂物清除掉。采用高压水冲洗，然后用湿棉纱将清理后的混凝土表面擦拭干净，晾干后立即进行下一道工序，以防止混凝土表面再次受污染。

2）涂刷 SR 底胶。沿裂缝两侧各 25cm 范围内均匀涂刷 SR 配套底胶，SR 底胶涂刷范围为待粘贴 SR 防渗盖片的混凝土面（SR 防渗盖片翼边黏结的对应位置不能刷上底胶，否则会影响封边剂与混凝土的黏结力）。

3）粘贴三元乙丙橡胶型 SR 防渗保护盖片。待 SR 配套底胶表干，逐步展开 SR 盖片，撕去面上的防粘保护纸，将 SR 盖片粘贴在混凝土基面上，粘贴时一边粘贴一边排出空气，沿裂缝一端逐步向前挤压，并用橡皮锤敲击，使其与基面粘贴密实。

4）安装扁钢及锚固膨胀螺栓。SR 防渗盖片施工完成后，用不锈钢扁钢或扁铁和膨胀螺栓进行锚固加强，同时对扁钢及膨胀螺栓涂刷防锈漆进行防护。

5）封边剂封边保护。清理粉尘，在 SR 防渗盖片两侧翼边上刮涂弹性封边剂，把 SR 防渗盖片两侧翼边粘贴在干净干燥的混凝土基面上，封边宽度不小于 10cm。

（3）待 SR 防渗盖片施工完成后拆除施工平台及施工通道，同时将所有锚杆割除，磨平锚杆孔位，用 PSI-EPM 环氧砂浆和 PSI-HY 环氧胶泥对孔口进行封闭及表面修复处理，修补工艺应达到与混凝土保持无明显的突出与痕印，避免形成新的渗漏通道，最后对坝面及坝顶进行清理，恢复原貌。

3 坝面部位处理效果分析

3.1 处理前情况

坝面集中渗漏部位与高程 120m 廊道排水管（桩号坝左 0+40m）贯通，集中渗漏部位为总体长 4.4m 宽 0.2m 深 0.3m 的裂缝带，狗洞状，内部混凝土骨料缺失严重，当水位位于渗漏部位之上时，坝前水流沿裂缝带进入，由高程 120m 廊道排水管（桩号坝左 0+40m）流出，出水流量约 700L/min，并不时析出混凝土粗骨料。

3.2 处理后情况

坝面集中渗漏部位处理采用水泥灌浆结合化学灌浆，同时对坝面进行环氧砂浆封缝，环氧胶泥抹面和三元乙丙 SR 防渗盖片表面处理。处理后渗漏通道填充密实，表面 SR 防渗盖片与基面粘贴密实，锚定牢固，当水位升至渗漏部位以上时，高程 120m 廊道与坝面集中渗漏部位贯通的排水管（桩号坝左 0+40m）未见任何渗水，处理效果良好。

3.3 处理前后坝体渗流量对比分析

根据大坝安全监测坝体量水堰渗流量数据显示，封堵施工前（2015 年 3 月 12~25 日期间），坝前库水位位于高程 142~143m，期间测得的大坝量水堰总渗流量为 993.82~1012.42 L/min。封堵施工后（2016 年 5 月 30 日以后），坝前库水位位于高程 143m 左右，测得的大坝量水堰总渗流量为 383.38L/min。

通过对比封堵施工前后同高程水位坝体量水堰总渗流量发现，封堵施工后比施工前渗流总量下降约 600L/min，封堵施工效果显著，达到预期封堵目标。

4 结束语

坝体渗漏水的一个重要特点是有压渗流，其源头在水库，入渗点在上游面，逸出点在廊道或下游坝面，渗漏水在坝体内为承压状态，从逸出点排出时压力才消失。对于在有压渗流量较大的溢出点——廊道或下游坝面进行灌浆处理时，若未能将渗漏通道直至库水入口处全部封堵密实，仅将溢出点堵住，则有压渗流水仍存在于坝体内，这样处理的效果不但难以持久，而且会致使坝体局部渗透压力升高，造成廊道内或下游坝面高程较高部位，产生新的渗水裂缝和渗水点，使坝体遭受新的损害，并对沿坝体内部的抗滑稳定产生不利影响。

结合甘再水电站大坝渗漏的具体情况和渗漏部位及特点，针对性的采取封堵处理的主要原则是"上堵下排，综合治理，以堵为主，引排为辅，局部加以封闭"，力求从源头封堵住渗水的入口，减少渗流量，同时加强坝体排水，降低坝体内局部渗透压力。

此次封堵施工对坝体渗漏进行了有效处理，增强了坝体整体防渗性，大幅度减小了坝体总渗流量，处理效果良好，达到预期封堵目标。

浅析移动式钢板结构导墙在防渗墙施工中的实用性

杨　敏　李　娜　倪海盟

（中国水电基础局有限公司）

[摘　要] 水利水电工程防渗墙施工中，通常采用钢筋混凝土结构导墙。在工期紧张、地层情况良好的情况下，配合高性能膨润土，使用移动式钢板结构导墙，可以有效提高施工效率、减少施工成本。移动式钢板结构导墙具有制作简单、使用方便、造价低廉、周转性强等优点。但是也存在下设时，测量误差累积，对开槽质量控制要求高等缺点。本文针对移动式钢板结构导墙在实际施工过程中的优缺点及难点进行分析，为类似工程提供参考经验。

[关键词] 移动式钢板结构导墙　防渗墙　成本　应用

水利水电工程防渗墙施工中，导墙施工是防渗墙施工的第一步，是防渗墙施工之前修建的临时构筑物，是防渗墙施工必不可少的。对确定防渗墙平面位置、混凝土浇筑高程的控制、储存泥浆和槽口稳定起着重要作用。通常情况下，防渗墙施工采用的导墙为现浇混凝土导墙。混凝土导墙具有易于施工、坚固牢靠等优点。但是也存在着施工周期长、造价较高等缺点，尤其在工期要求紧张、地质情况良好且槽孔深度较浅的情况下，这种缺点尤为突出。而移动式钢板结构导墙则很好地弥补了这些不足。本文通过移动式钢板结构导墙在实际施工中的应用，分析移动式钢板结构导墙优缺点，为其今后在工程施工中的使用提供借鉴。

1　工程概述

沙那水库除险加固工程施工第一标段位于内蒙古自治区赤峰市巴林左旗北部浩尔吐河与乌尔吉沐沦河汇合处，在地形上除各主要支流有部分河川平地外，其余均属于大兴安岭山脉南麓高山丘陵区，地处中温带，属干旱大陆性季风气候区，四季分明。春季风大、干旱少雨；夏季炎热而短促、多雨且集中；秋季凉爽、少雨；冬季寒冷漫长。水库大坝为均质土坝，大坝防渗工程防渗墙轴线位于上游坝坡，轴线长度942m，其地层情况由上到下分别为黏土层、砂砾石层、漂石混合土层。设计要求墙底深入漂石混合土层1m。防渗墙成墙面积2.2万 m²。

2　方案的确定

2.1　气候因素

由于该项目的地理位置处于内蒙古东北地区，10月中旬即入冬，4月入春，冬季寒冷漫长，施工单位10月底入场后，由于平均气温低于−15℃，大部分临建工作都无法正常开展，只能进行施工平台土方填筑，且进度缓慢。如果使用钢筋混凝土导墙，必须得等到第二年4月以后，才能具备进行导墙混凝土浇筑作业施工条件。而如果采用移动式钢板结构导墙，在低温条件下不影响焊接、安装工作，可以保证第二年 4 月平均气温高于 $-5℃$，达到防渗墙施工条件时，立刻投入使用。故采用移动式钢板结构导墙要优于采用钢筋混凝土导墙的方案。

2.2 地层因素

沙那水库大坝建于 20 世纪 70 年代，是以黏土为主，夹杂着砂砾石的均质土坝。本次除险加固防渗墙轴线位于上游坝坡，由于上部黏土层中夹杂砂砾石，土质过于松散，在防渗墙造孔过程中极易导致导墙下部塌孔漏浆，为降低施工的风险性，需对轴线位置的上部土体采用黏土进行换填，换填范围为 4m×4m。换填后的土体稳定性大大增强。在这种地层条件下，采用钢筋混凝土导墙或者移动式钢板结构导墙均可行。

2.3 工期因素

沙那水库除险加固工程合同工期为 2015 年 10 月 29 日～2016 年 9 月 30 日，包含了防渗墙，前、后坝坡重建，上坝抢险路，交通桥，草皮护坡，桥闸联建等施工内容，工期相当紧张。特别是根据本地历年的气候记录，每年 6 月底进入主汛期。由于本地 1～3 月为极寒气候，无法进行临建及主体施工，直到 4 月 10 日才完成轴线土体换填施工任务，考虑到汛期及业主的蓄水需求，施工单位将防渗墙工期定为 2016 年 4 月 12 日～6 月 30 日。根据工期安排，若采用钢筋混凝土导墙，导墙施工就需要 60 个工作日左右，时间上已经不允许。而移动式钢板结构导墙的制作不受气温影响，在低温情况下也可以正常制作，制作正常施工所需的 7 套导墙仅需 20 个工作日左右。

2.4 成本因素

在前期方案选择阶段，施工单位对两种结构形式的导墙材料成本进行了测算。钢筋混凝土导墙材料成本见表 1，移动式钢板结构导墙材料成本见表 2，人员、设备投入对比见表 3。

表 1　　　　　　　　　　钢筋混凝土导墙材料成本统计表

序号	项目名称	单位	数量	单价（元）	合价（元）	备注
1	螺纹钢	根	1200	91.80	110 160.00	$\phi 20$
2	盘条	t	1.24	3200.00	3968.00	$\phi 8$
3	模板	块	200	120.00	24 000.00	
4	C20 混凝土	m³	793.8	454.27	360 599.53	C20 混凝土未做配比，按投标价格
5	导墙拆除	m³	793.8	120.00	95 256.00	
	合计				593 983.53	945m

表 2　　　　　　　　　移动式钢板结构导墙材料成本统计表

序号	项目名称	单位	数量	单价（元）	合价（元）	备注
1	钢板	25mm	16.025	2800	44 870	
2	螺纹钢、槽钢、角钢、角铁、圆钢、方钢、扁钢、钢板、钢丝绳	项	1	107 450	107 450	
3	氧气、乙炔	瓶	32	1390	1390	
	合计				153 710	共计 7 套导墙

表3 人员、设备投入对比表

序号	导墙类型	施工内容	使用设备			操作人员			备注
			名称	单位	数量	单位	数量	岗位	
1	现浇钢筋混凝土导墙	立模	切割机	台	2	人	4	模板工	
2			拖车	台	1	人	1	司机	
3		钢筋制作、绑扎	钢筋弯曲机	台	1	人	2	操作工	
4			钢筋切断机	台	1	人	2	操作工	
5			钢筋调直机	台	1	人	2	操作工	
6			电焊机	台	2	人	2	操作工	
7						人	4	钢筋工	
8		浇筑	罐车	辆	2	人	2	司机	
9			混凝土拌和设备	套	2	人	7	操作工及搬运工	
10						人	6	浇筑工人	
11	移动式钢板结构导墙	制作	切割机	台	2	人	4	操作工	
12			氩弧焊机	台	6	人	8	操作工	
13			拖车	台	1	人	1	司机	
14						人	4	辅助人员	

从材料成本方面考虑,采用移动式钢板结构导墙可节约成本:593 983.53−153 710 ＝440 273.53元。

根据以上4个因素的综合分析,采用移动式钢板结构导墙用于该工程防渗墙施工要优于采用钢筋混凝土导墙,故导墙结构形式决定采用移动式钢板结构导墙。

3 移动式钢板结构导墙的制作

3.1 导墙尺寸

移动式钢板结构导墙为双倒L形结构,顶宽0.36～0.5m,高度0.6m,混凝土防渗墙墙体设计厚度为60cm,为便于下放成槽钻具,导向槽设计净宽74cm,允许偏差为±10mm。由于槽段长度为7.6m,导墙长度尺寸定为10m。导墙平行于混凝土防渗墙轴线,且对称布置,其允许偏差为±1.5cm;导墙顶面高程允许偏差±20mm。四角设挂环用来固定钢丝绳,便于吊装、下设、起拔导墙。导墙两侧端头设固定桩孔,用于穿入方木,增加导墙与土体的接触面积,防止在遇到塌孔的情况导致导墙下陷。导墙结构见图1。

3.2 导墙制作

为保证防渗墙的施工质量,钢板导墙必须具有一定的刚度,通过受力计算,钢板导墙所用原材料均为20mm钢板现场焊接拼装,由于导墙长度达10m,为了保证导墙结构的稳定性,避免在吊装、下设、起拔过程中导致导墙弯曲、变形甚至断裂,在墙身背面每隔2.0m加设一道三角形钢板强肋,保证钢板导墙的整体刚度。

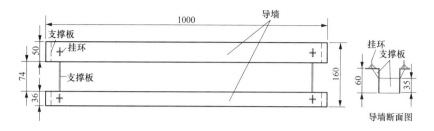

图 1　移动式钢板结构导墙结构图（cm）

注：1. 钢结构导墙均采用 20mm 厚钢板。

2. 导向槽净宽 74cm；高度 60cm；长度 1000cm。

4　实际施工过程中的应用及效果

4.1　施工工艺

工艺流程见图 2。

4.2　效果分析

施工单位根据配备的防渗墙成槽设备（3 台液压抓斗、2 台套 CZ-6A 冲击钻机），制作了 7 个移动式钢板结构导墙，满足了施工需求。本工程主要采用液压抓斗进行造孔施工，在遇到坚硬地层抓斗无法满足进度要求的情况下使用冲击钻机配合液压抓斗造孔。通过实际施工检验，移动式钢板结构导墙完全能够满足本工程正常造孔施工要求，完全可以承受冲击钻机产生的动、静荷载。在浇筑过程中，也能够满足接头管的下设、起拔所需要的荷载承载力要求。成槽质量满足设计及规范要求。

5　优缺点分析

5.1　优点及可操作性

移动式钢板结构导墙在实际使用过程中优点明显，尤其在恶劣气候条件及良好地质条件下使用相对于现浇混凝土导墙优势明显，主要有以下几个方面：

（1）节约工期。正常气候条件下，制作能够满

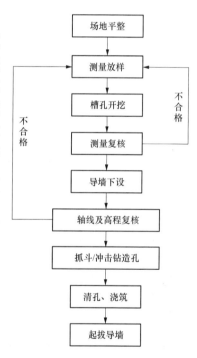

图 2　移动式钢板结构导墙
施工工艺流程

足现场施工需求的移动式钢板结构导墙所需要的时间仅为现浇混凝土导墙施工时间的 1/3。如果在北方高寒地区，现浇混凝土导墙的施工及养护受气温影响极大，而移动式钢板结构导墙的制作所受到的气候影响微乎其微。使用移动式钢板结构导墙可大大节约工期，保证防渗墙主体施工不受影响。

（2）经济环保。现浇混凝土导墙在施工过程中需要进行钢筋绑扎、立模、浇筑工序，

占用了大量的人力、设备和原材料，且造价高昂。防渗墙施工完成后，还需对钢筋混凝土导墙进行拆除，不光需要人员及机械设备的配合，拆除后的墙体还不能重复投入使用，拆除后的废料只能废弃处理，不光造成了资金的浪费，还对环境造成污染。而钢板结构导墙则避免了以上种种弊端，移动式钢板结构导墙原材料进场后，只需安排专人进行制作，无需大型机械设备进行配合。移动式钢板结构导墙可重复使用，在防渗墙主体施工完毕以后，还可周转至其他项目继续使用。大大减少了材料及资金的浪费，对周边环境影响甚微。

5.2 缺点及限制性

（1）施工工艺繁琐。相比于钢筋混凝土导墙，钢板结构导墙在实际施工过程中，工艺要繁琐很多。需要在槽孔开挖前和开挖后对轴线位置进行反复校核，以确保孔口偏差在设计、规范允许的范围内。钢板结构导墙下设及起拔需要众多机械设备配合。测量放样后，需要反铲挖掘机进行槽孔开挖。校核无误后，需要吊车和装载机配合下设导墙，反铲挖掘机进行加固。而浇筑完成后，还需要吊车和装载机配合起拔导墙。

（2）多次测量造成误差累积。钢板结构导墙在实际使用过程具有可移动性、重复使用性等优点。但是需要频繁地测量放样，每个槽孔都需进行放样、复核。本工程共划分了133个槽段，其中一期槽孔67个，二期槽孔66个。而且该地区全年多风，对测量的准确性造成了很大影响。在如此条件下进行反复测量放样，难免会造成误差。实际测量情况见表4～表6。

表4 　　　　　　　　　　不同气候条件测量精度对比表

部位	设计坐标		实际坐标		孔位偏差（m）		备注
	X	Y	X	Y	X	Y	
一期槽段 1-1	4 919 962.245	686 283.88	4 919 962.239	686 283.884	0.006	−0.004	良好气候条件
一期槽段 1-2	4 919 959.779	686 290.43	4 919 959.772	686 290.425	0.007	0.005	
一期槽段 2-1	4 919 937.588	686 349.39	4 919 937.597	686 349.393	−0.009	−0.003	
一期槽段 2-2	4 919 935.123	686 355.94	4 919 935.127	686 355.935	−0.004	0.005	
一期槽段 3-1	4 919 986.901	686 218.36	4 919 986.924	686 218.388	−0.023	−0.025	不良气候条件
一期槽段 3-2	4 919 984.436	686 224.91	4 919 984.401	686 224.925	0.027	−0.015	
一期槽段 4-1	4 919 888.275	686 480.42	4 919 888.294	686 480.403	−0.019	0.017	
一期槽段 4-2	4 919 885.809	686 486.97	4 919 885.848	686 486.954	−0.029	0.016	

表5 　　　　　　　　　　一、二期槽段测量精度对比表

部位	设计坐标		实际坐标		孔位偏差（m）		备注
	X	Y	X	Y	X	Y	
一期槽段 1-1	4 919 954.848	686 303.53	4 919 954.841	686 303.521	0.007	0.009	良好气候条件下一、二期槽孔孔位偏差对比
一期槽段 1-2	4 919 957.313	686 296.98	4 919 957.304	686 296.98	0.009	0.000	
二期槽段 1-1	4 919 957.313	686 296.98	4 919 957.331	686 296.963	−0.018	0.017	
二期槽段 1-2	4 919 959.779	686 290.43	4 919 959.763	686 290.449	0.016	−0.019	
一期槽段 2-1	4 919 959.779	686 290.43	4 919 959.772	686 290.425	0.007	0.005	
一期槽段 2-2	4 919 962.245	686 283.88	4 919 962.239	686 283.884	0.006	−0.004	

部位	设计坐标		实际坐标		孔位偏差（m）		备注
	X	Y	X	Y	X	Y	
一期槽段 1-1	4 919 964.712	686 277.33	4 919 964.721	686 277.335	−0.009	−0.005	
一期槽段 1-2	4 919 967.179	686 270.77	4 919 967.171	686 270.777	0.008	−0.007	累积误差 X11mm，Y14mm
二期槽段 1-1	4 919 967.179	686 270.77	4 919 967.182	686 270.763	−0.003	0.007	
二期槽段 1-2	4 919 969.645	686 264.22	4 919 969.653	686 264.224	−0.008	−0.004	累积误差 X12mm，Y10mm
一期槽段 2-1	4 919 969.645	686 264.22	4 919 969.641	686 264.214	0.004	0.006	
一期槽段 2-2	4 919 972.111	686 257.67	4 919 972.12	686 257.679	−0.009	−0.009	累积误差 X16mm，Y12mm
二期槽段 2-1	4 919 972.111	686 257.67	4 919 972.104	686 257.673	0.007	−0.003	
二期槽段 2-2	4 919 974.577	686 251.12	4 919 974.571	686 251.128	0.006	−0.008	

表 6　　　　　　　　　　　　　误差累积情况表

良好气候条件下，测量误差范围为 3～9mm；不良气候条件下（5 级以上大风天气），测量误差范围为 15～29mm；同样，在良好气候条件下，由于误差累积，一期槽段与二期槽段的测量误差范围也不同：一期槽段误差范围为 0～9mm；二期槽段误差范围为 16～19mm；一期槽孔与二期槽孔在放样过程中累积误差情况为平行轴线方向 10～14mm、垂直轴线方向 11～16mm。

所以在实际施工过程中，需要在测量过程中进行极为精密地控制，对测量人员的工作提出了较高要求。

（3）在遇到特殊情况时稳定性欠佳。根据本工程地质情况，防渗墙造孔深度在距孔口 10m 以下后，便进入砂砾石层，该地层较为松散，颗粒间隙大，施工过程中，在 17～22m 位置经常会遇到塌孔、漏浆等情况。由于移动式钢板结构导墙不似钢筋混凝土导墙一般整体性强，其长度仅有 10m，且导墙主要靠下部黏土层支撑，一旦遇到塌孔情况，会导致下部支撑黏土塌陷，导墙悬空，导墙的稳定性及承载力受到极大影响，这时往往需要进行加固后才能继续开始施工。

6　施工中注意问题

由于移动式钢板结构导墙的优缺点都相当明显，在实际使用过程中需要注意以下几点才最大程度发挥其优点，改善其缺陷。

（1）测量精度控制。如果条件允许，通过合理制定测量方案，测量放样尽量选择在气候条件好的情况下进行，避免因为天气原因影响测量精度。同时，在测量放样过程要反复多次校核，尽量减小误差累积值。

（2）使用高质量高等级膨润土。要想提高移动式钢板结构导墙的稳定性，首先其下部的支撑土的稳定性必须要得到保证。使用高质量高等级膨润土，可以增加对下部大裂隙、松散土体的支撑力，提高泥浆的固壁效果，保证槽孔的稳定性，降低塌孔风险。同时造孔过程中，泥浆对移动式钢板结构导墙下部的支撑土会产生冲刷，容易导致土体失稳塌陷。所以这就要求泥浆液面必须处在导墙范围内，将冲刷产生的危害减到最小。

7 结论

通过对移动式钢板结构导墙在本工程实际施工中的应用对比分析，可知在良好地质条件下，采取合理措施，扬长避短，可最大限度发挥移动式钢板结构导墙的优势，极大地缩短工期、节约成本。

参考文献

［1］高钟璞，等．大坝基础防渗墙．北京：中国电力出版社，2000.
［2］舒德春，王萍，聂俊洲．湖北梅川水库主坝防渗墙塑性混凝土施工工艺及质量控制［J］．水利建设与管理，2012（3）：21-24.

作者简介

杨敏，男，工程师，主要从事水电工程施工工艺工作。

李娜，工程师，主要从事水电工程施工工艺工作。

倪海盟，助理工程师，主要从事水电工程施工工艺工作。

清远抽水蓄能电站上水库坝基补强灌浆施工

季海元　盖广刚　张展鹏　赵克欣

（中国水电基础局有限公司）

[摘　要]　本文介绍了抽水蓄能电站在正常运行条件下，对黏土心墙下坝基变质石英砂岩进行补强灌浆的施工方法。

[关键词]　黏土心墙　坝基变质砂岩　补强灌浆

1　工程概况

广东清远抽水蓄能电站上水库总库容 1179.8 万 m^3，有效库容 1054.46 万 m^3，水库水位最大消落深度 25.5m，相应的设计正常蓄水位 612.5m，死水位 587.0m。上水库建筑物有一座主坝、六座副坝、泄洪洞及生态放水管等。

上库主坝为黏土心墙堆石（渣）坝，坝长 230m，坝顶高程 615.6m，最大坝高 52.5m，坝顶宽 7.0m。上库主坝上游区基础基本上开挖至全风化石英砂岩硬塑土，冲沟附近坝基开挖至强风化石英砂岩，下游区基础与黏土心墙基础都置于强风化基岩上。大坝防渗系统采用自上而下黏土心墙、混凝土垫层、断层混凝土塞、基础固结灌浆结合帷幕灌浆的形式。黏土心墙以坝顶中心线为中心对称布置，心墙顶部宽度 3m，上下游坡度均为 1∶0.2。黏土心墙与基岩之间设混凝土垫层，厚度为 1m，宽度 5m，每隔 15m 分结构缝，设止水铜片，缝间填聚乙烯闭孔泡沫板。

上水库于 2009 年 12 月 17 日开工，2012 年 9 月 1 日主坝填筑完成，2013 年 4 月 16 日上水库蓄水。蓄水后，发现主坝坝基渗水量较原设计值偏大，综合物探和钻探检测以及多次专家咨询会意见，基本确定渗水部位主要在心墙混凝土垫层下强风化带和弱风化上带浅层基岩范围，采用帷幕灌浆进行补强处理。

2　坝基地质条件

坝址区所揭露的岩体自上而下划分为全风化带（Ⅴ）、强风化带（Ⅳ）、弱风化带（Ⅲ）和微风化带（Ⅱ）。

（1）全风化带（Ⅴ）。褐红色，为含砾粉质黏土状，黏性较好，风化不均匀，局部夹强风化岩块，可～硬塑，渗透系数为 $6.52×10^{-6}$～$3.31×10^{-3}$cm/s，平均 $7.60×10^{-4}$cm/s，属中等～弱透水层。

（2）强风化带（Ⅳ）。灰白～灰黄色石英砂岩，裂隙发育，裂面多为铁锰质渲染、夹泥，岩质较坚硬，岩芯多呈碎块状、块状，风化不均，局部夹全风化和弱风化岩块。渗透系数 K 为 $8.46×10^{-3}$～$1.84×10^{-5}$cm/s，平均 $1.63×10^{-3}$cm/s，属强～中等透水层。

(3) 弱风化带（Ⅲ）。灰～深灰色石英砂岩，岩质坚硬，局部夹强风化层，岩芯呈柱状和碎块状，裂隙较发育，裂面多充填泥质、钙质、绿泥石和石英脉等。根据岩芯完整性，裂隙发育情况，裂面充填及强～全风化夹层情况等分为弱风化上带（Ⅲ₂）和弱风化下带（Ⅲ₁）。

1) 弱风化上带（$Ⅲ_2$）。岩芯以碎块状、块状为主，少数短柱状、柱状，局部夹强～全风化岩，裂隙发育，多为张开，充填泥质、钙质、铁锰质渲染。渗透系数为 $4.11×10^{-5}～3.72×10^{-3}$ cm/s，平均 $4.86×10^{-4}$ cm/s，属中等透水层。

2) 弱风化下带（$Ⅲ_1$）。岩芯以短柱状、柱状、中长柱状为主，少数块状，裂隙发育一般，多为闭合～微张，裂面充填绿泥石、钙质薄膜，少数铁锰质渲染。透水率为 0.1～14Lu，平均 1.5Lu，为弱～微透水层。

(4) 微风化带（Ⅱ）。深灰色石英砂岩，岩质坚硬，岩体较完整，岩芯呈柱状和短柱状，裂隙稍发育，且多为闭合裂隙。

3 主要处理方法与流程

通过如下路线流程寻找有效的解决方案和途径：

(1) 在主坝右岸进行纯水泥浆液灌浆试验。

(2) 在左岸钻斜孔并进行压水试验，确定补强处理的必要性。

(3) 在副坝二合适位置进行黏土心墙钻孔施工方法的试验，确定套管密封措施，套管起拔方法。

(4) 在纯水泥浆灌浆试验达不到理想效果的条件下，进行硅溶胶浆液灌浆试验等多组合的灌浆试验。

(5) 通过灌浆试验总结和调整灌浆浆液、灌浆参数，确定可实施的方案。

(6) 方案实施时，从推断的两岸较大渗漏部位开始实施，逐步向河床较深部位进行灌浆补强处理，并通过处理效果、渗流观测等，及时推测主要渗漏区域进行重点处理。

4 主要施工方法

4.1 施工工艺流程

4.1.1 灌浆孔布置

先施工先导孔、Ⅰ序孔，同时起到了勘探检查的作用，然后再布置Ⅱ序孔，根据透水率及耗浆量情况布置Ⅲ序孔。

4.1.2 无心墙段钻孔灌浆施工流程

无心墙段钻孔至孔深 3.1m（高程 612.5m），镶筑孔口管并待凝，孔口管外露 10cm，镶筑至灌浆段第一段段顶，下部基岩自上而下分段钻进、卡塞灌浆。

4.1.3 有黏土心墙段钻孔灌浆施工流程

钻路面混凝土及水稳层→泥浆润滑钻具钻进黏土心墙至垫层顶部→下设 $\phi110$ 套管→泥浆护壁钻进垫层混凝土（根据垫层厚度不同，进入垫层厚度 0.4～0.5m，但不钻穿垫层混凝土）→下设套管 $\phi91$ 进入混凝土垫层→抽取孔内泥浆→填入水泥球→镶筑 $\phi91$ 套管→取出 ϕ110 套管→待凝 48h→扫孔至套管底部→注水检查套管密闭性→如渗漏再次注入浓水泥浆镶筑→检查套管密闭性良好→清水钻进剩余垫层混凝土→清水钻进基岩 0.5m→垫层混凝土与基岩接触段灌浆→待凝 12h→下部基岩自上而下分段钻进和灌浆→基岩及垫层混凝土封孔→取出心墙内套管→水泥膨润土浆置换孔内积水并封孔→路面段回填砂浆封堵。

4.2 钻孔方法

黏土心墙钻孔，调整为采用定量膨润土泥浆润滑钻具钻进，钻孔孔径 ϕ110，合金或金刚石钻头钻进。采用小压力、低转速、小冲洗量进行黏土心墙钻进，减少钻进中钻杆钻具对黏土心墙的扰动。

混凝土垫层钻孔采用膨润土泥浆护壁，ϕ91 金刚石钻头钻进。基岩钻进采用清水冲洗、XY-2 地质回转金刚石钻头钻进。

4.3 灌浆浆液

水泥膨润土浆液。一般情况下，灌浆浆液均优先采用掺加水泥质量 50% 膨润土的水泥-膨润土浆液进行灌注，水灰比采用 8∶1、5∶1、3∶1、2∶1、1∶1。

普通水泥浆液。采用 P.O 42.5 级普通硅酸盐水泥浆液，采用 5∶1、3∶1、2∶1、1∶1、0.8∶1 五级水灰比，开灌水灰比为 5∶1，灌注时浆液由稀至浓逐级变换，灌浆最浓级水灰比一般宜采用 0.8∶1，必要时才可使用 0.5∶1 的浆液，可根据试验过程情况作相应调整。

接触段灌浆浆液。接触段灌浆前进行压水试验，根据注入率情况判断灌浆采用的浆液：当注入率较大时，灌注采用纯水泥浆液；当注入率较小时，灌注水泥膨润土浆液。

4.4 灌浆方法和灌浆压力

4.4.1 灌浆方法及段长

采用以自上而下分段、段顶卡塞灌浆方法，卡塞位置为灌浆顶部套管以下混凝土垫层内或段顶基岩内。

灌浆段划分：混凝土与基岩接触段段长为 0.5m，第 2 段长 2m，第 3 段长为 3m，第 4 段及以下各段长 5m，特殊情况下可适当缩短或加长，但最大段长不得大于 7m。

4.4.2 灌浆压力

灌浆试验采用的灌浆压力见表 1，试验中可根据实际情况对压力进行调整，表中压力为灌浆全压力，表压力根据实际情况计算确定。

表 1　　　　　　　　　　　　　　　　灌浆压力表

段次	第 1 段（接触段）	第 2 段	第 3 段	第 4 段	第 5 段	第 6 段及以下各段
灌浆压力（MPa）	0.3	0.3	0.5	0.8	1.2	1.5

4.4.3 结束标准

在灌浆段最大设计压力下，当注入率不大于 1L/min 时，继续灌注 30min；在注入量较大情况下，适当增加灌注时间至 60min，灌浆即可结束。

5　主要技术和措施

5.1　穿心墙钻孔措施

本工程穿黏土心墙钻孔采用小压力、低转速、小冲洗量钻进，减少了钻进中钻杆钻具对黏土心墙的扰动。

5.2　混凝土垫层钻孔措施

心墙底部混凝土垫层钻进采用泥浆护壁钻进，先下设外管后再钻进部分混凝土，后镶筑孔口管。套管主要作用保护黏土心墙，防止下部混凝土和基岩钻进过程中孔内返水进入黏土心墙内；经注水试验后可保证钻孔返水不会从套管底部外漏进入心墙。压水试验和灌浆也不会对心墙产生不良影响，因为压水和灌浆均采用垫层混凝土内卡塞或者基岩内卡塞进行，均处于黏土心墙以下，不会导致水或者水泥浆液进入到黏土心墙内。

5.3　混凝土内镶管方法

采用投掷水泥球镶管，套管外壁涂抹黄油或脱模剂，以减少孔壁与套管间的摩阻力，保证灌浆施工完成后将套管顺利拔出。

垫层混凝土钻进至预定深度后，取出钻具，在 ϕ108 外管的保护下，进行镶管密封，将 ϕ89 套管下入至孔底，套管露出地面 10cm，采用小型抽筒抽干孔内积水及膨润土浆液，然后向孔底投入水泥球，再采用钻机慢慢转动套管并略微上下提升套管（提升高度不超过垫层内钻孔深度），将套管镶筑在混凝土垫层内。水泥套管镶筑完成后，需待凝 48h。

采用上述方法套管镶筑完成后，进行套管密闭试验，采用注水试验方法，确认套管内无外漏后，方可进行下一步施工。如有外漏，可再次注入浓水泥浆进行镶筑。

套管拔出的方法：在基岩及混凝土垫层封孔后，将套管采用孔内切刀切断，切割位置在垫层顶面以上，切断后将上部套管拔出。

5.4　压水灌浆

压水灌浆均采用孔内卡塞方式进行，混凝土与基岩接触段长为 0.5m，卡塞在混凝土垫层内，接触段（第 1 段）和第 2 段卡塞位置为垫层混凝土内，第 3 段及以下卡塞位置为灌浆段段顶以上。

5.5　封孔

（1）基岩段和混凝土垫层封孔。基岩和混凝土垫层孔段的封孔采用全孔卡塞式灌浆封孔法，封孔浆液采用 0.5∶1 普通水泥浆液置换孔内稀浆和积水，封孔压力采用第 1 段灌浆压力，封孔时间为 60min。

（2）黏土心墙孔段封孔。基岩和混凝土垫层部位封孔完成后，心墙段采用水泥膨润土浆封孔。首先下入钻杆，采用水泥黏土浆置换孔内积水，然后起拔套管，起拔套管时向孔内添加水泥膨润土浆液。

6　灌浆成果资料与分析

6.1　灌浆成果资料

6.1.1　主要灌浆成果

（1）右坝肩灌浆成果。右坝肩各序孔灌浆成果统计见表 2。

表 2 右坝肩各序孔灌浆成果统计

序号	孔数	孔序	灌浆段长（m）	段数	平均透水率（Lu）	注灰量（kg）	平均单位注灰量（kg/m）
1	16	Ⅰ	439.90	113	19.07	50 493.40	114.78
2	14	Ⅱ	347.00	89	10.98	9227.74	26.59
3	15	Ⅲ	397.50	97	12.57	8686.30	21.85
合计			1184.40	299	14.52	68 407.44	57.76

（2）左坝肩灌浆成果。左坝肩各序孔灌浆情况统计见表 3。

表 3 左坝肩各序孔灌浆情况统计

序号	孔数	孔序	灌浆段长（m）	段数	平均透水率（Lu）	注灰量（kg）	平均单位注灰量（kg/m）
1	27	Ⅰ	691.20	184	23.51	94 308.36	136.44
2	26	Ⅱ	601.50	167	14.35	23 391.34	38.89
3	40	Ⅲ	962.50	264	8.24	17 057.09	17.72
合计			2255.20	615	14.55	134 756.79	59.75

6.1.2 灌浆综合成果

各次序孔全孔灌浆成果统计见表 4。

表 4 各次序孔全孔灌浆成果统计

孔序	孔数	平均透水率（Lu）	灌浆段长（m）	注灰量（kg）	单位注灰量（kg/m）	递减率
Ⅰ	53	21.87	1501.30	255 813.21	170.39	—
Ⅱ	50	15.29	1264.40	85 725.63	67.80	40%
Ⅲ	75	10.74	1984.70	102 096.40	51.44	76%

各孔上部 1~4 段灌浆，各次序孔分序统计情况主要成果见表 5。

表 5 各次序孔上部 1~4 段灌浆成果统计

孔序	孔数	平均透水率（Lu）	灌浆段长（m）	注灰量（kg）	单位注灰量（kg/m）	递减率
Ⅰ	53	87.86	570.60	144 480.33	253.21	—
Ⅱ	50	29.64	565.90	53 286.87	94.16	37%
Ⅲ	75	23.79	853.50	58 613.51	68.67	73%

通过前 1~4 段与整孔灌浆成果统计分析，各Ⅰ、Ⅱ、Ⅲ序孔前 1~4 段的平均单位注入量分别为 253.21、94.16、68.67kg/m，均显著大于Ⅰ、Ⅱ、Ⅲ全孔的平均单位注入量，分别为Ⅰ、Ⅱ、Ⅲ全孔平均单位注入量的 149%、139%、134%，说明灌浆孔的上半部的强风化变质石英岩，是注浆量较大的部位，这也是本次处理的重点部位。

6.1.3 透水率频率曲线图

主坝灌浆各孔透水率频率统计见表 6。

表6				主坝灌浆各孔透水率频率统计							
部位	灌浆次序	孔数	平均透水率（Lu）	透水率频率（区间段数/频率%）							
				总段数	<1	1～3	3～5	5～10	10～50	50～100	>100
左坝肩	Ⅰ	27	23.51	187	10	23	16	14	83	26	15
	Ⅱ	26	14.35	167	6	25	15	31	68	14	8
	Ⅲ	40	8.24	264	15	52	47	53	81	11	5
	小计	93	14.55	618	31	100	78	98	232	51	28
右坝肩	Ⅰ	26	20.47	204	18	22	17	35	82	16	14
	Ⅱ	24	16.14	171	10	25	19	28	71	14	4
	Ⅲ	35	13.10	255	12	42	30	62	96	9	4
	小计	85	16.30	630	40	89	66	125	249	39	22
全部	Ⅰ	53	21.87	391	28	45	33	49	165	42	29
	Ⅱ	50	15.29	338	16	50	34	59	139	28	12
	Ⅲ	75	10.74	519	27	94	77	115	177	20	9
	小计	178	15.47	1248	71	189	144	223	481	90	50

各次序、各孔段透水率变化情况如下：Ⅰ序孔平均透水率为21.87Lu，Ⅱ序孔平均透水率为15.29Lu，Ⅲ序孔平均透水率为10.74Lu，各序孔透水率呈现递减趋势。Ⅱ序孔为Ⅰ序孔平均透水率的70%，Ⅲ序孔为Ⅱ序孔平均透水率的70%。

各孔透水率区间频率曲线见图1，从图中可看出Ⅰ、Ⅱ、Ⅲ序孔各段透水率呈现递减趋势，递减规律明显。说明地层被逐步灌注密实。

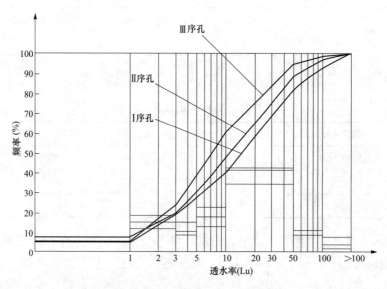

图1　各孔透水率区间频率曲线

6.1.4 单位注入量频率曲线图

主坝灌浆各孔单位注入量频率统计见表7。

表 7　　　　　　　　　　　　　　　主坝灌浆各孔单位注入量频率统计

部位	灌浆次序	孔数	灌浆长度（m）	注入干料总量（kg）	单位注入量（kg/m）	单位注入量频率（区间段数）					
						总段数	<10	10～50	50～100	100～500	500～1000	>1000
左坝肩	Ⅰ	27	691.20	94 308.36	136.44	184	55	37	23	54	11	4
	Ⅱ	26	601.50	23 391.34	38.89	167	54	60	29	21	2	1
	Ⅲ	40	962.50	17 057.09	17.72	264	124	113	17	8	0	2
	小计	93	2255.20	134 756.79	59.75	615	233	210	69	83	13	7
右坝肩	Ⅰ	26	810.10	161 504.85	199.36	200	50	46	18	55	19	12
	Ⅱ	24	662.90	62 334.29	94.03	164	50	56	17	34	4	3
	Ⅲ	35	1022.20	85 039.31	83.19	245	68	97	26	45	6	3
	小计	85	2495.20	308 878.45	123.79	609	168	199	61	134	29	18
全部	Ⅰ	53	1501.30	255 813.21	170.39	384	105	83	41	109	30	16
	Ⅱ	50	1264.40	85 725.63	67.80	331	104	116	46	55	6	4
	Ⅲ	75	1984.70	102 096.40	51.44	509	192	210	43	53	6	5
	小计	178	4750.40	443 635.24	93.39	1224	401	409	130	217	42	25

各段单位注入量频率曲线见图 2。

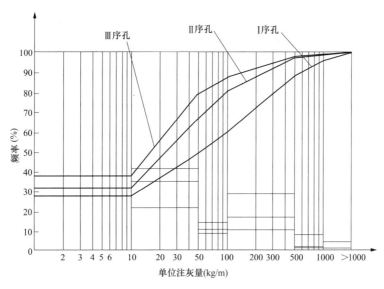

图 2　各段单位注入量频率曲线

6.2　成果资料分析

6.2.1　单位注入量分析

从综合成果表及单位注入量频率曲线来看，随着灌浆施工逐次加密，各灌浆孔段灌前的单位注入量将会随着灌浆次序的增进，呈现递减的趋势，具体表现为：Ⅱ序孔的单位注入量小于Ⅰ序孔，Ⅲ序孔的单位注入量小于Ⅱ序孔；Ⅱ序孔为Ⅰ序孔单位注入量的 40％，

Ⅲ序孔为Ⅱ序孔单位注入量的 76%，递减显著，随着逐序孔的增加，地层被灌注密实。

在不同大小的单位注入量出现的段数和频率方面：单位注入量大的段数和频数在先序孔最大，随着灌浆次序增加逐渐减小。

6.2.2 透水率分析

因上水库水位变化频繁，压水试验时以库水位 600m 作为地下水位进行透水率的计算。从灌浆量来看，存在部分孔段的透水率较大，但注入量较小的孔段。因为本次灌浆压水试验采用的压水压力较小，地下水位的取值对透水率计算结果影响较大，导致实际压水试验压力超过计算压力，实际的透水率可能会偏小。

通过透水率频率曲线图，可以直观地看出各次序孔和平均透水率的变化趋势。从频率曲线图可看出，随着灌浆施工分序、逐次加密，各灌浆孔段灌前的透水率呈现递减趋势：Ⅱ序孔灌前的透水率小于Ⅰ序孔灌前透水率，Ⅲ序孔灌前的透水率小于Ⅱ序孔灌前透水率。随着灌浆的进行，透水率大的孔段越来越少，出现的频率越来越低；透水率小的孔段越来越多，出现的频率越来越高。

从透水率的变化规律与单位注入量的变化规律结合起来分析研究，总体来说二者的变化规律是一致的，均出现了逐序递减的变化趋势。

6.2.3 终灌水灰比

灌浆孔各段次钻孔灌浆的试验施工，采用了水泥膨润土浆液或纯水泥浆液进行灌浆，终灌水灰比（或水固比）左岸、右岸分别为 8∶1～3∶1 的浆液占全部孔段的 82.36%、68.3%，均占了较大的比重，说明该地层使用较稀的浆液即可达到灌浆结束的标准，稀浆对该地层具有较好的可灌性。

6.2.4 与量水堰相关性明显的部位

在左右岸主坝施工中，注灰量大于 500kg/m 的孔段共计出现 67 段次，主要集中在左岸 ZK37-ZK85（桩号 K0+025.500～K0+073.500），右岸 K44-K59（桩号 K0+203.25～K0+219.25），K83-ZK95（桩号 K0+167.25～K0+179.25）地段，并且主要集中在上部 1～4 段，灌完Ⅰ序孔后，坝后量水堰的数值减小趋势比较大，是与量水堰流量相关性最明显的部位，处理效果是极其显著。

7 结束语

通过本工程实践，在抽水蓄能电站高水位正常运行条件下，在黏土心墙内钻孔对心墙进行了有效保护，对墙下变质石英砂岩地层进行了有效的防渗补强灌浆处理，并取得了很好的防渗效果。

（1）防渗补强处理效果显著。通过本次补强灌浆的处理，坝后量水堰流量减小显著，取得了极其明显的效果，取得了超出预期的结果。在高水位条件下运行时，渗漏量仅为 19.1L/s，扣除蓄水前渗流量 14L/s，另外还受降雨影响，坝体渗流量不超过 6L/s，满足设计渗流指标 12L/s 的防渗标准。

（2）灌浆参数科学合理。通过防渗效果证明，本工程采用的压力、流量、段长等施工参数均是合理的，在灌浆过程中对参数的控制是有效的。

（3）施工工艺安全可靠。施工过程中解决了穿心墙钻孔、混凝土垫层钻孔、心墙镶管保护、心墙封孔等技术难题，并确保了大坝的正常安全运行，通过一系列技术措施保证，工艺安全可靠。

（4）灌浆材料得当。在前期试验进行了普通硅酸盐水泥浆液、硅溶胶浆液以及水泥膨润土浆液试验，通过试验证明水泥膨润土浆液更适合本工程变质石英砂岩中微细裂隙渗漏处理，水泥膨润体浆液粒径细小、凝结时间长，不容易沉淀，稳定性好，能有效防止灌浆时浆液堵塞灌浆通道，保证灌浆质量。

通过本项目补强灌浆处理取得成熟的成功经验，解决了心墙钻孔和保护，强风化及弱风化变质石英砂岩灌浆技术的难题，在社会效益、经济效益、技术效益、节能减排效益等方面也取得了显著的成果。水泥膨润土浆液、稀浆灌注也可以为类似工程中变质石英砂岩地层的灌浆防渗处理提供借鉴。

若羌河水库泄洪兼导流洞工程测量控制网的建立

赵 平 杜小伟 车 琨

（中国水电基础局有限公司）

[摘 要] 根据施工现场的实际情况，设计单位只在若羌河水库泄洪兼导流洞的进口附近移交了4个控制点，项目部对这4个点进行了复测，结果显示精度可以满足后期施工测量的要求。但是，在工作闸井段和出口消能段均无控制点，直接影响后期导流洞能否顺利贯通，必须在设计移交控制点的基础上重新建立测量控制网，以保证后期导流洞和工作闸井的精确贯通。

[关键词] 平面控制网 高程控制网 泄洪兼导流洞 贯通 精度

1 工程概况

若羌河位于新疆巴州若羌县境内，流域地理位置介于东经 88°02′~88°56′，北纬 38°12′~39°16′。若羌河水库工程位于巴音郭楞蒙古自治州若羌县境内的若羌河出山口上游 8.0km 处，坝址区距若羌河山口电站引水渠首 8.38km，距若羌县城约 50km，距库尔勒市约 493km。

若羌河水库是若羌河上的控制性龙头水库，是综合利用的水利枢纽工程，主要任务是防洪、灌溉、工业供水为主、兼顾发电。水库总库容 1776 万 m³，控制灌区灌溉面积 8.2 万亩，电站总装机容量为 2.6MW。工程由拦河坝、溢洪道、泄洪兼导流洞、灌溉引水发电系统及电站厂房等组成。大坝为沥青混凝土心墙坝，最大坝高 77.5m。若羌河水库工程等别为Ⅲ等工程，工程规模为中型。

泄洪兼导流洞为无压洞，布置在右岸，位于灌溉引水发电洞右侧，最大下泄流量 540.0m³/s，由进口引渠、进口有压洞段、闸井段、无压洞身段、出口消能段组成。

（1）进口引渠段（泄 0−264.743~0−093.280m）。长 171.463m，底板高程 1584.0m，纵坡 i=0。梯形断面，底宽 9.5m，边坡 1∶1.75，沿高程 10m 设一级马道，马道宽 2.0m；底板采用 C20 素混凝土衬护，厚 0.3m。

（2）进口有压洞段（泄 0−093.280~泄 0−029.000m）。长 64.28m，纵坡 i=0，采用三面收缩的进口，长 5m；后接长 10m 明洞段，矩形断面，断面尺寸（宽×高）5.5m×7.0m，衬砌厚度 1m。洞身段矩形断面同明洞段，衬砌厚度 0.7m。均采用 C30 钢筋混凝土结构。

（3）进口闸井段（泄 0−029.000~泄 0＋000.000m）。长 29.0m，底板高程 1584.0m，布置一道平板事故门，孔口（宽×高）5.5m×7.0m，一道弧形工作门孔口（宽×高）4.0m×5.0m，顶部平台高程为 1642.0m，闸井高 61.5m，采用 C30 钢筋混凝土结构。底板厚 3.5m，设固结灌浆孔，间排距 2m，伸入围岩 4m，闸井边墙厚度 3.25~1.95m，闸井两侧及竖井平台开挖边坡以及竖井开挖岩面布设 φ25 长 4m 砂浆锚杆，间排

距 2.0m，同时采用 0.1m 厚 C25 混凝土挂网喷护，闸井两侧及后部回填 C20 混凝土。

（4）无压洞身段（泄 0+000～泄 0+112.875m）。纵坡 $i=0.1$，闸井后接渐变段，由矩形断面（宽×高）4.0×6.2m 渐变为城门洞型断面（宽×高）5.5m×6.5m，洞身段为（宽×高）5.5m×6.5m 城门洞型，衬厚 0.6m，出口接 10m 长明洞段，衬厚 1m。洞身段底板及边墙下部 0.6m 采用 C40 钢筋混凝土衬砌，边墙 0.6m 以上采用 C30 钢筋混凝土衬砌。洞身围岩采用固结灌浆，孔排距 3m，深入岩石 4m。回填灌浆洞顶 120°范围内进行，灌浆压力 0.3MPa，顶拱设有排水孔以减小外水压力，孔长 2m，间排距 3m。洞身段每 10m 一个结构段，并设 651A 型橡胶止水。洞出口底板高程为 1572.713m。

（5）出口消能段（泄 0+112.875～泄 0+128.875m）。采用挑流消能，挑坎长 16m，宽 5.5m，反弧半径 20m，挑角 31.71°，坎顶高程 1575.35m，采用 U 形整体式结构为 C30 钢筋混凝土衬砌。本段基础位于泥质胶结砂砾石上，开挖清除至基岩面，挑流鼻坎基础回填 C20 混凝土，挑流鼻坎及换填基础两侧回填砂砾石。

2 控制测量的目的和要求

2.1 控制测量的目的

根据工程建设的要求，结合测区自然地理条件的特征，选择最佳布网方案，保证在所规定的期限内完成生产任务。控制网既要考虑与原设计提供的控制点的联系，又要考虑测区的独立性，充分体现布网的高精度和便利性。按监理要求将若羌河泄洪兼导流洞工程的控制网从引渠的起点沿着河流方向向导流洞出口处布设，平面控制测量的等级为四等导线，高程控制测量的等级为四等水准。

2.2 控制测量的要求

本次控制测量的技术要求应满足《水利水电工程施工测量规范》（SL 52—2015）的要求；闭合导线方位角闭合差应不超过 $\pm5\sqrt{n}$（n 为测站数），导线全长相对闭合差不大于 1/35000，高程控制测量高差闭合差应不超过 $\pm6\sqrt{n}$。

3 已有测量成果的应用

已有测量成果为设计移交的控制点，见表 1。

表 1　　　　　　　　　　　　　设计移交的控制点坐标

序号	点号	等级	坐标（m）		高程 H（m）	备注
			X	Y		
1	10D10	D	4 284 220.956	606 820.131	1610.794	岩石标志（四等水准）
2	10E05	E	4 284 381.854	606 943.756	1609.300	岩石标志（四等水准）
3	10E06	E	4 284 454.575	607 170.168	1616.176	岩石标志（四等水准）
4	10D09	D	4 284 166.123	606 623.511	1620.456	岩石标志（四等水准）

坐标系统说明：1954 年北京坐标系，中央子午线 87°，1985 国家高程基准（Ⅱ期）。

4 控制网的布设及埋石

4.1 控制网的布设

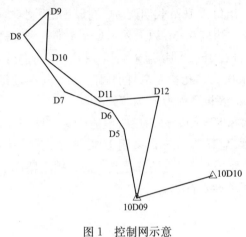

图 1 控制网示意

根据前期的实地踏勘，测区大部分区域都是比较陡峭的山体，通视性比较差，给控制测量带来一定困难。只能以临时进场道路和河床比较平坦的地方作为控制测量的载体；本次实际以 10D09、10D10 两个已知点为起点，进行四等导线测量，共布设 8 个点，点号分别为 D5、D6、D7、D8、D9、D10、D11、D12 形成闭合导线，控制网示意见图 1。

4.2 埋石

点位应选在土质坚实、稳固可靠、地势平坦、便于保存、不易受破坏的地方，视野应相对开阔、易于寻找。埋设的控制点标石，其规格为 150mm×300mm×600mm 的水泥混凝土桩，桩中埋设一根长 300mm 的 ϕ12 钢筋，钢筋在桩顶露出 5mm 且做"十"字丝刻划。埋设时，基坑用水泥砂浆、石块回填夯实，在上部用水泥砂浆"戴帽"固结，见图 2 和图 3。水泥砂浆灌注或锚固剂锚固，螺纹钢筋用榔头敲入。这样点位能较长期保存，点位埋设后及时做好点位记录，便于后期使用查找。

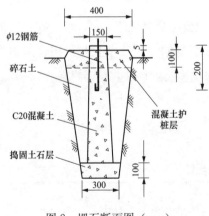

图 2 埋石断面图（mm）

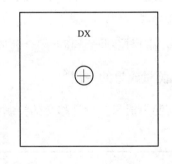

图 3 埋石示意

5 控制测量

5.1 平面控制测量施测及成果表

5.1.1 平面控制测量施测

本次实际以 10D09 起点，以 10D10 为起算方位，进行四等导线测量，共布设 8 个点，点号分别为 D5、D6、D7、D8、D9、D10、D11、D12 形成闭合导线。测区呈带状分布，测角和测距采用拓普康免棱镜全站仪 GPT-3002LNC；测角方法为测回法，每站 3 测回；测边方法为多次测量取平均值法测量次数为 4 次，做好手工记录，如有必要测站需进行温度、气压、加乘常数及投影改正。内业计算采用南方平差易软件进行计算，多边形内角方位闭合差应不超过 $\pm 5\sqrt{n}$（n 为测站数），导线全长相对闭合差小于 1/35 000，内角闭合差的分配原则为反号按内角个数平均分配。导线精度指标应遵循表 2 的规定。

表 2　　　　　　　　　　　　四等导线精度指标

等级	附和导线长度（km）	平均边长（m）	方位角闭合差（″）	导线全长相对闭合差
四等	9.0	1500	$\pm 5\sqrt{n}$	1/35 000

5.1.2 平面控制测量成果

平面控制测量成果见表 3。

表 3　　　　　　　　　若羌河水库泄洪兼导流洞工程闭合导线坐标计算

点号	(°)	(′)	(″)	观测右角（°）	改正（″）	改正后的角（°）	方位角（°）	距离（m）	ΔX（m）	ΔY（m）	改正后 ΔX（m）	改正后 ΔY（m）	X（m）	Y（m）
10D10														
10D09	84	53	59	84.900	0	84.900	254.418	0.000	0	0	0.000	0.000	4 284 166.123	606 623.511
D5	204	50	4	204.834	−1	204.834	349.518	175.083	172.161	−31.853	172.162	−31.858	4 284 338.285	606 591.653
D6	213	30	57	213.516	−1	213.516	324.684	52.899	43.164	−30.580	43.164	−30.582	4 284 381.450	606 561.071
D7	147	36	27	147.608	−1	147.607	291.168	128.449	46.384	−119.782	46.384	−119.785	4 284 427.834	606 441.286
D8	94	42	10	94.703	−1	94.703	323.561	176.440	141.944	−104.800	141.945	−104.805	4 284 569.779	606 336.481
D9	45	15	15	45.254	−1	45.254	48.858	82.797	54.474	62.353	54.475	62.351	4 284 624.253	606 398.832
D10	237	11	38	237.194	−1	237.194	183.604	115.865	−115.636	−7.284	−115.635	−7.287	4 284 508.618	606 391.545
D11	220	28	37	220.477	−1	220.477	126.411	174.855	−103.789	140.720	−103.788	140.715	4 284 404.831	606 532.260
D12	72	33	57	72.566	−1	72.566	85.934	150.915	10.700	150.535	10.701	150.531	4 284 415.532	606 682.791
10D09	23	51	4	23.851	−1	23.851	193.369	256.357	−249.410	−59.274	−249.409	−59.280	4 284 166.123	606 623.511
和	—	—	—	1260.003	−9	1260	—	1313.66	−0.008	0.036	0.000	0.000		

注　已知方位角 $\alpha = 254.417\,5°$，已知多边形边数 $n = 9$，方位角闭合差为 9″；导线全长闭合差为 0.036m，导线全长相对闭合差为 1/36 063。

5.2 高程控制测量施测及成果表

5.2.1 高程控制测量施测

测区首级高程控制网为四等水准，水准网沿导线敷设，采天津欧波 DS32H 水准仪搭配红黑面尺进行水准测量，方法为两次仪器高法，最后闭合到高程起测点 10D09。

高程系统采用 1985 年国家高程基准，高程网平差采用闭合差限差（单位：mm）进行严密平差，闭合差分配原则为反号按距离或者测站数成正比例分配。

观测前对使用的水准仪及红黑面尺进行常规的检验，制定好观测网图及路线走向。四等水准仪测量采用中丝读数法，直接读距离，视距采用上丝减下丝法，观测顺序为后-前-前-后。观测要求见表 4。

表 4 四等水准精度指标

等级	仪器类型	视线长度 (m)	前后视距差 (m)	前后视距累积差 (m)	高差之差 (mm)	高差闭合差 (mm)
四等	DS1	≤80	≤3.0	≤10.0	≤3.0	$6\sqrt{n}$

5.2.2 高程控制测量成果

高程控制测量成果见表 5。

表 5 若羌河水库泄洪兼导流洞工程闭合导线高程计算

测点	距离 D (m)	测站数 n	实测高差 h (m)	改正数 v (mm)	改正后高差 h (m)	最后高程 H (m)
10D09						1620.456
	270.7	16	−23.233	−5	−23.238	
D5						1597.218
	56.1	4	−8.533	−1	−8.534	
D6						1588.684
	152.8	4	−8.650	−1	−8.651	
D7						1580.033
	184.3	5	1.332	−1	1.331	
D8						1581.364
	108.6	8	6.240	−2	6.238	
D9						1587.602
	95	4	−8.222	−1	−8.223	
D10						1579.379
	189	9	3.245	−3	3.242	
D11						1582.621
	172	6	17.566	−2	17.564	
D12						1600.185
	297	17	20.276	−5	20.271	
10D09						1620.456
ε	1525.5	73	21	−21	0	

注 导线全长为 1525.5m，总的测站数为 73 站，$f_{h测} = +21\text{mm}$。

6 控制测量成果精度分析

6.1 平面控制测量精度分析

从表 3 可以看出，闭合导线内角和为 1260°00′09″。闭合导线是 9 边形，理论内角和为 $180° \times (n-2) = 180° \times (9-2) = 1260°$，所以方位角闭合差为 9″，小于允许值 $f_{\beta允} = \pm5\sqrt{n} = \pm5\sqrt{9} = \pm15″$（$f_\beta < f_{\beta允}$），所以方位角闭合差满足四等导线精度要求。

以设计移交的 10D09 为起算点，起算方位角 $\alpha = 254.417\,5°$，根据观测的角度和距离，平差计算出各点的平面坐标，由表 3 可以看出，导线全长闭合差为 $f_D = 0.036\text{m}$，导线全长相对闭合差为 $K = f_D / \sum D = 0.036/1313.66 \approx 1/36\,063$，$K_允 = 1/35\,000$（$K < K_允$），所以导线全长相对闭合差满足四等导线精度要求。

6.2 高程控制测量精度分析

从表 5 可以看出，高程控制测量从点 10D09 出发，最后又回到点 10D09 形成一个闭合环，高差闭合差为 $f_{h测} = +21\text{mm}$，因为山区高差较大，$f_{h允} = \pm 6\sqrt{n} = \pm 6\sqrt{73} = \pm 51.3\text{mm}$（$n$ 为测站数），因为 $f_{h测} < f_{h允}$，所以本次水准测量符合四等水准测量精度的要求。

7 结论

本次控制测量所有的前期方案、施测步骤和测量资料整理均符合《水利水电工程施工测量规范》（SL 52—2015）的要求。

本次控制测量分为平面控制测量和高程控制测量，平面控制测量的精度满足四等导线的要求，高程控制测量的精度满足四等水准测量的要求。

综上所述，本次控制测量的成果可以作为后期若羌河水库泄洪兼导流洞工程地形测量、贯通测量、放样测量等施工测量的控制点。

参考文献

[1] 杨正尧. 测量学. 北京：化学工业出版社，2011.
[2] 张项铎，张正禄. 隧道工程测量. 北京：测绘出版社，1998.
[3] 彭先进. 测量控制网的优化设计. 武汉：武汉测绘科技大学出版社，1991.

作者简介

赵平，助理工程师，主要从事水电工程测绘工作。

移动式钢结构导墙在薄防渗墙施工中的应用

吴 杨 陈 杰

（中国水电基础局有限公司）

[摘 要] 黑龙江干流堤防工程第十一标段轴线长 11.6km，地表起伏不平高程不一，防渗墙拐点多，根据工程特点及结合地质情况，设计制作了移动式钢结构导墙。在防渗墙施工过程中，移动式钢结构导墙结构简单，成本低，且可多周转使用，工程施工高效，节能环保。本文介绍了移动式钢结构导墙的设计制作及施工应用。

[关键词] 防渗墙 移动式钢结构导墙 应用

1 工程概况

黑龙江干流堤防工程第十一标干岔子堤防为现有堤防，位于逊克县干岔子乡境内，总长 28.129km，桩号 18＋000～46＋129m，均为堤防加高培厚工程，堤防防洪标准为 50 年一遇，堤防级别为 2 级，主要内容包括堤防工程、护坡工程、护岸工程、防渗墙工程、水闸工程、交通工程等。

本标段防渗墙工程共布置防渗墙 7 处，合计轴线长度 11.6km，总成墙面积 12.2 万 m^2，均布置在堤身迎水面坡脚及堤顶处，孔深均为 8.0～15.0m，成墙厚度均为 30cm，防渗墙施工地层依次为：粉土质细砂层、级配不良中砂层、级配良好细粒层。

防渗墙工程计划工期为 125 天，工期紧，施工轴线长，且地表起伏不平高程不一，防渗墙拐点多，鉴于采用传统的钢筋混凝土导墙成本高、工期长，难以满足施工工期要求，通过综合分析，采用了移动式钢结构导墙配合抓斗的纯抓法施工方案，大大缩短导墙施工工期，也免除了导墙的拆除，为后续施工争取了时间。

2 移动式钢结构导墙设计制作

移动式钢结构导墙采用厚25mm，Q235B 钢板，双面焊接而成，导墙的翼板及梁板采用两块 1.1m×8m 规格的 Q235B 钢板进行加工，钢板的切割必须保证切缝整齐且板面平整，焊接必须严格按要求控制。钢板导墙平面翼板宽为 0.4m，导墙高 0.7m，净宽 0.4m，长 8.0m，钢导墙上下游侧分别用钢板大三角加劲肋加固，并在钢导墙上下游两端翼板上各加工一处吊环，用于导墙吊装。考虑到导墙的固定，在翼板两段设置锚杆孔，钢结构导墙安设后打入锚杆固定其位置，防止施工过程中的位移。钢结构导墙的详细设计尺寸见图1。

3 施工方法

3.1 防渗墙施工工艺

本标段防渗墙全长 11.6km，成槽 122 200m²，浇筑混凝土 36 660m³，施工采用液压

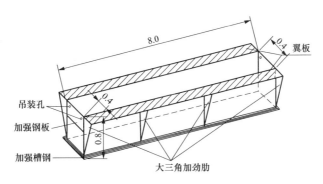

图 1 移动式钢结构导墙结构示意（单位：m）

抓斗成槽工艺，成墙厚度为 0.3m。混凝土强度标号 C15，墙体 28d 抗压强度大于 7.5MPa，渗透破坏比降大于 200，渗透系数不小于 1×10^{-6} cm/s。根据现场实际情况及设计要求，防渗墙总体施工方案为：

(1) 采用液压抓斗设备成槽。

(2) 采用膨润土泥浆护壁，抓取法清孔出渣。

(3) 混凝土搅拌站拌和混凝土。

(4) 混凝土运输采用混凝土车平行运输的方式。

(5) 通过溜槽或混凝土输送泵输送混凝土到各槽孔。

(6) 防渗墙混凝土浇筑采用泥浆下直升导管法。

(7) 墙段连接采用接头管。

(8) 25t 吊车或挖机辅助混凝土浇筑。

3.2 钢结构导墙的安设方法

3.2.1 施工准备

(1) 场地平整。防渗墙施工前，沿防渗墙施工轴线用反铲修建施工平台，并用振动碾压实，使导墙范围的土体密实，防止塌槽。

(2) 测量放线。采用全站仪或 GPS 测量仪器，测放出防渗墙轴线及高程，每隔 20～50m 布置一测量标杆，来满足导向槽挖槽施工。

(3) 利用放出的防渗墙轴线，采用偏距测量法在防渗墙轴线上下游各 20cm 处放出导向槽开挖边线，并撒白灰进行标识。

3.2.2 导向槽开挖

采用挖掘机就位开挖，开挖深度 80cm。开挖时应严格按照白灰标识线开挖，开挖过程中注意保持开挖边线垂直度。开挖合格后采用柴油打夯机对需要安装导墙的部位进行夯实，夯实过程中由人工进行平整，开挖超深的部分由人工回填土再夯实，保证夯实以后的导向槽深度不超过 80cm。

3.2.3 钢结构导墙的运输

制作完成的钢导墙每套质量约 3t，可由挖掘机完成简单起吊作业。制作完成并经检查验收，符合要求的钢导墙，由挖掘机吊放至 25t 自卸汽车中，由自卸汽车运输至试验段，根据现场情况，每台自卸汽车可装载钢导墙 4 套。

3.2.4 钢结构导墙安装就位

（1）一期槽孔钢结构导墙的安设。一期槽孔导墙安设前应进行仔细的测量放样，轴线位置需进行精确的测量放样，轴线放样的同时对原地面高程进行复测，以检查设计墙顶高程与原地面高程是否存在冲突。经放样及初步复核无误后马上进行人工开挖导槽，导槽不宜开挖过深，应小于导墙高度 10cm 左右，按 V 字形断面开挖。导槽开挖完成后，沿轴线中心线位置在距离一期槽孔两端 1m 左右插入标杆，标杆插入后进行导墙的安设，通过起吊设备平稳吊起导墙，下设时需待导墙平稳后人工配合起吊设备进行下设，通过两头标杆精确调整导墙位置，然后通过挖掘机等设备将导墙往下轻压平整，使导墙嵌入土体，最后打入锚杆锚固导墙。导墙锚固后及时测量板面高程，以控制成槽及浇筑施工。

（2）二期槽孔钢结构导墙的安设。由于墙段的连接采用的是接头管法，因此二期槽孔导墙的安设不存在轴线的放样。二期槽孔导墙安设前需先确认两端接头孔的位置，对于已被掩埋的接头孔要开挖确认，确认接头孔后只需将钢结构导墙吊装到两段接头孔的位置，然后进行调平锚固即可。确认接头孔的位置时一定要仔细核对，这一点也是保证混凝土防渗墙墙段接缝质量的关键点之一。

3.2.5 钢结构导墙校核

在导向槽开挖完成后，将制作好的钢板导墙吊装嵌入导向槽，利用测量放样标杆，微调钢板导向槽使钢板导向槽安装误差，控制在允许范围内（导墙轴线与防渗墙轴线重合，其允许偏差为 ±15mm）。安放稳定后，在钢结构导墙表面预留的锚固孔中，钉入锚固桩，固定钢板导墙，防止导墙在施工过程中移位，施工过程中，宜对导墙的沉降、位移进行观测。

3.3 钢结构导墙的拆除及转运

混凝土防渗墙完成浇筑以后，待接头管拔出以后方可进行钢结构导墙的起拔，起拔时应先清理导墙周围杂物，平衡吊装，缓慢进行，防止上部墙体因导墙的起拔而变形或断裂。导墙起拔可利用挖掘机进行，将导墙吊环与起拔用钢丝绳连接牢固，由挖掘机将导墙提出槽段，并转运至下一施工槽位，进行安装施工。

3.4 钢结构导墙维护

钢结构导墙在浇筑完成拔出槽孔后，进行表面附着物的清理，并对吊环、焊缝等连接部位进行仔细检查与维护，若发现有变形部位要校正，以确保钢结构导墙的使用安全及寿命。

4 施工中存在的问题及措施

4.1 钢结构导墙的应用过程中存在的问题

（1）钢结构导墙底部与土体结合部位较易发生塌孔。

（2）钢结构导墙在施工过程中，发生偏斜、下沉等不稳定现象。

（3）二期槽段施工时，导墙有时会出现无法下放的情况。

（4）钢板导墙在运输，安装，施工过程中发生变形。

4.2 原因分析及措施

针对以上得出的导致移动式钢结构导墙不稳定的因素，经过研究、分析，提出以下解决方法。

4.2.1 塌孔原因分析及措施

（1）塌孔原因分析。一是导向槽开挖超宽、超深，回填土未进行夯实；二是在成槽施工时，液压抓斗斗体在提出槽孔时速度过快，导致槽内泥浆下降到了导墙底部以下，而两端泥浆不能及时回流补充，而下放斗体时泥浆的上升对导墙底部形成了冲刷效用，从而使导墙底部容易出现塌孔现象。

（2）采取措施。开挖合格后采用柴油打夯机对需要安装导墙的部位进行夯实，夯实过程中由人工进行平整，开挖超深的部分由人工回填土再夯实，保证夯实以后的导向槽深度不超过 80cm。

施工过程中，控制斗体上提与下放的速度，并将施工槽段与两侧槽段联通，于两侧槽段孔口导向槽内储存浆液，保证斗体提出孔口后，槽内泥浆面保持在导墙顶面以下 30cm 范围内，从而保护好钢结构导墙底部与土体的接触部位，避免施工过程中发生塌孔。

4.2.2 钢结构导墙在施工过程中，发生偏斜、下沉现象原因分析及措施

（1）发生偏斜、下沉原因分析。一是孔口发生坍塌，造成钢结构导墙下沉；二是抓斗施工过程对钢结构导墙碰撞所致。

（2）采取措施。通过对钢结构导墙结构进行改进，在钢结构导墙两端加装可拆卸式横担，加大钢导墙受力面积，并将原钢导墙吊点位置移至导墙两端肋板处，防止下沉。同时在钢结构导墙两端土体内安装直径 22mm 限位钢筋，控制其沿轴线方向的移动，具体结构见图 2。

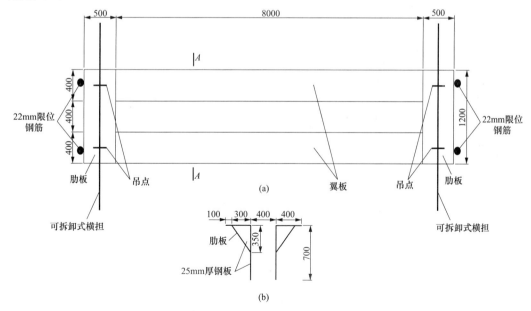

图 2 改进后的移动式钢导墙结构示意

（a）钢导墙平面图；（b）A—A 剖面图

对操作工进行技术培训，加深其对钢结构导墙的认识，熟悉钢结构导墙防渗墙成槽施工的技术要求。严格规范抓斗操作，抓斗各部位收放必须到位，孔口对孔位不得过急，避免对钢结构导墙的磕碰。

4.2.3 二期槽段施工时钢板导墙有时会无法下放的原因分析及措施

（1）钢结构导墙有时会无法下放原因分析。通过对设计图纸及现场情况的分析了解，造成导墙无法下放的原因是由于部分位置防渗墙的设计墙顶高程高于钢结构导墙底高程，因此一期槽段施工后混凝土凝固，而二期槽段长度少于预制钢结构导墙长度，从而使钢结构导墙无法下放。

（2）采取措施。对于设计墙顶高程高于钢结构导墙底高程的墙段，首先应合理划分槽段，控制二期槽段长度少于导墙长度1m以内。其次在一期槽段施工时，拔出接头管混凝土初凝后，按照钢结构导墙长度及高度两端挖除部分混凝土。二期槽施工时清理干净挖除部分，重新浇筑即可。

5 综合分析

5.1 工期分析

传统混凝土导墙施工，通过开挖，钢筋制安，立模混凝土浇筑待强等一套工序，到进行防渗墙施工时，最短工期也要28d；本工程采用移动式钢导墙结构简单、制作方便、加工速度快，平均每套导墙加工周期约为1d，加工完毕即可安装使用，后期钢导墙加工与防渗墙施工可同时进行，加工速度能够满足施工进度需求，节约工期显著。

5.2 经济效益和社会效益

在黑龙江干流堤防工程第十一标防渗墙工程实践中，对导墙施工工艺所进行的优化，取得了较好的经济效益和社会效益。

移动式钢导墙与现浇钢筋混凝土导墙相比，可多次周转使用，重复利用率高，减少了导墙施工工程量。防渗墙轴线长度越长，周转利用率越高，成本节约越多。本工程施工完毕时，大部分钢导墙仍完好，可供拆卸后再利用，采用钢板导墙比混凝土导墙可直接节约成本770余万元，既节约了投资又加快了施工进度，保证了国家重点工程顺利按期完成，经济效益和社会效益极为明显。

6 结束语

根据工程实践，在地层致密不宜松散，漏失地层防渗墙施工中，选用移动式钢结构导墙进行防渗墙施工是可行的，能够达到节约工期、节约成本投入、节能环保的效果，移动式钢结构导墙在薄防渗墙施工中应用完全可行，值得在类似工程中推广应用。

面板堆石坝填筑施工中的质量管控技术

潘福营[1]　渠守尚[2]

（1　国网新源控股有限公司　2　河南国网宝泉抽水蓄能有限公司）

[摘　要]　抽水蓄能电站上下库挡水建筑物大部分为面板堆石坝，面板堆石坝填筑施工质量直接影响后期面板的变形和渗漏，因此面板堆石坝的填筑施工质量至关重要，抽水蓄能电站在面板堆石坝填筑施工中采取了智能管控、上坝料快速检测、土石方平衡动态管理、第三方试验室检测等技术与管理措施，有效保证了面板堆石坝的填筑质量。

[关键词]　面板堆石坝　填筑施工　质量管控

1　概述

抽水蓄能电站一般由上水库、下水库、水道系统和地下厂房组成，其中上下水库的挡水建筑物大部分为面板堆石坝，面板堆石坝填筑施工质量直接影响上下水库的运行安全。随着数字化时代的到来和精细化管理水平的不断提升，越来越多的新技术应用于面板堆石坝填筑施工管理，有效保证了面板堆石坝填筑施工质量。

2　质量管控技术

2.1　建立完善的质量管理体系

工程建设开始即成立以建设单位总经理为主任，设计、监理、施工单位共同组成的工程质量管理委员会。各参建单位成立由各自项目负责人为组长的质量管理领导小组，设立质量管理结构，配备专职质检人员，制定各项质量管理制度。

对工程质量实行网格化管理，面板堆石坝和料场为一个网格，实行网格内安全质量责任人包干制，明确建设单位、监理单位、施工单位的相关管理人员共同负责面板堆石坝施工质量、安全、进度和现场协调工作，制定质量检查与考核机制，保证质量管理体系正常、有效运转。

2.2　土石方平衡动态管理

影响面板堆石坝填筑施工质量和进度的重要因素是料源质量和料源的数量，在面板堆石坝施工中首先要做好土石方平衡规划设计。施工单位在开工初期在招标设计规划的基础上，结合施工进度安排对整个工程的土石方储量和利用量进行勘探、测量和综合利用平衡分析，在时间和空间上对开挖料和填筑料进行统筹规划，确定整个工程的土石方平衡结果，用于指导土石方开挖和填筑施工。由于工程地质条件或施工情况在实际实施过程中会不断发生变化，在施工过程中根据实际开挖和填筑进度情况，每季度对整个项目的土石方平衡进行一次动态统计分析，及时掌握可利用填筑料的储量和面板堆石坝需要填筑料的工程量，针对性的制定管理措施，及时调整施工安排来指导面板堆石坝填筑施工，保证开挖料的合理利用。

利用定位技术及物联网技术，在运料车辆上安装车载定位终端及空满载传感器，实现施工区域车辆定位监控、历史轨迹回放、运行速度分析、关键路口车辆流量统计等功能。在每天开始施工前，对每辆自卸汽车统一安排，设定每辆车的运料品种、装料地点、行车路线、卸料地点，如果自卸汽车不按规定路线行驶和卸料，系统立即报警，这样保证了有用料的充分利用和避免卸错料，加强了土石方平衡成果应用的过程管理。

2.3　堆石料加水量和加水质量控制管理

面板堆石坝填筑料经过前期碾压试验确定了最佳加水量，以往的加水大部分在坝面进行，这样较难有效的保证加水的量和加水的质量。为了保证加水量和加水质量，采取了在坝外加水和坝面加水相结合的方式，即在坝外合适位置设置一加水点，自卸汽车运输填筑料的过程中先对填筑料加最佳加水量的 70% 水量，再在坝面加最佳加水量的 30% 水量，加水量采取电子设备自动控制，这样保证了填筑料的充分浸润时间，有利于堆石料压实，保证了填筑碾压质量。

2.4　数字化大坝技术应用

面板堆石坝填筑施工质量的主要影响因素有振动碾的激振力、铺料厚度、碾压遍数、碾压速度等，前期通过碾压试验确定了上述几项碾压参数，常规的碾压参数控制依靠质检员现场旁站监督、察看碾压轨迹和振动碾司机来控制，人为因素影响较大，为了保证碾压质量，采用了技术先进的面板堆石坝施工质量实时监控系统，即数字化大坝监控系统。

数字化大坝监控系统主要对振动碾碾压轨迹、行进速度、碾压遍数、振动状态、压实料厚度等数据进行全天候实时数据采集与分析，从而监控填筑施工质量。如果碾压参数超标，振动碾驾驶室里面的平板电脑和系统监控中心会同时发出报警，提醒振动碾司机和管理人员及时纠偏。一个单元碾压完成后，数字化大坝系统会对单元碾压质量的各项数据进行统计分析，包括碾压遍数、碾压速度、碾压遍数、压实厚度、坝面高程分部等，并自动生成碾压质量报告表和图元，作为单元评定的一项依据。监理工程师确认数字化大坝监控系统的报告和第三方试验室现场挖坑试验检测报告全部合格后才给予本单元工程验收，达到了质量双控管理。

数字化大坝系统成熟应用可以适当减少人工挖坑取样次数，极大地提高了施工效率和信息的准确性，提高了面板堆石坝填筑碾压质量管理水平，确保面板堆石坝填筑碾压质量始终处于受控状态，达到了面板堆石坝填筑施工质量过程成优、一次成优的管理效果。

2.5　上坝料快速检测技术应用

多道瞬态面波法是利用重锤冲击地表，在激发点产生垂向脉冲振动，从而在介质中激发出具有一定频带宽度的混频瑞雷面波波动。利用频散分析技术提取各个单频成分的瑞雷面波相速度，即可得到瑞雷面波的频散曲线。瞬态面波的频散特性和在介质中的传播速度与堆石料的物理性质有关。瞬态面波沿地表传播影响深度约为一个波长，同一波长的瞬态面波传播特性反映堆石料密度在水平方向上的变化，不同波长的瞬态面波传播特性反映堆石料密度在竖直方向上的变化。堆石料介质在水平和竖直方向上存在着堆石含量等物性差异，这种差异将会引起密度的变化，从而使瞬态面波在传播过程中产生频散和速度的变化。通过采集各测点的面波频率和速度，处理后可获得频散和速度的变化，进而可以检测堆石料碾压厚度，并确定面波加权速度值，再通过对干密度和面波速度的拟合确定两者之间的关系公式，从而可根据实测的面波速度确定堆石料压实干密度。

通过工程实践，对主堆石料、垫层料、过渡料采用多道瞬态面波法进行测试，将波速检测结果与实测干密度采用并线性方程进行拟合，拟合干密度最大误差小于 5%。数值模拟成果显示，填筑材料的密实度越高，面波传播范围越大，说明传播速度大；相反，密实度越低，波动范围越小，传播速度也越小。数值模拟结果与实测数据对比可知，两者具有较好的一致性。

现有的面板堆石坝筑坝料干密度的检测，多采用灌水（砂）法进行，该方法存在检测周期较长、耗费人力较大等问题。在面板堆石坝干密度检测中采用多道瞬态面波法检测方法，对大坝填筑质量提供了实时、无损、快速的检测手段。

2.6 委托独立的第三方试验室开展试验检测

建设单位通过招标方式选择一家有资质的单位作为第三方在现场开展试验检测工作（称为第三方试验室），该中标单位在工程建设现场设立试验室，配置合格的试验检测人员和相关试验检测仪器设备，施工单位的原材料、成品、半成品及工艺验证性试验检测等凡列入工程质量验收评定竣工资料的试验检测项目，均由该第三方试验室完成并且出具报告。

堆石料需要取样时，由施工单位填写试验检测委托单，第三方试验室安排人员到填筑面进行取样，现场由监理工程师确定取样位置，监理工程师在委托单上签字确认后进行取样检测，检测堆石料的干密度、孔隙率、颗粒级配等指标，最终的试验检测报告送施工单位，施工单位和第三方试验室共同存档。第三方试验室每月编写试验检测月报，对每个月的试验检测情况进行统计和分析，指出优点和不足，指导后期进行改进，提高了工程质量检测公正性和真实性。

3　结束语

面板堆石坝工程中填筑碾压施工是关系到工程质量、安全的关键施工环节。随着科技的发展和数字化时代的到来，在面板堆石坝填筑施工中采用了数字化大坝监控系统，实现了对堆石料填筑碾压施工过程的实时监控；多道瞬态面波法检测法可以对堆石料增加更多的检测点，而且实时、快速、无损、减少人工投入；同时再加上第三方试验室、土石方平衡动态管理等精细化管理手段，有利地提升了面板堆石坝填筑施工质量。

参考文献

[1] 陈洪来，吕永航，胡育林 . 溧阳抽水蓄能电站工程建设质量管理实践 [J]. 抽水蓄能电站工程建设文集 . 2015：81-85.

[2] 孟继慧，牟奕欣，胡炜 . 丰满水电站重建工程碾压混凝土坝施工质量实时监控系统应用于分析 [J]. 水利水电技术 . 2016（6）：103-106.

[3] 杨看迪，苏胜威，张强，等 . 简议数字化大坝在电站建设中使用的优点 [J]. 抽水蓄能电站工程建

设文集 . 2017：354-358.

[4] 马雨峰，刘双华，古向军，等 . 基于面波法的堆石料密度无损检测技术 ［J］. 东北水利水电 . 2017
    （4）：56，64.

作者简介

潘福营（1971—），男，硕士，河北唐山人，教授级高级工程师，从事工程项目管理
工作。

渠守尚（1964—），男，硕士，河南通许人，教授级高级工程师，从事工程建设管理
工作。

面板堆石坝挤压边墙快速施工技术的应用

季化猛　严　研　魏本精

（江苏赛富项目管理有限公司）

[摘　要]　近些年来，我国水利工程建设获得一定的成就，有效促进当地经济的提升，本文以具体实例分析了面板堆石坝施工之中挤压边墙快速施工技术分析。

[关键词]　面板堆石坝　挤压边墙　快速施工

1　引言

目前，在面板堆石坝施工中，以混凝土面板垫层材料的垂直碾压取代了传统施工工艺的消坡及坡面斜坡碾压，增加了垫层料的碾压密实度，简化了坡面施工工艺，提高了施工质量，改善了混凝土面板施工条件。传统施工方法同挤压式混凝土边墙技术相比，存在垫层区斜坡面密实度难以保证、上游坡面施工工序复杂、坡面长期无防护、面板混凝土施工期的选择受制约等不利因素，而这些因素又直接影响工程进度、质量和工程经济性。本文结合金钟水利枢纽工程详细介绍面板堆石坝挤压边墙快速施工技术的应用。

2　工程概括

金钟水利枢纽工程的枢纽建筑物由混凝土面板堆石坝、岸边式溢洪道、金钟至丰收隧洞和丰收至莒溪隧洞等主要建筑物组成。大坝为混凝土面板堆石坝，坝顶长度 393.16m，宽 8m，坝顶高程 247.5m，最大坝高 97.5m。大坝上游面坡度为 1：1.4，下游面设三条 2m 宽马道，大坝下游面综合坡度为 1：1.35。坝顶上游侧设防浪墙，防浪墙顶高程为 248.6m。

坝体填筑材料分成垫层区（Ⅰa 区）、过渡区（Ⅰb 区）、主堆石区（Ⅱ区）及下游次堆石区（Ⅲ区）。垫层区及过渡区坡度均为 1：1.4，水平宽度分别为 3m 和 4m。过渡层下游侧为主堆石区，主堆石区上游坡度 1：1.4，下游坡度 1：0.5，在主堆石区下游侧设次堆石。次堆石区上游坡度 1：0.5，下游坡平均坡度 1：1.35。坝下游面设水平宽为 1.0m 的干砌块石护面层。周边缝下设特殊垫层区，上游 180.00m 高程以下设粉质黏土铺盖区和石渣护面。坝体填筑总量为 185.99 万 m³（包括上游石渣、粉质黏土防渗体）。

3　面板堆石坝挤压边墙快速施工

3.1　挤压边墙施工流程

作业面平整与检测→测量放线→端头混凝土浇筑→挤压机就位→搅拌车就位、卸料→边墙挤压→表层及层间修补→垫层料摊铺→垫层料碾压→取样检验→验收合格后进入下一循环。

3.2　场地平整

垫层表面的平整度十分重要，将直接影响挤压式混凝土边墙成型后的外观尺寸，故应进行场地平整，给挤压机行走作业提供一个平整的施工作业面。施工时，应将前一层垫层料在挤压机行走范围内的场地整平，控制不平整度在 3cm 以内，否则应对高差或凹凸进行人工修补、整平并碾压密实。

3.3　测量放线

依据设计测量放出边墙上游边线，并定出基准高程点，依据基准高程点对距上游边 1.1m 宽度范围内的垫层料基础进行水准仪控制找平，找平结束后，在距上游边 1m 处挂线绳，以确定挤压机行走线路。

3.4　挤压机就位

载重汽车将挤压机运至施工现场后，由反铲吊卸就位，使其内侧紧贴线绳；然后调整前后 4 个升降螺栓，使挤压机机身水平，并保证其出料口高度为 40cm。

3.5　混凝土挤压式边墙施工

3.5.1　挤压边墙混凝土配合比设计

挤压边墙位于混凝土面板的下面。为了防止边墙结构对面板造成比较大的约束，要求混凝土挤压边墙结构应具有低弹性模量、低透水性等特点。根据挤压边墙混凝土的作用，同时要求挤压边墙混凝土具有速凝的特点。挤压边墙的混凝土应该按照一级配干硬性混凝土配合比进行设计，坍落度要求为 0。对于本工程，设计要求边墙混凝土宜满足低强度（强度等级不宜大于 C5）、低弹性模量（弹性模量不宜大于 8000MPa）、半透水（透水系数 $10^{-3} \sim 10^{-2}$ mm/s）的要求。

3.5.2　挤压边墙混凝土施工

边墙混凝土采用拌和站拌制，3m³ 混凝土搅拌车运输；按施工配合比适量的加入外加剂；根据测量放线，专人控制挤压机行走方向，边墙浇筑成型精度控制规定在规定偏差范围内，搅拌车行走方向、速度与挤压机一致，搅拌车出料口出料应均匀且速度适中。边墙挤压机速度宜控制在 40～80km/h；施工中派专职人员对外形尺寸偏差、边墙垮塌、层间错台等质量缺陷及时进行人工修补和处理；边墙起始端和终点端，采用人工立模浇筑，使用同类边墙混凝土材料，每层铺料 10cm，夯锤击实。人工边墙的浇筑在浇筑部位坝面上铺设 1.5mm 厚铁皮，将混凝土料卸至铁皮上，然后由人工用铁锹入仓，入仓混凝土用小型工器具振捣密实。

3.5.3　保温材料的铺设

保温材料的铺设随挤压边墙浇筑同步进行，完成一段，覆盖一段。挤压边墙的浇筑保温采用蓄热法，模板拆除后对成型的挤压边墙立即覆盖双层保温被，在气温较低的情况下，在保温被下面沿着挤压边墙方向加设功率为 500kW 的电热毯，以达到对挤压边墙混凝土进行保温的效果。

3.6　挤压机吊装

边墙挤压施工结束后，根据现场机械情况，以反铲或装载机吊至 5t 载重汽车上，运

至基地冲洗、保养。末端头处理，采用同始端头同样的方法，在挤压机吊离后进行处理。

3.7 挤压边墙附近垫层料区的碾压

3.7.1 垫层料的摊铺

垫层料在挤压边墙成型 1h 后开始摊铺，层厚 40cm，铺料之前先按 4%～7%的比例提前 4～7h 进行洒水，采用后退发辅料，人工对挤压边墙附近分离的骨料进行清理。

3.7.2 垫层料碾压

靠近挤压边墙 10～80cm 区域采用 BOMRG-BW75S-2 碾压，距离挤压边墙 75～300cm 采用 26t 振动碾碾压，宝马振动碾和 26t 振动碾搭接宽度为 10cm。具体方法为：首先 26t 振动碾在距离挤压边墙混凝土 75～300cm 区域振动 6 遍（弱振），然后在挤压边墙 10～85cm 区域用宝马振动碾碾压 8 遍。

4 施工质量控制

（1）做好混凝土配合比设计和原材料（包括骨料、水泥、添加剂等）以及混凝土的质量控制工作。

（2）认真做好防雨和防冻工作和混凝土的保护工作，仓面准备足够的塑料薄膜及土工布等防雨和防冻物资，挤压边墙混凝土在终凝后即开始进行洒水养护，以防止早期失水过快导致强度降低。

（3）垫层料的铺料间隔时间，以及垫层料的碾压间隔时间需随温度、气候等外界条件的变化适当调整，上述间隔时间以垫层料的摊铺、碾压不导致挤压边墙出现坍塌、破裂、位移和掉块为控制原则。

（4）挤压边墙外观质量要求。挤压机水平行走精度控制在±20mm 以内，确保挤压边墙的直线度满足要求；边墙上游坡面任意位置应控制超、欠填控制在±50mm 以内；边墙上游坡面不允许存在突坎，施工形成的层间错台和凹凸必须打磨或用 M5 水泥砂浆填补摸平，其坡度不缓于 1∶10。打磨或填补应仅限于局部范围，连续面积不得大于 1.0m²，且每层总的打磨或填补的面积不得大于总面积的 20%。

（5）料源控制。对各填筑部位的坝料，在料源处加强质量控制和取样试验，以保证坝料粒径、级配符合设计要求。建立完善的通信系统，加强填筑区及开采区的信息联络，对垫层料、过渡层料及主堆石料料场实行签发合格准运证及挂牌制度，重点控制填筑料材质、含泥量、最大块、粒径及级配，杜绝不合格料上坝。

（6）过程控制。坝体的填筑质量主要在于过程控制。在施工过程中，加强了对备料开采和运输过程中的管理，车辆按运输料源的不同分别配装垫层料、过渡料、主堆石、次堆石料车牌以示区别，并经常保持车厢、轮胎清洁，防止将残留在车厢和轮胎上的泥土带入填筑区。填筑期间或以后，对于受污染的材料，应严格按照监理工程师指示处理或全部挖除。在坝上各填筑区设置醒目标识，专人指挥装车、卸车，以免误填、误装和混填、混装。坝料填筑严格按碾压试验确定的参数施工，采取计量洒水来严格控制洒水量，在碾压过程中控制压实效果和坝体填筑质量。

5 工程施工进度

由于 2008 年大坝度汛要求，到 5 月 10 日，要求大坝度汛高程填筑至高程 206m，利用坝体进行防洪度汛。此时大坝达到度汛高程的施工时间只有 57 天，填筑高差 52m，如坝体全断面的填筑当时上坝强度及料场开采无法满足要求。根据工程实际情况，施工做了充分的准备，挤压边墙混凝土每层挤压高度 40cm，上游坡比 1∶1.4，顶宽 10cm，底宽 71cm，每延米完成混凝土量 0.162m³，河床底部宽度 20m 趾板开挖后成 V 形，挤压边墙面积 6880.9m²，挤压混凝土 2786.727m³。

2008 年 4 月 30 日，坝体上游挤压边墙施工至高程 202m，其后的垫层料、过渡料填筑、主堆石填筑宽度达到度汛要求的断面宽度。

2008 年 5 月 5 日，挤压边墙施工高程达到 206m，垫层料、过渡料、主堆石料填筑 20m 宽达到 206m 高程的防洪要求。

6 结束语

面板堆石坝上游面采用挤压混凝土边墙，在大坝坝体施工期有防洪度汛要求时，挤压边墙混凝土可以作为度汛临时断面。面板堆石坝坝体在河床段为 V 字形，由于河床段断面较小，坝体基础部位上升较快，上游面挤压边墙混凝土在采用一定的施工措施后，挤压边墙混凝土是可以随坝体填筑快速上升跟进的，从而满足大坝前期（施工期）度汛要求。

参考文献

[1] 刘晓奇. 混凝土面板堆石坝挤压式边墙施工技术 [D]. 西安理工大学，2003.

[2] 陈志勇，苏礼臣. 面板堆石坝挤压边墙施工技术 [J]. 水利建设与管理，2010，06：6-9.

[3] 付强. 挤压边墙技术在混凝土面板堆石坝施工中的应用 [J]. 电力建设，2005，09：16-18.

[4] 许东林，秦赫. 潘口水电站面板堆石坝挤压边墙施工技术 [J]. 大坝与安全，2011，03：53-55+61.

混凝土面板堆石坝渗漏量安全问题的探讨

陈振文　朱安龙　彭　育

（华东勘测设计研究院有限公司）

[摘　要]　用现代技术填筑的混凝土面板堆石坝，在我国已得到迅速发展，随着时间推移，大坝运行情况总体较好，但也出现一些不尽人意的地方，如大坝的渗漏量偏大，是否会危及大坝的安全，本文通过几个工程实例，分析渗漏量偏大的症状，处理措施，提出可接受的大坝安全渗漏量。

[关键词]　混凝土面板堆石坝　大坝结构　坝基性状　防渗系统　大坝渗漏

1　引言

用现代技术修筑的混凝土面板堆石坝自 20 世纪 80 年代引入我国已将近 40 年，据不完全统计，我国已修建的混凝土面板堆石坝超过 300 座，其中坝高超过 100m 的有近 100 座。相关资料表明，我国修建的混凝土面板堆石坝总体上质量是好的，运行安全。但也出现过一座用砂砾石填筑的混凝土面板坝发生溃坝；也有个别坝，刚蓄水时就出现大量的渗漏；有的运行一段时间后，渗漏量迅速增加；对于渗漏量较大的坝，不得不降低库水位或放空水库进行检修。

混凝土面板堆石坝的渗流量多少才是安全的，目前没有一个大坝渗流量标准来评价其安全性，但渗漏量和渗流水质的异常和突变可以反映混凝土面板堆石坝的防渗体系及面板混凝土的工作状态。大坝渗漏量较大，即使不危及大坝安全，也会使工程运行人员及管理部门感到不安，要采取各种措施予以降减。有的工程由于未设置放空库容设施，对低水位以下的防渗系统难以修复，渗漏量仍较大，运行中是否安全，牵挂着有关方面的顾虑。本文通过工程实例分析大坝渗漏情况，浅议是否在短期内对坝体存在安全运行问题。

2　蓄水初期渗漏量较大

2.1　小山水电站

小山水电站位于吉林省抚松县境内第二松花江上游的松江河干流上，工程以发电为主，电站总装机容量 2×80MW。坝址以上流域面积 905km²，水库总库容 1.05 亿 m³，属不完全年调节水库。水库校核洪水位（$P=0.05\%$）684.58m，设计洪水位（$P=1\%$）及水库正常蓄水位均为 683.00m，死水位为 664.00m。

拦河大坝为混凝土面板堆石坝，坝顶高程为 685.30m，最大坝高 86.30m，坝顶长 302m，坝顶宽 7m。堆石体从上游向下游依次分为垫层区、过渡层区、主堆石区及下游次堆石区。坝体上游坝坡为 1∶1.4，下游坝坡在高程 664.30m 以上为 1∶1.3，以下为 1∶1.4。筑坝材料为安山岩和玄武岩，坝基坐落在岩基上。小山大坝剖面图见图 1，水库蓄水过程线见图2。

工程于1994年6月开工建设，1997年9月22日下闸蓄水，同年12月两台机组相继并网发电，2001年9月通过竣工验收。

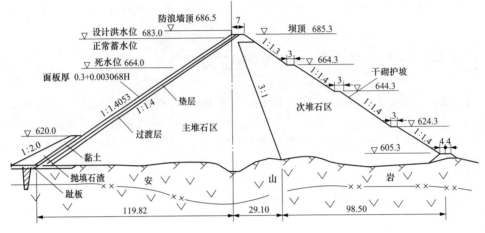

图1 小山大坝剖面图

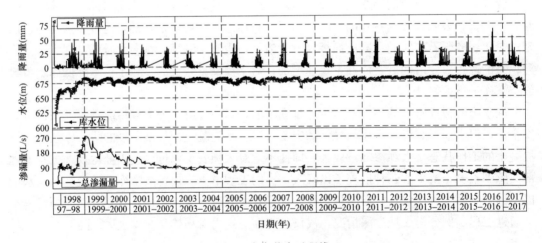

图2 水库蓄水过程线

图2表明：

（1）实测大坝最大渗流量为281.48L/s，出现在1999年1月4日，对应库水位682.66m，接近于水库正常蓄水位。

（2）在水库蓄水初期，由于右岸帷幕施工未完成，渗流量随库水位增高明显较大，与库水位存在一定的相关性，随着右岸帷幕施工形成连续的防渗帷幕，1999年后渗流量逐年下降，2002～2008年渗流量趋于稳定，2008年汛期因溢洪道泄洪及坝下施工，下游河道堵塞，导致量水堰下游水位高于堰板口，使得量水堰读数突然变大，数据不能反映真实的渗流量，至2010年9月，下游河道清理疏通后量水堰流量恢复正常，测值恢复到80L/s以下。

（3）2011 年至 2017 年，实测坝体最大渗漏量为 72.52L/s，出现于 2016 年 12 月 24 日，对应库水位 681.28m；年平均最大渗漏量为 58.89L/s，出现于 2010 年。

（4）小山大坝渗流量实测过程线表明，水库开始蓄水，渗漏量较大，是由于大坝右岸防渗系统施工未完成造成的，在防渗系统完善后，渗漏量基本处于正常状态。

2.2 PXQ 水电站

PXQ 水电站位于云南省墨江县阿墨江干流河段雅邑乡普西村普西铁索桥附近。水库正常蓄水位 737m，死水位 705.0m，水库总库容 5.31 亿 m³，装机容量 190MW，坝高 140m，工程等别为 II 等大（2）型。

混凝土面板堆石坝坝顶高程 742.00m，防浪墙顶高程 743.20m，顶宽度为 10.0m，河床段趾板建基高程 602.00m，最大坝高 140m，坝顶轴线长 450m。混凝土面板堆石坝上游坝坡 1∶1.4，并在高程 660.00m 以下设黏土铺盖及盖重料。面板下游侧依次设垫层料、过渡料和堆石料区，下游坝坡在 700.00m、660.00m 高程设置马道，马道宽 3m；马道间坝坡均为 1∶1.4；下游坝坡设 1.0m 厚干砌石护坡。

堆石体坝基河床部位冲积层厚 6.2～12.6m 不等，坝址河床冲积层为砂、卵砾石夹漂石、块石，局部夹有中粗砂透镜体，以中等透水为主，根据钻孔抽水试验资料，坝址冲积层的渗透系数为 4.23～28.5m/d。坝基开挖时清除趾板 X 线下游 50m 内冲积层，坝基置于弱风化基岩上，趾板 X 线下游 50m 至下游坝脚之间堆石体坝基保留以卵砾石为主的河床冲积层，中粗砂夹粉细砂条带多集中于冲积层上部，且空间上呈不连续透镜状分布，因此在挖除表部 1m 范围的冲积层，清理回填 2～3m 范围中粗砂夹粉细砂混卵砾石条带，并就近回填河床冲积层中的卵砾石，经碾压后可作为堆石体基础。PXQ 大坝剖面见图 3，水库蓄水、渗漏过程线见图 4。

工程于 2011 年 3 月开始建设，至 2014 年中主体部分施工完成，经验收具备下闸蓄水条件，于当年 9 月 20 日下闸蓄水，12 月首台机组发电。

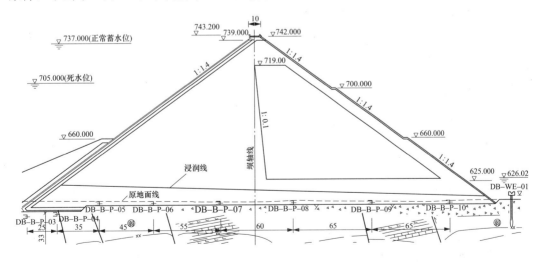

图 3　PXQ 大坝剖面图

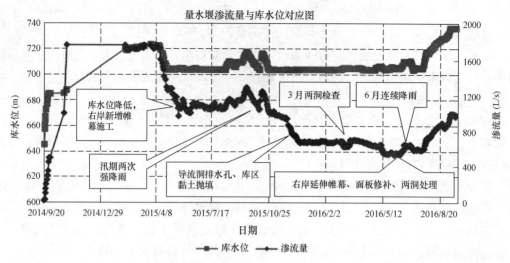

图 4　水库蓄水、渗漏过程线

图 4 表明：

（1）2014 年 9 月 20 日下闸蓄水后，坝后出现渗漏，随库水位上升渗漏量明显增加，2015 年 3 月 30 日库水位至初期蓄水最高水位 723.8m，坝后渗水量达到最大 1761.33L/s；2015 年 4 月 28 日库水位至 704.4m（死水位附近高程），坝后渗水量为 1292L/s。

（2）2015 年 5 月开始，对大坝右岸、左岸补强灌浆，坝前黏土抛填，泄洪冲砂洞、引水隧洞渗水点消缺，面板垂直缝消缺等综合处理，实施前库水位 705m（死水位），渗水量 1292L/s。2016 年 7 月 21 日开始蓄水，9 月 6 日首次达到正常蓄水位 737m。截至 2016 年 9 月 15 日库水位 736.7m，坝后量水堰流量 962.94L/s。

（3）工程开始蓄水，坝后就出现明显的渗漏量，随着库水位上升，渗漏量也随之增大，坝基及两岸防渗系统存在明显缺陷。

（4）虽经水库死水位以上防渗系统处理，大坝总渗漏量还是偏大。水库未设放空设施，但设有泄洪冲砂洞，底板高程 680.00m，若对死水位以下、泄洪冲沙洞高程以上防渗系统继续加固，渗漏量还有可能减少。

2.3　NL 水电站

NL 水电站位于云南省红河州金平县境内藤条江下游，水库总库容 2.86 亿 m³，水库校核洪水位 427.95m，设计洪水位 427.07m，正常蓄水位 425.00m，电站装机容量 3×50MW，工程为二等大（2）型工程。

混凝土面板堆石坝坝顶长度 333m，坝顶宽度 10m，坝顶高程 431m，上游设防浪墙，墙顶高程 432.2m，河床趾板基础最低高程为 322m，建基于冲积层上，最大坝高 109m。上游坝坡 1:1.5；下游坡面设有上坝公路，路面宽 8.5m，公路之间坝坡为 1:1.27，下游平均坝坡为 1:1.5。总填筑量约为 250 万 m³，主要采用河床砂砾料筑坝。

NL 水电站于 2002 年 12 月 18 日导流洞开工，2003 年 11 月 20 日工程实现截流。水库于 2005 年 12 月 1 日下闸蓄水，2005 年 12 月 28 日第一台机组发电，2006 年 1 月 16 日第二台机组发电，2006 年 6 月 1 日第三台机组发电。2007 年 2 月完成 NL 水电站枢纽工程竣工安全鉴定报告。大坝剖面见图 5，水库蓄水、渗漏过程线见图 6。

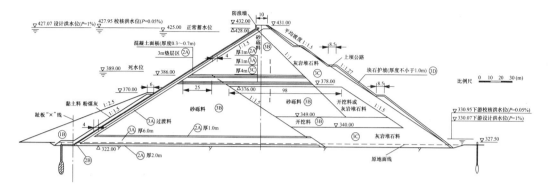

图 5　NL 坝体断面图

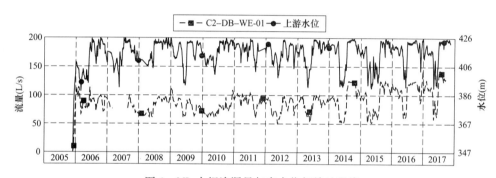

图 6　NL 大坝渗漏量与库水位相关过程线

图 6 表明：

（1）2005 年 12 月 1 日水库蓄水，当库水位达到正常蓄水位时，坝后量水堰的渗漏量就超过 100L/s。2005 年至 2014 年，坝体渗漏量基本维持在 100L/s 左右。

（2）2014 年之后，每年到正常蓄水位时，坝体渗漏量有所增加，2014 年 8 月 12 日实测到历史最大值 122.40L/s（库水位 423.54m，有降雨影响），2016 年 12 月 28 日实测到最大值达 142.04L/s（库水位 425.79m，无降雨影响），应给予关注。

（3）NL 大坝水库开始蓄水，坝后渗漏量就随着出现，当蓄水到正常蓄水位左右，坝后渗漏量就超过 100L/s，表明基础防渗系统可能存在薄弱环节，但近期坝体渗漏量有所增大，是原有的渗漏通道被疏通还是有新的渗漏通道，需关注。

（4）NL 大坝填筑料主要采用砂砾石料，在下游坝坡及下游坝基部位采用灰岩堆石料，只要在不同的料物之间满足反滤准则要求，对预防坝体渗透破坏是有利的。

2.4　JY 水电站

JY 水电站位于云南省禄劝县境内，正常蓄水位以下库容约 1.62 亿 m³，水库校核洪水位 1004.14m，设计洪水位 1002.53m，水库正常蓄水位 998.00m，死水位 968.00m。

混凝土面板堆石坝布置于主河床，坝顶高程 1006.00m，河床段趾板建基高程

862.00m，最大坝高 144m，最大坝底宽度 454m，坝顶轴线长 405.75m。坝顶宽度确定为 10.0m，坝顶设计为混凝土路面。混凝土面板堆石坝上游坝坡 1∶1.4，并在 910.00m 高程以下设粉黏土铺盖及盖重料，提高面板及趾板的防渗安全性。下游坝坡在 975.00m 高程设置马道，马道宽 3m；975.00m 高程以上坝坡为 1∶1.6，以下坝坡为 1∶1.4；下游坝坡设 1.0m 厚干砌石护坡。水库蓄水、渗漏过程线见图 7。

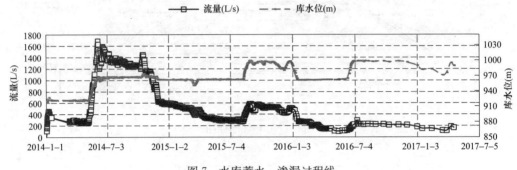

图 7　水库蓄水、渗漏过程线

主体工程于 2010 年 12 月开工建设，2013 年 12 月导流洞下闸蓄水，2014 年 8 月 3 台机组全部发电。2017 年 12 月完成工程竣工安全鉴定报告。

由于坝后渗水量较大，导致坝后坡水力坡度较大，因此在坝后增加反滤层及坝坡覆盖压脚，以达到延长渗径和减小水力坡度的目的。在坝后增加 1m 厚垫层料、1m 厚过渡料至截水墙前，上部覆盖 3B 料作为压重，坝料总覆盖高度为 15m。具体布置详见图 8。

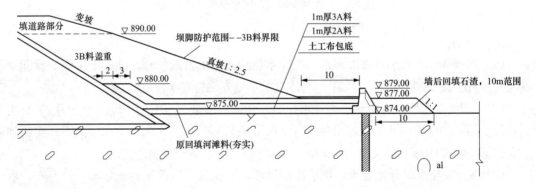

图 8　下游坡脚防护典型断面

图 8 表明：

（1）2013 年 12 月 29 日下闸蓄水，12 月 30 日导流洞便出现了较为明显的渗漏，2014 年 1 月 1 日上午在库水位达到 915.5m 时，量水堰池底也开始发现有渗水。1 月 6 日 11∶00 导流洞渗漏量达 350.98L/s。1 月 7 日上午 8∶00 水库到达 927.7m，1 月 8 日 12∶00 量水堰流量达最大值 453.01L/s，随后逐渐减小，库水位维持在高程 922m 左右运行。

（2）2014 年 5 月初又继续蓄水，渗流量随库水位升高而递增，变化增大趋势较为明显，与库水位变化呈线性关系，最大值出现在 2014 年 6 月 3 日，库水位 968.50m 时渗流量为 1676.68L/s，库水位长时间维持在 968m 死水位高程左右运行。

（3）2014 年~2015 年枯期完成右岸加强处理措施后，2015 年 8~12 月，水库在正常蓄水位 998m 附近运行四个多月，最高库水位达到 1000m，量水堰最大流量达到约 584L/s。

（4）2016 年 5 月底，JY 水电站首部枢纽左、右岸、趾板渗漏处理全部结束。2016 年 6 月底开始水库蓄水至正常蓄水位 998m 左右，量水堰渗漏量约 212L/s，右岸排水洞流量约 21L/s，左岸排水洞流量约 13L/s。渗流量较初蓄时大幅度减小，防渗处理达到预期效果。

（5）鉴于大坝基础处趾板下游一段范围挖除砂砾石覆盖层外，大坝基础大部分仍坐落在砂砾石覆盖层上，在渗漏量较大情况下，为预防坝基砂砾石产生渗透破坏，在下游坝脚与量水堰之间设置反滤、压坡是可行的。

3 水库运行过程中渗漏量明显增加

3.1 白云水电站

白云水电站位于湖南省沅水支流巫水上游，水库总库容 3.6 亿 m³，总装机容量 54MW，正常蓄水位 540.00m，死水位 505.00m，属大 II 型水库。

大坝为钢筋混凝土面板碾压堆石坝，坝高 120m，顶宽 8m，坝轴线长度 198.8m。坝顶高程 550.0m，坝底高程 430.0m，大坝面板 475.0m 以下用黏土和任意料铺盖。坝基岩层为砂岩，坝体上、下游边坡均为 1：1.4，防渗的混凝土面板通过趾板与灌浆帷幕相连。白云大坝剖面见图 9，水库蓄水、渗漏过程线见图 10。

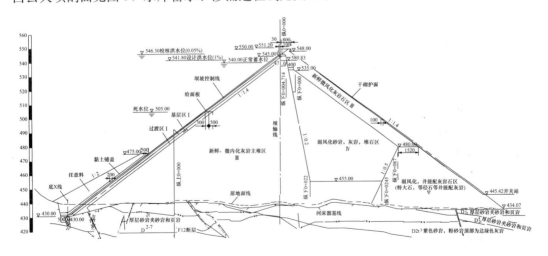

图 9　白云大坝剖面图

工程于 1992 年开工，1998 年 12 月水库下闸蓄水，2005 年工程竣工，2006 年 3 月通过了由湖南省水利厅组织的竣工验收。

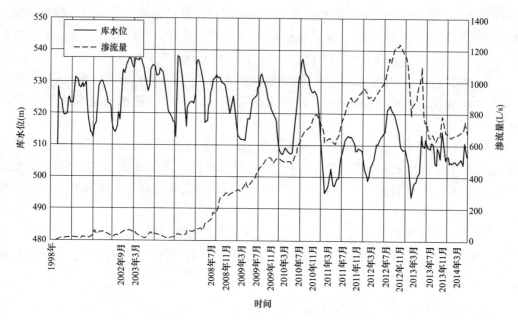

图 10   白云水库蓄水、渗漏过程线

图 10 表明：

（1）工程运行后，坝后量水堰监测的大坝渗漏量有逐年增加趋势，1998 年 12 月下闸蓄水至 2008 年 5 月，渗漏观测值在 20～110L/s 区间变化。

（2）2008 年 6 月～2011 年 10 月，渗漏量由 110L/s 发展至 900L/s；2010 年 11 月后库水位已较前期降低 10～20m 运行，但大坝渗漏量仍急剧上升，2011 年 10 月～2012 年 9 月渗漏量由 900L/s 增大至 1240L/s。

（3）白云水电站大坝于 2014 年水库放空处理，修复了破碎的混凝土面板、对缺陷的趾板帷幕进行灌浆，处理后于 2015 年 4 月 6 日蓄水，2015 年 8 月库水位 537.68m（正常蓄水位 540.00m），大坝渗漏量为 37.65L/s。经过放空处理后的大坝渗漏量已大幅减少，处于正常范围内。

3.2   SBX 水电站

SBX 水电站位于贵州省锦屏县沅水干流上游清水江中下游，水库总库容 40.94 亿 m³，具有多年调节性能。水库正常蓄水位 475.00m，死水位 425.00m，设计洪水位 476.21m，校核洪水位 479.29m。工程于 2003 年 9 月 17 日大江截流，2006 年 1 月 7 日下闸蓄水，2007 年 1 月主坝土建施工全部完成，2010 年 2 月完成工程竣工安全鉴定。

主坝为混凝土面板堆石坝，最大坝高 185.5m，坝顶高程 482.50m，坝轴线长 423.75m，坝顶宽度 10m，上、下游坝坡均为 1∶1.4。坝体自上游至下游依次分为垫层区、过渡区、上游堆石区、下游堆石区，周边缝下设特殊垫层区，上游高程 370.00m 以下设土料铺盖和盖重区。垫层区水平宽度 4m，过渡区水平宽度 6m。底部趾板宽 12m，厚度 1m；面板底部厚度 0.913m，顶部厚 0.3m，设 24 条（间距 8m）张性缝和 13 条（间距 16m）压性缝。SBX 大坝剖面见图 11，水库蓄水过程线见图 12。

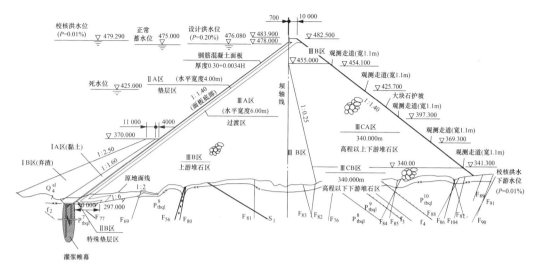

图 11　SBX 大坝剖面图

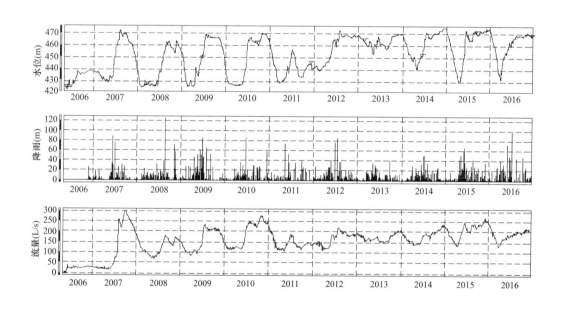

图 12　SBX 水库蓄水过程线（扣除降雨后）

图 12 表明：

（1）2006 年 1 月 7 日，水库下闸蓄水，至 2007 年汛前，库水位达到死水位 425.00m 左右，库水位上升约 128m，渗漏量小于 50L/s，表明低水位情况下基础及面板防渗系统运行正常。

（2）2007 年汛期，库水位又继续上升约 42m，至 2007 年 9 月 26 日，库水位为 467.27m 时（正常蓄水位 475.00m），大坝渗漏量突增，最大渗漏量为 303.1L/s。

（3）2008 年 1 月 10 日，进行水下检查时发现大坝 385m 高程处面板水平施工缝左

MB3～右MB9等12块面板多处局部破损，破损最大宽度达4m，最大深度达40cm。经过2008年、2009年水下修复后，取得了一定效果，渗漏量较修复前明显减小。

（4）2011年3月，对面板再次进行检查，又发现左MB6～右MB8一二期施工缝区域混凝土又出现破损，而且破损面积有所扩大。由于自2011年以来面板破损范围扩大，且没有及时修复，导致主坝渗漏量又有增大趋势，2016年11月23日，库水位为470.37m，最大渗流量216.86L/s。

（5）大坝渗漏量仍偏大，由于工程无降低库水位设施，电厂已于2016年2月再次开展水下高性能修补材料及工艺的研究与修复。

4 其他工程

4.1 杜利米奎坝（Turimiquire）

委内瑞拉杜利米奎工程，大坝为混凝土面板堆石坝，最大坝高115m，工程于1980年竣工，坝体采用优质灰岩堆石填筑，坝下游设置了排水能力强的灰岩堆石排水层。

1988～1991年满库蓄水最大渗漏量为300L/s，1994年的10天内渗漏量以每天增加500L/s的速率增加至5400L/s。运行管理单位立即采用导管法在上游面铺撒粉质细砂，并且降低水库水位。1995年夏天用导管法铺撒粉质细砂进行了第二次修补，同时水库从满库水位降低约5m，渗漏量减少至2000L/s。

1996年水库水位上升期间渗漏量又增加至3000L/s。随后进行了第三次修补，在满库时渗漏量减少至1600L/s。

1999年中期满库蓄水运用时渗漏量增加到6000L/s以上，为此进行了第四次修补，利用导管法铺撒粉质细砂和砾石，将渗漏量减少到4000L/s以下。

2000年下半年又进行了第五次修补，采用铺设7850m²的聚氯乙烯土工膜，将渗漏量从6000L/s减小至约600L/s。

4.2 株树桥水库混凝土面板坝

株树桥水库位于浏阳市境内小溪河下游，大坝为混凝土面板堆石坝，最大坝高78m。坝顶高程为171.0m，上游坝体采用新鲜石灰岩，上游坝坡为1∶1.4；下游采用部分风化板岩代替料，下游坝坡为1∶1.7。大坝坝脚采用灰岩大块石棱体，坝坡为1∶1.174。大坝防渗系统由坝顶防浪墙、混凝土面板、混凝土趾板（混凝土截水墙）等构成。坝顶防浪墙通过二道止水与面板连接，面板与趾板之间通过三道止水相连接。

趾板厚0.6m，按1/15水头取宽5～3.5m，伸缩缝间距12m，缝间设止水。趾板混凝土标号为200号，抗渗标号S8。水库自1990年11月下闸蓄水运行后，大坝就出现渗漏，且目估漏量较大，由于初期量水堰未及时做好，且量程偏小，无法进行渗漏量测量，缺乏早期渗漏观测资料。1994年起用流速仪（LS25-1型旋桨式）等多种手段测量，观测资料显示，渗漏量每年汛期随库水位增高而增加，而非汛期只稍微减少；在相同库水位时，渗漏量有逐年增加的趋势。

株树桥水库管理局于1999年7月19～26日对大坝渗漏量进行测量，测量表明，渗漏量已达2500L/s以上。经放空水库检查，大坝渗漏主要是坝体与岸坡接触带变形严重，

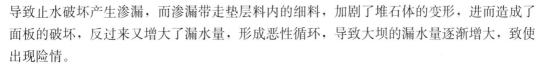

导致止水破坏产生渗漏，而渗漏带走垫层料内的细料，加剧了堆石体的变形，进而造成了面板的破坏，反过来又增大了漏水量，形成恶性循环，导致大坝的漏水量逐渐增大，致使出现险情。

4.3　沟后面板坝

沟后混凝土面板砂砾石坝是我国较早建成的混凝土面板堆石坝之一，工程位于黄河支流恰卜恰河上，最大坝高 71m，坝顶长 265m，坝顶宽 7m，大坝上游坡 1∶1.6，下游坡 1∶1.5。坝体自上游往下游分 4 个填筑区，压实密度依次降低，最大限制粒径由小到大。坝顶设 5m 高的混凝土防浪墙。大坝筑坝材料为天然砂砾石，其由细粒花岗岩、石英砂岩、灰色中粒砂岩组成，质地坚硬、未风化、磨圆度好。砾石含量 67%，含泥量 3.2%，级配优良。饱和状态下 48.5 度，风干状态下 50 度，渗透系数为 1.48×10^{-1} cm/s，压缩系数 $0.01 \sim 0.03 MPa^{-1}$，低压缩性，强透水。混凝土面板设计标号 R28=200 号，抗渗标号 S8，抗冻标号 D250，混凝土面板厚 30～60cm，面板纵缝 7～14m。单层钢筋设于面板中部，配筋率 0.35%～0.5%，各种接缝均设止水，周边缝三道止水，河床纵缝一道铜止水，两岸纵缝两道止水。

1985 年动工修建，1989 年 10 月基本建成，并逐渐蓄水开始运行，1992 年通过竣工验收，1993 年 8 月 27 日垮坝失事。沟后水库 1989 年 10 月基本建成后，蓄水至 3258m 后，下游左右岸河床坝脚部发现渗漏，1989 年 10 月实测渗漏量约 17L/s。1993 年 8 月 27 日大坝溃决后，经检查发现：溃决坝体在坝轴线处最大，呈倒梯形，坝顶冲垮长 133m，坝底 65m，左右岸残留部分长分别为 65m 和 62m，高约 60m。

沟后大坝失事后，经有关方面论证，主要为防浪墙底板与面板间止水施工质量存在缺陷，砂砾石填筑的大坝未设置有效的排水体系。

5　大坝渗漏量与结构安全

5.1　大坝结构

当代混凝土面板堆石坝结构，从上游至下游，由钢筋混凝土面板、垫层料、过渡层料、主堆石料及下游次堆石料组成。钢筋混凝土面板、坝面结构缝止水、趾板、基础帷幕灌浆组成大坝的防渗系统。

垫层料有一定的颗粒及级配要求，在满足设计要求的情况下，可减小对混凝土面板的约束，避免或减少施工期面板裂缝，以及运行期面板的结构破损；在施工期间，混凝土面板还没有浇筑的情况下，垫层料起着大坝挡水作用，所以垫层料还必须是半透水料。

过渡层料起着垫层料与大坝堆石料间的过渡作用，其最大颗粒及级配也是有严格要求的，与垫层料间必须满足反滤、过渡设计准则，在设计水头下，即使没有混凝土面板的情况下，垫层料不发生渗透破坏。在天生桥一级大坝、珊溪水库大坝设计过程中，进行了垫层料的渗透、反滤试验；试验表明，在设计最高库水位工况，垫层料在过渡料的反滤保护下，垫层料颗粒间结构稳定，没有发生渗透破坏。

主堆石料是大坝的主要支撑体，一般采用硬岩石料，在与过渡料接触区域，其颗粒组成及级配要满足过渡要求。

次堆石料也是大坝的支撑体，主要满足大坝下游边坡的稳定，对料物的质量要求可放宽些，如采用强、弱风化堆石的混合料等。

在已建的工程中，为充分利用当地材料筑坝，大坝堆石体也有采用河床砂砾石料筑坝，中低坝采用软岩筑坝的成功实例。用砂砾石筑坝，首先要考虑坝体砂砾料的渗透稳定问题，若考虑不够周到，就可能出问题，如沟后大坝；对软岩筑坝，既要考虑坝的变形，也要考虑坝体排水问题。

5.2 大坝渗漏与结构安全关系

坝体采用硬岩填筑，坝基坐落在岩基上，施工期采用垫层料挡水度汛，垫层料与过渡料间满足反滤过度准则，已有工程实践，垫层料挡水度汛坝体是安全的。待工程完工后，运行期即使大坝渗漏较大，一般也不至于危及大坝的安全，如小山大坝、SBX 大坝、委内瑞拉杜利米奎工程大坝。当然，建大坝是为了发电或供水，渗漏量较大，对工程的经济效益会有一定的影响，高坝更明显。

坝体采用硬岩填筑，河床坝基坐落在砂砾石覆盖层上，且河床砂砾石覆盖层与上部的填筑堆石满足反滤过渡要求，渗漏量不是太大情况下，一般也是安全的。如云南 JY 大坝，蓄水初期坝体渗漏量随库水位上升而明显增加，将坝基防渗系统加强后，渗漏量明显减少，但还是偏大。为安全起见，在大坝下游坡脚曾设反滤过渡及堆石压坡，同时在下游坝脚与量水堰之间的砂砾石覆盖层上设置反滤过渡料，避免坝基砂砾料覆盖层产生渗透破坏。

坝体采用砂砾石填筑，首先要考虑坝体排水及渗透破坏问题。如云南 NL 大坝，在坝体设置排水通道，大坝下游区采用堆石料进行排水、压坡。正常情况下，需核实坝体砂砾石料与下游堆石间是否满足反滤过渡要求，若不满足，需设置过渡区。NL 大坝渗漏量也是水库开始蓄水，大坝渗漏量就随着库水位增加而增加，运行初期几年，最高库水位情况下，大坝渗漏量基本稳定，近年有所增加，应予以重视。

白云水库、株树桥水库大坝，大坝运行一段时间后，渗漏量明显增大，大多数是大坝表面防渗系统产生破坏。经水库放空检修，混凝土面板破损严重，垫层料冲失，表明垫层料与过渡料之间没有满足反滤过渡要求。

6 结论

从上面介绍的几个工程大坝结构设计、坝体填筑材料及河床基础性状、大坝渗漏情况，有几点认识，供探讨：

（1）重视坝基及左、右岸的防渗处理，避免库水蓄不上来或再补强加固处理；做好垫层料与过渡料的设计，重视施工质量，避免发生渗透破坏。

（2）大坝的安全问题主要视坝体结构、坝体填筑材料、坝基坐落的基础、坝体反滤、排水设施等情况来分析、判断。文中列出工程实例，大坝渗漏量短时间内达 1000～2000 L/s，也没有发现危及坝的安全；而用砂砾石填筑的坝，渗漏量不怎么大就垮了。

（3）水库开始蓄水，坝后渗漏量与库水位上升关联密切，且渗漏量较大，可判断存在基础、岸坡防渗体系缺陷。

（4）水库运行一段时间，原渗漏量较小，后来有逐年增大的趋势，发展到突然增大，可判断存在面板、垂直缝、周边缝、垫层料与过渡料关系等缺陷。

（5）坝体填筑材料为堆石料、坝基坐落在岩基上，大坝的抗渗透破坏能力较强，如施工期可用垫层料挡水度汛。

（6）坝体填筑材料为堆石料，河床坝基坐落在砂砾石覆盖层上，在较大的渗漏量作用下，对坝基砂砾石的抗渗透破坏压力较大。如 JY 工程在坝下游与量水堰之间的河床砂砾石覆盖层上增加反滤及压重处理措施。

（7）以大坝渗漏量多少来衡量大坝的运行安全，因不同的大坝填筑材料、不同的大坝（河床）基础，难以有统一的标准。鉴于已建工程的安全运行及渗漏情况，大多数 100m 坝高以下的渗漏量不大于 100L/s，200m 坝高以下渗漏量不超过 200L/s，作为参考指标，在不发生渗透破坏情况下，认为是可接受的。

参考文献

[1] 关志诚. 面板坝的挤压破坏和渗漏处理. 水利规划与设计，2012（2）.

作者简介

陈振文（1955—），男，华东勘测设计研究院有限公司，教高，主要从事水工结构设计工作。

监 测 检 测

300m 级高面板堆石坝安全监测新技术展望

张礼兵　邹　青

（中国电建集团昆明勘测设计研究院有限公司）

[摘　要]　本文基于已开展的 300m 级高面板堆石坝关键监测技术及新设备研究工作，对已取得的相关成果进行整理、归纳，介绍了拟建 300m 级高面板堆石坝安全监测前沿技术和手段原理、特点及技术路线。

[关键词]　高面板堆石坝；安全监测；关键技术；新设备；研发

1　引言

目前我国已建成和在建的混凝土面板堆石坝坝高超过 100m 的近 40 座，其中已建成的天生桥一级、洪家渡、三板溪和水布垭坝，均为世界高面板堆石坝。由于这些高面板堆石坝的安全性十分重要，20 世纪 80 年代以后，我国十分重视土石坝安全监测工作，在"六五""七五""八五"和"九五"期间都将高土石坝原型观测（安全监测）列为国家科技攻关项目，开发了 200m 级高土石坝包括高面板堆石坝安全监测所需的大量程、高精度监测仪器，包括引张线式水平位移计和水管式沉降仪组成的水平垂直位移计、伺服加速度活动式测斜仪、钢弦式孔隙水压力计等，形成了 200m 级高土石坝（包括高面板堆石坝）变形、应力和渗流安全监测技术。

随着我国面板堆石坝筑坝技术的迅速发展，不久的将来还将兴建多座 300m 级超高面板堆石坝，但迄今混凝土面板堆石坝筑坝理论和技术仍以经验为主，因此安全监测至关重要。以往国内已建 200m 级面板堆石坝的安全监测技术很难满足超高坝的要求，对于超高面板堆石坝来说，安全监测技术已超出国内现有规范和技术水平，特别是监测方法、仪器量程、仪器安装埋设工艺及仪器电缆保护等方面均有很大技术难度。

基于超高面板堆石坝建设及安全性需求，由中国水电工程顾问集团、华能澜沧江水电有限公司、云南华电怒江水电开发有限公司、黄河上游水电开发有限公司等共同牵头联合国内勘测设计单位、科研院所和高等院校进行"300m 级高面板堆石坝安全性及关键技术研究"攻关。根据课题研究工作大纲，拟分为 6 个专题进行研究，其中"300m 级高面板堆石坝安全监测关键技术研究"列为专题 6，主要研究内容为总结 200m 级面板堆石坝安全监测技术现状，分析存在问题，研发适应 300m 级面板堆石坝较大变形、稳定可靠的新

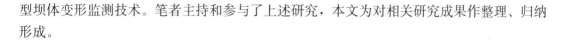

型坝体变形监测技术。笔者主持和参与了上述研究，本文为对相关研究成果作整理、归纳形成。

2 传统安全监测技术

我国土石坝、面板堆石坝设计理论及施工技术已达到世界先进水平，取得了举世瞩目的成就。但有关面板堆石坝安全监测技术的应用及发展明显滞后于面板堆石坝筑坝技术的发展，许多监测仪器的适应性仍然停留在 100m 级坝高水平，传统仪器难以适应高面板堆石坝对安全监测的技术要求。在高面板堆石坝坝体内部垂直和水平变形监测方面，目前国内外通常沿用水管式沉降仪或液压沉降计测量垂直变形，采用引张线式位移计或杆式水平位移计测量水平变形的方法。如 200m 级堆石坝，其监测管路约在 400～500m 长，已达到安全监测所用材料和技术工艺的极限，实际使用中出现了诸多技术问题。

2.1 引张线式水平位移计和水管式沉降计

南京水利科学研究院从我国第一座试验面板堆石坝（西北口面板堆石坝）开始，引进铟钢丝引张线式水平位移计和水管式沉降计，通过模型试验和现场原位试验成功用于面板堆石坝的内部变形观测，并逐步全面推广应用于我国百米级面板堆石坝内部变形监测中，取得了大量面板堆石坝的内部变形原位观测资料，为我国面板堆石坝技术发展提供了可靠的基础资料。为满足 200m 级面板堆石坝内部变形观测需要，南京水利科学研究院首先通过模型试验验证引张线式水平位移计和水管式沉降计用于 200m 级面板堆石坝内部变形观测的适用性及其合理的仪器测点结构形式、保护结构、管路结构和自动化系统等，并在水布垭面板堆石坝的内部变形观测中开展应用研究，获得了 200m 级面板堆石坝的内部变形原位观测资料。但同时也暴露出用于 200m 级高面板堆石坝内部变形观测中存在的一些问题：

（1）坝高增加，导致引张线和水管管路长度大大增加，为保证测量过程中铟钢丝引张线处于绷直状态以准确传递测点水平位移，必须大量增加引张线用配重，使得铟钢丝可能因强度不足被拉断；水管管路长度的大量增加，导致水管式沉降计通过管路充水至沉降计的难度大大增加，而且其测量装置和沉降计溢流水杯的水位平衡过程和时间将成倍增加，从而影响水管式沉降计的测量准确性。

（2）引张线式水平位移计每个测点需要配置一条铟钢丝引张线，同样水管式沉降计每个测点均需要一套水管和气管管路，随着坝高增加，相应测点数量也同步增加，水平位移计的引张线数量和沉降计的管路数量也相应增加，对保护管尺寸、分线和导向结构、强度等指标的要求也大大提高，而在面板堆石坝内保护管的上述指标也不可能无限度地提高的，尤其对于 300m 级面板堆石坝，由于其测点设计要求数量将近 3 倍于百米级面板堆石坝的测点数量，引张线式水平位移计和水管式沉降计的用于堆石坝体内部引张线和水管、通气管管路的保护管路和技术也是难以克服的难题之一。

（3）引张线式水平位移计和水管式沉降计必须在临时或永久观测房及其测量系统安装调试完成后才能开展正常观测。面板堆石坝的坝后临时或永久观测房由于保护要求和施工干扰等原因，同时观测房内引张线水平位移计和水管式沉降计的测量系统的安装要求和难度较高，观测房和测量系统一般难以在仪器安装完成后迅速完成，导致引张线式水平位移计和水管式沉降计的测量系统安装调试不能及时完成，使得其观测结果难以准确反映堆石坝坝体内部变形的数值或过程。

2.2 杆式水平位移计和液压沉降计

杆式水平位移计和液压沉降计是随大坝监测自动化系统发展而开发的用于土石坝内部变形监测的仪器，杆式水平位移计包括串联式和并联式；液压沉降计用于面板堆石坝内部沉降观测，其基本原理同传统的水管式沉降计基本相同，不同之处主要为采用高精度压力传感器（一般采用电容式压力传感器）测量测点位置由于沉降引起的压力变化以对坝体内部沉降进行观测。

传统的铟钢丝引张线式水平位移计和水管式沉降计能够较好地对百米级面板堆石坝内部变形进行准确测量，其结构简单，可靠度高，而且其自动化监测也已发展成熟，使得杆式水平位移计和液压沉降计在面板堆石坝内部变形监测未得到推广应用。分析其基本原理及其测量技术，杆式水平位移计和液压沉降计用于300m级高面板堆石坝内部变形观测中也存在的一些问题：

（1）液压沉降计和水管式沉降计一样将由于传递液压压力的水管管路的大量增加，其水压力传递和平衡过程和时间将成倍增加，从而影响液压沉降计的测量准确性。

（2）用串联式杆式水平位移计测量坝体内水平位移是通过串联在一起的各个位移计的测值计算得到，其中任何一个位移计出现测量误差或损坏都将影响后续水平位移测点测值的准确性。

（3）杆式水平位移计监测300m级面板堆石坝内部变形的测点锚固板、位移计和传递测杆的连接结构形式、材料、合理的直径等有待通过模型试验进行验证其适用性和可靠性。

（4）液压沉降计中高精度压力传感器安装结构，进、出水管与沉降计的连接方式，传递压力水管管路直径、材料等有待通过模型试验进行验证其适用性和可靠性。

针对高面板堆石坝其底部横断面长度超过900m，在这样长的测量管路上需要布置几十个测点，无法沿用传统的水管式沉降计和引张线式位移计方法监测坝体内部变形。针对这种超长测量范围，目前国内外尚无有效的改进监测手段和方法，需要开展新型测量仪器系统的开发研制。

3 新型监测技术研究

3.1 管道机器人系统

南京水利科学研究院与中国电建集团昆明勘测设计研究院有限公司联合开发了高面板堆石坝内部变形观测机器人系统（见图1），主要包括机器人系统、测量系统、轨道系统和保护系统。机器人多种工作臂可以选择更换，包括全景摄像头、清障工作臂、测量臂，自带动力和自行走；测量系统可监测大坝水平位移、侧向位移和沉降，测量数据自动存储和读取；轨道系统包括轨道长度测量和计数装置，机器人和测量系统行走精密轨道；保护系统为适用于面板堆石坝堆石体内的管道保护结构型式和保护材料。大坝内部水平和沉降变形观测机器人系统的测量系统在轨道系统中行走动力除机器人提供动力方式外，也可以采用自动控制卷扬机和高强度不锈钢钢丝绳牵引行走。系统中沉降和侧向变形监测采用高精度伺服加速度计传感器，其沉降测量精度为 0.02mm/m，换算得 300m 级面板堆石坝 800m 长轨道的沉降测量精度不大于 16mm，相对于 300m 级面板堆石坝可能发生的最大沉降 3～3.5m，其沉降测量误差为 0.46％～0.53％F.S，水平位移采用高精度光学测距技术，其水平位移测量精度为 1mm，相对于 300m 级面板堆石坝可能发生的最大水平位移 0.3～0.6m，其水平测量误差为 0.17％～0.33％F.S。

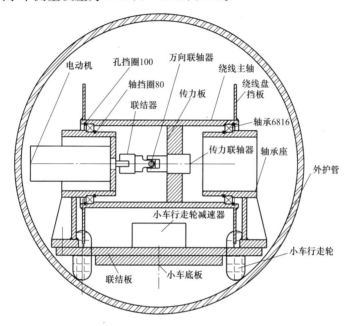

图 1　管道机器人装配横剖面图

3.2　1000m 级长距离水平位移计及沉降仪

北京基康仪器股份有限公司对高可靠性、高精度 1000m 级长距离水平位移及沉降自动化测量系统开展了两种方案和样机的研究。

（1）柔性测斜仪测量系统方案。是通过柔性固定式测斜仪这一新型传感器产品，进行应用性系统解决方案。柔性固定式测斜仪（见图 2）以节点作为基本组成单元，节点之间采用中空柔性连接件连接，具有较大幅度的任意角度柔性旋转能力（可以在 ±60°范围内任意弯折），能充分地匹配型面变化要求。节点的仪器电缆穿过中空柔性连接件逐级传递，从头至尾始终保持单根电缆出线形式。

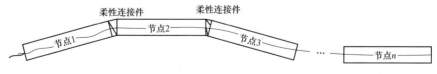

图 2　柔性固定式测斜仪节点结构示意

柔性测斜仪测量系统是基于连续测斜原理设计的高精度一体化测量装置，它由数个长度 0.5m 的刚性传感器节点、首尾连接而组成的一个传感器阵列，传感器节点之间采用轴向±60°范围内可自由弯曲的关节连接。

柔性测斜仪测量系统具有如下优点：外表面敷以高强度不锈钢编织网，具有极高的抗拉强度，采用整体防水密封结构，能胜任在各种恶劣环境下工作；可以连续、准确地测量整个装置覆盖区域的位移变形情况，埋设安装简便，无需控制方向，无需使用带有导槽的测斜管，无论是铅直、水平还是倾斜，只需将传感器整体插入预先埋设的套管中或者直接埋入预留的回填沟槽中即可；从原理上克服了活动式测斜仪类产品在工程应用中存在的各种技术缺陷，如重复性差、累积误差大、易于磨损、人工操作劳动强度大、不能实现自动化监测等，同时解决了固定式测斜仪类产品在工程应用中碰到的各种技术问题，如测点间距较大带来的传递杆挠曲导致位移变化传递失真、安装方法过于复杂、在同一个测斜孔中布局的测点数量受一定限制等。

（2）采用基于磁性位移计及无张拉钢杆传递的水平位移测量装置和基于水管式的电测沉降仪。磁性位移计是通过感知传感器外部的磁体相对位置的变化来测量位移变化。磁性位移计被安装在坝体中间测点位置并与传递杆相连，其保护与支撑方式与传递杆相同。磁环作为固定在待测位置的土体中的测点，当测点与锚固点之间产生相对位移时，锚固墩通过传递杆带动磁性位移计产生相对于磁环的位移变化，从而通过传感器感知土体的位移变化。磁性位移计传感器采用数字接口通信，并通过电缆引至测站与专用的数据采集装置连接，或通过蓝牙手机采集数据，或通过无线模块实现远传。

基于液压测量的水管沉降仪：即在待监测点设置密封容器（测头），密封容器通过两根通液管与设置在观测站处的储液灌连接，测头相对于储液灌的高差产生变化时，测头内的压力传感器可感知测头内压力变化。由于容器与管线是完全密封的，因此永久不用补充液体，且储液灌内的液位保持不变。由于采用液压测量来反映沉降量，因此需要传感器在满足量程的同时还需要有较高的分辨率，液位压力信号传输到观测站或指定位置与数据采集装置连接，或通过蓝牙手机采集数据，也可通过无线模块实现远传。

每个测点均为一个独立的测线便于埋设、安装调试，如有多个测点则形成多条并列的测线，并且在工作时互不影响。

3.3 300m 级高面板坝 SAR 变形监测技术

作为先进的对地观测技术，合成孔径雷达（synthetic aperture radar，SAR）是一种工作在微波波段的相干遥感成像系统，既能感知地表对微波的后向散射特性，又能精确量测地形及其变化的独特的对地观测数据源。此外，SAR 系统获取数据不受气象条件的影响，在多云雨天气的地区仍能够以固定重访周期对地表进行稳定、连续的观测，这点对于光学遥感数据而言，具有优势。近十几年来，随着 InSAR 技术理论不断完善和运用实践，InSAR 技术在地表高程和形变量测方面的精确性及有效性得以大幅度提升，当 SAR 数据具有合适范围覆盖和成像参数，则可获得目标的信息；应用星载 SAR 技术可以获得面状分布的变形信息，而常规的地面测量技术（GPS、测量机器人等）受限于量测点布设的约束，只能对少量的点进行观测，无法全面掌握坝体结构及其周边的整体变形情况，因此，利用 SAR 数据对堆石坝开展变形监测将成为一种便捷高效的方式，并可作为监测人员难以到达地区地面监测的主要手段。

武汉大学通过实验和分析，验证了应用 SAR 技术进行土石坝变形监测的可行性。并提出了实施改进建议：

（1）进行长时间序列 SAR 数据分析。面板坝往往在地形复杂的山区建设，数据解算的难度和精度都有可能发生变化，有必要根据实际情况调整数据处理流程和拓展关键技术。在实际工程应用中，增加观测次数可以有效地提高形变量提取的精度和可靠性。

（2）引入更高分辨率的星载 SAR 数据。从 SAR 影像和幅度和相位的分析和解译结果来看，采用较高分辨率（1m 甚至 0.25m）的时间序列 SAR 数据集，能更好地探测大坝的细部结构，并给出更精细的监测结果。目前星载 SAR 数据的商业价格不断降低，从而大大增加了工程应用中采用高分辨率星载 SAR 数据的可行性。

（3）结合地基雷达 SAR 系统（GBSAR）。星载 SAR 数据比较适合提取垂直方向的形变量。为了进一步获取大坝的详细监测数据，可以使用地基雷达 SAR。地基 SAR 系统可以根据观测场景选择最佳观测视角和时间基线，具有很好的灵活性和可操作性，而且地基 SAR 系统的空间分辨率更高、重复观测周期更短，具有亚毫米级的测量精度。因此，地基 SAR 是星载 SAR 变形监测的有效补充手段。地基雷达 SAR 可以获取近乎实时的变化，为大坝稳定性监测提供依据。

3.4 土石坝监测廊道

随着高面板堆石坝变性控制技术的发展，坝体总变形量和不均匀变形梯度大大减小，在坝体内部设置监测廊道成为可行且安全监测技术，昆明院对该技术进行了深入研究，在高土石坝内分断面分高程设置监测廊道，监测廊道内分段布置变形监测仪器，从而减小土石坝内部变形监测仪器的长度，解决长距离变形监测仪器的适应性和可靠性问题。通过设置监测廊道，可免去原监测仪器沟槽开挖、回填的工作量，在加快施工进度和填筑质量；监测仪器布置在监测廊道内，堆石体内渗流、应力等监测仪器电缆可就近引入监测廊道，避免或减少了电缆长距离在堆石体内牵引有可能被损坏等问题，免去碾压等影响，仪器成活率高，同时监测仪器如出现异常及损坏等，观测人员可通过监测廊道人工巡视检查，方便维修。

选择在河中最大坝高部位、岸坡典型部位顺河向布置监测廊道，廊道初步设计采用预应力预制廊道，每段预制廊道长度为 1.5～3.0m，预制廊道之间采用土工膜或沥青等填充以适应堆石坝不均匀沉降。根据目前高土石坝实测和计算成果，在堆石体沉降较大部位 2.0m 预制廊道之间相对沉降约为 2～3cm，可通过适当减小预制廊道的长度（如 1.5m）来适应堆石体的变形，对于相对沉降较小部位（如靠近下游坝坡）等部位，预制廊道的长度可适当增加至 3.0m 左右。

为解决廊道渗流问题，主要措施包括防水和排水措施，防水措施为在廊道接头部位设置橡胶等止水条，廊道内部设置排水沟和汇水井，保证廊道内部的排水通畅，以便监测仪器的正常工作。

监测廊道设置见图 3，监测廊道内变形监测仪器布置示意见图 4。

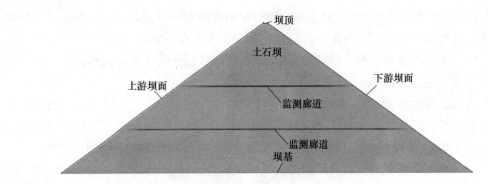

图 3　监测廊道设置示意

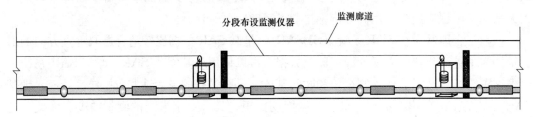

图 4　监测廊道内变形监测仪器布置示意

4　结束语

经过前期缜密的策划与落实，300m 级高面板堆石坝监测关键技术研究及新设备研发工作已全面开展，并取得了初步成果。通过进一步努力完善，研究成果应用于 300m 级高面板堆石坝安全监测指日可待，相信这些先进的监测技术能够发挥重要的安全监控作用。

参考文献

[1] 李平湘，杨杰. 雷达干涉测量原理与应用.［M］. 北京：测绘出版社，2006.

[2] 毕德学，邓宗全. 管道机器人. 机器人技术与应用，1996（06）.

[3] 张宗亮，于玉贞，张丙印. 高土石坝工程安全评价与预警信息管理系统. 中国工程科学，2011（13）.

作者简介

张礼兵（1979— ），男，湖北恩施人，高级工程师，主要从事安全监测设计、资料分析及技术管理工作。

GNSS 监测技术在糯扎渡水电站近坝库岸滑坡体监测的应用

刘　伟　赵世明　邹　青

（中国电建集团昆明勘测设计研究院有限公司）

[摘　要]　随着科学技术的发展，卫星通信和全球卫星定位系统 GPS（Global Positioning System）已广泛应用于社会的各个行业，并逐步应用到水电工程中。糯扎渡水电站近坝库岸滑坡体变形监测至关重要。为了实现滑坡体变形的自动化监测，需要应用新的监测技术代替常规的人工大地测量方法，经深入调研和研究，决定采用 GNSS（Global Navigation Satellite System、全球导航卫星系统）单机单天线变形监测系统。

　　本文简要论述了糯扎渡近坝库岸滑坡体变形监测系统的原理、技术特点、构成与布置方案以及实施后的监测效果。

[关键词]　表面变形监测　全球卫星定位系统　GNSS 监测系统　近坝库岸滑坡体

1　引言

1957 年 10 月 4 日，世界上第一颗人造地球卫星发射成功，标志着人类进入空间技术的新时代。近 50 年来，由于卫星测量的发展，特别是 GPS（global positioning system）全球卫星定位系统的成功建立和应用，测绘行业经历了一场深刻的技术革命。现在卫星通信和全球卫星定位系统（GPS）已广泛应用于社会的各个行业，随着 GPS 定位精度的提高，GPS 技术已逐步应用于水电工程中，如隔河岩水电站重力拱坝、拉西瓦水电站坝肩边坡、小湾水电站拱坝等均采用了 GPS 技术进行变形监测。

常规的滑坡体表面变形监测，是采用不同仪器设备分别进行水平位移和垂直位移监测。其观测方法受外界气候条件影响大，并且由于采用手工或半手工操作，工作量大，作业周期长。与常规方法相比，GPS 监测系统具有以下优势和特点：

（1）不受气候等外界条件影响，可全天候监测。

（2）所有变形监测点的观测时间同步，能客观反映某一时刻滑坡体各监测点的变形状况。

（3）可同步测出监测点的水平位移和垂直位移。

（4）可实现全自动监测。

2　糯扎渡近坝库岸滑坡体 GNSS 变形监测系统概述

2.1　工程概况

糯扎渡水电站位于云南省思茅市翠云区和澜沧县交界处的澜沧江下游干流上，是澜沧江中下游河段八个梯级规划的第五级。工程属大（1）型一等工程，永久性主要水工建筑物为 1 级建筑物。工程以发电为主兼有防洪、灌溉、养殖和旅游等综合利用效益，水库具有多年调节性能。水库总库容为 $237.03 \times 10^8 \mathrm{m}^3$，电站装机容量 5850MW（$9 \times 650$MW）。该工程由心墙堆石坝、左岸开敞式溢洪道、左、右岸泄洪隧洞、左岸地下引水发电系统、地面 500kV 开关站及导流工程等建筑物组成。

H_6 滑坡体位于坝址上游澜沧江左岸约 7km 处，对岸为黑河汇入澜沧江的交叉口。滑坡体底滑面平而宽缓，顶部地表地形平缓，且高程比正常蓄水位高出不多（约 70m），滑坡体整体属稳定，水库蓄水至正常蓄水位后，不会产生整体失稳，但可能发生局部解体破坏。由于 H_6 滑坡体位置高，与白莫箐移民安置点隔澜沧江相望，存在一旦失稳滑入江中则会导致灾难性后果的可能，应加强蓄水期间的巡视及监测。

H_{13} 滑坡体位于支流黑河右岸，距大坝约 10.5km，由于滑坡地面及滑面均较平缓，滑坡物质较为松散，地形上受黑河切割影响，前缘略陡，预计在库水上升过程中，可产生牵引式的逐级扩张或变形的局部失稳，不会产生大的整体式的快速失稳。加之该滑坡体位于支流内，支流与干流近直角相交，距坝址达 10.5km，故不致对工程产生较大影响。但由于 H_{13} 滑坡体距离白莫箐移民安置点较近，应加强蓄水期间的巡视及监测。

滑坡体平面示意见图 1 和图 2。

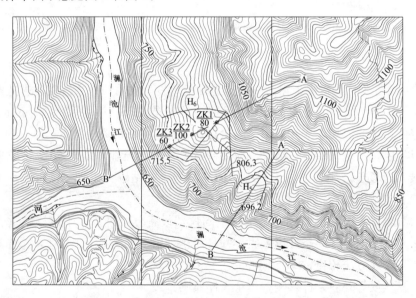

图 1　澜沧江左岸 H_6 滑坡平面示意

2.2　GNSS 系统原理

GNSS（global navigation satellite system、全球导航卫星系统），其系统组成包括：空间部分——人造地球卫星；地面监控部分——分布在地球赤道上的若干个卫星监控站、注入站和主控站；用户部分——用于接收卫星信号的设备。

GNSS 定位原理为将卫星视为"动态"的控制点，在已知其瞬时坐标（可根据卫星轨道参数计算）的条件下，以卫星和用户接收机天线之间的距离（或距离差）为观测量，进行空间距离后方交会，从而确定用户接收机天线所处的位置。定位示意见图 3。

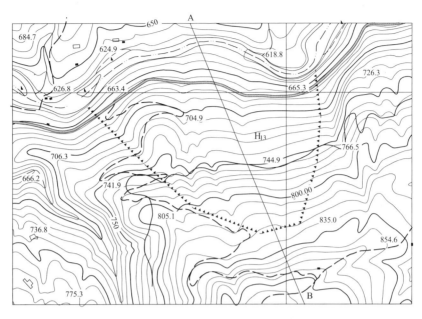

图 2　黑河右岸 H_{13} 滑坡平面示意

2.3　GNSS 监测系统构成

GNSS 系统由天线、接收机、通信系统及相关解算、坐标转换及分析处理软件组成。

（1）GNSS 天线（见图 4）。

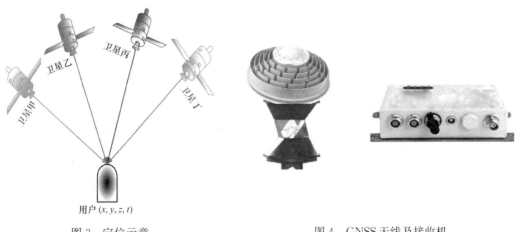

图 3　定位示意　　　　　　　　图 4　GNSS 天线及接收机

1）GNSS 采用扼流圈天线，具有抗多路径效应和跟踪卫星的能力，天线相位中心稳定性小于 1.0mm，卫星截止高度角不大于 $15°$。

2）目前主流天线可以接收信号为：

GPS：L1、L2、L5；

GLONASS：L1、L2、L3；

Galileo：E2-L1-E1、E5a、E5b、E6、ALtboc；

Compass（北斗）：E1、E2、E5b、E6、L-波段。

（2）GNSS 接收机（见图 4）。目前主流接收机通道为 72 个，数据输出速率 1～20Hz。有单星单频、双星双频等，内置带存储卡或不带存储卡，工业防护等级为 IP67。

（3）通信及相关软件。各厂家产品的通信和解算、坐标转换软件均齐备，但针对变形监测特点的分析处理软件不是每个厂家均有，特别是相关软件的开放性差别较大。

（4）主流厂家。国外：Leica 瑞士徕卡、Tr imble 美国天宝、Topcon 日本拓普康、ASHTECH 美国阿斯泰克等。国内：上海华测、广州中海达、广州南方测绘、北京北斗星通等。

3 监测系统布置

糯扎渡水电站近坝库岸的 H_6 滑坡体位于坝址上游澜沧江左岸约 7km 处，顺主滑方向布置有三条监测剖面，共 6 个 GNSS 监测点，测点编号分别为 H6-GTP-01～06。H_{13} 滑坡体位于支流黑河右岸，距大坝约 10.5km，布置有 2 个 GNSS 监测点，测点编号为 H13-GTP-01、H13-GTP-02。基准站点布置在白莫箐，作为监测工作基点，所有监测点均以其作为参照，计算坐标位移，见图 5。

图 5　近坝库岸滑坡体 GNSS 监测点布置图

糯扎渡水电站近坝库岸滑坡体 GNSS 监测系统采用 GPRS 通信方式，电源采用太阳能供电系统，见图 6。

4 变形监测成果分析

糯扎渡水电站库区 H_6、H_{13} 滑坡体 GNSS 系统于 2012 年 11 月 30 日完建投入运行，监测成果均以 2012 年 11 月 30 日的观测数据为起算值。

4.1 H_6 滑坡体

H_6 滑坡体各测点测值统计见表 1，可以看出：投入观测以来，H6-GTP-01～H6-

图 6 近坝库岸滑坡体 GNSS 监测系统通信示意

GTP-06 监测点各方向累计位移不大，水平合位移介于 0.72～19.8mm，当前值为 10～19.8mm；垂直位移介于−22.5～12.1mm，当前值为−18.4～−7.5mm，呈一定波动变化，表明滑坡体无明显的位移，处于稳定状态。

表 1 H₆滑坡体各监测点位移统计表

测点编号	项目	最大值（mm）	最小值（mm）	平均值（mm）	当前值（mm）
H6-GTP-01	水平合位移	12.7	0.8	5.1	10
	垂直位移	7.30	−12.90	−1.48	−7.5
H6-GTP-02	水平合位移	16.3	2.75	8.9	16.3
	垂直位移	8.70	−14.4	−2.28	−8.9
H6-GTP-03	水平合位移	17.4	0.72	9	16.6
	垂直位移	12.10	−15.2	−2.2	−11.3
H6-GTP-04	水平合位移	16.6	2.42	9.8	15.2
	垂直位移	5.50	−21	−8.2	−18.4
H6-GTP-05	水平合位移	19.8	2.36	10.4	19.8
	垂直位移	7.00	−22.5	−3.8	−9.4
H6-GTP-06	水平合位移	15.7	2.33	8.4	15.7
	垂直位移	6.80	−13.1	−2.6	−10.7

4.2 H₁₃滑坡体

H₁₃滑坡体各测点测值统计见表 2，可以看出：H13-GTP-01 监测点各方向累计位移不大，水平合位移介于 0.28～17.4mm，当前值为 13.7mm；垂直位移介于−13.9～11.6mm，当前值为 0.9mm；呈一定波动变化。H13-GTP-02 监测点各方向累计位移不大，水平合位移介于 0.1～6.0mm，当前值为 4mm；垂直位移介于 1.2～16.3mm，当前值为 8.2mm；呈窄幅波动变化。

表 2　　　　　　　　　　　　H₁₃滑坡体各监测点位移统计表

测点编号	项目	最大值（mm）	最小值（mm）	平均值（mm）	当前值（mm）
H13-GTP-01	水平合位移	17.4	0.28	9.6	13.7
	垂直位移	11.60	−13.90	2.6	0.9
H13-GTP-02	水平合位移	6.00	0.1	2.1	4
	垂直位移	16.30	1.20	10.65	8.2

5　结论

自 2012 年观测以来，糯扎渡水电站近坝库岸 H₆、H₁₃滑坡体水平合位移、垂直位移总体量级较小，H₆滑坡体绝大部分测值小于 20mm，H₁₃滑坡体绝大部分测值小于 10mm，总体呈一定波动变化，表明滑坡体总体运行正常。

GNSS 监测系统能够解决传统人工利用仪器进行现场测量，人力成本及测量设备费用较高的问题；对滑坡体变形进行 24h 不间断的观测，根据结果有效地进行预警，方便运行管理单位提前采取措施，避免因滑坡体失稳对大坝造成的危害；也保障了库区下游及周围人民群众的生命财产安全。该监测系统若能在糯扎渡工程应用成功，将进一步推进我国水电工程库区岸坡安全监测技术和手段的进步。

参考文献

[1] 周建郑．GPS 定位原理与技术［M］．郑州：黄河水利出版社，2005．
[2] 岳建平，田林亚．变形监测技术与应用．2 版［M］．北京：国防工业出版社，2014．

作者简介

刘伟（1980—），男，湖北武汉人，高级工程师，主要从事安全监测设计、资料分析及技术管理工作。

瞬态面波法检测技术在丰宁抽水蓄能电站上水库面板堆石坝中的应用

潘福营[1]　　李　斌[2]

（1　国网新源控股有限公司　　2　河北丰宁抽水蓄能有限公司）

[摘　要]　目前面板堆石坝堆石料干密度的检测，主要采用挖坑灌水法，该方法存在检测周期较长、耗费人力较大等问题，在丰宁抽水蓄能电站上水库面板堆石坝填筑施工中开展了瞬态面波法检测干密度技术研究和工程应用，该方法具有快速、高效、无损、经济等优点，本文就瞬态面波法检测技术应用情况进行总结和交流。

[关键词]　瞬态面波法　面板堆石坝　干密度　检测技术

1　引言

对面板堆石坝填筑碾压质量评判，干密度、孔隙率是两个重要物理力学指标，其基本原理是采用挖坑灌水法检测填筑料的干密度，然后计算孔隙率。实际操作过程中，挖坑灌水法存在取样时间长、投入人员多、坑壁不规则、检测点数量少等缺点。

目前已研究出的其他方法有压实沉降观测法、振动碾装加速度计法、控制碾压参数法、静弹模法、动弹模法、核子密度法及面波法等。其中压实沉降观测法、振动碾装加速度计法、控制碾压参数法、静弹模法、动弹模法这 5 种间接法均不能定量，只能定性的评价或控制堆石体的压实程度；核子密度法由于具有放射性，现场要求具有严格的防护措施，且其检测要求层厚度小于 40cm、粒径小于 4cm，实际应用具有很大局限性。

在丰宁抽水蓄能电站（简称丰宁电站）上水库面板堆石坝填筑施工中，开展了瞬态面波法无损检测堆石料干密度技术的研究和实践工作，应用效果较好。

2　工程概况

丰宁电站位于河北省丰宁满族自治县境内，工程规划装机容量 3600MW，安装 12 台单机容量为 300MW 的可逆式水泵水轮机组。枢纽工程建筑物主要由上水库、水道系统、地下厂房系统、下水库等组成。

上水库坝型为混凝土面板堆石坝，坝顶高程 1510.3m，坝顶长度 525m，最大坝高 120.3m，上、下游坡比均为 1∶1.4，坝体从上游到下游依次为坝前盖重、黏土护坡、混凝土面板、垫层区、过渡区、主堆石区、次堆石区及下游干砌石护坡，总填筑量为 415 万 m³。坝体典型剖面示意见图 1。

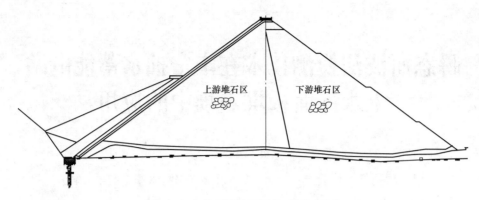

图1 上水库面板堆石坝典型剖面示意

3 瞬态面波法检测原理介绍

3.1 层状介质中面波传播特性与面波勘探原理

面波是指在介质表面传播的波，但其传播速度却与地下构造有着密切的关系。所谓只在介质的表面传播，这个表面是有一定的厚度的，而且这个厚度与面波的波长有关。振幅从介质表面沿深度方向快速衰减，大约在半个波长以内约集中了全部能量的70％以上，所以瑞雷面波的传播速度主要由从介质的表面到半个波长的深度范围内的介质决定，而几乎与一个波长以外的介质无关。

面波在多层介质中传播时，其速度会随着频率的不同而有所变化，这种现象称为面波传播的频散，面波的频散特性是进行面波测试的基础及测试分析的主要依据。

很明显，高频面波波长较短，只能穿透介质表面附近很浅的范围内的介质，因而其传播速度只反映浅层情况；低频面波，波长较长，能穿透从表面到深处的介质，因而其传播速度能反映从表面到深部的介质的综合影响。如果我们能得到从高频到低频的瑞雷面波的传播速度，也就得到了反映整个介质情况的信息，用数学的方法按深度把这些信息分离开来，我们就掌握了整个的介质内部构造，这就是面波法的原理。

丰宁电站主要采用瞬态法，瞬态法是利用重锤冲击地表，在激发点产生垂向脉冲振动，从而在介质中激发出具有一定频带宽度的混频瑞雷面波波动。利用频散分析技术提取各个单频成分的瑞雷面波相速度，即可得到瑞雷面波的频散曲线。

3.2 瞬态面波法检测压实干密度的基本原理与方法

瞬态面波的频散特性和在介质中的传播速度与堆石料的物理性质有关。瞬态面波沿地表传播影响深度约为一个波长，同一波长的瞬态面波传播特性反映堆石料密度在水平方向上的变化，不同波长的瞬态面波传播特性反映堆石料密度在竖直方向上的变化。堆石料介质在水平和竖直方向上存在着堆石含量等物性差异，这种差异将会引起密度的变化，从而使瞬态面波在传播过程中产生频散和速度的变化。通过采集各测点的面波频率和速度，处理后可获得频散和速度的变化，进而可以检测堆石料干密度，并确定面波加权速度值，再通过对干密度和面波速度的拟合确定两者之间的关系公式，从而可根据实测的面波速度确定堆石料压实干密度。

3.3 现场检测方法

结合现场挖坑灌水法测试干密度成果，在灌水法试验之前，在选定试验位置先进行瞬态面波法检测，保证瞬态面波法测试与挖坑灌水法试验位置基本一致。

瞬态面波法进行现场检测时采用多道检波器接收，以利于面波的对比和分析。多道瞬态面波采用单端激发的共炮点等道距排列，使排列至少能容纳半个预期的面波最大波长，丰宁电站总检测道数布置了 12 道。偏移距为激振点距离第 1 个检波器的距离采用 100～200cm，具体大小需结合现场检测波形数据而定偏移距，12 个检波器之间的距离固定为 10cm，见图 2。检测时使用重锤敲击激振点的承压板，采集 12 道波形数据。

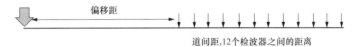

图 2　激振点与检波器布置示意

对采集到的波形进行处理，根据实测的频散曲线，建立正演模型，并通过正演方法计算出模型的频散曲线，对两者进行比较拟合，并反复不断调整用于正演计算的介质模型使得理论频散曲线与实测频散曲线达到满意的拟合程度，从而得到地下介质中的速度模型，剔除表面直达波后将每次挖坑灌水法测试干密度值与波速测试结果进行拟合，得出最接近的拟合公式。

4　瞬态面波法检测技术在丰宁电站的应用

4.1　科研试验情况说明

2015 年 5 月～2016 年 9 月，以丰宁电站上水库面板堆石坝填筑为依托，开展瞬态面波法无损检测研究。为确保数据拟合精确性，挖坑灌水法施工前，在挖坑灌水法原位先进行瞬态面波法无损检测，期间共收集主次堆石区 1058 个点位、过渡区 1092 点位、垫层区 1836 点位数据，通过波形处理、频散分析，得出挖坑灌水法干密度和面波的拟合曲线。

主次堆石区采用幂函数拟合较线性函数拟合误差更小，拟合曲线见图 3，得出幂函数拟合公式

$$\rho_d = -32\ 050v_s^{-2.751} + 2.205 \tag{1}$$

式中：ρ_d 为堆石料干密度（g/cm³）；v_s 为面波波速（m/s）。

过渡区采用线性函数拟合，拟合曲线见图 4，得出拟合公式

$$\rho_d = 0.000\ 2v_s + 2.110\ 43 \tag{2}$$

式中：ρ_d 为堆石料干密度（g/cm³）；v_s 为面波波速（m/s）。

垫层区采用线性函数拟合，拟合曲线见图 5，得出拟合公式

$$\rho_d = 0.000\ 253v_s + 2.156\ 5 \tag{3}$$

式中：ρ_d 为堆石料干密度（g/cm³）；v_s 为面波波速（m/s）。

得出全部拟合曲线后，立即开展了现场验证试验，各区料面波法与挖坑灌水法检测干

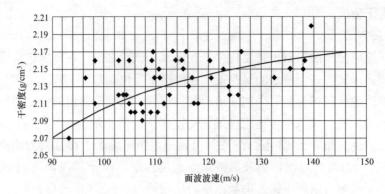

图 3　主、次堆石区拟合曲线

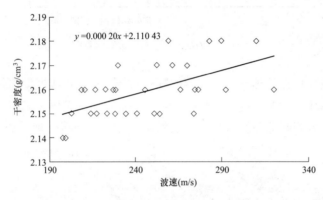

图 4　过渡区拟合曲线

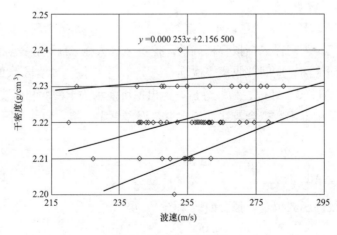

图 5　垫层区拟合曲线

密度验证结果对比情况见表 1。

　　根据验证检测结果可知，主堆料检测最大误差为 4.6%，均小于 5%；垫层、特殊垫层料检测最大误差为 0.8%；过渡料检测最大误差为 0.9%，验证检测结果可基本满足现场检测要求。

表 1   各区料面波法与挖坑灌水法检测干密度验证结果对比

起止高程（m）	检测时间	面波法干密度（g/cm³）	挖坑灌水法干密度（g/cm³）	v_s（m/s）	误差（%）
垫层料					
1455.9～1456.2	2016-11-13	2.221	2.233	255.270	0.5
1456.8～1457.1	2016-11-17	2.224	2.214	267.694	0.5
1456.8～1457.1	2016-11-17	2.222	2.204	259.741	0.8
过渡料					
1455.9～1456.2	2016-11-13	2.193	2.184	251.538	0.4
1456.8～1457.1	2016-11-17	2.165	2.184	273.203	0.9
主堆料					
1456.8～1457.4	2016.11.13	2.150	2.098	176.176	1.9
1457.4～1458.0	2016-11-15	2.160	2.107	216.056	4.6
1456.8～1457.4	2016-11-14	2.190	2.137	199.719	1.8
1457.4～1458.0	2016-11-16	2.180	2.127	225.193	4.4

4.2 施工过程管理

根据以上科研及现场验证成果，2016 年 11 月，瞬态面波法检测技术开始正式应用于丰宁电站上水库大坝填筑，根据挖坑法试验进度同步实施。其中主、次堆石区按照 1∶3 原则进行，即 1 次挖坑法试验对应 3 次快速检测方法应用，过渡区、垫层区按照 1∶2 原则进行，其探点的选择为随机抽取，且尽量抽取表观碾压质量不佳或数字化碾压系统中碾压遍数显示不足的区域。

4.3 挖坑法与瞬态面波法检测成果分析

2017 年 10 月丰宁电站上水库大坝填筑完成，共开展了 686 组（每组试验对应 12 道瞬态面波，即 12 个点位数据）瞬态面波法检测试验。瞬态面波法检测结果相对于挖坑灌水法检测结果误差统计见表 2，各区料面波法与挖坑灌水法检测干密度成果统计结果对比见表 3。

表 2   各区瞬态面波检测法误差情况统计分析

区域	快速检测数量（组）	误差最大值（%）	误差最小值（%）	平均误差（%）
主、次堆石区	294	4.5	0	2.1
过渡区	196	1.7	0	0.7
垫层区	196	1.3	0	0.5

表 3   面波法与挖坑灌水法对各区料检测干密度成果对比

检测方法	检测组数	最大值（g/cm³）	最小值（g/cm³）	平均值（g/cm³）	标准差
次堆石区					
面波法	147	2.145	2.059	2.092	0.021
挖坑灌水法	49	2.080	2.050	2.067	0.010

检测方法	检测组数	最大值（g/cm³）	最小值（g/cm³）	平均值（g/cm³）	标准差
主堆石区					
面波法	147	2.163	2.101	2.133	0.019
挖坑灌水法	49	2.130	2.110	2.120	0
过渡区					
面波法	196	2.152	2.140	2.144	0.002
挖坑灌水法	98	2.180	2.140	2.168	0.009
垫层区					
面波法	196	2.213	2.200	2.204	0.004
挖坑灌水法	98	2.250	2.200	2.221	0.015

由以上数据可看出，在瞬态面波法检测数据中，相比挖坑灌水法试验结果，误差均在 5% 以内，过渡区、垫层区均在 2% 以内，呈现出最大粒径越小结果越精确的规律，说明堆石体碾压越密实，干密度越大，面波传播越稳定，这也符合面波检测的一般规律。

5 结论

通过丰宁抽水蓄能电站应用瞬态面波法检测堆石料密度，可以得出以下结论：

（1）采用瞬态面波法检测，获取不同密度的堆石料面波波速，并在面波检测面处进行挖坑取样，测得密度值后与实测面波波速进行拟合确定二者之间的关系公式，从而实现堆石料密度的快速检测。

（2）数值计算成果表明，堆石体密实度越高，传播范围越大，说明某一时刻的传播速度越大；相反，密度越小，传播速度也越低，即面波波速随堆石体密度的增大线性增加。数值模拟结果与实测数据对比可知，两者具有较好的一致性。

因此采用瞬态面波法检测堆石料密度的方式具有设备轻便、方法简单、效率高、可以对填筑料进行大面积检测等优点。希望在其他工程继续开展研究，技术成熟后可以推广应用。

参考文献

[1] 王千年. 瑞雷面波在堆石体结构中的传播特性及在密实度检测中的应用 [D]. 上海：上海交通大学，2013.

[2] 应鉴钧. 强夯地基检测中多道瞬态雷波法技术的应用 [J]. 建筑工程技术与设计，2014（17）：159.

[3] 朱明新. 多道瞬态面波法在强夯地基处理检测中的应用 [J]. 福建地质，2018（1）：75-81.

[4] 马雨峰. 基于面波法的堆石料密度无损检测技术. 东北水利水电，2017（4）.

作者简介

潘福营（1971—），男，硕士，河北唐山人，教授级高级工程师，从事工程项目管理工作。

李斌（1989—），男，硕士，山东德州人，工程师，从事抽水蓄能工程建设管理工作。

大坝安全监测信息化管理及应用

叶芳毅　　王喜春

（长江勘测规划设计研究院）

[摘　要]　介绍了大坝安全监测工作的目的、意义和国内发展现状，指出了大坝作为低空空域的重要经济目标是目标防护的重点和安全监测信息化应用在目标防护中的重要性，明确了大坝安全监测信息化管理的主要工作内容，根据安全监测信息化管理目标和监测业务确定了功能需求，分析了大坝安全监测信息化应用的多种技术手段和成果需求，阐述了大坝安全监测信息化综合应用中的快速反应机制的技术特点、技术路线、实现方案及实例应用，总结了现阶段我国大坝安全监测信息化管理和应用的不足以及未来的发展方向。

[关键词]　安全监测　自动化　分析评价　数据库　预测预警　快速反应机制　目标防护

1　引言

大坝安全监测是指对水库大坝在施工和运行过程中进行的现场巡视检查和采用仪器设备所做的观测工作，通常包括数据采集、成果管理、分析预警三个阶段性内容。大坝安全监测工作的目的是了解大坝坝体及基础的实际工作状况，对大坝的运行性态进行综合分析，寻找大坝安全隐患，以保障大坝安全及高效运行、提高大坝安全现代化管理水平和工作效率。

随着信息技术的发展，在常规安全监测技术不断完善的同时，基于 3S 技术（GIS、RS 和 GPS）、物联网技术、虚拟仿真、云计算等平台的智能化监测技术已成为大坝安全监测的新亮点。目前国内大坝安全监测信息化建设主要可以分成 3 个层次：

（1）针对单个水库大坝与大坝安全监测自动化系统配套的信息管理系统，这类系统主要侧重数据采集、信息管理，兼顾资料分析、安全评价和大坝安全快速反应部分功能。

（2）针对某个工程的专家系统，该类型系统一般基于网络技术，在 C/S 或 B/S 平台下开发。

（3）利用互联网技术开发的水库群或流域乃至管理部门所属大坝群的信息关系与决策支持系统，这需要用到云计算、数据仓库、数据挖掘、远程通信等技术。

大坝作为一个国家的重要经济目标，在战争中是低空空域被打击的首要目标。防空行动的一个重要任务就是对重要经济目标进行综合防护，在战时组织消除空袭后果，这是一个整体性、系统性、综合性行为。目标防护，是国家综合国力的重要组成部分，是国防动员潜力的基础，是防空建设和重点之一。搞好目标防护工作，对于加强防空建设，保障国家安全、提升目标防护能力、夺取未来战争胜利，对平时稳定经济，保护人民生命财产安全，避免和减少损失，维护社会稳定，提升平时应急救援、战时防护抢险的能力具有重大的现实意义和深远的战略意义。

在目标防护行动中，可以通过大坝安全监测信息化应用，建立快速反应机制，在大坝受到空袭破坏后，快速获取安全监测数据进行综合分析评价，及时掌握敌空袭造成损害，为决策层做出果断的判断和处置提供数据支撑，从而可以快速组织各行业和重要经济目标单位人防专业队，以及跨区支援行动，采取积极的抢险和救护行动，及时组织消除敌空袭后果，抢救受伤人员、恢复生产生活、保持战争潜力、维护社会稳定、增强防护效果。

2 大坝安全监测信息化管理内容

从大坝规划设计、施工建设到运行管理，时间跨度长，通过埋设安装的大量的监测仪器采集到海量的数据结构复杂的监测数据，如何科学、有效地把他们组织好是大坝安全监测信息化管理成功的关键。大坝安全监测信息化管理信息构成见图 1。

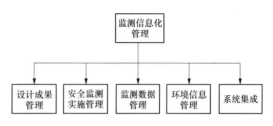

图 1 大坝安全监测信息化管理信息构成

3 大坝安全监测信息化管理功能构成

3.1 设计成果管理

数据包括大坝建设、运行管理阶段的各类设计资料、设计变更资料、地质资料、报告等。建设的系统中要实现的功能包含文档资料（CAD、PDF、Word 和 Excel 等）的输入、调用、查询、下载各阶段设计资料和实施阶段监测设计资料、结构设计资料、地质情况和工程量等。

3.2 监测实施管理

数据包括监测实施全流程管理、验收管理、合同、结算管理等。建设的系统中要实现的功能包含文档资料（CAD、PDF、Word 和 Excel 等）的输入、调用、查询、下载设备各安全监测实施全过程的资料，通过一览表可以实现查询监测仪器实施全过程的信息。

3.3 监测数据管理

数据包括数据输入和整理输出（包括监测图表、监测成果及分析报告）。建设的系统中要实现的功能包含监测数据采集（人工数据采集和自动化数据采集）、数据审核、数据入库、数据整编和成果输出（图、表、成果统计和自动生成文档报告等）等功能。

3.4 环境信息管理

数据包括各部位开挖、支护信息、混凝土浇筑信息、水文气象信息、地震信息等内容。建设的系统中要实现的功能包含可以调用、查询各部位开挖、支护信息、混凝土浇筑信息、水文气象信息、地震信息等内容。

3.5 系统集成管理

系统包括内、外观监测数据自动化采集子系统（厂家提供，如基康的 BGK；徕卡的 GEOMOS）、OA 办公软件子系统、强震动监测子系统、视频监控子系统、监测信息发布子系统、业主自主（委托）研发的其他子系统等。建设的系统中要实现的功能包含集成各子系统的底层数据、实现系统和子系统的双向数据交流。

4 大坝安全监测信息化应用构成

大坝安全监测信息化应用构成见图2。

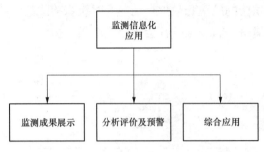

图 2　大坝安全监测信息化应用构成

4.1 监测成果展示

虚拟现实是通过三维图形生成技术、多传感交互技术以及高分辨率显示等技术，生成三维逼真的虚拟环境，并综合利用计算机图形学、仿真技术、多媒体技术、人工智能技术、计算机网络技术、并行处理技术和多传感器技术，模拟人的视觉、听觉、触觉等感觉器官功能，使人能够沉浸在计算机生成的虚拟境界中。近年来三维可视化和虚拟现实越来越广泛的应用于工程设计、施工管理、国土资源管理、地理信息系统、环境仿真、数字城市等领域。其带来的各种效果，可满足用户的视觉感受，为用户提供良好的体验。在大坝安全信息化的应用中可从信息技术的角度出发，将三维展示、虚拟现实及信息集成技术相结合，以大坝安全监测数据为基础，使用虚拟仿真技术实现大坝水位升降，统计淹没区面积等；坝区重要建筑物（坝体、厂房和泄洪洞等）、监测仪器、监测数据及其分析结果实现三维可视化展示，为领导、行业专家、专业技术人员提供以用户为核心的交互式的三维工作环境，可以近距离、全方位地观察地表面的信息，获取各类工程建筑物的监测信息。

4.2 分析评价及预警

以大坝安全监测数据为依据，采用统计模型、预测模型、确定性模型和专业数据模型及有关安全监控指标对监测数据进行单测点检查，多测点（设计断面、自定义断面）统计，结合巡视检查结果，按监测项目、监测部位、物理过程等对监测量进行综合分析，对大坝工作性态进行自动评估，分析结果自动生成包含丰富的图形、图像、表格数据的安全预测分析报告，并将预警信息及时发送给相关单位和人员，实现自动预警和信息发布，有效防范大坝安全事故的发生。

4.3 综合应用——快速反应机制

大坝安全监测工作的最终目的是对大坝的运行性态进行综合分析，寻找安全隐患，以保障大坝安全及高效运行。然而，影响大坝安全的隐患很多。由于大坝的设计、施工和管理引起的；由于天然地震或水库诱发地震等不可抗力引起的；受到外来敌对方势力的空袭攻击、间谍破坏引起的。所以，以安全监测数据为基础，通过多系统集成，进行综合分析，建立快速反应机制是大坝安全监测信息化管理和应用中极其重要的一项内容。

4.3.1 技术特点

近年来，随着信息技术的发展，在大坝安全监测中越来越多大坝建立起了大坝安全监测自动化系统，其至少包括数据采集自动化子系统、视频监控子系统和强震动监控子系统，这为建立快速反应机制提供了必要的先决条件。由于必须多系统无缝集成，快速反应，整个功能的特点是多系统高度集成、实时监控、即时响应，尤其是即时响应这一点至关重要，因为大坝在受到破坏发生安全隐患事件后，必须及时获得安全监测数据，据此进行综合分析大坝是否受影响及采取后续对应措施。

4.3.2 工作流程

快速反应机制工作流程如下：

（1）大坝坝区现场安装多台强震仪组成大坝强震观测结构台阵，形成强震动监测子系统。

（2）强震动监测子系统全天候监控坝区强震动事件，把产生的数据送入共享服务器。

（3）实时提取共享服务器的数据并跟预警指标进行校对，发现超过设定的预警指标值，马上启动前端监测数据自动化采集子系统并把强震动数据写入安全监测数据库。

（4）监测数据自动化采集子系统在接收到自动采集数据指令后即时加载预设的数据采集方案，根据该方案启动自动巡测功能采集监测数据，并即时把数据推送到安全监测数据库。

（5）调用专业数据模型、监控指标、视频图像等对新入库的安全监测数据进行分析评价，预测存在的安全隐患，自动生成安全预测分析报告为决策层提供第一手资料的必要支持。

（6）安全预测分析报告出来后，第一时间以短信或邮件形式把最重要的结论及时通知相关负责人。

其工作流程见图 3。

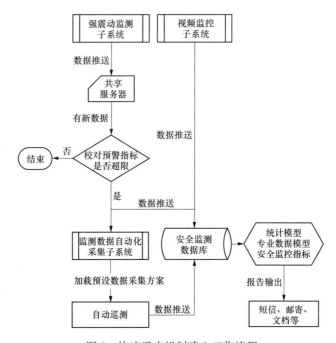

图 3　快速反应机制建立工作流程

4.3.3 方案设计

（1）水工建筑物强震动安全监测的主要目的是利用强震加速度仪（简称强震仪）来监

测强震时地面运动的全过程及在其作用下水工建筑物的地震反应。它不仅为确定地震烈度和抗震设计提供定量数据，而且能通过强震记录的实时处理发出预警，做出震害评估，根据预警等级自动生成应急预案，按应急预案采取有效的应急措施，可防止水工震害的进一步扩展和次生水灾的发生。强震仪与普通的地震仪不同，强震仪并不连续记录所有时刻的震动时程，其平时处于待触发状态，一旦有强烈的强震动发生，仪器触发并且及时记录下完整的强震动时程。当强震动消失时，仪器停止记录，并且重新处于待触发状态。

强震仪的布局一般覆盖整个坝区，在大坝的坝轴线、坝基廊道以及上下游适当位置安装多台强震仪组成大坝强震观测结构台阵，形成强震动监测子系统，强震数据采集采用厂家自带软件。系统采用全天候在线工作方式，并自动在线分析数据，若出现强震动事件，强震动监测子系统对强震动事件采集到的相关数据即时送入数据共享服务器。

（2）视频监控子系统是安全防范技术体系中的一个重要组成部分，是一种先进的、防范能力极强的综合系统，可以通过摄像机及其辅助设备（镜头等）直接观看被监视场所的情况，能及时发现事故和事件的隐患，预防破坏和避免造成不好影响；同时可以把被监视场所的图像全部或部分记录下来，这样就为日后对某些事件的处理提供了方便条件及重要依据。

摄像部分是视频监控系统的前沿部分，是整个系统的"眼睛"，应采用360°无死角的红外球形摄像机，安装布置在主要路口、重点建筑物和视野开阔的位置，使其视场角能覆盖整个坝区。因为坝区监视场所面积较大，为了节省摄像机所用的数量、简化传输系统及控制与显示系统，在摄像机上加装适当的镜头，使摄像机所能观察的场景更清楚。视频监控子系统数据采集采用厂家自带软件，具有录像存储、时间段图片截取和不同时间图像对比功能。

（3）把强震动子系统、监测数据自动化采集子系统、视频监控子系统和数据库服务器部署到同一个局域网，实现多个子系统的数据互通。根据坝区的实际情况，由设计单位预设强震动触发峰值加速度指标值。当侦听到数据共享服务器出现新的数据的时候，把提取的峰值加速度数据跟预设的触发峰值加速度指标值进行比较，当超过设定的触发值，则把该数据写入安全监测数据库，发送指令，启动前端监测数据自动化采集子系统进行监测数据采集。

（4）预先定义强震动时的数据采集方案，前端工作站中的监测数据自动化采集子系统在接收到指令后，马上根据指令加载预先定义的监测数据采集方案，对方案中的监测仪器进行数据采集。监测数据采集方案主要由数据采集起始时间（发生强震动的时间）、数据采集结束时间（一般由起始时间累加3天）、数据采集间隔时间、安全监测点测点编号构成。自动化数据采集子系统在结束方案中的测点的数据采集后即时把数据记录推送到数据库服务器。

（5）系统调用相应的统计模型、预测模型、混合模型及预设监控指标对新入库的安全监测数据进行正分析和评价，根据分析评价结果自动截取视频监控子系统中重点隐患部位强震动前后的图像进行对比辅助分析，最终形成大坝现工作性态的综合评判安全预测分析报告。

4.3.4 实例应用

安全监测快速反应机制已经推广应用部署在澜沧江糯扎渡水电站（2014 年至今）、苗尾水电站（2015 年至今）以及长江三峡水利枢纽（2015 年至今）应用，获得了良好的经济效益和社会效益。

2014 年 10 月 7 日 21 时 49 分，云南景谷发生 6.6 级地震，震源深度 5km，糯扎渡电站离震中 82km，工区及营地震感强烈。部署的糯扎度安全监测快速反应机制在地震来临后随即自动启动，强震动监测子系统监测到电站坝址最大烈度 3.4 度，大坝安全监测自动化系统接收到强震动监测子系统传送过来的数据后，马上启动前端监测数据自动化采集子系统对坝区重点部位的重点监测仪器进行监测数据加密观测，同时数据传输到服务器并自动生成安全预测分析报告。当电厂相关技术人员在地震后第一时间赶到监测中心站的时候该报告已经显示在相关工作站主界面，同时大坝重点部位的重点监测仪器的数据特征值和初步分析评价已以短信形式发送到相关人员的手机里。

震后糯扎度电站建管局、电厂相关领导立即对安全预测分析报告进行分析研究，采取相关应对措施，组织人员疏散，并做好余震安全防范，部署安排相关部门连夜对电站生产运行设备进行巡检，未发现异常情况，同时对电站大坝、溢洪道、两岸边坡、地下厂房等水工建筑枢纽进行了初步巡视检查也未发现异常情况。

5 结论

大坝安全监测是寻找大坝安全隐患、保障大坝安全及高效运行、提高大坝安全监测现代化管理水平的必要手段。信息化是大坝安全监测，也是水利行业发展的必然阶段，信息化管理是将现代信息技术与先进的管理理念相融合的一种高效、成熟的管理模式，其实现的关键是如何有效地存储、整合、挖掘与利用相关的信息及数据。信息化管理的精髓是信息集成，其核心要素是数据平台的建设和数据的深度挖掘，实现信息和资源的共享。要实现监测数据的信息化、科学化管理和应用，就必须不断融入 3S 技术、物联网技术、虚拟仿真、云计算等高新技术。

重要经济目标防护事关国家安全、稳定和发展战略全局，是我国人民防空动员准备和实施的战略重点之一。未来信息化条件下的空袭与反空袭作战，包括世界范围内恐怖活动的加剧，使得低空安全面临重大挑战。低空空域是通用航空活动的主要区域，也是国家重要的战略资源，世界各国都非常重视对低空空域的开发和使用。低空空域应用市场涉及测绘、巡检、植保、公共安全、应急救灾等行业应用，低空安全是目标防护的重要内容。而安全监测信息化的综合应用——建立快速反应机制，其快速获取安全监测数据进行综合分析评价，及时掌握敌空袭造成的损害，寻找安全隐患，为决策层做出判断和处置提供数据支撑，是目标防护的重要手段。

目前大坝安全监测信息化管理和应用已经利用了信息技术发展的部分成果，在对海量安全监测数据进行云平台搭建、大数据的深层次数据挖掘分析、大坝安全快速反应、安全预警、虚拟现实与三维可视化等方面也做了大量的工作，但是随着社会的进步，信息技术的日新月异，还是有许多工作需要我们继续努力去完善和发展。

参考文献

[1] 沈蓟元，马能武，葛培清，等 . 超高心墙堆石坝安全监测工程的创新技术探讨 [J]. 人民长江，2010，10：5-8.

[2] 高永红，郑颖，薛凡喜 . 面向对象的经济目标防护策略浅探 [J]. 防护工程，2012，06：67-70.

[3] 李勇，贾连兴，程安潮，等 . 基于 HLA 的人民防空仿真联邦设计 [C]. 系统仿真技术及其应用，2009：336-339.

[4] 赵国亭 . 水库大坝安全监测信息管理系统的开发应用 [J]. 河南水利与南水北调 .2009，09：58-59.

[5] 郑涌林 . 虚拟现实技术在建筑施工中的应用与实例 [J]. 网络安全技术与应用，2013，11：8-14.

[6] 李坚 . 基于交互式渲染的三维模型优化技术研究 [D]. 江苏科技大学，2014：1.

[7] 程洪波 . 大坝安全监测自动化系统应用探讨 [J]. 水利建设与管理，2010，05：60-62.

[8] 帅移海，李俊辉，高红民 . 湖北省水库大坝安全监测现状及对策 [J]. 水电能源科学，2010，08：76-78.

[9] 胡晓，张艳红，苏克忠 . 水工建筑物强震监测技术 [J]. 大坝与安全，2015，02：53-58.

[10] 贺志勇，兰衍亮，戴少平 . 大跨度桥梁强震动数字监测系统的研制 [N]. 华南理工大学学报，2009，03：94-97.

[11] 雷红军，冯业林，刘兴宁，等 . 糯扎渡高心墙堆石坝抗震安全研究与设计 [J]. 大坝与安全，2013，01：1-4.

[12] 郭宝玉，李震，花胜强 . 基于可靠 UDP 的强震消息触发大坝实时监测系统 [J]. 水电自动化与大坝监测，2011，05：57-59.

[13] 冷慧 . 高清时代视频监控平台性能需要全面提升 [J]. 中国公共安全（综合版），2011，04：111-113.

[14] 欧阳春林，龙明海 . 数据库技术在信息化管理中的应用 [J]. 信息技术应用研究，2014：15-16.

[15] 李百鸿 . 重要经济目标防护应解决的主要问题 [J]. 国防，2011，06：53-54.

作者简介

叶芳毅，硕士，高级工程师，主要研究方向为大坝安全监测、地理信息系统、系统集成技术。

王喜春，博士，高级工程师，主要研究方向为测绘与遥感、地理信息系统、无人机及倾斜摄影技术。

三岔河水电站渗流监测资料分析

张　帅[1]　冯燕明[1]　徐本锋[2]

(1　中国电建集团昆明勘测设计研究院有限公司

2　云南保山槟榔江水电开发有限公司)

[摘　要]　渗流监测设施的有效布置和监测数据的采集、分析，是混凝土面板堆石坝的安全评价工作的重点。通过对三岔河水电站面板堆石坝运行期间渗流监测资料的整理分析，总结了坝基、坝址两岸等重点部位的渗流变化规律，重点分析了上游水位、降雨等因素对测点测值的影响，综合监测数据表明坝基、坝趾及两岸防渗系统工作正常，三岔河水电站渗流监测设施的布置总体合理、有效。

[关键词]　三岔河水电站　渗流监测　渗透压力　渗流量

1　引言

混凝土面板堆石坝是以堆石体为支撑结构，并在其上游面设置混凝土面板坝为防渗结构的一种堆石坝，由于具有安全性高、工程量小、施工方便等优点，成为许多工程的首选坝型。面板堆石坝由于堆石坝体主要为松散堆积组成，库水渗漏导致坝体变形、面板开裂及其应力应变增加，这是造成该坝型受到破坏的主要原因。

本文介绍了三岔河水电站面板堆石坝根据相关规范要求，采用比较法、作图法、特征值统计法等，对其渗流监测资料进行分析，评价建筑物渗流运行性态，指导水电站安全管理与运行。

2　工程概况

三岔河水电站位于保山地区腾冲县猴桥镇，为槟榔江梯级的龙头水库，电站距昆明公路里程720km，距腾冲县城公路里程为74km。工程主要由混凝土面板堆石坝、右岸溢洪道、左岸泄洪放空隧洞、左岸引水发电系统和左岸导流隧洞组成。

三岔河水电站为二等大（2）型工程，最大坝高94m，总装机容量72MW，水库具有年调节特性。大坝土建工程于2013年11月26日大坝开始一期填筑，2015年10月大坝填筑至1897m高程，2015年12月20日导流洞闸门下闸蓄水。

坝基防渗采用帷幕灌浆结合左岸坝肩混凝土防渗墙方案，防渗帷幕沿趾板布置，左岸高程1863.5m以上采用混凝土防渗墙，墙底接帷幕灌浆，右岸帷幕灌浆与溢洪道堰底帷幕灌浆衔接，其后通过灌浆廊道伸入山体内，趾板及左岸防渗墙下设单排防渗帷幕，孔距1.5m，深度按深入基岩单位透水率 q 不大于3Lu线以下5m和不小于1/3坝高两个指标双控制，幕体单位透水率要求为 ω 不大于3Lu，两坝肩均与水库蓄水前地下水位线相接。

3　监测设计与运行情况

3.1　坝体坝基及面板

在河床中部最大坝高 B-B 断面坝基共布置 5 支渗压计，为顺河向分布，布置于堆石体与坝基接触部位。通过监测堆石体与坝基接触部位渗透压力，可以掌握坝基渗流情况，了解坝体浸润线分布特征，判断面板堆石坝的渗流稳定情况。为监测趾板下帷幕的防渗效果，在坝基帷幕后布置 4 支渗压计。布置情况见图 1。

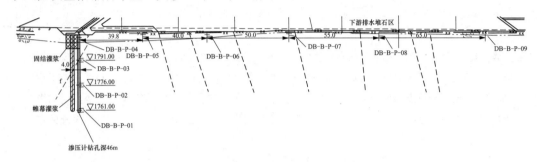

图 1　B-B 断面渗流监测布置

为判断周边缝的防渗效果，在左右岸及河床部位的周边缝止水片下部共布置 8 支渗压计。渗压计与周边缝三向测缝计对应布置，通过综合分析周边缝的开合状态与止水下部渗透压力的变化情况了解周边缝的工作状态。为了监测一二期面板接缝及垂直缝防渗效果，分别布置了 3 支渗压计。

3.2　左右岸绕坝渗流

水库蓄水后，渗水绕经两岸帷幕端头从下游岸坡流出成为绕坝渗流。为监测绕坝渗流的变化情况，根据渗流场分布的一般规律，分别在左右岸灌浆廊道端头、左右岸坝肩及岸坡沿流线大致走向各布置 4 个水位孔，共计水位孔 8 个，编号 RB-L-HW-01～04、RB-R-HW-01～04，同时每孔安装一支渗压计，编号为 RB-L-P-01～04、RB-R-P-01～04。在每个水位孔底安装一支渗压计，共计 8 支渗压计。埋设信息见表 1。

表 1　　　　　　　　　　　　　绕坝水位孔布置埋设信息

编　号	孔口高程（m）	孔深（m）	备　注
DB-L-HW-01	1900.000	65	位于左岸帷幕灌浆末端
DB-L-HW-02	1900.000	60	
DB-L-HW-03	1890.000	45	
DB-L-HW-04	1860.000	45	
DB-R-HW-01	1900.000	20	位于右岸帷幕灌浆末端
DB-R-HW-02	1900.000	30	
DB-R-HW-03	1885.000	30	
DB-R-HW-04	1850.000	40	

3.3 防渗墙防渗效果监测

沿防渗墙帷幕灌浆线在防渗墙灌浆帷幕后选择 3 个断面钻孔埋设渗压计，编号为FSQ-P-01～03，见图 2。钻孔深度与帷幕灌浆深度一致，每个断面在孔底布置 1 支渗压计，钻孔内渗压计间以膨润土和膨胀水泥砂浆隔离并封孔顶。钻孔渗压计检验在长期高水头作用下的帷幕耐久性，并测量帷幕后的渗水压力。

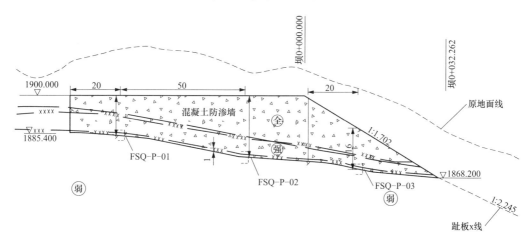

图 2　防渗墙渗流监测布置

3.4 渗流量

渗流量监测的目的是了解大坝渗流量的变化规律，并以此判断大坝是否有不正常的渗流现象。在大坝下游布置 1 座梯形量水堰，进行渗流量监测。

3.5 运行情况

面板坝渗流监测传感器均接入大坝安全监测自动化系统，监测频次为 1 次/天，满足相关规范要求。目前趾板后测点 DB-P-02 测值不可信，应进行工况鉴定给出封存或报废意见。绕坝水位孔在测测点仅为 3 孔，应对其他测点及时进行恢复。

4 监测成果分析

4.1 坝基渗透压力

各支渗压计实测渗透压力特征值见表 2，典型测点渗压变化过程线见图 3。监测成果表明：

（1）在上游水位为 1864.35m 条件下，布置在灌浆帷幕后的 DB-B-P-01～04 测点渗压为 298.52(DB-B-P-04)～553.26kPa(DB-B-P-02)，换算成水头为 29.9～55.3m；布置在坝基的 DB-B-P-05～09 测点渗压为 10.18(DB-B-P-05)～77.28kPa(DB-B-P-08)，换算成水头为 1.0～7.7m。

（2）目前帷幕灌浆后的 DB-B-P-01～04 测点折减系数为 0.38～0.63；布置在坝基的 DB-B-P-05～09 测点折减系数为 0.02～0.14。2017 年高水位下（上游最高库水位为 1895.20m，2017-10-13），帷幕灌浆后的 DB-B-P-01～04 测点折减系数分别为 0.01～

0.13；布置在坝基的 DB-B-P-05～09 测点折减系数均小于 0.01。

（3）水库蓄水后，灌浆帷幕后的测点渗透压力显著增加，与上游水位有明显相关性；下游侧坝基测点无明显变化趋势。总体来看，帷幕后及坝基各测点处渗透压力变化规律基本合理，坝基渗压状况基本正常。

表 2　　　　　　　　　　　　　坝基渗压特征值统计表

测点编号	埋设高程（m）	最大值（kPa）	最大值日期	平均值（kPa）	当前值（kPa）	渗压系数
DB-B-P-01	1761.0	601.93	2017-10-25	509.73	388.72	0.38
DB-B-P-02	1776.0	554.05	2017-11-4	529.11	553.26	0.63
DB-B-P-03	1791.0	532.89	2017-10-25	460.28	323.64	0.44
DB-B-P-04	1806.0	486.08	2017-10-25	420.38	298.52	0.51
DB-B-P-05	1806.0	20.88	2014-7-27	10.28	10.18	0.02
DB-B-P-06	1810.0	24.25	2014-7-27	11.11	10.73	0.02
DB-B-P-07	1810.0	26.4	2014-7-27	16.61	17.03	0.03
DB-B-P-08	1810.	78.82	2017-11-4	65.49	77.28	0.14
DB-B-P-09	1810.0	45.13	2017-8-3	38.49	44.71	0.08

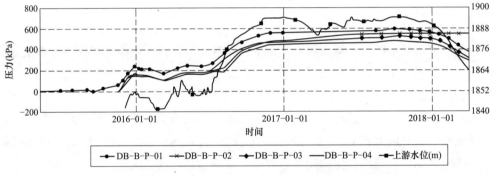

图 3　坝基典型测点渗压水位变化过程线

4.2　趾板渗透压力

实测渗压特征值见表 3，典型测点测值变化过程线见图 4。监测成果表明：目前趾板处各测点渗压水头均在 5m（DB-P-05）以下，位于河床部位的 DB-P-04、05 大于岸坡测点，趾板处实测渗透压力较小。渗压水头与上游水位相关性不明显，趾板后渗透压力状况正常。

表 3　　　　　　　　　　　　　趾板处实测渗压特征值统计表

测点编号	最大值（kPa）	最大值日期	变幅（kPa）	平均值（kPa）	当前值
DB-P-01	5.98	2016-12-30	17.65	−5.29	−5.68
DB-P-03	0	2015-5-8	5.99	−4.56	−5.99
DB-P-04	40.41	2016-6-15	44.18	24.49	24.48

续表

测点编号	最大值（kPa）	最大值日期	变幅（kPa）	平均值（kPa）	当前值
DB-P-05	50.44	2016-11-28	52.32	46.49	47.37
DB-P-06	0	2015-4-15	6.67	−4.68	−6.44
DB-P-07	0	2015-12-31	3.53	−2.69	−2.58
DB-P-08	0	2015-12-31	5.49	−4.83	−5.09

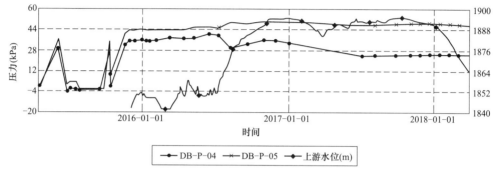

图 4　趾板典型测点渗压变化过程线

4.3　面板接缝渗透压力

各渗压计实测渗压水头特征值见表 4，渗压水位变化过程线见图 5。监测成果表明：目前渗压最大为 48.03kPa，换算成水头为 4.8m，渗水压力总体较小。与上游水位无明显相关性。总体来说，一、二期面板接缝及垂直接缝处渗水压力状况正常。

表 4		面板接缝处渗压特征值统计表			
测点编号	最大值（kPa）	最大值日期	变幅（kPa）	平均值（kPa）	当前值（kPa）
DB-P-09	0	2015-4-29	3.37	−2.55	−2.64
DB-P-10	7.68	2017-9-12	8.34	1.56	0.47
DB-P-11	0	2015-12-31	3.45	−2.75	−2.78
DBXZ-P-01	0	2015-12-30	5.56	−4.57	−5.29
DBXZ-P-02	31.01	2016-12-30	31.01	28.51	28.44
DBXZ-P-03	0	2015-12-30	16.96	−15.88	−16.94

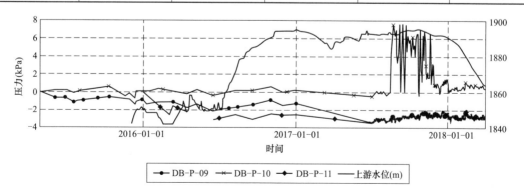

图 5　面板接缝处渗压变化过程线

4.4 防渗墙渗水压力

各渗压计实测渗压水头特征值见表5，渗压水位变化过程线见图6。监测成果表明：

（1）当前上游水位为 1864.35m，对应防渗墙最大渗压水头为 4.0m（FSQ-P-02），其他两测点无水压；自监测以来，渗压水头历史最大值 16.2m 水头（FSQ-P-02）。

（2）防渗墙渗透压力与上游水位有明显正相关性，建议查证考证表，获取仪器埋设高，计算高水头下折减系数，评价防渗性能。

表5 防渗墙监测断面渗压水头特征值统计表

测点编号	最大值（kPa）	最大值日期	变幅（kPa）	平均值（kPa）	当前值（kPa）
FSQ-P-01	127.13	2017-9-29	133.91	78.01	−4.11
FSQ-P-02	162.03	2017-10-25	162.03	114.84	39.98
FSQ-P-03	77.14	2016-12-23	80.04	34.86	−1.41

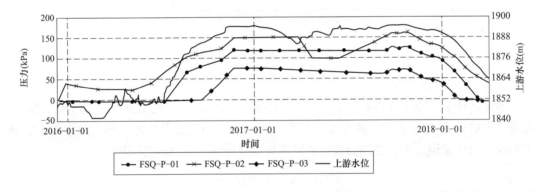

图6 防渗墙监测断面渗压水位变化过程线

4.5 大坝渗水量

堰板于 2015 年 10 月 5 日在坝后完成安装，并于 2015 年 11 月 6 日取得初始值。渗水量与上游水位、降雨量的对比变化过程线见图7。监测成果表明：

接入自动化系统以来，大坝最大渗水量为 14.35L/s，发生在 2017 年 10 月 29 日。目前渗水量为 4.57L/s，测值总体较小，与上游水位相关性明显，与降雨量相关性不明显。

4.6 绕坝渗流

在两岸坝肩共布置了 8 个绕坝观测孔，目前在测测点 3 个。绕坝水位孔测值特征值见表6，典型绕坝水位孔测值与上游水位、降雨量的对比过程线见图8和图9。监测成果表明：

（1）目前上游水位为 1864.35m，帷幕末端两个水位孔水位分别为 1851.7m、1895.7m，帷幕后 RB-R-HW-02 水位孔水位 1851.1m。

（2）绕坝水位孔实测水位在蓄水期，随上游水位升高逐渐上升，呈一定正相关关系。目前测值随上游水位的降低呈下降趋势，与降雨相关性不明显。

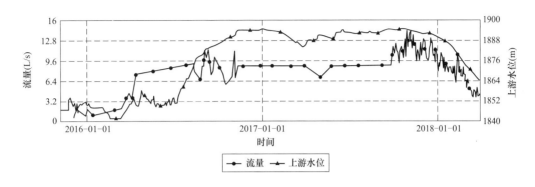

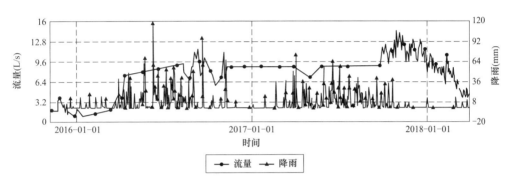

图 7　坝后渗水量-环境量变化过程线

表 6　　　　　　　　　　　　　绕坝水位孔测值特征值统计表

测点编号	埋设高程 （m）	最大值 （kPa）	最大值 日期	变幅 （kPa）	平均值 （kPa）	当前值 （kPa）	相应水位 （m）
RB-L-P-01	1835	352.74	2017-10-25	352.74	287.9	169.36	1851.7
RB-L-P-02	1840	196.91	2017-9-28	196.91	164.6	110.75	1851.1
RB-R-P-01	1880	283.03	2016-8-26	283.03	175.93	156.9	1895.7

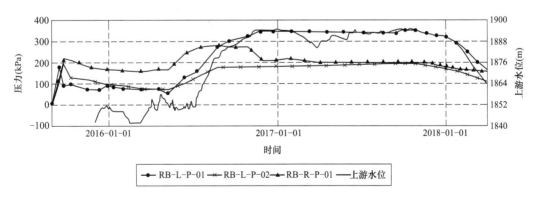

图 8　典型绕坝水位孔测值与上游水位对比过程线

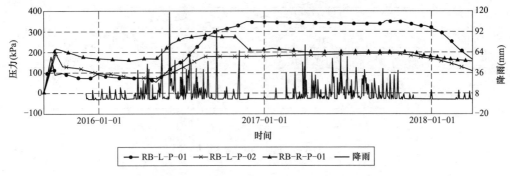

图 9 典型绕坝水位孔测值与降雨量对比过程线

5 结束语

本文通过对三岔河水电站面板堆石坝运行期间渗流监测资料的整理分析，综合分析了大坝的渗流工作性态。水库大坝整体渗流状况稳定，渗流未见异常情况。混凝土面板、防渗帷幕等防渗体系起到了较好的防渗效果，防渗设施完好。从渗流量分析，坝基渗流是稳定的。

目前三岔河水电站绕坝渗流监测设施仅 3 孔在测，应其他测点及时进行恢复。同时定期对渗流设施传感器依据相关要求进行工况鉴定，确保测值可靠性。

参考文献

[1] 杨泽艳，周建平，蒋国澄，等．中国混凝土面板堆石坝的发展 [J]．水力发电，2011，37 （02）：18-23．

[2] 金建峰，方绪顺．杭州市闲林水库大坝试运行期渗流监测资料分析 [J]．岩土工程学报，2017，39 （S1）：224-226＋84．

[3] 江超，刘岩松，范磊然，等．转角楼水库大坝渗流监测资料分析 [J]．大坝与安全，2018 （01）：43-48．

[4] 中国电建集团昆明勘测设计研究院有限公司．三岔河水电站工程蓄水安全鉴定设计自检报告 [R]，2015．

作者简介

张帅（1988—），男，工程师，主要从事大坝安全定检、监测系统评价及资料分析等工程全生命周期安全服务工作。

徐本锋（1985—），男，工程师，主要从事电站水情调度、大坝安全运行维护等工作。

宝泉电站沥青混凝土面板堆石坝
安全监测资料分析

渠守尚[1]　潘福营[2]

（1　河南国网宝泉抽水蓄能有限公司　2　国网新源控股有限公司）

[摘　要]　宝泉抽水蓄能电站上水库采用了沥青混凝土面板堆石坝，本文对沥青混凝土面板堆石坝从施工开始到运行至今的坝体变形、渗透压力、渗流量等监测成果进行系统分析，为沥青混凝土面板堆石坝的设计和运行管理提供借鉴参考。

[关键词]　沥青混凝土　面板堆石坝　安全监测　资料分析

1　工程概述

宝泉抽水蓄能电站上水库大坝为沥青混凝土面板堆石坝，最大坝高 97m，坝顶高程 791.90m，坝顶长度 600.37m。坝体自上游向下游依次分为沥青混凝土面板、垫层（2A）、过渡料（3A）、主堆石区（3B）及下游堆石区（3C）、坝基排水层（3D）、下游坝坡菱形片石护坡。上游坝坡 1∶1.7，下游坝坡 768.00m 高程以上为 1∶1.5，以下为坝后堆渣场，设 768、740m 两级堆渣平台，堆渣平台边坡 1∶2.5。设计对堆石坝布置了大量的监测仪器和设备，主要监测项目有坝体表面及内部位移观测、接缝变形观测、渗透压力、渗流量观测、水位、气温、气压及降雨观测等。

该工程 2005 年 3 月开始填筑施工，2007 年 1 月填筑完成开始沥青混凝土面板施工，2008 年 2 月开始首次开始蓄水，2009 年 12 月开始投入商业运行，至今已有 9 年。

2　堆石坝监测系统设计布置

宝泉上水库堆石坝的监测以横断面监测为主，纵横结合，共设有 3 个监测横断面，分别是 A-A（桩号 0＋245）、B-B（桩号 0＋306，最大坝高）、C-C（桩号 0＋374）。并在监测断面上布置了多个监测项目，以利于监测量之间的相互印证和监测资料分析的需要。大坝监测系统布置的监测项目和监测频次见表 1。

表 1　　　　　　　　　　大坝监测系统布置的监测项目和监测频次

监测项目	监测仪器	监测点数	监测频次	监测项目	监测仪器	监测点数	监测频次
平面控制网	基准点	9	1 次/年	渗流量观测	量水堰计	5	4 次/月
高程控制网	基准点	10	1 次/年	渗压观测	渗压计	147	4 次/月

监测项目	监测仪器	监测点数	监测频次	监测项目	监测仪器	监测点数	监测频次
表面变形观测	位移标点/钢管标	72	2次/月	基岩变形	多点位移计	18	4次/月
内部垂直位移	钢弦式沉降仪	57	4次/月	库水位	渗压计	1	4次/月
内部垂直位移	固定式测斜仪	49	4次/月	沥青面板温度	温度计	10	4次/月
内部水平位移	土体位移计	73	4次/月	接缝开度	测缝计	6	4次/月

2.1 变形监测

堆石坝变形监测包括坝体表面变形监测和坝体内部变形监测。坝体表面监测使用测量仪器测量堆石坝表面的竖向位移和水平位移，坝体内部变形监测是通过埋设在坝体内部的仪器监测坝体的水平位移和坝体沉降。

2.1.1 坝体表面变形

坝体表面变形监测包括竖向位移和水平位移，分别对面板、坝顶、下游坡设位移标点进行监测，其中防浪墙顶部设一道监测断面，坝顶防护墙设一道监测断面，下游坡在768m平台设2道监测断面，740m堆渣平台以及725m马道各设一道监测断面，每道监测断面上设若干位移标点，可兼测水平位移和竖向位移。

2.1.2 坝体内部变形监测

坝体内部变形监测包括坝体水平位移监测、坝体沉降监测，在A-A（桩号0+245）监测断面、B-B（桩号0+306）监测断面、C-C（桩号0+374）监测断面上分别布置监测设备进行监测。

A-A监测断面上有2个监测平面，分别布置在769m和740m高程。769.m高程监测平面设置土体位移计进行水平位移监测，设置钢弦式沉降仪进行竖向位移监测。740m高程监测平面设置土体位移计进行水平位移监测，设置水平固定测斜仪进行竖向位移监测。

B-B监测断面上设3个监测平面，分别布置在769m、743m和722m高程。769m高程监测平面设置土体位移计进行水平位移监测，设置钢弦式沉降仪进行竖向位移监测。743m高程监测平面设置土体位移计进行水平位移监测，设置水平固定测斜仪进行竖向位移监测。722m高程监测平面设置水平固定测斜仪进行竖向位移监测。图1为大坝B-B断面变形监测布置图。

C-C监测断面上设2个监测平面，分别布置在769m和748m高程。769m高程监测平面设置土体位移计进行水平位移监测，设置钢弦式沉降仪进行竖向位移监测。748m高程监测平面设置土体位移计进行水平位移监测。

2.2 接缝监测

堆石坝沥青混凝土坝面板与防浪墙间接缝设置测缝计进行监测。

2.3 渗流监测

渗流监测是包括坝体及坝基渗压监测，主要布置钢弦式渗压计监测渗透压力的变化，

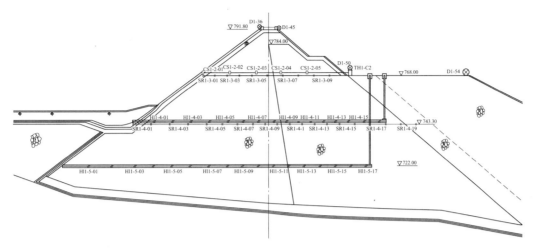

图 1　大坝 B-B 断面变形监测布置

在库底廊道和坝后设置量水堰测量渗漏量。

（1）坝基渗压监测。在 A-A（桩号 0＋245）、B-B（桩号 0＋306）、C-C（桩号 0＋374）断面开挖基础上布置钢弦式渗压计进行坝基渗压监测。

（2）坝体渗流监测。在 A-A（桩号 0＋245）、B-B（桩号 0＋306）、C-C（桩号 0＋374）监测断面坝体不同高程上布置钢弦式渗压计进行监测，其中在不同高程的面板后及 3A 区布置渗压计以监测防渗效果，在不同高程的 3B 区布置渗压计以监测坝体渗压的变化情况，在坝后设置量水堰测量渗漏量。

3　变形监测资料分析

宝泉上水库大坝为沥青混凝土面板堆石坝，坝体对变形适应性较强。坝址区为寒武系泥灰岩、粉砂质页岩、灰岩等软硬相间，岩体力学性质差异较大，沉降变形较大。为了解大坝运行性态，监控大坝安全，掌握其运行规律，指导施工和运行，在大坝填筑施工期间进行了系统的监测。

3.1　坝体内部变形监测

坝体内部安全监测是利用埋设在坝体内部的监测仪器测量坝体的沉降和水平位移。

3.1.1　大坝内部垂直（沉降）位移

根据坝体填筑物质特性，利用固定式测斜仪进行水平安装埋设，进行坝体垂直（沉降）监测工作。为了相互验证，还安装埋设有振弦式沉降仪。

固定式水平测斜仪可以监测坝体填筑期的沉降量，施工期监测成果反映，主坝坝体内部沉降量主要集中在次堆石区，主堆石区沉降量相对较小。坝体填筑速度及上覆堆石厚度对坝体沉降变化有较大的影响，沉降速率与填筑厚度、填筑速率等密切相关，在固定式水平测斜仪埋设初期，随着主坝填筑快速上升，坝体沉降值也增大较快，在 2007 年 1 月填筑到顶后沉降速率明显变小。从测斜仪监测成果上看填筑期沉降量为 264.99 ～ 1019.54mm，填筑期平均沉降速率约为 198.60～747.26mm/年，最大沉降值为 1020mm，发生在主坝 0+245 断面 740m 高程的 13 号测点。坝体内部水平式固定测斜仪典型测点沉降变形过程见图 2。

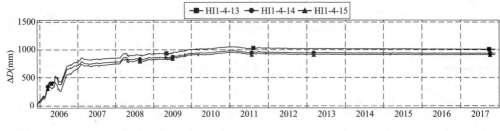

图 2　水平式固定测斜仪典型测点沉降变形过程线

从累计监测成果中可以看出，大坝填筑基本结束后，主坝坝体内部沉降变形量虽然继续在发生，但是变形速率已经非常缓慢，符合堆石坝流变变形规律。各断面测点的实测沉降值变化较小，说明 2010 年后坝体内部沉降基本趋于稳定。

为了配合水平固定式测斜仪主坝沉降变形监测，在 769m 高程的坝 A—A 断面、坝 B—B 断面、坝 C—C 断面埋设三组振弦式沉降仪，用于监测坝体内部沉降变形。实测坝体内部沉降变化规律与固定式水平测斜仪实测坝体内部沉降变化规律基本一致，坝体填筑速度及上覆堆石厚度对坝体沉降变化有较大影响，两者相关性较好。

3.1.2　坝体内部水平位移

为监测坝体的水平位移，在主坝坝体内部安装土体位移计进行监测。土体位移计施工期监测成果反映，坝体内部水平位移主要发生在次堆石区，主堆石区位移量相对较小。坝体填筑速度及上覆堆石厚度对坝体位移变化有较大的影响，两者相关性较好，从 2006 年 3 月底起，随着主坝填筑快速上升，坝体位移量也呈快速增大的变化规律。从各断面土体位移计实测位移过程线及分布图可以看出，坝体内部水平位移量均较小，目前已基本趋于稳定，但仍存在微小的位移量。坝体水平位移变化规律与三维计算基本吻合，符合设计要求，坝体位移正常。坝体内部典型测点水平位移过程见图 3。大坝在蓄水之后虽也有明显变形，但变形量仅占总变形量的 3%～15%，因此可推断大坝蓄水没有对坝体水平位移影响较小。

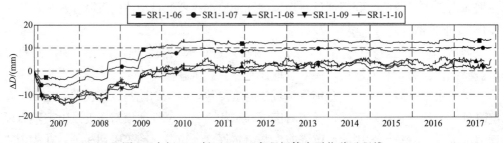

图 3　大坝 B-B 断面 769m 高程坝体水平位移过程线

3.2　坝体渗流监测

为监测坝体渗流情况，在坝基安装埋设了渗压计，坝体不同高程及沥青混凝土面板下埋设了支渗压计，坝后设置了量水堰。

3.2.1 坝基渗流

坝基渗压计监测资料显示，在水库最高蓄水至高程 789.04m 的情况下，坝基渗透压力大部分为零，仪器工作状态稳定。上水库 2013 年 12 月水库运行以来，实测监测成果显示坝基最大渗透压力 0.33m，2017 年 11 月监测累积渗压值趋近于零，多数测点渗透压力接近零，主坝坝基处于无渗压值状态。

3.2.2 坝体渗流

坝体不同高程及沥青混凝土面板下共埋设了 27 支渗压计。水库处于正常运行阶段，各部位渗透压力与蓄水前相比变化很小，渗透压力与库水位呈一定的相关性，多数测点测得渗透压力为零。从监测成果上看渗透压力有少量变化，主要是库水位有升降频繁及观测误差造成的，但该变化量远小于库水位变化变量，监测仪器没有出现明显渗流压力增大趋势。说明坝体无明显渗流。

历史监测资料显示（2007～2016 年），在上水库蓄水位至最高水位的情况下，坝体和坝基仪器工作状态稳定，主坝坝体及坝基渗压计监测成果表明，除坝体 P1-98（9.29m）测点有较小渗压水头外，坝体及坝基其余测点渗压水头基本为零，总体上坝基和坝体渗压水头很小，大坝沥青混凝土面板防渗效果很好，主要渗流监测点的特征值见表 2。

表 2   **主坝坝基和坝体主要渗流监测点特征值表**

主坝坝基渗流测点				主坝坝体渗流测点			
仪器编号	安装高程 （m）	最大值 （m）	当前值 （m）	仪器编号	安装高程 （m）	最大值 （m）	当前值 （m）
P1-101	723.00	0.16	0.00	P1-98	757.50	9.49	9.29
P1-103	720.00	0.10	0.00	P1-100	744.00	1.26	0.22
P1-107	695.85	0.35	0.01	P1-111	740.00	0.08	0.00
P1-117	702.50	0.37	0.06	P1-114	769.30	0.23	0.00
P1-121	698.10	0.50	0.08	P1-131	743.00	0.46	0.00
P1-126	694.50	0.08	0.00	P1-143	748.00	0.27	0.00
P1-139	712.00	0.57	0.07	P1-149	757.50	0.16	0.00
P1-141	710.80	0.06	0.00	P1-151	744.00	1.02	0.61

主坝坝体最大渗压水头为 9.29m（P1-98 测点），该点在主坝左边基础附近，开挖时发现附近有一泉水，施工时把泉水引到排水廊道进行了处理。

3.3 坝体表面变形

坝体表面变形监测包括竖向位移和水平位移，分别对面板、坝顶、下游坡设位移标点进行监测，其中防浪墙顶部设一道监测断面，坝顶防护墙设一道监测断面，下游坡在 768m 平台设 2 道监测断面，740m 堆渣平台以及 725m 马道各设一道监测断面，每道监测断面上设若干位移标点，可兼测水平位移和竖向位移。使用全站仪和水准仪观测。

3.3.1 大坝表面水平位移

为便于分析，大坝表面水平位移分为顺河向和坝轴线方向，与大坝内部变形监测一致。从位移过程线可以看出，表面变形与内部变形趋势相符。

（1）大坝表面顺河向水平位移。2011年3月再次蓄水前，主坝防浪墙及防护墙上大部分测点，顺河向位移量值较小，过程线平缓，基本无趋势性变化。受堆石、块石堆渣沉降的侧膨胀效应，坝后768m平台前排测点表现为向上游位移；其余坝后测点具有向下游的时效位移，测点离水库越远，向下游位移越大，如测点D1-61～D1-63位移过程见图4。由于所在坝后部位不同，受侧膨胀效应影响不同，导致位移方向、大小不同，分析认为测点位移规律均基本正常。库水位变化对测点顺河向位移有一定影响，2008年、2009年9月的两次蓄水、放空前后位移稍有回弹。

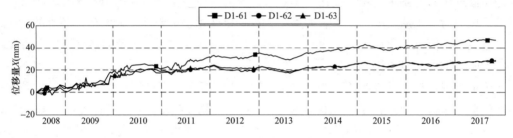

图4　大坝顺河方向水平位移过程线

2011年3月再次蓄水后，受水压影响，堆石产生压缩变形，主坝防浪墙及防护墙测点表现出较明显的向上游位移趋势；坝后768m平台上游侧测点位移量很小；其余坝后测点表现出较明显的向下游位移趋势，尤其是坝中部位趋势性位移较大，规律基本正常。分析主要为受堆石及块石堆渣沉降的侧膨胀效应影响所致，变形正常。

（2）大坝表面坝轴向水平位移。各测线上的测点位移主要表现为向中间位移，即右侧向左岸位移、左侧向右岸位移。引起坝轴向趋势性位移的主要因素为固结沉降，即大坝的沉降引起了坝轴向的"压缩"位移。

大坝防浪墙、防护墙上测点坝轴向位移趋势性变形较小，部分测点已基本稳定。坝轴线方向典型测点水平位移过程见图5。坝坡下游侧测点前期整体表现为向右岸的位移趋势，在2010年7月后开始表现出较明显的整体向左岸位移趋势，小部分测点目前尚未稳定。库水位变化对大坝坝轴向位移稍有影响。

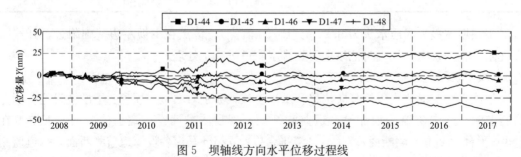

图5　坝轴线方向水平位移过程线

3.3.2　大坝表面沉降

表面监测点是在大坝填筑完成后设置，监测值不含施工期变形，大坝测点沉降位移值为 42.20～81.40mm。主坝测点沉降位移变形过程线平缓，2012 年后测点沉降变形趋于稳定。坝顶典型测点沉降变化过程见图 6。

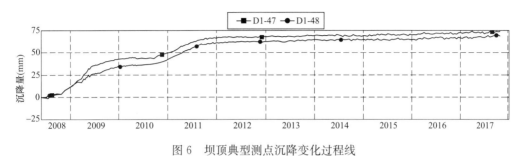

图 6　坝顶典型测点沉降变化过程线

4　结论

经过对宝泉抽水蓄能电站上水库沥青混凝土面板堆石坝的监测成果综合分析，各种监测资料了相互印证，得到以下结论：

（1）沥青混凝土面板堆石坝的防渗效果好，可以做到不渗水。坝基渗压水头最大测值为 0.37m，大部分渗压计测值为负，即无渗压，表明坝基基础防渗效果较好。坝体面板防渗监测成果反映，上库坝基监测渗压值除个别测点有较小渗透压力外，其他渗压计测定渗透压力基本为零，坝基和坝体无渗透压力现象。

（2）坝体内部水平及沉降位移主要发生在大坝填筑施工期，坝体最大沉降量达坝高的 1‰ 左右，符合堆石坝的沉降规律，其后坝体内部水平及沉降位移变形明显趋缓，基本趋于稳定；外部变形监测资料与内部监测资料变化规律基本一致。

（3）抽水蓄能电站上水库蓄水与水位变化对坝体变形影响较小。监测资料可以看出大坝在蓄水之后虽也有变形，但变形量仅占总变形量的 3‰～15‰，坝体沉降主要在坝体填筑施工期间。

（4）振弦式沉降仪与固定式水平测斜仪实测坝体内部沉降变化规律基本一致，坝体填筑速度及上覆堆石厚度对坝体沉降变化有较大影响，两者相关性较好。从沉降过程线可以看出，主坝坝顶施工结束后，实测坝体内部沉降虽然有沉降发生，但沉降变化量较小，并逐渐趋于稳定。

参考文献

[1] 李梓铭，李俊宏，等. 基于模糊综合评判的土石坝安全监测时效性评价 [J]. 水电能源科学，2017（1）：77-80.

[2] 寇清剑，陈健康，等. 土石坝变形监测平面模型方法研究与应用 [J]. 中国农村水利水电，2017（6）：142-145.

[3] 郦能惠，王君利，等. 高混凝土面板堆石坝变形安全内涵及其工程应用 [J]. 岩土工程学报，2012（2）：193-201.

作者简介

渠守尚（1964—），男，硕士，河南通许人，教授级高级工程师，从事工程建设管理工作。

潘福营（1971—），男，硕士，河北唐山人，教授级高级工程师，从事工程项目管理工作。

去学水电站沥青混凝土心墙堆石坝安全监测设计

张晨亮 王永晖 耿贵彪

（中国电建集团北京勘测设计研究院有限公司）

[摘 要] 去学沥青混凝土心墙堆石坝最大坝高 164.2m，沥青混凝土心墙最大高度 132m，为目前世界上建成的最高的沥青混凝土心墙堆石坝，本文主要介绍了去学沥青混凝土心墙堆石坝安全监测设计的相关内容，相应设置的监测项目主要包括：环境量、变形、渗流、应力应变及温度、地震强震监测等。

[关键词] 沥青混凝土心墙堆石坝 安全监测设计 去学水电站

1 引言

去学水电站沥青混凝土心墙堆石坝为目前世界上建成的最高的沥青混凝土心墙堆石坝，其坝高及施工难度均处于国内领先水平。迄今为止，对于坝高低于 100m 的沥青混凝土心墙坝已经有了较为成熟的设计施工经验，但对于 100m 以上的高沥青混凝土心墙坝，尚未形成国际公认的建坝经验。因此，沥青混凝土心墙坝其原型监测意义更加重大，通过工程原型实测数据与理论计算及试验预计的工程特性指标的对比分析，便于掌握工程设计的合理程度及进行设计调整，为高沥青混凝土坝建设积累经验。

2 工程概况

硕曲河去学水电站位于定曲河（金沙江一级支流）最大支流硕曲河干流上，工程区处于四川省甘孜藏族自治州得荣县境内，水库库区大部分位于云南省迪庆藏族自治州香格里拉县境内。工程坝址距四川省甘孜州得荣县城公路里程约 56km，距云南省迪庆州香格里拉市公路里程约 126km。

去学水电站采用混合式开发，正常蓄水位 2330.00m，水库总库容 1.326 亿 m³，电站装机容量 246MW，为二等大（2）型工程。工程枢纽布置由沥青混凝土心墙堆石坝、右岸洞式溢洪道、右岸泄洪洞、左岸输水系统、左岸地下厂房等组成。沥青混凝土心墙堆石坝为 1 级建筑物，泄水建筑物、输水系统和发电厂房及其附属建筑物等主要建筑物级别为 2 级，排水廊道等次要建筑物为 3 级。

沥青混凝土心墙堆石坝坝顶高程为 2334.20m，坝顶长 219.85m，坝顶宽 15m；最大坝高 164.2m，沥青混凝土心墙顶高程 2333.00m，沥青混凝土心墙最大高度 132.0m。

3 设计原则和监测项目

3.1 设计原则

（1）工程以安全监测为主，监测系统仪器设备的布置，力求能够较全面地反映工程建筑物的工作状况。

（2）紧密结合工程的特点和关键性技术问题，有针对性地选择监测项目和工程部位与施工程序密切结合进行监测，通过代表性监测及辅助监测设施，能够系统全面、及时地监控工程的工作状况。

（3）监测项目根据工程建筑物级别、重要性、设计计算、模型试验成果及相关规范等方面的要求确定。结合本工程特点，重点加强坝体和沥青混凝土心墙变形、渗流和应力应变监测，相关监测项目统筹安排，配合布置，选择地质、结构受力条件复杂或具有代表性的部位设置监测断面，多种监测方式配合设置，使重点部位的监测项目能够相互校核与验证。

（4）仪器设备的选择，在满足可靠、实用、经济和精度要求前提下，尽可能减少设置仪器及量测方式的种类，对于电信号传输的所有监测仪器，均具备接入自动化系统的条件。

3.2 监测项目

工程沥青混凝土心墙堆石坝安全监测设置的监测项目主要有：

（1）环境量监测：包括上游水位、温湿度、降雨量等。

（2）变形监测：包括表面变形、内部变形、接缝位移监测等。

（3）渗流监测：包括坝体及坝基渗透压力、绕坝渗流、渗流量监测等。

（4）应力应变及温度监测：包括沥青混凝土心墙应力应变、河床基座混凝土应力应变、心墙与基座间压应力、锚杆应力、锚索锚固力、心墙、基座和坝基温度监测等。

（5）地震强震监测。

4 监测布置

4.1 环境量监测

在坝体上游侧设置 1 个涂漆水尺。同时，在上游生态电站进水口边墙设置 1 套电测水位计，进行上游水位自动监测。

在坝顶设置 1 套百叶箱，百叶箱内设置 1 套自记温、湿度计，监测坝区温度和湿度。在坝区适当位置设置自记雨量计 1 套，监测降水量。

4.2 表面变形监测

4.2.1 平面监测网

去学水电站工程规模较大，单一的测角网不能满足精度要求；单一的测边网其可靠性方面较差，因此平面监测控制网布设以全面的边角网为宜。

根据地形、地质条件，选择 5 个网点组成平面监测的基准网，编号为 TN1～TN5，其中左岸 3 个，右岸 2 个。

根据表面变形测点分布情况，在坝轴线上游侧布置 3 个工作基点，结合基准网共同对坝体和边坡各表面变形测点进行观测。平面监测网布置示意见图 1。

4.2.2 高程监测网

结合工程规模、地形、地质条件在大坝下游左岸约 1.0km 处，设置一组水准基准点

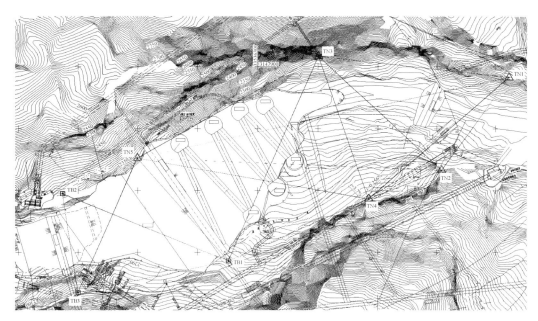

图1　去学水电站平面监测控制网布置示意

LB1～LB3，水准基准点之间，采用单一水准路线联测，作为水准基点间的检核。

在左岸交通支洞内设置 2 个工作基点 BM1、BM2，在电站进水口平台设置 1 个工作基点 BM3，大坝左、右岸坝肩各设置一个工作基点 BM4、BM5。高程监测网包含水准基点 3 个、工作基点 5 个，水准线路是由一段支线水准和一段环线水准组成。

4.2.3　测点布置

工程表面变形观测包括水平位移（上、下游方向）和垂直位移（沉降）。为监测拦河坝表面变形情况，分别在坝顶、下游坝坡面和下游坝坡面观测房顶布置 29 个表面变形测点；另外，在左岸进水口边坡设置 4 个表面变形测点，右岸溢洪道进口边坡设置 9 个表面变形测点。

4.2.4　观测方法

工程表面变形监测包括水平位移和垂直位移监测。水平竖向位移测点的位移变形通过工作基点进行监测，工作基点的位移变形通过基准点引测和校测，其起测基准点通过国家大地测量控制点引测和校测。水平竖向位移测点的水平位移采用交会法（测边或测角）观测；垂直位移采用精密水准法观测。

4.3　内部变形监测

4.3.1　沥青混凝土心墙变形

结合三维有限元计算结果，选择坝体最大坝高断面（坝横 0+70.000m），在沥青混凝土心墙下游侧布设阵列式位移计，选择两个辅助监测断面（坝横 0+40.000m、坝横 0+140.000m），在心墙下游侧设置阵列式位移计，监测沥青混凝土心墙变形。见图 2 和图 3。

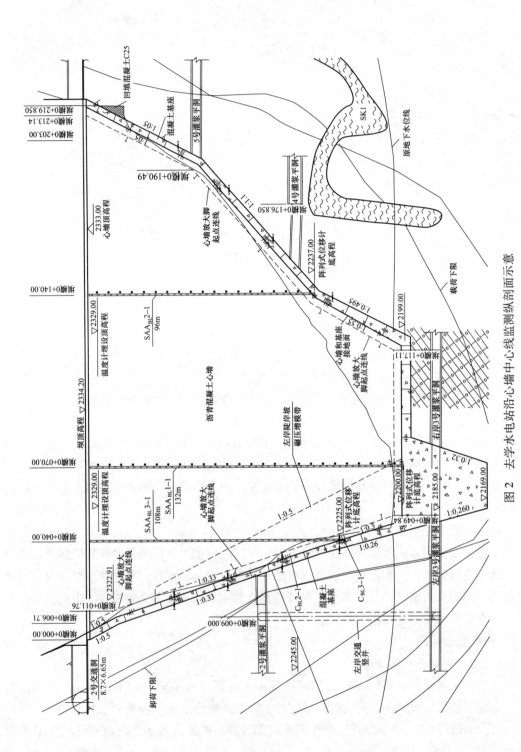

图 2　去学水电站沿心墙中心线监测纵剖面示意

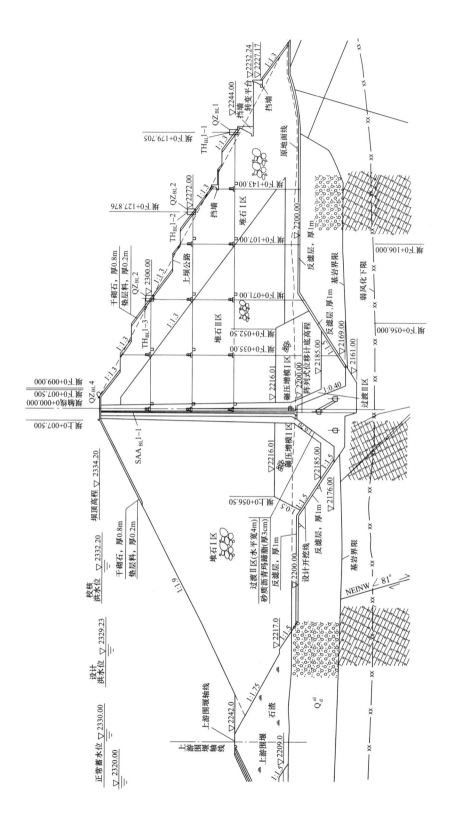

图 3　去学水电站最大坝高监测横断面示意

245

4.3.2　坝体内部变形

选择坝体最大横断面（坝横 0+070.000m）作为主要监测控制断面，桩号坝横 0+140.000m 断面作为辅助监测断面布置仪器设备，进行坝体下游侧内部水平和竖向位移监测。

坝体水平位移采用引张线水平位移计，坝体竖向位移采用水管式沉降仪观测，联合构成水平垂直位移测点。在主监测断面内，沿 2300.00m、2272.00m 和 2244.00m 高程，在辅助监测断面内，沿 2300.00m、2269.00m 高程布置水平垂直位移测点，用以监测施工期和蓄水运行期堆石体的水平和竖向位移，以及不同堆石分区的变形特征。测点的布置尽可能使其在同一垂线上，以便分析其层间堆石体的压缩变形模量。

4.3.3　坝体与基岩界面位移

由于坝肩岸坡陡峭，根据三维有限元计算结果，在左右岸坝体与基岩接触面各布置 4 支土体位移计，监测坝体过渡料与基岩间的相对位移。

4.3.4　基岩变形

为监测坝基基岩在施工期及运行期的变形情况，在河床中央处最大坝高处基岩内设置 2 套基岩变位计。

4.3.5　左右岸坝肩内部变形

根据三维有限元计算结果和坝肩地质条件，左右岸坝肩沿不同高程布置多点位移计 11 套，监测岸坡内部变形。

4.4　接缝位移监测

4.4.1　沥青混凝土心墙与基座间及基座与基岩间接缝位移监测

沥青混凝土心墙是心墙堆石坝的主要防渗结构，心墙与其下的混凝土基座牢固结合形成完整封闭的阻水幕以确保大坝安全运行，因此必须加强心墙与基座间及基座与基岩间接缝位移监测。根据三维有限元计算结果，选择河床和两岸变形较为复杂的心墙与基座接触面及基座与基岩之间布置了位错计和单向测缝计，共布置位错计 10 支，单向测缝计 16 支。

4.4.2　混凝土基座间接缝位移监测

根据三维有限元计算结果，选择两岸变形和受力较为复杂的混凝土基座结构缝设置单向测缝计，左、右岸各设置 5 支，监测混凝土基座间接缝位移。

4.4.3　沥青混凝土心墙与上下游过渡层间错动位移监测

心墙与其上下游侧过渡层的结合情况对心墙变形及受力有重要作用，为监测施工期及水库蓄水后随水库水位变化心墙与其上、下游过渡层间的相对位移，选择坝体最大坝高附近断面（坝横 0+070.000m）作为主监测断面，在靠近左右岸各选择一个辅助断面（坝横 0+040.000m 桩号、坝横 0+140.000m），在心墙与其上下游过渡层结合面设置错动位移监测区，沿高程间隔布置位错计进行监测，共布置位错计 98 支。

心墙监测局部大样见图 4。

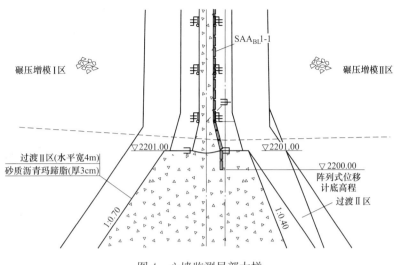

图 4　心墙监测局部大样

4.5　渗流监测

4.5.1　坝体及坝基渗透压力监测

为监测坝体和坝基渗流及可能形成浸润线的分布情况，在主要监测控制断面（坝横 0+70.000m）坝基沿上、下游方向依次设置 15 支孔隙水压力计；在辅助监测断面（坝横 0+140.000m）设置 8 支孔隙水压力计；在辅助监测断面（坝横 0+40.000m）心墙上、下游侧各设置 1 支孔隙水压力计，见图 5。

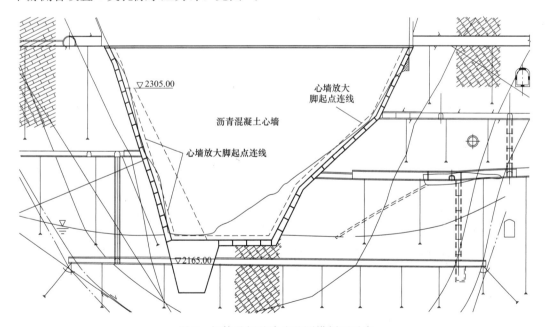

图 5　坝体及坝基渗流监测横剖面示意

此外，在沥青混凝土心墙与混凝土基座接触面及混凝土基座与基岩间沿左右岸不同高程设置 17 支孔隙水压力计，并结合灌浆廊道设置 21 个测压管，对防渗结构和灌浆帷幕的防渗效果进行监测。

4.5.2　绕坝渗流监测

在左、右坝肩的灌浆廊道、交通支洞及下游边坡上，沿上、下游方向分别布置 6 个测压管。共设置测压管 12 个，分别进行左、右岸绕坝渗流监测。

4.5.3　渗流量监测

渗漏量是综合表征沥青混凝土心墙防渗工作性态的重要指标。具体结合坝体及廊道布置在灌浆排水廊道内及下游坝脚处共设置量水堰 16 个，监测坝体渗流汇集流量的大小。

4.6　应力、应变监测

结合结构布置、沥青混凝土心墙的特性及三维有限元计算结果，选择坝体最大坝高附近断面（坝横 0+070.000m）作为主监测断面，在靠近左右岸各选择一个辅助断面（坝横 0+040.000m、坝横 0+140.000m），沿高程设置二向应变计组；同时在心墙计算结果的受拉区设置二向应变计组，对沥青混凝土心墙的应力应变进行监测。

根据三维有限元计算结果，河床混凝土基座灌浆廊道局部位置存着应力集中，在应力集中区设置 10 套五向应变计组，并在其附近设置 10 支无应力计，监测基座混凝土应力影响。同时在混凝土基座主受力筋设置 9 支钢筋应力计监测其钢筋应力变化。

在沥青混凝土与混凝土基座之间沿不同高程设置 8 支板式压应力计，监测沥青混凝土心墙与基座间的压应力变化。

在左右岸坝肩沿与置多点位移计相对应位置设置 22 支锚杆应力计，同时在右岸坝肩边坡设置 3 套锚索测力计，监测岸坡锚杆应力和锚索锚固力。

4.7　温度监测

由于温度变化对沥青混凝土心墙应力及变形均有一定影响，且可通过心墙温度变化与坝体渗流监测对比分析加强渗流监测效果，因此，选择坝体最大坝高附近断面（坝横 0+070.000m）作为主监测断面，在靠近右岸选择一个辅助断面（坝横 0+140.000m），在心墙内沿高程间隔 5m 设置高温温度计，进行心墙温度监测，共设置高温温度计 44 支。

河床基座混凝土为大体积混凝土，在河床大基座混凝土内设置 10 支温度计，监测基座混凝土温度变化。

基岩温度监测选择坝体最大断面基岩设置一组基岩温度计并与基岩多点位移计同孔埋设，共设置基岩温度计 4 支。

4.8　地震强震监测

本工程区 50 年超越概率 10% 的地震动峰值加速度为 0.11g，相应地震基本烈度为Ⅶ度，坝址地处强震区，根据工程地震设计烈度和规范规定，应进行坝体的地震监测。设置 1 套工程数字地震仪，监测坝体地震加速度变化。在主要监测控制断面坝顶和下游坝坡面设置 4 个测点，在左岸离坝址两倍坝高附近的基岩上设置 1 个测点，在右坝肩监测室内设置 1 个测点，共设置 7 个测点，每个测点均为三分向拾震器，进行坝体地震强震监测。

5　结束语

去学沥青混凝土心墙堆石坝最大坝高 164.2m，沥青混凝土心墙最大高度 132.0m，为目前世界上建成的最高的沥青混凝土心墙堆石坝，坝体及心墙变形、受力情况复杂，因此其安全监测显得尤为重要。在去学水电站沥青混凝土心墙堆石坝安全监测设计过程中，具体根据三维有限元计算成果并结合工程布置及结构特点，做到监测目的明确、针对性强，重点加强沥青混凝土心墙及坝体变形、渗流和应力应变监测。监测仪器设备自安装埋设伊始，取得大量可信的监测数据，为工程施工及运行期的安全运行提供可靠的定量依据，同时对理论计算分析成果进行验证与反馈。

参考文献

［1］刘绍英，王绍纯，刘东庆. 去学水电站首部枢纽表面变形监测网强度论证与分析研究报告. 中国电建集团北京勘测设计研究院有限公司，2014.9.

作者简介

张晨亮（1980—），男，高级工程师，主要从事水电水利工程安全监测设计及资料分析工作。

王永晖（1980—），男，高级工程师，主要从事水电水利工程安全监测设计及资料分析工作。

耿贵彪（1962—），男，教授级高级工程师，主要从事水电水利工程安全监测设计及资料分析工作。

试 验 研 究

300m 级心墙堆石坝抗震研究

段 斌

（国电大渡河流域水电开发有限公司）

[摘 要] 经地震安全性评价和汶川地震后的复核研究，双江口水电站坝址 10 年超越概率 1‰的一般场地条件下基岩地震动峰值加速度为 270gal，最大可信地震基岩地震峰值加速度为 286gal。双江口水电站心墙堆石坝最大坝高 312m，如何保证 300m 级心墙堆石坝的抗震安全成为制约双江口工程建设的关键技术难题之一。以试验研究与数值计算相结合方式，在筑坝材料动力特性试验研究的基础上，探讨了材料动力本构关系和安全评价方法，开展了大型振动台模型试验，分析评价了大坝的抗震安全性能，确定了大坝及地基抗震能力相对薄弱的部位。统筹考虑高土石坝已有抗震经验和研究评价成果，提出了 300m 级高心墙堆石坝的综合抗震措施。上述研究思路、方法和成果对 300m 级高土石坝工抗震研究具有普遍的参考价值，对推进 300m 级高土石坝工程建设具有十分重要的意义。

[关键词] 双江口 300m 级 心墙堆石坝 抗震研究 综述

1 引言

地震作为一种严重的自然灾害，一旦发生便会带来极大损失。近年来，我国西南地区已建在建的双江口、两河口、长河坝、糯扎渡等高土石坝坝高已经达到 300m 级，特别是双江口土质心墙堆石坝的坝高达 312m，是世界已建在建的第一高坝。由于我国西南地区地质条件复杂，面临的地震风险较大，如何保证 300m 级高土石坝的抗震安全成为制约我国水电工程建设的关键技术难题之一，开展 300m 级高心墙堆石坝抗震研究是十分必要的。

土石坝抗震研究的一般技术路线如下：首先，在收集土石坝地震震害与地震表现情况的基础上，总结出土石坝震害的类型；其次，制定出抗震评价的内容、指标和标准；再次，研究土石坝动力反应分析的方法，目前主要有数值模拟方法和配套的材料动力试验，以及振动台模型试验；最后，通过动力反应分析，评价其抗震安全性，并采取抗震措施使其满足抗震安全要求。根据双江口心墙堆石坝的地质条件和工程特点，在项目可行性研究阶段，开展了 300m 级心墙堆石坝坝体与坝基材料的动力特性试验、坝体非线性动力分析理论和方法、大坝抗震安全评价、大坝振动台模型试验、抗震安全措施等系统的抗震研究，为项目前期论证和工程建设实施奠定了坚实的技术基础。

2 工程概况及地质条件

2.1 工程概况

双江口水电站是大渡河干流上游的控制性水库。坝址控制流域面积 39 000km²，多年平均流量 524m³/s；水库正常蓄水位 2500m，水库总库容为 28.97 亿 m³，调节库容 19.17 亿 m³，具年调节能力。电站装机容量 2000MW，多年平均年发电量 77.07 亿 kWh。枢纽建筑物主要由最大坝高 312m 的碎石土心墙堆石坝、泄洪建筑物、引水发电系统等组成，见图 1。

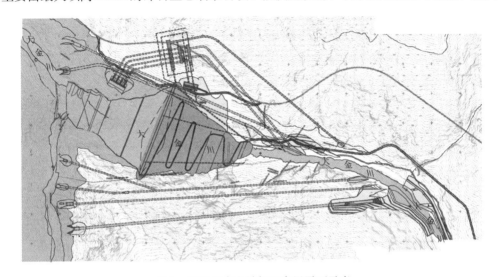

图 1　双江口水电站枢纽布置平面示意

2.2 工程地质条件

工程区在大地构造上属于松潘—甘孜褶皱系巴颜喀拉冒地槽褶皱带，处于鲜水河活动断裂带、龙门山活动断裂带和东昆仑活动断裂带所围限的川青块体内，坝址距块体边界活动断裂带均在 100km 以上。场地地震危险性主要来自松岗断裂、抚边河断裂潜在震源影响。根据中国地震局 2005 年批复的工程场地地震安全性评价结果，双江口坝址区 50 年超越概率 10 ％的基岩水平地震动峰值加速度为 87gal，相应地震基本烈度为Ⅷ度；50 年超越概率 5％、100 年超越概率 2％的基岩水平地震动峰值加速度分别为 119gal、205gal。根据汶川地震后的工程场地地震安全性复核结果，坝址区 100 年超越概率 1％的基岩水平地震动峰值加速度为 270gal，最大可信地震（MCE）的基岩水平地震动峰值加速度为 286gal。坝址区两岸山体雄厚，河谷深切，谷坡陡峻，出露岩体主要为花岗岩。坝址区除右岸 F1 断层规模相对较大外，主要由一系列低序次、低级别的小断层、挤压破碎带和节理裂隙结构面组成。河床冲积层最大厚度 67.8m，从下至上总体可分为 3 层，第①层为漂卵砾石，第②层为（砂）卵砾石层，第③层为漂卵砾石层。

3 300m 级高心墙堆石坝抗震研究

3.1 坝体与坝基材料动力特性试验研究

3.1.1 研究思路

对大坝的反滤料Ⅰ、心墙掺砾料混合料、坝基砂（②-b 层）、坝基砂砾料、主堆石料

（花岗岩料、砂岩料）及过渡料等进行动力试验，研究坝体和坝基料筑材料的动力变形、动力残余变形及孔压、动强度等动力特性性质，提出相应的本构计算模型参数指标，为坝体抗震设计和动力分析工作提供依据。同时这也是建立和验证新的本构模型的基本资料。

3.1.2 研究成果

（1）该研究克服了覆盖层各砂砾石和透镜体砂层的密度和级配确定、试验合理模拟、橡皮膜嵌入影响、橡皮膜刺破、试验成功率低等困难，首次成功进行了最高围压力 3000kPa 的大型高压力和复杂应力条件下的粗粒土动力特性试验。

（2）通过上述材料的动力变形特性试验研究，确定了各料最大动剪切模量与周围压力的关系；动剪切模量比和阻尼比与动剪应变的关系，为大坝地震反应分析提供了依据。

（3）通过上述材料的动力残余变形特性试验，确定了计算动力残余体应变和动力残余轴应变特性的模型参数值，为大坝地震残余变形分析提供了依据。

（4）对大坝的反滤料Ⅰ、心墙掺砾料混合料、坝基砂（②-b 层）进行动孔压、动强度特性试验，测定筑坝材料的动抗剪强度特性及动孔隙水压力增长规律，为判定坝基坝体的安全度和整体地震稳定性提供科学依据。试验数据见表1。

表1 　　　　　　材料动强度及动孔压特性试验数据表（$K_c=2.0$）

土料	围压	动应力	破坏振次	破坏时孔压	动剪应力比	动孔隙水压力比
	σ_3(kPa)	σ_d(kPa)	N_f(周)	u_f(kPa)	$\sigma_d/2\sigma_0$	$R_u=u_d/\sigma_3$
坝基砂	200	178.65	2	72.2	0.447	0.361
		155.48	9	78.1	0.389	0.391
		122.78	98	111.4	0.307	0.557
	300	309.54	3	87.4	0.516	0.291
		253.67	14	101.3	0.423	0.338
		205.12	86	132.6	0.342	0.442
	400	445.86	3	86.5	0.557	0.216
		382.17	15	127.4	0.478	0.319
		292.99	91	139.9	0.366	0.350
	100	76.43	4	59.1	0.382	0.591
		57.32	30	67.6	0.287	0.676
		50.96	101	82.1	0.255	0.821
心墙掺砾土	100	229.30	1001（应变=0.88%）	70	1.146	0.700
	200	442.67	1001（应变=0.97%）	96.7	1.107	0.484
	300	649.68	1001（应变=1.06%）	110	1.083	0.367
	400	840.76	1001（应变=1.22%）	132.1	1.051	0.330
反滤Ⅰ	100	216.56	11	88.7	1.083	0.887
		178.34	33	101.6	0.892	1.016
		152.87	53	103.7	0.764	1.037
	200	435.75	21	183.54	1.089	0.918
		398.66	49	189.6	0.997	0.948
		351.91	219	206.98	0.880	1.035
	300	646.04	61	276.15	1.077	0.921
		610.11	103	284.4	1.017	0.948
		550.96	384	309.6	0.918	1.032
	400	860.78	110	361.6	1.076	0.904
		789.81	337	390.12	0.987	0.975

3.2 大坝抗震非线性动力分析理论和方法研究

3.2.1 研究思路

材料的动力本构关系，将直接影响动力计算结果。动力本构关系主要有四类，一是基于等价线性黏弹性的等效线性模型，二是基于应力应变关系绕滞回圈转动的真非线性模型，三是基于弹塑性的模型，四是以广义塑性力学为基础的 P-Z 模型。影响动力反应的，除了动力本构关系，还有有限元边界条件，以及阻尼矩阵中阻尼系数的计算方法。因此，在梳理同类研究成果的基础上，提出多种动力本构模型，改进本构模型，服务于有限元动力计算，以综合评判计算结果。

3.2.2 研究成果

（1）在传统的 Hardin 模型的基础上，提出了振动硬化模型和永久变形模型；基于广义塑性力学，提出了 P-Z 模型和改进的临界 P-Z 模型，并应用于双江口 300m 级的土石坝动力反应分析中。

（2）在动力计算方法中，对计入地基、考虑边界为黏弹性、将地震动作为行进波输入、采用基频与地震波主频确定阻尼系数等问题进行了研究，前三者计算出动力反应均较传统的方法要小，尤其对双江口这样的 300m 级的土石坝。所以，用传统方法计算结果作为设计依据一般是偏安全的。

（3）在设计地震（100 年超越概率 2%）工况下的动力分析成果表明，从加速度反应在坝体内的空间分布来看，坝体表面较坝体内部反应强烈。坝体表面加速度反应有放大效应，尤其在坝顶放大效果更为明显，出现"鞭梢效应"。设计地震工况下，坝顶顺河向加速度为 $0.413\sim0.843g$，竖向加速度为 $0.370\sim0.818g$，坝轴向加速度较顺河向稍小，约为 $0.376\sim0.818g$。

（4）从参数敏感性分析成果来看，采用场地谱地震波输入比规范谱和天然地震波的反应强，采用固定边界比阻尼边界反应强，采用边界不动的参照系比采用地球参照系反应强。此外，采用基频和主频确定阻尼系数比仅采用基频的反应强。

3.3 大坝抗震安全评价研究

3.3.1 研究思路

目前土石坝动力分析一般在时间领域内进行大坝加速度反应、永久变形、砂层液化和边坡稳定分析。频率内分析主要应用在线弹性较强的混凝土拱坝和重力坝。对于非线性很强的土石坝，本文仅作频谱分析的探讨，进行分时段分析。通过高土石坝动力有限元分析，计算大坝的振型与自振周期，研究大坝与地震相互作用机理，分析大坝地震共振激励与滤波效应，研究高土石坝的频谱特性，探讨其抗震能力。同时由于传统统计方法对土石坝震害预测的精度往往较低，利用人工神经网络（ANN）具有的自学习、自组织、较好的容错性和优良的非线性逼近能力，对若干组土石坝历史震害进行学习，从而建立预测土石坝震害等级的网络模型。

3.3.2 研究成果

（1）采用不同的计算参数与地震反应谱进行计算的结果显示，大坝永久变形规律基本一致。坝体永久变形的变化规律与坝体加速度动响应的规律基本相同，坝体响应越大，其产生的永久变形越大。坝体在地震中的沉陷比水平位移大，地震变形形式主要是震陷，表明堆石体在高固结应力和循环荷载作用下出现棱角破碎。

（2）采用基频和主频确定阻尼系数，按场地谱输入，设计地震工况计算的堆石体顺河向最大永久位移为 77.7cm（向上游）和 118.6cm（向下游），顺河向最大永久位移发生在河床中部坝顶偏下游坝坡附近；竖向最大永久位移为 204.6cm，发生在河床中部坝顶附近，约占坝高的 0.65%；坝轴向永久位移两岸基本对称分布，左右岸最大值分别为 42.6cm 和 40.4cm。

（3）由于地震持续时间较短，不考虑地震过程中的孔压消散，计算得到的坝体心墙料、反滤料和坝基砂层的动孔压比都不高。在设计地震工况下，反滤层内的动孔压比小于 0.8，坝基砂层动孔压比最大值为 0.45。故坝体、坝基不存在地震液化问题。

（4）拟静力刚体极限平衡法坝坡稳定分析结果表明，设计地震工况下，坝体上、下游坝坡最小稳定安全系数分别为 1.37、1.43。采用 Newmark 滑块法分析表明，坝体的稳定计算结果与糯扎渡等同类工程相近。以震后永久位移突变作为坝坡失稳的评判标准，特征点位移突变时对应的强度折减系数作为边坡的动力稳定安全系数，以 P-Z 模型分析应力应变为基础，进行了二维和三维的强度折减法坝坡动力稳定分析。二维分析得出上、下游坝坡的动力安全系数分别为 1.136 和 1.205。三维分析得出上、下游坝坡的动力安全系数分别为 1.190 和 1.299，说明坝坡是稳定的。综合上述 3 种方法的分析结果认为，发生设计地震时，大坝坝坡的稳定性是可以保证的。但考虑到高坝的"鞭梢效应"，上下游坝坡顶部的堆石体可能在地震中会有所松动、滚落，宜在坝高 4/5 以上以及河床中部坝坡部位采取适当的抗震措施。

（5）校核地震工况（270gal）及采用 MCE 最大值（286gal）大坝动力反应计算成果表明，大坝的动力反应规律与设计地震情况一致，量值上增加。从加速度反应、永久变形、反滤与地基砂层抗液化分析及坝坡稳定分析计算成果看，在校核地震工况下大坝的抗震能力是有保障的。地震荷载超载计算分析表明，在基岩地震动峰值加速度达到 450gal 的情况下，从加速度反应、永久变形、反滤与地基砂层抗液化分析及坝坡稳定分析计算成果看，大坝不会产生严重震损破坏。

（6）建造在基岩上的土石坝，其主要振型的自振周期较长，300m 级高土石坝的基本自振周期一般在 1.1s；伴随着地震强度的增大，筑坝材料发生软化，其自振周期进一步增大，二维和三维计算出自振周期分别为 1.87s、1.82～1.87s。坝址基岩地基的场地特征周期一般为 0.1～0.2s，土石坝对基岩输入地震动具有明显的滤波效应，只有在大坝自振周期附近的地震分量才因共振激励而显著放大。对应基岩地基的特征周期区间，低于 50m 的心墙堆石坝的加速度反应较大，最大反应放大倍数达 4 倍以上；但对于 200m 以上的高坝，加速度反应并不剧烈，且随着坝高的增加反应减小，最大反应的放大倍数在 2 倍左右，说明高土石坝具有良好的抗震能力。

（7）基于已建土石坝实际震害的 ANN 模型预测分析表明，双江口心墙堆石坝在 8 度地震烈度条件下，震害等级为 4 级，不会发生严重的震害。

3.4 大坝抗震大型振动台模型试验研究

3.4.1 研究思路

振动台模型试验是研究土石坝地震反应性状和震害机理的重要手段，能够获得模型坝的自振频率，阻尼比和振型等动力特性参数，以及坝体地震动加速度反应和残余变形分布等成果资料，其成果可供大坝抗震加固措施设计参考。振动台模型试验包括离心机振动台模型试验和一般重力场下大型振动台模型试验。离心机振动台模型试验可满足重力相似的要求，是进行土石坝动力模型试验的理想手段，但受试验设备的尺寸和性能限制，只能用于较低坝高的工程试验。此外，对于以粗粒料为主的堆石坝，试验材料的过度缩尺，还可能改变原型材料的性质。因此，采用一般重力场下高土质心墙堆石坝大型振动台进行模型试验，通过试验定性研究模型坝的动力特性、反应性状、破坏机理和抗震措施；对比分析不同相似率，研究土石坝的动力特性、地震反应性状和抗震性能。试验所得有关模型坝的不同幅值输入下的动力特性和动力反应性状等资料，可作为验证和改进土石坝地震动力反应计算模式、分析方法和计算程序的基本资料。

3.4.2 研究成果

（1）依托双江口心墙堆石坝，在国内外首次进行了高心墙堆石坝大型振动台整体模型和坝段模型试验研究。试验方案的输入激振波形包括 x、y 和 z 3 个方向的白噪声、不同压缩比压缩场地地震波、场地地震波原波及压缩天然地震波等，试验测试内容主要包括加速度反应量测、坝体沉陷和变位量测，以及坝体反应和破坏过程观察等。

（2）通过振动台模型试验，研究了双江口心墙堆石坝的动力特性及其影响因素。①对一次振动，模型坝坝顶、坝中心线及上、下游坝坡各点模态显著，各测点所得到的自振频率 f_x 和阻尼比 ξ_x 数值基本一致，表明坝体有一大致的固定振型。②试验得到了模型坝 x 向振动自振频率 f_x 和阻尼比 ξ_x 等模态参数，以及各模态参数随激励加速度峰值 A_x 的变化曲线。随着 A_x 的增大，f_x 明显减小，ξ_x 随 A_x 增大而增大，表现出材料较强的非线性特性。③自振频率及阻尼比均与先期振动历史密切相关。先期振动使坝体自振频率减少，阻尼比增大；先期振动强度越大，其影响亦越大。④自振频率及阻尼比与激励波幅值密切相关，自振频率随激励波幅值的增大而减小，阻尼比随激励波幅值的增大而增大。⑤蓄水对坝体的自振频率有明显影响，满库条件下坝体自振频率明显低于空库条件下坝体的自振频率，阻尼比也略有降低。

（3）通过不同地震波输入的振动试验，研究了地震动荷载作用下土石坝加速度反应的分布规律及影响加速度反应的若干因素。①坝体地震动加速度反应在河谷坝段最为强烈，且随所处坝体部位高度的增加而增强，至坝顶附近最为强烈；②对相同高程上各点，以中心线坝体测点加速度反应最小，上、下游次之，整个坝体的表面放大效应明显；③地震波类型对加速度放大倍数和分布有重要影响，集中体现在地震波卓越频率与坝体自振频率的关系上；随输入地震峰值加速度的增大，坝体各点加速度放大倍数有减小的趋势；垂直方向地震动有加大顺河水平向加速度反应的作用，特别是在坝顶表现较明显；④先期施加的地震动，会引起后续地震加速度反应有一定程度的增大，先期振动越强烈，对后续地震动的增大效应越明显；⑤蓄水对坝体的加速度反应有明显影响，坝体的加速度反应在空库时比满库蓄水时强烈。

（4）通过高土石坝大型振动台模型试验，研究了模型坝地震残余变形的分布规律和坝体可能的破坏形态。①坝体的沉陷和水平变位总体量值很小，地震残余变形主要发生于下游坡河谷坝段附近；②坝体自振频率作为衡量振动对坝体影响的指标是比较灵敏的，坝体自振频率降低越多，说明振动对坝体造成的损伤越严重，当地震动较小时，不会引起坝体自振频率的降低，即对坝体结构影响不大；③大坝下游坡的地震动位移反应要明显强于上游坡。随着地震动的增大，模型坝破坏的主要形式是下游坝坡的颗粒松动，发生滚石或浅层滑动。滚石或浅层滑动首先发生于下游坝坡坝顶河谷坝段附近。随着地震动加大，滚石或浅层滑动的范围逐渐扩大，但没有发现深层滑动的迹象；④双向或多向地震动输入不利于坝坡稳定。

3.5　大坝抗震措施研究

3.5.1　研究思路

国内外工程运行统计资料表明，地震作用下心墙堆石坝的破坏形式主要有：①引起的坝体不均匀沉陷，导致坝顶超高丧失，库水漫顶；②坝肩与基础接触的部位发生错动、剪切破坏，产生渗漏和管涌；③坝坡破坏，坝顶沉陷、开裂，坝体产生集中渗漏和管涌；④水库发生滑坡、岩崩导致库水漫顶；⑤泄水建筑物破坏，导致洪水漫顶；⑥地震引起地基砂层液化、地基沉陷等，造成坝体破坏。

高心墙堆石坝坝抗震破坏机理研究表明，地震反应最大值发生在坝顶部位，这使得坝体的初始破坏发生在坝顶区附近，对心墙堆石坝而言，分布在上下游两侧，在动荷载作用下，坡面的颗粒松动并沿平面或近乎平面滑动，然后坡面颗粒滑动的数量和范围逐渐扩大，同时坝顶不断坍陷。因此，高心墙堆石坝坝建设需要特别重视坝顶区土体的稳定。为加强坝顶结构安全，常用的措施有：①适当增加坝顶宽度，由于滑坡发生需要一个由浅入深的积累过程，增加安全的下游滑移范围，坝顶适当放宽对保护上游坝坡稳定是有利的；②下游坝坡一定高程以上放缓坝坡，设置马道；③设置上、下游坝面护坡，增加坡面抗震稳定性；④在坝顶一个高程范围内采用加筋结构，减小地震引起的水平永久变形和沉陷。

针对双江口工程，在计算分析、模型试验、大坝常用抗震措施、震害调查研究的基础上，提出相对性的抗震措施。同时，考虑不同坝体加筋方式（土工格栅和锚筋），通过试验和计算研究其抗震有效性。

3.5.2　研究成果

（1）由于双江口坝高达 312m，震后大坝沉陷量较大，坝基砂层多而零散，其抗震措施主要考虑了坝顶预留较大裕度超高（约 2.2m）、挖除可能液化的大部分砂层、上下游坝脚增设压重、心墙和反滤层置于基岩上、分层分散设置枢纽泄水建筑物等。在坝体结构、分区、填料级配、填筑标准也考虑了抗震因素。同时，在上下游坝面设置干砌石及大块石护坡，在坝顶坝高 1/5 范围采用加筋处理。双江口心墙堆石坝典型剖面见图 2。

（2）对土工格栅和钢筋抗震措施进行试验和计算，研究其抗震有效性。无论是土工格栅或钢筋，在设计地震输入情况下，加筋后坝坡动力安全系数至少提高 15%。在核核地震输入情况下，动力安全系数提高得更多。从抗震安全性考虑，采用在坝内设置抗震钢筋。

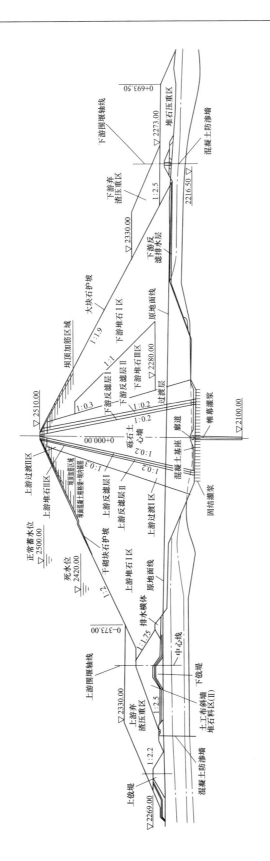

图 2 双江口心墙堆石坝典型剖面示意

4 结束语

（1）以试验研究与数值理论研究相结合的方式，在筑坝材料动力特性试验研究的基础上，对材料动力本构关系和安全评价方法作深入的研究，分析评价大坝的抗震安全，确定大坝及地基抗震能力相对薄弱的部位。结合高土石坝抗震设计的经验和分析评价成果，研究提出相应抗震措施，保证了工程建设的技术可行性。上述研究思路、方法和成果对300m级高土石坝工抗震研究具有普遍的参考价值，对推进300m级高土石坝工程建设具有十分重要的意义。

（2）由于双江口水电站心墙堆石坝超过300m，高土石坝地震动响应规律复杂，建议在实施阶段进一步开展大坝材料动力特性、大坝抗震动反应和动损伤破坏规律等方面的研究，深入分析其极限抗震能力，进一步优化保证大坝抗震安全的综合措施。

致谢：感谢中国电建集团成都勘测设计研究院有限公司双江口项目部的大力支持和帮助。

参考文献

［1］ SHANPING LI, BIN DUAN. The Highest Dam in the World under Construction-The Shuangjiangkou Core-Wall Rockfill Dam［J］. Engineering，2016，2（3）：274-275.

［2］ 张成渝. 洛阳龙门石窟岩体振动疲劳效应初析［J］. 北京大学学报，2002，38（6）：809-816.

［3］ 赵剑明，汪闻韶，常亚屏，等. 高面板坝三维真非线性地震反应分析方法及模型试验验证［J］. 水利学报，2003，No.9：12-18.

［4］ 刘小生，刘启旺，王钟宁，等. 水库面板坝大型振动台模型试验［J］. 设计 2007（5）：30-33.

［5］ 李红军，迟世春，林皋. 高心墙堆石坝坝坡加筋抗震稳定分析［J］. 岩土工程学报，2007，29（12）：1882-1887.

［6］ 邹德高，毕静，徐斌，等. 加筋砂砾料残余变形特性研究［J］. 水力发电学报，2009，28（5）：158-162.

［7］ PASTOR M，ZIENKIEWICZ O C，LEUNG K H. Simple Model for transient soil loading in earthquake analysis（Ⅱ），Non-associative models for sand［J］. International Journal for Numerical and Analytical Methods in Geomechanics，1985（9）：477-498.

［8］ 朱晟，周建波. 粗粒筑坝材料的动力变形特性，岩土力学，2010（5）：1375-1380.

［9］ 田景元，李国英. Hardin 土动模型的应用与讨论［J］. 水利水运工程学报，2009（1）：22-28.

［10］ 田景元；张志伟. 大岗山面板堆石坝加速度放大系数对材料动参数和输入地震动的敏感性分析［J］. 水电站设计，2006（4）：20-22.

［11］ 张锐，迟世春，林皋. 高土石坝地震加速度分布研究［J］. 哈尔滨工业大学学报，2008，40（8）：1919-1921.

［12］ 迟世春，许艳林. 多维量化记忆模型及其验证［J］. 岩土工程学报，2005（2）：167-172.

［13］ 郑颖人，赵尚毅，张鲁渝. 用有限元强度折减法进行边坡稳定分析［J］. 中国工程科学，2002，4（10）：57-62

［14］ ZHU Sheng，ZHOU J B Study on Seismic-spectrum Characteristics for 300m-grade Earth-Rockfill Dam，APPEEC 2010-Proceedings，2010.03.

［15］卢继旺，朱晟，周建平，等．基于 BP 神经网络的土石坝地震震害预测［J］．水电能源科学，2010（5）：69-73.

［16］张宏洋，李同春，宫必宁，等．砂土的 P-Z 模型介绍及振动台试验验证［J］．水力发电学报，2009（5）：182-186.

［17］杨星，刘汉龙，余挺，等．高土石坝震害与抗震措施评述［J］．防灾减灾工程学报，2009（5）：583-590.

［18］段斌，300m 级心墙堆石坝可研阶段筑坝关键技术研究［J］．西北水电，2018（1）：7-13.

作者简介

段斌（1980—），男，工学博士，高级工程师，四川北川人，从事水电工程技术和管理工作。

高土石坝心墙砾石土料自动掺合系统研究[❶]

唐茂颖[1,2]　黄润秋[1]　李家亮[3]　吴显伟[3]　李永红[3]

（1　成都理工大学地质灾害防治与地质环境保护国家重点实验室　2　国电大渡河流域水电开发有限公司　3　中国电建集团成都勘测设计研究院有限公司）

[摘　要]　高土石坝心墙砾石土料掺合的平铺立采传统工艺存在自动化水平及生产效率低，掺合场地大且经济效益差等问题。为解决上述问题并提升掺合质量和效果，借鉴水泥生产掺合理论和工艺，依托坝高 312m 的双江口水电站砾石土心墙堆石坝工程，全面研究了心墙砾石土料自动化掺合理论、掺合装置、配料及计量系统，提出了采用犁式搅拌装置的卧式强力掺合机进行掺合的设计依据和参数，以及掺合系统精准计量方式和装置参数。通过三维模拟计算分析可知：掺合系统生产能力为 1080t/h，掺和次数可达 4 次，土料计量精度可控制在 0.5% 以内，砾石料计量精度可控制在 1% 以内，掺合效果到达预期目标，满足设计要求。该研究首次在水电行业提出了土石坝砾石土心墙料自动掺合理论和相关装置设计参数，为 300m 级高土石坝心墙砾石土料自动掺合奠定了理论和技术基础，其成果可供其他类似工程参考借鉴。

[关键词]　砾石土料　掺合工艺　自动掺合　双江口水电站

在当前的西部大开发、西电东送发展战略中，中国在建和拟建的 200m 以上高坝多为土石坝。根据《碾压式土石坝设计规范》（DL/T 5395—2007），心墙料小于 5mm 颗粒含量应控制在 20%～50%。从国内外完建和拟建的高土石坝建设及详细勘查分析，天然防渗土料料源小于 5mm 颗粒含量一般大于规范值，需掺合砾石料进行改性，以提高抗剪能力。例如糯扎渡水电站砾石土心墙采用掺合比 60∶40 进行掺合，两河口水电站心墙采用掺合比 60∶40～70∶30 进行掺合。砾石土心墙料掺合质量和掺合效率将直接影响坝体的长久运行安全和施工进度。传统的"平铺立采"方式经验较为成熟，并在糯扎渡水电站中已成功应用，但还存在质量稳定性差、自动化水平低、生产效率低、经济性差，需提供大面积掺合场地等问题。因此，如何借鉴水电行业已有和其他行业的成功经验，对土料和砾石进行自动掺合，对提高掺合质量和能力，实现连续稳定生产，减少施工场地，节约工程投资具有非常重要的意义。然而，目前国内外水电行业在砾石土料的自动掺合研究甚少，迫切需要技术创新。

针对"平铺立采"传统掺合工艺存在的问题，依托 312m 高的双江口水电站砾石土心墙坝工程，借鉴水泥生产掺合理论和工艺，对砾石土心墙料机械自动掺合进行了系统研究，首次在水电行业提出了心墙砾石土料自动掺合理论和相关装置设计参数，以期同行学者和工程管理者参考借鉴。

---

❶　本文发表于《水利水电技术》2017 年第 11 期。

1 工程概况

双江口水电站大坝采用砾石土心墙堆石坝，最大坝高 312m。坝顶长 648.66m，坝顶宽 16.00m，上游坝坡为 1：2.0，下游坝坡 1：1.9。心墙防渗料采用天然土料掺合砾石料后形成的砾石土料。心墙顶宽 4.00m，顶高程 2508.00m，上、下游坡均为 1：0.2，心墙与两岸坝肩接触部位的岸坡表面设 0.5m 混凝土板，心墙与混凝土板连接处铺设水平厚度 3m 的接触黏土。心墙上、下游分别设Ⅰ、Ⅱ两层反滤料，上游两层反滤水平厚度各 4.00m，下游两层反滤水平厚度各 6.00m，上、下游均为 1：0.2。上、下游反滤料与坝体堆石之间均设过渡层，顶宽 10m，上、下游坡均为 1：0.3。心墙下游的坝基与过渡料、堆石料之间设置一层 2m 厚的下游反滤排水层。

双江口堆石坝共需心墙砾石土料约 476 万 m^3，粉质黏土和砾石料按 55：45（质量比）比例掺合，天然粉质黏土料约 365 万 m^3（自然方）。天然粉质黏土从坝址下游的当卡土料场开采，砾石料从下游飞水岩料场开采加工。按照施工规划，坝体填筑月平均强度约 55 万 m^3，高峰期月平均强度约 89 万 m^3。心墙有效施工时间 53.5 个月，月平均上升速度 5.83m；高峰期心墙填筑月平均强度 13.47 万 m^3，月上升速度 6.5m。

2 自动掺合系统研究

2.1 掺合系统要求

参考其他行业的自动掺合生产工艺要求和水电行业施工经验，自动化掺合系统应满足以下要求：

（1）建立连续、稳定的掺合生产工艺，其生产能力应满足心墙料施工强度要求。

（2）自动化生产装置为全自动化、机械化装置。考虑保养和维修时间，日工作小时初拟为 16h，月生产天数为 25 天。

（3）自动化掺合装置的掺合性能应满足心墙料质量对于均匀性等方面的要求。

2.2 掺合方式选择

初拟强力掺合和自由跌落掺合两种方式进行研究。强力掺合借鉴水泥生产过程中螺旋掺合机将石灰石、黏土、石膏等多种粗细物料进行掺合、均化、输送的工艺原理，并在其生产工艺上增设犁式搅拌装置，采用电力传动装置驱动卧式强力螺旋掺合机及犁式搅拌装置的螺旋叶片掺合搅拌两种物料，通过粒料之间的流动、滚动、碰撞以及剪切进行掺合；自由跌落掺合采用垂直罐体，在罐体内壁设置 3～5 个间距为 3m 的隔板，利用物料自由下落过程中对隔板撞击产生的反作用力，改变物料自由下落过程中的运行轨迹，使两种物料进行不断互相碰撞、掺混，以达到物料掺合目的，其原理与"平铺立采"法工艺原理基本相同。

根据试验结果，卧式强力螺旋掺合机掺合方式更易实现掺合均匀性，稳定性高，可控性强，同时布置场地相对较小。自由跌落掺合方式由于无外力作用，物料跌落、碰撞过程中的下落轨迹存在着一定的随机性，加之土料本身在含水率、颗粒组成方面存在一定的差异性，导致粘挂、堵塞、下料不畅等问题，掺合可控性及稳定性差，掺合效果不理想。因此，对卧式强力螺旋掺合机进行研究。

2.3　卧式强力螺旋掺合理论研究

2.3.1　粒料受力及运动分析研究

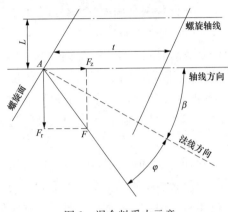

图 1　混合料受力示意

卧式强力螺旋掺合机在结构形式上同螺旋输送机相近，其不仅具有连续输送能力，同时具有较强的掺合能力。根据螺旋输送机的设计理论，参考水平螺旋输送机理研究，混合料中土料和砾石料除自身重力外，掺合和输送过程中的受力均来自强力卧式掺合机螺旋面运动带来的推力，受力无区别。混合料 A 的受力示意见图 1。当螺旋面的升角为 β 时，旋转螺旋面作用于离螺旋轴线距离为 L 处 A 点混合料粒料上的力为 F。由于摩擦作用，F 的方向与螺旋线的法线方向偏离了一个角度 φ，F 可分解为圆周方向的切向力 F_r 和轴线方向的轴向力 F_z。图中 φ 角是由混合料对螺旋面的摩擦引起，并由混合料内摩擦角 ρ 和螺旋面的粗糙程度决定的，一般情况下可不考虑螺旋表面粗糙程度对 φ 角的影响。

通过混合料 A 的受力分析可得，螺旋面对混合料的轴向力和圆周力表达式分别为

$$F_z = F\cos(\beta+\varphi) \tag{1}$$

$$F_r = F\sin(\beta+\varphi) \tag{2}$$

式中：β 为螺旋面升角，$\beta = \arctan(t/2\pi r)$；$\varphi$ 为混合料的外摩擦角；F 为螺旋面对混合料的作用力；t 为螺旋叶片间距（螺距），在螺旋面上各点的螺距是相同的。

根据式（1）和式（2）可知：越靠近螺旋轴的点（L 越小），螺旋升角 β 越大，圆周方向的切向力就越大。当圆周方向的切向力大于混合料自身重力时，混合料往圆周方向运动，此时 L 变大，混合料所受切向力变小，并在新的一处达到受力平衡点。当混合料粒料间的摩擦力、粒料的自身质量、切向力在达到新平衡点的过程中，粒料就开始随螺旋轴翻滚，翻滚过程中，土料和砾石料进行掺合，掺合原理与平铺立采原理相同。最容易翻滚和掺合的粒料是靠近螺旋轴的这一部分，就是说螺旋机工作时，有可能靠近螺旋轴的一部分混合料粒料随螺旋轴旋转，而远离螺旋轴的一部分混合料粒料则扭转到一定角度后就与切向力平衡，在轴向力作用下，沿轴向运动，进行混合料输送。

根据上述混合料受力分析，结合连续输送机原理分析，螺旋中的物料受轴向力向前移动，受圆周力在环向掺合。根据文献 [8]，物料颗粒轴向移动速度 $v_{轴}$ 和圆周速度 $v_{圆}$ 为

$$v_{轴} = \frac{nt}{60} \times \frac{1-\mu t/2\pi r}{1+(t/2\pi r)^2} \tag{3}$$

$$v_{圆} = \frac{nt}{60} \times \frac{\mu + t/2\pi r}{1+(t/2\pi r)^2} \tag{4}$$

式中：t 为螺距；n 为螺旋轴转速；μ 为混合料与螺旋面的摩擦系数，一般取 $0.5\sim0.8$，土石混合料考虑黏土的黏性，一般取 0.6；r 为螺旋内径。

根据式（3）和式（4）可知：

（1）在某一转速 n、螺距 t 下，$v_{轴}$、$v_{圆}$ 都是 r 的函数。$v_{轴}$ 随 r 增加而增加；$v_{圆}$ 随 r 的增加是个有极点的变化曲线。函数关系见图 2。在 A-A′线以左（即 $r\leqslant0.1t$ 时），$v_{轴}$ 为负值，混合料不能前移，只能在原地翻滚甚至后退，摩擦阻力很大；在 B-B′线以后（即 $r\geqslant0.6t$ 时）$v_{轴}$ 平均速度大，$v_{圆}$ 速度小，物料内部相对运动小，轴向输送能力强；在 A-A′线与 B-B′线之间（即 $r=0.1\sim0.6t$ 时），$v_{轴}$ 仍然不大，$v_{圆}$ 却很大，混合料颗粒间的相对速度很大，使混合料沿着其合速度方向抛射翻转。因此，转速 n、螺距 t 一定时，输送料螺旋的实体轴径（$D=2r$）$1.2t\geqslant D_{min}\geqslant0.2t$ 时，卧式强力螺旋掺合机的掺合效率高，且具有一定的输送强度。

（2）在某一确定的转速 n、半径 r 下，$v_{轴}$、$v_{圆}$ 都是 t 的函数，函数关系图见图 3。当 t 在 C-C′线的左侧时，$v_{轴}\geqslant v_{圆}$，$v_{圆}$、$v_{轴}$ 随 t 的增加而增大，这个区域的取值有利于混合料混合和输送；当 t 在 C-C′与 D-D′之间时，$v_{轴}<v_{圆}$，但 $v_{圆}$、$v_{轴}$ 随 t 增加而增加。混合料颗粒间相对速度很大，与前述结果相似，掺合效果及运输效果均较好；当 t 在 D-D′与 E-E′之间时，$v_{轴}<v_{圆}$，$v_{圆}$ 随 t 的增加达到最大值。而 $v_{轴}$ 随着 t 增加逐渐减小，混合料的混合效果最佳，但水平输送效果差；当 t 在 E-E′以右时，$v_{轴}\leqslant v_{圆}$，且 $v_{圆}$、$v_{轴}$ 随着 t 增加而减小，混合料的混合及输送较差。以上述分析可知，转速 n、半径 r 一定时，t 的取值范围应在 $v_{轴max}$ 以前的 C-C′与 D-D′之间为佳。也就是说 t 最好的取值范围应是 $1.6r<t<2.2r$。

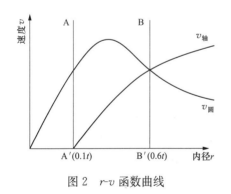

图 2　r-v 函数曲线

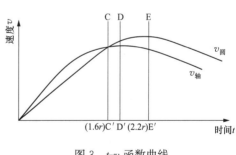

图 3　t-v 函数曲线

2.3.2　卧式强力螺旋掺合机参数研究

类比搅拌与混合设备设计选用手册和运输机械设计选用手册中螺旋输送机输送量的计算公式，可通过输送能力计算出螺旋转速和直径，从而确定强力掺合机各参数。螺旋输送机输送量公式为

$$Q=15\pi c K_1\rho\psi D^3 n \tag{5}$$

式中：c 为倾角修正系数，水平布置时取值为 1.0；ψ 为充填系数，一般取值 $0.125\sim0.20$；ρ 为混合料内摩擦系数；K_1 为螺旋系数，一般取值 $0.5\sim0.7$；n 为螺旋转速，$n\leqslant n_j=A/D^{0.5}$；n_j 为混合料临界转速；A 为混合料综合特性系数，对砾石土料一般取值

28～36；D 为螺旋叶面外径，一般取值范围为 $0.9t \leqslant D \leqslant 1.25t$。

根据输送强度，通过试算法确定转速 n 和螺旋叶面外径 D，强力掺合机螺距 t、升角 β、螺旋内径 r、电机功率 P 等参数根据输送能力和转速可计算获得。掺合次数根据填充系数、砾石土料平均粒径和混合料堆积醉倒高度确定。掺合机长度可由充填系数和掺合次数确定，分为进料长度 L_1、搅拌长度 L_2、出料长度 L_3 和螺距 t 确定，一般 L_1、L_3 取 $0.25t$，L_2 取 $4.0t$。

综合考虑掺合效果及降低能耗，利于混合料出料顺畅，并考虑物料特性，掺合机安装倾角3°。卧式螺旋强力掺合机见图4。

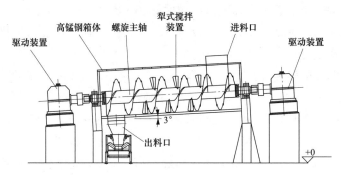

图4　卧式螺旋强力掺合机示意

2.4　自动配料及计量研究

2.4.1　配料及计量要求

为保证掺合质量和均匀性，配料及计量系统应满足具有一定的调节能力，均衡、平稳、顺畅下料，计量质量误差应控制在±3％以内，结构尽量简单、轻便。

2.4.2　土料配料和计量

借鉴水泥生产行业黏土配料和计量经验。土料采用配料仓＋定量给料机＋变量给料机系统进行配料及计量。

配料仓尺寸考虑一定存储量保证连续供料和防止起拱两方面因素。结合类似工程经验，料仓规模按储存 15～25min 土料供应能力设置。计量控制装置设于掺合土料配料仓底部，主要由液压可控闸门、变量给料机、定量给料机和输送皮带四部分组成。液压可控闸门控制闸门的开度进行调节土料流量；变量给料机根据定量给料机反馈的信号对液压可控闸门和皮带机带速进行控制，以达到调节物料流量；定量给料机对土料进行连续精确称量，保证进入卧式强力螺旋掺合机的土料按设计的重量连续向强力掺合机供料，同时将称量数据反馈至变量给料机对土料供料准确性进行调整；输送皮带主要进行土料输送，同时可辅助调节土料流量。土料配料及计量控制装置见图5，计量控制流程见图6。

2.4.3　砾石料配料及计量

借鉴水电工程行业砾石料配料和计量经验，掺砾料采用配料仓＋震动给料机＋变频带式给料机进行配料及计量。计量控制装置设于配料仓底部出口，主要由可调节阀、振动给料机、变频皮带给料机（含皮带机称量）、皮带机四部分组成。配料仓考虑砾石料一般储存量较大，按存储 10～15min 供应能力设置。砾石料配料及计量控制装置见图 7，计量控制流程见图 8。

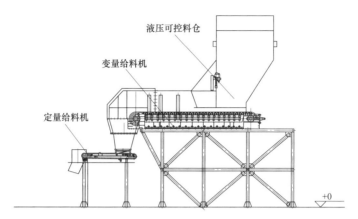

图 5　土料配料及计量控制装置

图 6　土料计量控制流程

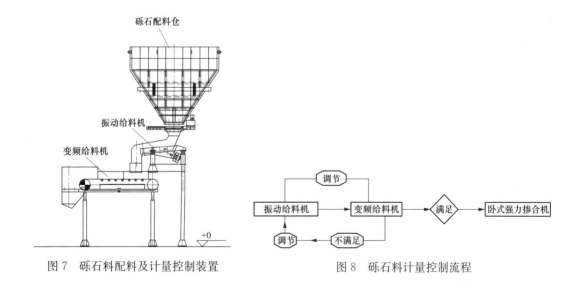

图 7　砾石料配料及计量控制装置　　　　　图 8　砾石料计量控制流程

3　双江口自动掺合系统参数研究

3.1　土料特性

当卡土料场为浅黄色粉质黏土，天然含水量 15.1%，液限为 33.4%，塑限为

19.6%，塑性指数13.8。颗粒组成中，粒径大于60mm含量为0.12%，粒径60~2mm砾石含量为4.34%，粒径2~0.075mm砂含量为8.01%，小于5mm颗粒含量96.94%，小于0.075mm细粒含量87.53%，小于0.005mm黏粒含量23.32%，属低液限黏土。土体天然含水率低于塑限，土体处于半固态或固态，受到外界力的干扰易破碎为更小的块体。在土料掺合过程中，虽然具有一定的黏性，黏粒之间相互吸附，但在宏观上可视为由很多微小黏粒的组成小颗粒，具有一定的流动性，可通过机械方式与其他散粒材料进行混合。

3.2 砾石料特性

砾石料料源由飞水岩石料场开采加工破碎，形成连续级配的掺砾料。掺砾料设计要求：级配中最大粒径100mm，上包线<5mm含量不大于15%，<0.075mm细粒含量不大于3%；平均线<5mm含量不大于5%，<0.075mm细粒含量不大于1%；下包线<5mm含量为0。掺砾料为级配良好的散粒材料，可通过机械方式与其他散粒材料进行混合。

3.3 卧式强力螺旋掺合机设计

根据双江口水电站大坝心墙填筑高峰强度和2.1节要求，卧式强力螺旋掺合机生产能力应达到1000t/h，并根据2.3.1~2.3.2，拟订双江口水电站卧式强力螺旋掺合机基本参数，见表1。

表1　　　　　　　　　　　　卧式强力螺旋掺合机参数

参数名称	参数值/单位
螺旋叶面外径 D	2.25m
转速 n	10r/min
电机功率 P	400kW
电压	10kV
外形尺寸（长×宽×高）	8m×3.5m×3.5m
螺距 t	2.0m
螺旋升角 β	15.8°
螺旋内径 r	0.4m

参数经复核计算：根据选定的填充系数0.2计算，进入掺合机内土料和石料相互堆积最大高度约为300mm。计算可得搅拌次数为3.75次，取4次。根据同类工程比较分析，糯扎渡水电站砾石土心墙料掺合时采用3m³液压正铲挖掘机进行掺合，举料并跌落3次后达到均匀。因此，工程采用搅拌4次是合理可行的，能达到掺合均匀的目的。

卧式强力掺合机与通用的螺旋输送机有如下两方面的区别：一是卧式强力螺旋掺合机规模大，各项指标参数大，生产能力较通用螺旋输送机提高40%左右（通用螺旋输送机定型产品直径一般为1.2m以下，输送能力一般小于700t/h）。二是在设计上，卧式强力掺合机增设了犁式搅拌装置，增强了掺合能力。

3.4 配料及计量系统设计

3.4.1 掺砾料配料及计量设计

根据双江口水电站砾石料施工高峰强度 450t/h 和配料仓 15min 的储存量计算，料仓储存能力为 100t，料仓容量 50m³。料仓采用圆形，选用直径为 4m。料仓高度考虑皮带机运输爬升的高度，拟定为 6m（有效高度约 5m）。料仓仓壁倾斜角度考虑大于砾石料静安息角 34°，拟定 45°。通过计算，料仓容积约为 52m³，满足 15min 需求量要求。根据掺砾料的运输能力（450t/h）要求，选用 600t/h 的振动给料机和 600t/h 的变频带式给料机。

3.4.2 土料配料及计量设计

根据双江口水电站土料施工高峰强度 550t/h 和配料仓 20min 储存量计算，土料体积约为 139m³。料仓采用圆形，料仓直径兼顾掺合机直径，与之匹配，选用直径为 6m。料仓高度需考虑皮带机运输爬升高度，初拟为 8m（有效高度约 7m）。料仓仓壁倾斜角度考虑大于土料静安息角 36°，初拟采用 45°，料仓下部斜面采用树脂内衬。通过计算，料仓容积约为 141m³，满足 20min 输送量调节要求。

根据高峰施工强度（550t/h）要求，设计变量给料机和定量给料机参数见表 2。

表 2　　　　变量给料机和定量给料机参数

参　数	给料机	
	变　量	定　量
规格（m×m）	1.6×8.0	1.4×3.5
胶带宽度（m）	1.6	1.4
头尾轴中心距（m）	8.0	3.5
运量（t/h）	107～670	550～700
功率（kW）	30.0	7.5

4　三维模型模拟成果及分析

4.1　模拟内容及方法

（1）根据自动掺合系统的设计参数，建立卧式强力螺旋掺合机、土料配料及计量、砾石料配料及计量多体系统的运动学方程和动力学方程，并求解计算，得出各系统中设备的运动受力及工作荷载。方程的建立和求解由软件自动完成。

（2）建立卧式强力螺旋掺合机、土料配料及计量、砾石料配料及计量子模块三维模型，并装配完成自动掺合系统整体三维模型。

（3）添加各设备运动受力及工作荷载，对自动掺合系统工作稳定性、子模块间的协调性、掺合均匀性、计量准确性和生产能力进行模拟，得出模拟成果。

4.2　模拟成果及分析

模拟成果见表 3。

表3   三维模拟成果

参　数	模拟值	设计值
土料供料间断（min）	≤7	≤20
砾石料供料间断（min）	≤5	≤15
土料计量误差	±0.48%以内	±3%以内
砾石料计量误差	±0.93%以内	±3%以内
掺合次数（次）	2.8~4.0	≥3.0
混合料生产能力（t/h）	1080	≥1000

根据表3数据分析可知：

（1）自动掺合工艺实现了连续生产、稳定供料、计量精确、掺合较均匀、生产能力满足施工要求，自动化掺合工艺可行。自动化掺合系统布置紧凑，达到了节约场地和降低造价的目的。

（2）土料配料计量误差可控制在±0.5%以内，砾石料配料计量误差可控制在±1%以内，计量满足设计要求。

（3）掺合均匀性方面出现略微不稳定现象。主要原因在于螺旋叶片螺距 t 稍偏大，土料和砾石料之间不能完全产生滚动混合。通过在螺旋叶片之间增加犁式搅拌器后，土料和砾石料之间滚动掺合能力明显提高。

5　结论及建议

（1）借鉴螺旋输送机理论设计的卧式强力螺旋掺合机可用于具有一定流动性的土料和级配良好的散粒砾石料的掺合。研究成果可为其他类似高土石坝砾石土心墙掺合料的掺合工艺提供指导与借鉴。

（2）由土料配料及计量系统、砾石料配料及计量系统和卧式强力螺旋掺合机组成的自动化掺合系统能实现砾石土料掺合连续生产，稳定供料，计量精准，掺合均匀，生产能力满足设计要求的目标，可用于水电行业砾石土料掺合施工。

（3）采用新型液压可控闸门料仓、变量给料机和定量给料机组成的土料配料及计量系统可行，计量误差可控制在0.5%以内。采用振动给料机、变频皮带给料机组成的砾石料配料及计量系统可行，计量误差可控制在1%以内。配料及计量精度能够满足工程施工需要。

（4）从三维模拟成果看，螺旋叶片螺距对掺合效果影响较大，在正式投入使用前，建议进行现场掺合生产试验，并提前做好在螺旋叶片之间增加相关装置，以提升掺合效果的措施研究。

参考文献

［1］王观琪，余挺，李永红，等.300m级高土石心墙坝流变特性研究［J］.岩土工程学报，2014，36（1）：140-145.

［2］兰芳.糯扎渡水电站坝体心墙掺砾石土工艺研究［J］.水利水电施工，2013（6）：4-6.

［3］宋初群 . 水平螺旋输送机输送机理的研究［J］. 武汉水运工程学院院报，1993，17（9）：375-382.

［4］刘丽荣 . 多流道旋叶式掺混料仓的研究与应用［J］. 科学技术与工程，2012，27（12）：1671-1685.

［5］欧阳鸿武，何世文，陈海林，等 . 粉体混合技术的研究与进展［J］. 粉末冶金技术，2004，22（2）：104-108.

［6］欧阳鸿武，何世文，廖其音，等 . 圆筒型混合器中颗粒混合运动的研究［J］. 粉末冶金材料科学与工程，2003，8（4）：278-284.

［7］陈志平，章序文，林兴华 . 搅拌与混合设备设计选用手册［M］. 北京：化学工业出版社，2004.

［8］袁纽 . 运输机械设计选用手册［M］. 北京：化学工业出版社，1999.

［9］余挺，李永红，李家亮，等 . 四川大渡河双江口水电站大坝防渗土料开采、运输、掺合专题研究报告［R］. 成都：中国电建集团成都勘测设计研究院，2014.

双江口300m级心墙堆石坝有限元分析及抗震措施研究

康向文 李 鹏 段 斌 王 力

（国电大渡河流域水电开发有限公司）

[摘 要] 双江口水电站为砾石土心墙堆石坝，最大坝高312m，为在建世界第一高坝和大渡河流域龙头水库大坝，双江口大坝工程建设已超出了现行规范规定和已有经验的范畴。因此，双江口300m级高坝坝体、坝基动力反应特性及抗震安全性是建设可行性研究的关键技术问题之一。本文建立了包含双江口水电站地基、深厚覆盖层、坝体、库水在内的三维有限元静动力分析模型，得出坝体位移、坝体沉降、坝体加速度响应等静动力分析成果。基于三维有限元静动力分析研究成果，提出了工程抗震措施。

[关键词] 双江口 300m级堆石坝 有限元 抗震研究

1 引 言

双江口心墙堆石坝最大坝高312m，坝址河床覆盖层最大厚度约68m，工程规模巨大，技术条件复杂。由于双江口心墙堆石坝坝高已超过世界已建最高的大坝——塔吉克斯坦的努列克心墙堆石坝（坝高300m），以及中国已建的最高心墙堆石坝——糯扎渡大坝（坝高261.5m），且国内外缺乏300m级心墙堆石坝的工程经验，双江口大坝工程建设已超出了现行规范规定和已有经验的范畴。因此，双江口300m级高坝坝体、坝基动力反应特性及抗震安全性是建设可行性研究的关键技术问题之一。双江口抗震措施研究开展了大量工作，2018年"5·12"汶川8.0级大地震发生后，根据国家有关部门下发文件提出的要求，开展了复核、补充研究。本文重点进行了三维有限元静动力分析，取得了丰硕的研究成果，并据以对大坝抗震安全性进行了评价，提出了抗震措施。

2 工程地质及地震

双江口水电站位于马尔康县、金川县境内，是大渡河流域水电梯级开发的上游控制性水库工程。电站的总库容28.97亿m³，调节库容19.17亿m³；电站装机容量2000MW，多年平均发电量77.07亿kWh。工程区位于北西向鲜水河断裂带与北东向龙门山断裂带所夹持的川青断块区东南部，以紧密线状弧形褶皱构造为主，断裂构造不发育，处于构造相对稳定区。工程区受外围强震带的波及影响较小，坝址区遭受历史地震的最大影响烈度仅为Ⅵ度。据中国地震局地质研究所《双江口水电站工程场地地震安全性评价报告》，并经国家地震安全性评定委员会评审，中国地震局批复（中震函〔2005〕45号），双江口电站坝址区（上坝址）50年超越概率10%、5%的基岩地震动峰值加速度分别为86.9gal、

119.2gal，一般场地条件下计算概率地震烈度分别为 6.9°、7.2°；100 年超越概率 2‰基岩地震动峰值加速度为 205.0gal，一般场地条件下计算概率地震烈度为 8.0°。

考虑"5·12 汶川地震"后对该地区地震地质环境和危险性的新认识，中国地震局地质研究所完成了《工程地震补充研究专题报告》，提出基准期 100 年超越概率 0.01 地震动峰值加速度为 270gal；并通过本底地震、构造法、最大概率贡献法进行综合计算分析，提出了最大可信地震动（MCE）峰值加速度为 286gal。

3 本构及有限元模型

3.1 传统的土石料本构模型

3.1.1 静本构模型

采用邓肯张 E-B 模型，该模型中切线弹性模量和由体变模量 B 表示的泊松比分别为

$$E_t = \left[1 - \frac{R_f(1-\sin\varphi)(\sigma_1-\sigma_3)}{2c\cos\varphi + 2\sigma_3\sin\varphi}\right]^2 k \cdot p_a \left(\frac{\sigma_3}{p_a}\right)^n$$

$$\upsilon_t = \frac{1}{2}B - \frac{1}{6}E_t$$

其中

$$B = K_b p_a \left(\frac{\sigma_3}{p_a}\right)^m$$

依据邓肯-张模型，对卸荷采用下述方法判别：当 $\sigma_1-\sigma_3 <$ $(\sigma_1-\sigma_3)0$，且 $S<S_0$ 时，单元处于卸荷状态，用 E_{ur}，否则用 E_t。这里 $(\sigma_1-\sigma_3)0$ 为历史上曾经达到的最大变应力，S_0 为历史上曾经达到的最大应力水平。原来的模型是针对平面应变问题提出的，推广于三维问题时，可以用广义剪应力 q 代替 $(\sigma_1-\sigma_3)$，用平均主应力 p 代替 σ_3，用三维的 Mohr-Coulomb 准则 qf 代替 $(\sigma_1-\sigma_3)f$。

3.1.2 动本构模型

考虑到材料的非线性，动本构模型采用等效线性模型。材料的动剪切模量 G 和阻尼比 λ 均为剪应变 γ 的函数。剪切模量 G 采用 Seed 等人的公式，即

$$G = K p_a^{1-n} \sigma_m^n \frac{G}{G_{max}}$$

式中：K、n 为相应于 G_{max} 时的试验常数；σ_m^n 为平均有效应力；G/G_{max} 为剪应变 γ 的函数。

G/G_{max}-γ 关系曲线根据实验或类比法确定。

3.2 基于广义塑性力学理论的 PZ 模型

该类模型的主要优点是可以描述在循环加载或单向加载、排水条件或不排水条件下，砂土与黏土的静、动力学力学特性，且在推求塑性变形时，不必定义屈服面及塑性势面，而是通过方向矢量确定加、卸载。本文主要采用 PZ 模型进行静动力计算成果分析。

PZ 模型的广义塑性矩阵表达式为

$$D_{Lep} = D_e - \frac{D_e n_{gL} n^T D_e}{H_L + n_{gL}^T D_e n}$$

$$D_{U_{ep}} = D_e - \frac{D_e n_{gU} n^{\mathrm{T}} D_e}{H_U + n_{gU}^{\mathrm{T}} D_e n}$$

式中：下标 L、U 表示加载和卸载；n_{gL}、n_{gU} 为塑性势方向矢量，代表塑性应变增量的方向；n 为加载方向矢量；H_L、H_U 为塑性模量（标量）。

3.3 有限元计算模型

此次计算中采用了三种三维网格，分别为带地基的三维网格及不带地基的三维网格，以及在做两相介质分析时考虑坝体—库水—地基相互作用的带地基和水体的三维网格。在将坝体作为单相介质分析时，静力计算材料参数采用邓肯-张模型参数，动力计算模型采用等效线性黏弹性模型，动模量和阻尼比参数。考虑坝体—库水—地基相互作用将部分坝体作为两相介质分析时，静力和动力计算材料参数均采用 PZ 模型相关参数。

4 PZ 模型静动力成果分析

本文采用 PZ 模型基于三维有限元模型进行静动力计算成果分析。

4.1 静力计算成果分析

4.1.1 坝体位移

三维静力计算结果显示，顺河向位移方面（见图 1），竣工期指向下游的水平位移最大值 0.553 2m，占坝高的比例的 0.18％，发生在 2/3 坝高心墙附近的上游坝体处，主要是由于将上游坝体作为两相介质计算，使得其侧向变形相比坝体其他部位较大。蓄水期，指向下游的水平位移最大值增大为 0.597 3m，占坝高 0.19％，说明在水压力作用下坝体总体有向下游位移的趋势。

坝轴向位移方面（见图 2），竣工期的坝体坝轴向指向左岸水平位移最大值为 0.332 1m，占坝高 0.11％，发生在坝体左岸坝肩中下部，蓄水后该值为 0.331 8m，0.11％有略微减小；向右岸水平位移最大值为 −0.226 1m，占坝高 0.07％，发生在坝体右岸坝肩中部，蓄水后该值为 0.227 3m，占坝高 0.07％。可以看出坝体坝轴向位移左岸较右岸的数值略大，这与河谷的不对称有关。

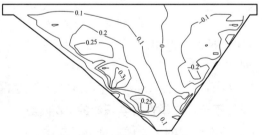

图 1　竣工期顺河向位移等值线图（m）　　　图 2　竣工期坝轴向位移等值线图（m）

4.1.2 坝体沉降

坝体沉降方面（见图 3），竣工期最大沉降为 2.857 4m，占坝高 0.91％，坝体的最大沉降发生在坝体心墙约 1/3 坝高处，竣工期坝体的上、下游沉降基本对称。蓄水期最大沉降为 2.866 7m，占坝高 0.91%，坝体稍有下沉，这主要是由于蓄水后考虑材料湿化变形的原因。由以上结果看出，基于广义塑形力学理论的 PZ 模型在静力计算方面与目前广泛使用的邓肯-张模型相比，

图 3　竣工期坝体沉降等值线图（m）

结果与规律基本一致，证实其适用性，并在不断完善后可以更为真实的反映工程的实际情况。

4.2　动力计算成果分析

动力计算采用 PZ 模型，上游堆石、过渡、反滤、心墙、覆盖层作为两相介质；下游坝体以及覆盖层作为单相介质计算。有限元模型采用带地基及水体网格的三维有限元网格，以考虑水体与上游堆石的在动力条件下的相互作用。边界条件选择常用的无质量地基固定边界条件进行计算，选取的地震波分别为万年一遇地震。为更加真实的反映坝体内孔隙水压力在地震作用下的生成，增长和消散的过程。

4.2.1　坝体动位移

在万年一遇地震波作用下，坝体顺河向动位移的最大值为 0.626m，最大值发生在坝顶中部附近，位移值由底部向顶部逐步增大，变化规律与 seed 模型吻合较好。坝体坝轴向动位移的最大值为 0.606m，最大值发生在坝顶中部附近，位移值在坝顶存在两个峰值。坝体竖直向动位移的最大值为 0.394m，最大值基本发生在坝顶附近。由于将坝体材料模拟广义塑性材料用 PZ 模型进行分析，考虑了材料在地震动荷载过程中塑性应变累积。将坝体作为广义塑性 PZ 材料来进行地震动力分析，可以很方便地在地震结束后得到永久变形，大大简化了永久变形的计算方法。见图 4～图 6。

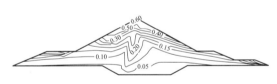

图 4　万年一遇地震波坝体顺河向位移（m）

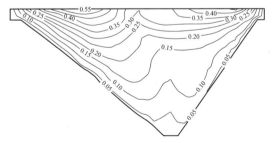

图 5　万年一遇地震波坝体坝轴向动位移（m）

图 6　万年一遇地震波坝体竖直向动位移（m）

4.2.2　坝体加速度响应

在万年一遇地震波作用下，坝体顺河向最大加速度响应值为 7.628m/s²，放大系数为 3.03，从坝体典型断面顺河向加速度响应最大值等值线图看出，最大值出现在坝顶中部，上下游围堰和盖重顶部附近加速度响应较大。坝体坝轴向最大加速度响应值为 5.70m/s²，放大系数为 2.26，最大值基本出现在坝体中部，坝体大部分区域加速度响应不大，在坝

图 7　万年一遇地震波顺河向加速度响应（m/s²）

顶附近放大。坝体竖直向最大加速度响应值为 4.739m/s²，放大系数为 2.82，在坝顶位置加速度响应较大，另外在上下游围堰和盖重顶部位置响应值也较大。见图 7～图 9。

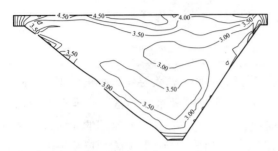

图 8　万年一遇地震波坝轴向加速度响应（m/s²）

图 9　万年一遇地震波竖直向加速度响应（m/s²）

4.3　坝坡静动力成果

应用 P-Z 本构模型基于有限元强度折减法进行了双江口大坝二维及三维坝坡稳定的静力分析，在二维情况下上、下游坝坡的静力安全系数分别为 1.307 和 1.312，三维情况下上、下游静力安全系数分别为 1.529 和 1.593，坝坡在静力情况下是安全稳定的。三维坝坡上、下游静力安全系数均大于二维坝坡，可以判断坝体如果发生失稳首先产生局部失稳。

将坝坡动力稳定安全度评价方法应用到双江口大坝动力分析中，在 100 年超越概率 1% 的地震波作用下，二维坝坡上、下游动力安全系数分别为 1.136 和 1.205，三维坝坡上、下游动力安全系数分别为 1.190 和 1.299。各工况下，最危险滑裂面安全系数均大于规范允许安全系数，大坝坝坡整体稳定，表明坝体是稳定安全的。见图 10、图 11 和表 1、表 2。

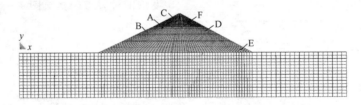

图 10　二维坝坡动力分析上下游坝坡特征点示意

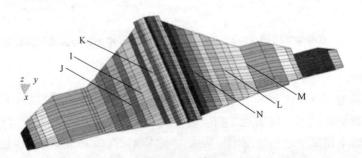

图 11　三维坝坡动力分析上下游坝坡特征点示意

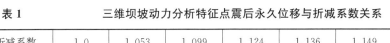

表 1   三维坝坡动力分析特征点震后永久位移与折减系数关系

折减系数	1.0	1.053	1.099	1.124	1.136	1.149	1.205	1.220
A 点永久位移（m）	−0.298	−0.305	−0.312	−0.324	−0.359	−2.7		
B 点永久位移（m）	−0.002 7	0.003 7	−0.004 7	−0.006 2	−0.008 0	−0.009 2	−0.010 3	−0.012 7
C 点永久位移（m）	−0.202	−0.205	−0.211	−0.219	−0.232	0.252	0.259	0.277
D 点永久位移（m）	0.403	0.424	0.456	0.474	0.497	0.512	0.698	3.1
E 点永久位移（m）	0.080	0.089	0.098	0.113	0.138	0.177	0.194	0.225
F 点永久位移（m）	0.213	0.249	0.287	0.323	0.361	0.401	0.428	0.466

表 2   三维坝坡动力分析特征点震后永久位移与折减系数关系

折减系数	1.0	1.064	1.111	1.162	1.190	1.205	1.299	1.316
I 点永久位移（m）	−0.226	−0.235	−0.247	0.278	−0.358	−1.9		
J 点永久位移（m）	−0.048	−0.055	−0.060	−0.071	−0.088	0.108	−0.149	−0.168
K 点永久位移（m）	−0.057	−0.069	−0.086	−0.105	−0.127	−0.157	−0.225	−0.254
L 点永久位移（m）	0.238	0.288	0.372	0.466	0.564	0.587	0.698	3.3
M 点永久位移（m）	0.042	0.061	0.079	0.100	0.132	0.174	0.254	0.285
N 点永久位移（m）	0.152	0.193	0.253	0.320	0.406	0.437	0.518	0.596

5 抗震措施设计

基于坝体静动力计算成果分析与评价，结合其他研究成果，参照已有的类似工程经验，提出双江口心墙堆石坝抗震措施设计。

5.1 坝型选择

双江口水电站最大壅水高度达 251m，坝址河床覆盖层深厚，无论采用何种坝型，拦河坝高度均达到 300m 量级，根据已有工程经验和本工程特点，重点研究和比较土心墙堆石坝和混凝土拱坝两种坝型。坝址为基本对称的 V 形峡谷，两岸及河床岩体坚硬、完整，经相应工程处理后，坝址具备修建 300m 级心墙堆石坝和混凝土双曲拱坝的地形地质条件。经综合比较，考虑大坝对坝址区地形地质条件和天然建筑材料的适应性、施工工期、对外交通运输、工程投资和鲤鱼节能减排等因素，推荐采用土质心墙堆石坝。

5.2 坝基处理

心墙部位河床覆盖层全挖方案。双江口心墙堆石坝规模巨大，坝基覆盖层深厚、结构层次复杂且夹有多个透镜体，为减小坝体不均匀沉降和变形，增加大坝的抗震安全性，将心墙部位河床覆盖层全部挖除，心墙建于基岩上，建基面高程 2198.00m，最大坝高 312m。坝壳底部剩余③-b、②-b 及①-a 砂层采用挖除处理。上游坝脚底部的②-d、②-g、③-a 位于上游围堰底部，难以进行处理，根据钻孔揭示各砂层范围，取可能最大范围验算通过上述砂层的折线滑弧的坝坡稳定性，满足抗滑稳定要求，不做处理。

防渗墙方案。心墙部位附近的砂层③-b、②-b 厚度和范围较大，主要为粉土质砂，承载力低，存在不均匀沉降变形和地震液化的可能性问题。为减小坝体不均匀的沉降和变形，增加大坝的抗震安全性，防渗墙方案拟将心墙底部③-b、②-b 挖除处理，坝壳底部剩余③-b、②-b 砂层采用挖除处理。

对全挖和防渗墙两个方案从工程经验、关键技术、坝坡稳定性、渗流特性、应力变形特性、施工组织及工程投资等方面综合比较。相对于覆盖层全挖方案，防渗墙方案的工程投资略低，工期略短。但是，本工程为 300m 级高坝，规模较现有的深厚覆盖层上建坝的工程经验（世界上已建最高的小浪底坝，最大坝高 160m）有很大的突破，全挖方案将防渗心墙建于防渗性能可靠的基岩上，技术上更可靠。因此，选择全挖方案。

5.3 坝体结构及分区

心墙坝坝顶高程 2510.00m，上游坝坡为 1：2.0，下游坝坡 1：1.9，砾石土防渗心墙顶宽 4.00m，顶高程 2508.00m，上、下游坡均为 1：0.2，心墙上、下游分别设Ⅰ、Ⅱ两层反滤料，反滤料与过渡料之间均设过渡层。为降低覆盖层坝基对坝体稳定性的影响，提高坝坡抗滑动稳定性，坝体上、下游坝脚利用工程弃渣铺设压重体。压重体分别与上、下游围堰相结合，与大坝连为一体。在上游坝顶至死水位 2420.00m 以下 10m 的坝面、下游压重体顶高程 2330.00m 高程以上坝面设置干砌石护坡，在上游坝面其他区域、下游压重坝面设置大块石护坡，护坡厚度均为 1m。

6 结束语

（1）土石坝的抗震安全分析是一个复杂的岩土工程问题，涉及未来可能地震活动性评价，坝体及地基材料在静力、动力条件下物理性质和力学性能确定等复杂的问题。虽然抗震分析技术已取得了很大进展，但目前对土石坝的一些主要震害现象还难以通过计算准确地进行预测和控制。所以，在实际应用中，通过多种计算分析和动力试验结合起来评估坝体—地基的地震反应，最大限度地利用已有经验进行抗震评价和设防是必要的。

（2）本文基于双江口水电站区域地质、地震及工程特点，建立了包含双江口电站地基、深厚覆盖层、坝体、库水在内的三维有限元静动力分析模型，从本构及有限元模型、PZ 模型静动力计算成果分析等方面进行了研究，得出坝体位移、坝体沉降、坝体加速度响应等静动力分析成果，提出了工程抗震措施，为 300m 级心墙堆石坝抗震设计提供了解决方案。

参考文献

［1］ SHANPING LI，BIN DUAN. The Highest Dam in the World under Construction-The Shuangjiangkou Core-Wall Rockfill Dam ［J］，Engineering，2016，2（3）.

［2］ 段斌.300m 级心墙堆石坝可研阶段筑坝关键技术研究 ［J］，西北水电，2018（1）.

［3］ 李永红，李善平，田景元.双江口水电站心墙堆石坝抗震设计与研究.现代堆石坝技术进展：2009－第一届堆石坝国际研讨会论文集，2009.10.

［4］ 李永红.双江口心墙堆石坝深厚覆盖层地基处理研究.水电站设计，2010.12.

［5］ 刘启旺，刘小生，陈宁，等.双江口心墙堆石坝振动台模型试验研究.水力发电学报，2009.10.

［6］ 张继宝，陈五一，李永红，等.双江口土石坝心墙拱效应分析.第二届中国水利水电岩土力学与工程学术讨论会论文集（一），2008.11.

［7］ 王观琪，余挺，李永红，等.300m 级高土石心墙坝流变特性研究.岩土工程学报，2013.10.

［8］ 田景元，刘汉龙，李永红.土石坝下游坝坡砌块在地震作用下的稳定性评价.岩土力学，2009.01.

［9］ 刘启旺，刘小生，陈宁，等.高心墙堆石坝地震残余变形和破坏模式的试验研究.水力发电，2009.05.

［10］ 张世殊，杨建，田雄.大渡河双江口水电站区域构造稳定性评价.2011 年全国工程地质学术年会论文集，2011.08.

［11］ 张蜀豫，段斌，唐茂颖.双江口高堆石坝坝料流变特性及三维有限元分析.四川水力发电，2007.08.

作者简介

康向文（1981—），男，湖南新化人，硕士研究生，高级工程师，从事水电工程项目及技术管理工作。

洪水特大值对设计洪水成果影响分析[❶]

孙　熙　蔡黎明　黄秋风

（河南省水利勘测设计研究有限公司）

[摘　要]　洪水资料的分析处理影响设计洪水计算成果。通过调查资料分析确定淮滨1968年实测大洪水的重现期，并作为特大值处理。分析比较其对淮滨设计洪水成果的影响；根据修正的淮滨～出山店区间相应洪水计算方法，分析其对区间设计洪水成果的影响。计算结果表明：20年一遇淮滨设计洪水减小约5.6%，区间相应洪水减小约8%。

[关键词]　重现期　特大值　设计洪水　区间相应洪水

我国河流的实测水文系列较短，绝大多数系列只有30～40年左右，仅以实测系列进行洪水频率计算，成果可能会产生相当大的误差。在生产实践中，实测系列特大值处理是一种提高频率分析精度的方法，对洪水成果影响较大，如果误将一般洪水作为特大值处理，则设计洪水计算成果偏小，工程的安全度偏低；如果误将特大值不做处理，则计算成果偏大，加大工程投资。故在设计洪水计算中，特大值处理具有非常重要的作用。本文主要探讨分析特大值对设计洪水成果的影响。

1　1968年洪水重现期分析

淮河干流发源于桐柏山主峰太白顶，向东流经桐柏，信阳、正阳、罗山、息县、潢川、淮滨、固始，在固始县三河尖以东的陈村入安徽省。出山店水库是淮河干流上游以防洪为主、综合利用的大型水利枢纽工程，水库坝址位于淮河上游的出山店村附近，距淮滨站218km，距信阳市约15km，坝址以上河长约100km，流域面积2900km²，多年平均天然径流量11.26亿m³。

根据刊印淮河流域水文资料，1968年洪水淮滨站实测洪峰16 555m³/s，将南湾水库洪水还原以后为18 000m³/s，根据《河南省历代旱涝等水文气候史料》记载，淮滨站平地水深一丈二尺，即漫溢水深4m。息县实测洪峰15 000m³/s，将南湾水库洪水还原以后为16 500m³/s，水位45.5m，固始段舟行树梢。

淮滨1968年洪水是1954～2007年系列首大项，洪峰流量、24h、3d洪量与均值的比值 K_{max} 均大于5，7、15、30d洪量与均值的比值 K_{max} 分别为4.87、3.95和2.99，见表1。

---

❶　本论文发表于《河南科技》2013年第10期。

项目	Q_m （m³/s）	W_{24h} （亿 m³）	W_3 （亿 m³）	W_7 （亿 m³）	W_{15} （亿 m³）	W_{30} （亿 m³）
1968 年洪水	16 430	13.759	34.112	54.074	62.034	63.926
含 1968 年洪水 的算术平均值	3138.5	2.638	6.755	11.114	15.718	21.406
比值 K_{max}	5.23	5.22	5.05	4.87	3.95	2.99

表 1　　　　　　　　　　　　淮滨 1968 年洪水与均值的比值 K_{max}

（1）从地区综合来看，淮滨洪峰 $C_v \leqslant 1$。在未做特大值处理的情况下，淮滨 1968 年洪峰与均值的比值 $K_{max} = 5.23$，相应重现期约 150 年一遇。24h、3d、7d 洪量的 K_{max} 相应重现期在 120~150 年一遇，应该作为特大值处理，1968 年 15d 洪量、30d 洪量在频率曲线图上与其他点群协调，不作特大值处理。

（2）20 世纪 70 年代初由河南省水利设计院进行了初步设计工作，1974 年编写了《出山店水库水文水利计算报告》。当时作为 50 年一遇处理。据此推论，1968 年淮滨洪水是 1921 年以来最大的，随着系列延长到 2007 年，$N = 87$ 年。

（3）根据公元 802~2007 年分级洪水次数 1968 年洪水重现期在 120~150 年一遇。

（4）根据公元 1320~2007 年分级洪水次数 1968 年洪水重现期在 98~114 年一遇。

本次用《河南省历代旱涝等水文气候史料》有关资料，通过综合分析认为，淮河淮滨站 1968 年洪水的重现期 100~150 年之间。计算均值时 N 取 100 年，适线时 1968 年洪水重现期的范围为 100~150 年之间。

2　淮滨设计洪水

2.1　基本资料

淮滨站控制流域面积 16 005km²，1952 年由治淮委员会设为淮滨二等水文站，观测至今。1954、1956、1960、1968 年洪水较大，测站上游有漫溢决口现象，1973 年河南省水利设计院对这 4 年的实测洪水进行了还原计算，本次计算直接采用此次还原的洪水过程线。淮滨站 1957 年、1958 年只有水位过程，为此，采用 1956 年的实测洪水，点绘水位-流量关系线，通过点群中心定线，由水位-流量关系线查算出这两年的流量过程线。

2.2　洪水系列统计

1954、1956、1957、1958、1960、1968 年按上述还原或查算的洪水过程线计算洪峰和时段洪量，其余年份根据实测资料统计。计算系列统一还原为有南湾水库的情况。洪水计算系列由 1954~2007 年，共 54 年。

2.3　1968 年洪水做特大值处理

频率曲线统计参数首先用参数估算法的矩法计算初值，均值采用计算值，$C_s = 2.5C_v$，用皮尔逊Ⅲ型频率曲线通过目估适线选定 C_v。洪峰及 1、3、7d 洪量采用不连序系列均值与变差系数计算公式，15、30d 洪量用矩法计算参数初值。确定参数以后计算出各设计频率的洪峰及时段洪量。

2.4 设计洪水比较

2.4.1 各频率设计值比较

1998 年淮委组织完成的《淮河流域防洪规划报告》对淮滨站现状工程条件下的设计洪水进行了分析，洪水资料系列采用 1954～1997 年。报告中淮滨洪峰、时段洪量频率曲线均未对 1968 年洪水作特大值处理，通过频率曲线可见，1968 年洪水的洪峰、24h、3d 洪量、7d 洪量、均明显"挂灯笼"，15、30d 洪量与点群配合较好。

将延长洪水系列且把 1968 年洪水做特大值处理后，淮滨站设计洪水成果与 1998 年成果的对应项目分别做比值。洪峰、24h 洪量设计值比 0.939～0.948，减小 5.7％～5.2％；3、7d 设计洪量比 0.907～0.95，减小 5％～9.3％，包括 C_v 减小的影响；15d 设计洪量比 1.017～0.967，变化最小，因均值增加 2.2％和 C_v 减小的结果。30d 设计洪量比 0.973～0.925，因均值增加 2.6％和 C_v 减小的结果。

2.4.2 均值比较

原 1954～1997 年 44 年系列为短系列，延长以后到 2007 年为长系列。将长短系列以及 1968 年做不做特大值处理分解成三种情况，再分别计算均值比。比较情况见表 2。

（1）长短系列均未处理均值比。洪峰、1、3、7d 洪量均值比从 0.98～0.989，减小 2％～1.1％；15、30d 洪量均值比 1.022～1.026，增加 2.2％～2.6％。

（2）长系列处理与未处理均值比。洪峰、1、3、7d 洪量均值比从 0.963～0.967，减小 3.7％～3.3％；15、30d 洪量不处理，均值比 1，均值不变。

（3）长系列处理与短系列未处理均值比。洪峰、1、3、7d 洪量均值比 0.944～0.956，减小 5.6％～4.4％；15、30d 洪量均值比 1.022～1.026，增加 2.2％～2.6％。

表 2   长短系列处理与不处理均值比较

对比内容	短系列未处理 长系列未处理			长系列未处理 与处理			短系列未处理 长系列处理		
系列	1954～1997 年	1954～2007 年	比值	1954～2007 年		比值	1954～1997 年	1954～2007 年	比值
1968 年特大值	未处理	未处理	比值	未处理	处理	比值	未处理	处理	比值
项目	均值	均值		均值	均值		均值	均值	
洪峰（m³/s）	3204	3138.5	0.980	3138.5	3023	0.963	204	3023	0.944
洪量（亿 m³） W_{24h}	2.685	2.638	0.982	2.638	2.541	0.963	2.685	2.541	0.946
W_{3d}	6.828	6.755	0.989	6.755	6.517	0.965	6.828	6.517	0.954
W_{7d}	11.232	11.114	0.989	11.114	10.742	0.967	11.232	10.742	0.956
W_{15d}	15.374	15.718	1.022	15.718	15.718	1.000	15.374	15.718	1.022
W_{30d}	20.855	21.406	1.026	21.406	21.406	1.000	20.855	21.406	1.026

3 淮滨～出山店区间相应洪水

3.1 1998 年报告中区间相应洪水计算方法

3.1.1 区间相应时段洪量

区间相应洪水，通常在上游水库与下游控制断面同频率洪水组合时需要计算。当水库断面与控制断面比较接近的时候，与相应暴雨计算方法类似，采用上、下游控制断面设计洪水直接相减。区间相应时段洪量的计算公式为

$$W_{区间相应T} = W_{下游设计T} - W_{上游设计T}$$

式中：$W_{区间相应T}$ 为区间相应时段洪量（10^4m^3）；$W_{下游设计T}$ 为下游控制断面时段洪量（10^4m^3）；$W_{上游设计T}$ 为上游控制断面时段洪量（10^4m^3）。

3.1.2 区间相应洪峰

计算区间相应洪水时，采用马斯京根分段连续演进法，忽略支流下段受干流高水位顶托，干支流洪水相互影响，过程线相减会出现倒三角豁口，计算的区间相应洪峰偏大。要模拟这种影响，不仅需要详细的地形资料，加上洪水时空分布的不确定性，工作难度极大。目前实际工作中，用实测 24h 洪量与洪峰相关关系曲线查算得到洪峰更加接近实际。根据出山店、淮滨区间设计洪峰、24h 洪量绘制相关关系曲线图，拟合出二者相关关系式为

$$Q_{\max} = 0.12 \times W_{24h} + 0.29$$

式中：W_{24h} 为区间相应时段洪量（10^4m^3）；$Q_{\max}$ 为区间相应洪峰（m^3/s）。

河南省昭平台、白龟山、盘石头水库区间相应洪水均是采用此方法计算。1998 年报告中淮滨～出山店区间相应洪水也是根据上述方法计算，但其计算结果的 24h 洪量不足 3d 洪量的 1/3，此计算方法存在着不合理。

经过分析，这种区间相应洪水计算方法只能用于两个断面之间洪水传播时间小于计算时段（24h）的情况。当两个断面之间洪水传播时间超过计算时段，应该计入过程线演进变形，再过程线相减，重新计算各种时段洪量。

3.2 计算方法修正

出山店～淮滨两个断面之间洪水传播时间 39h，计入过程线演进变形。用马斯京根法将出山店水库设计洪水过程线演算至淮滨站，用淮滨站的设计洪水过程减去出山店水库演算至该站的洪水过程，得到出山店～淮滨区间相应洪水过程，由此过程线统计出洪峰、24h 时段洪量、3d 时段洪量等。

3.3 结果比较

淮滨采用 1998 年成果时，用此经验公式计算洪峰为 6444m^3/s，比过程线相减得到的 6861m^3/s 相差 417m^3/s；淮滨采用本次成果时，用此经验公式计算洪峰为 5691m^3/s，比过程线相减得到的 5987m^3/s 相差 296m^3/s。考虑过程线演进变形，淮滨～出山店区间相应洪峰减少 753m^3/s，二者比值 0.883，见表 3。

表 3　　　　　　　　　　淮滨～出山店 20 年一遇区间相应洪水成果表

项　目	单　位	淮滨采用 1998 年成果		淮滨采用本次成果	比值
		不计变形	计变形	计变形	计变形
洪峰相减	m^3/s		6861	5987	0.873
W_{24h}	亿 m^3	3.794	5.369 7	4.742 1	0.883
W_{3d}	亿 m^3	13.493	14.689 6	13.039 4	0.888
洪峰曲线查得	m^3/s	4553	6444	5691	0.883

4　结束语

通过以上分析计算，得出以下结论：

（1）对 1968 年实测大洪水进行分析，认为其作特大值处理是必要的，其重现期分析为 100 年一遇。

（2）作为特大值处理后，设计洪水计算成果更趋于合理性和稳定性，计算结果表明：淮滨 20 年一遇设计洪水减小约 5.6%。

（3）对淮滨～出山店区间相应洪水计算方法做了修正。当两个断面之间洪水传播时间超过计算时段，考虑过程线演进变形，再过程线相减，重新计算各种时段洪量。计算结果表明：20 年一遇区间相应洪水减小约 8%。

参考文献

[1] 詹道江，叶守泽. 工程水文学 [M]. 北京：中国水利水电出版社，2000.
[2] 郭海晋. 洪水特大值检测方法应用的初步研究 [J]. 水利水电快报，2000，20（2）：5-9.
[3] 金光炎. 频率分析中特大洪水处理的新思考 [J]. 水文，2006，26（3）：27-32.
[4] 易元俊，史辅成. 判别洪水系列中特大值的经验方法 [J]. 人民黄河，1987（2）：25-27.

作者简介

孙熙（1979—）女，工程师，河南上蔡人，主要从事水文、水资源及工程规划工作。

前坪水库防洪调度运用方案研究❶

李 琳 王 兵 李胜兵

（河南省水利勘测设计研究有限公司）

[摘 要] 水库防洪调度，关系到大坝安全运行和下游的防洪安全。本文以河南省前坪水库工程为研究对象，根据前坪水库的防洪任务，研究工程的防洪调度方式。通过拟定不同方案进行比选，选定最优方案，为水库建成后安全运行及沙颍河水系防洪安全调度提供了可靠的技术支撑，对类似工程的设计具有重要的参考价值。

[关键词] 防洪调度 方案比选 前坪水库

1 前坪水库

前坪水库以防洪为主，结合供水、灌溉兼顾发电等综合利用的大型水库工程，总库容为 5.839 亿 m^3，防洪库容为 2.1 亿 m^3，汛限水位 400.5m，防洪高水位 417.2m。水库设计洪水标准为 500 年一遇，校核洪水标准为 5000 年一遇。前坪水库是历次淮河流域规划确定的洪水控制性工程，是沙颍河流域防洪体系的重要组成部分。前坪水库的首要任务是防洪，防洪效益的发挥与其调度方式密切相关。因此，围绕前坪水库的防洪任务，科学地进行水库的防洪调度运用方案研究是十分必要的。

2 防洪任务与范围

前坪水库的防洪任务是拦蓄山区洪水，提高下游河道的防洪标准，防止及减免洪涝灾害。前坪水库的防洪任务：①近期控制北汝河山区洪水，将北汝河防洪标准由 10 年一遇提高到 20 年一遇，襄城以下河道限泄 3000m^3/s；②远期配合已建成的昭平台、白龟山、孤石滩、燕山水库及规划兴建的下汤水库和泥河洼滞洪区联合运用，控制漯河下泄流量不超过 3000m^3/s，沙颍河干流的防洪标准近期为 20 年一遇，远期提高到 50 年一遇。

前坪水库防洪保护区范围，主要是水库下游北汝河两岸的汝阳、汝州、郏县、宝丰、襄城县城等及漯河下游沙颍河之间区域。其中，本水库保护区涉及汝阳、汝州、郏县、宝丰、襄城五个县（市），人口 353 万，耕地 300 余万亩，结合沙颍河防洪体系，包括漯河下游共保护耕地 1300 多万亩，人口约 1200 万人。

3 流域防洪工程

3.1 流域洪水特性

沙颍河流域属大陆性气候，气象变化受季风影响，夏季六月以后，由于热带暖湿气团

---

❶ 发表于《淮河研究会第六届学术研讨会论文集》。

内移，受到西部和南部高山的屏障，故容易造成暴雨，是全省暴雨高值区。多年平均降雨量 900mm，60％集中在汛期。本流域系雨洪径流，由于暴雨和地形条件，洪水暴涨暴落，沙河叶县"57·7"洪峰 9880m³/s，澧河支流干江河官寨"75·8"洪峰 12 100m³/s、2000 年 7 月洪峰 7160m³/s；北汝河紫罗山"82·8"洪峰 7050m³/s。

3.2 流域防洪工程

沙河漯河以西防洪系统包括已建的白龟山水库、昭平台水库、孤石滩水库、燕山水库、泥河洼滞洪区，拟建的水库有前坪水库、下汤水库，此外还有湛河洼、灰河洼、塘河洼等自然滞洪区，这些自然滞洪区没有控制工程，干流洪水位升高时倒灌进洪，起削峰的作用，干流水位下降时退水。沙河漯河以东防洪系统主要由白沙水库、逍遥坡和陶城坡自然滞洪区组成。

4 水库防洪调度运用方案

4.1 20 年一遇以下防洪调度运用方案

前坪水库工程的主要任务之一是将北汝河的防洪标准提高到 20 年一遇。因此，前坪水库 20 年一遇以下控泄流量加上前襄区间洪水，要满足北汝河襄城流量不超过 3000m³/s 的要求。

4.1.1 防洪调度运用方案拟定

根据襄城当前时刻出现的流量进行水库的调度运行，在初始调算阶段考虑了襄城当前时刻、前一时段、前两个时段等进行调算，计算结果都不太理想，或防洪库容太大，或襄城流量超过 3000m³/s；在研究 1982 年防洪库容较大的原因中，增加一个判别条件，即在前坪水库起涨阶段，襄城流量较小时，可加大水库泄量，对其他典型年调算也适合。

本文采用实时预报调度的方法进行防洪调度，拟定了四种调度运用方案：

(1) 方案Ⅰ：当襄城出现流量大于 1300m³/s 时，水库控泄 500m³/s；当襄城出现流量小于 1300m³/s 时，前坪水库若处于涨水阶段且来水大于 1000m³/s，水库控泄 1000m³/s，否则，水库控泄 800m³/s。

(2) 方案Ⅱ：当襄城出现流量大于 1300m³/s 时，水库控泄 500m³/s；当襄城出现流量小于 1300m³/s 时，水库控泄 1000m³/s。

(3) 方案Ⅲ：当襄城出现流量大于 1000m³/s 时，水库控泄 500m³/s；当襄城出现流量小于 1000m³/s 时，前坪水库若处于涨水阶段且来水大于 1000m³/s，水库控泄 1000m³/s，否则，水库控泄 800m³/s。

(4) 方案Ⅳ：当襄城出现流量大于 1000m³/s 时，水库控泄 500m³/s；当襄城出现流量小于 1000m³/s 时，水库控泄 1000m³/s。

4.1.2 防洪调度运用方案比选

襄城以上设计洪水地区组成采用同频率组成法，考虑两种组合：

(1) 组合 1：襄城与前坪水库同频率，前坪水库～襄城区间相应。

(2) 组合 2：襄城与前坪水库～襄城区间同频率，前坪水库以上相应。

根据以上拟订的四种水库运行调度方案，分别选择 1957、1975、1982、2000 年四个典型年，按襄城以上两种设计洪水组合分别进行调算，调算结果见表 1 和表 2。

根据表 1 中结果分析，其中方案 b 各典型年水库的防洪库容较小。4 个方案基本均可使襄城 20 年一遇洪峰流量小于 3000m³/s。根据表 2 中结果分析，1957、1975、1982 年典型年的各方案均可使襄城洪峰流量不超过 3000m³/s；2000 年典型年各方案经水库相应洪水出库演进以后与区间设计洪水叠加其襄城站洪峰流量为 3050m³/s 或 3070m³/s，略大于襄城站 20 年一遇防洪控制流量 3000m³/s，但 2000 年典型年各方案水库防洪库容均较小，为 0.910 亿 m³，在实时调度中遭遇该年型洪水，水库适当少下泄洪水即可控制襄城流量在 3000m³/s 以内。

根据频率法襄城以上两种洪水组合调算成果，前坪水库与襄城同频率、前襄区间相应的洪水组合各方案防洪库容均较大（见表 1），其中方案 Ⅱ 防洪库容最小为 11 486 万 m³，方案 Ⅰ 次之为 11 918 万 m³；对于前襄区间与襄城同频率、水库相应的洪水组合来说（见表 2），方案 Ⅱ 防洪库容最小为 10 090 万 m³，方案 Ⅰ 次之为 10 520 万 m³，方案 Ⅲ、方案 Ⅳ 的防洪库容分别为 11 060 万 m³、10 840 万 m³。因此，考虑以上两种洪水组合情况下适当减小防洪库容，可选方案 Ⅰ 或方案 Ⅱ，同时考虑减轻下游防洪压力的要求，则以方案 Ⅰ 水库控泄 800m³/s 比方案 Ⅱ 水库控泄 1000m³/s 为好，所以水库遭遇 20 年一遇以下洪水时采用调度运用方案 Ⅰ。

表 1　　　　　　　**前坪水库调度方案（洪水地区组成 1）防洪库容调算成果**

方案	典型年	前坪水库		前襄区间	襄　城	
		最大入流 （m³/s）	最大出流 （m³/s）	防洪库容 （万 m³）	最大流量 （m³/s）	最大流量 （m³/s）
Ⅰ	1957	3720	1000	7905	2092	2642
	1975	3720	1000	10 107	2019	2704
	1982	3720	1000	11 918	1962	2463
	2000	3720	1000	10 471	1893	2721
Ⅱ	1957	3720	1000	7905	2092	2642
	1975	3720	1000	9675	2019	2751
	1982	3720	1000	11 486	1962	2463
	2000	3720	1000	10 471	1893	2721
Ⅲ	1957	3720	1000	7905	2092	2642
	1975	3720	1000	10 107	2019	2557
	1982	3720	1000	12 782	1962	2463
	2000	3720	1000	10 471	1893	2711
Ⅳ	1957	3720	1000	7905	2092	2642
	1975	3720	1000	10 107	2019	2557
	1982	3720	1000	12 026	1962	2463
	2000	3720	1000	10 471	1893	2711

表2　　　　　　　　前坪水库调度方案（洪水地区组成2）防洪库容调算成果

| 方　案 | 典型年 | 前坪水库 | | | 前襄区间 | 襄　城 |
		最大入流（m³/s）	最大出流（m³/s）	防洪库容（万m³）	最大流量（m³/s）	最大流量（m³/s）
I	1957	2510	1000	7160	2485	2954
	1975	2510	1000	8680	2145	2962
	1982	2510	1000	10 520	2392	2893
	2000	2510	1000	9100	2125	3070
II	1957	2510	1000	7160	2485	2954
	1975	2510	1000	8680	2145	2962
	1982	2510	1000	10 090	2392	2893
	2000	2510	1000	9100	2125	3070
III	1957	2510	1000	7160	2485	2954
	1975	2510	1000	10 770	2145	2785
	1982	2510	1000	11 060	2392	2893
	2000	2510	1000	9100	2125	3050
IV	1957	2510	1000	7160	2485	2954
	1975	2510	1000	10 840	2145	2785
	1982	2510	1000	10 630	2392	2893
	2000	2510	1000	9100	2125	3050

4.2　20～50年一遇防洪调度运用方案

前坪水库的另一防洪任务是根据沙颍河远期防洪规划要求，50年一遇洪水时，控制漯河下泄流量不超过3000m³/s，使沙颍河漯河以下远期防洪标准提高到50年一遇。

4.2.1　防洪调度运用方案拟定

沙颍河漯河以上洪水分别来自沙河本干、北汝河和澧河上游，干支流洪水遭遇复杂、多暴雨中心。沙河干流昭平台水库以上和澧河燕山水库上游是暴雨中心，均为山区河流，源短流急，沙河白龟山、北汝河襄城、澧河河口经常出现3000m³/s以上的洪峰流量。因此，前坪水库以漯河为防洪控制断面难以采用预报方法进行防洪调度，20～50年一遇防洪调度采用固定泄量调度方式。

前坪水库配合已建的昭平台、白龟山、孤石滩、燕山水库及计划兴建的下汤水库和泥河洼滞洪区联合调度运用，本文按水库20～50年一遇控泄1000m³/s（方案I）、1500m³/s（方案II）两种防洪调度运用方案比较，结合漯河以西洪水调度原则（远期）论证。

4.2.2　防洪调度运用方案比选

沙河漯河以上洪水来源于其三条主要河流，即沙河干流、澧河、北汝河。所以，根据漯河以上流域暴雨中心位置，考虑三种洪水地区组成：

（1）洪水组成1：暴雨中心发生在沙河干流，以1957年洪水为典型年，白龟山与漯河同频率，其他地区相应 50 年一遇洪水。

（2）洪水组成 2：暴雨中心发生在澧河，以 1975 年洪水为典型年，何口与漯河同频率，其他地区相应 50 年一遇洪水。

（3）洪水组成 3：暴雨中心发生在北汝河，以 1982 年洪水为典型年，襄城与漯河同频率，其他地区相应 50 年一遇洪水。

根据以上拟定的两种水库调度运用方案以及无前坪水库情况，按漯河以上三种设计洪水组合分别进行调算，前坪水库 20～50 年一遇不同调度方案对下游防洪作用比较见表 3。

表 3　　前坪水库不同调度方案漯河以上不同洪水地区组成 50 年一遇调洪成果表

洪水年型与地区组成	前坪水库调度方案	临时洼地滞洪量（万 m³）				泥河洼滞洪区蓄量（万 m³）	坡洼总蓄洪量（万 m³）	前坪水库蓄洪库容（万 m³）
		湛河洼	灰河洼	唐河洼	颍沙洼地至逍遥坡			
1957 年型洪水组成	无前坪	1800	3200	0	0	12 313	17 313	0
	方案 I	1800	3200	0	0	11 365	16 365	1361
	方案 II	1800	3200	0	0	11 365	16 365	1361
1975 年型洪水组成	无前坪	1800	2961	0	17 765	23 600	46 126	0
	方案 I	0	0	0	10 268	21 676	31 944	20 137
	方案 II	0	0	0	10 269	22 777	33 046	16 897
1982 年型洪水组成	无前坪	1800	3200	0	470	17 519	22 989	0
	方案 I	1076	0	0	100	12 664	13 840	20 912
	方案 II	1597	540	0	100	16 463	18 700	18 752

根据计算结果，进行如下两方面分析：

（1）对下游防洪作用比较分析。从沙颍河流域防洪方面分析，前坪水库 20～50 年一遇洪水之间，控泄 1000m³/s、1500m³/s 两方案，沙颍河漯河以上发生不同地区组成的 50 年一遇洪水，颍沙洼地至逍遥坡临时滞洪区均未蓄满，泥河洼滞洪区蓄洪量也均未蓄满，完全能控制漯河下泄 3000m³/s，满足漯河防洪安全。同时 20～50 年一遇洪水时，前坪水库下泄流量减小对水库下游防洪有利，可减小坝下北汝河河道洪峰流量，减轻下游防洪压力，减小坡洼启用次数或进洪量，特别是襄城至漯河区间的湛河洼、灰河洼、唐河洼临时滞洪洼地无进洪控制措施，上游来流洪峰流量小些、过程平缓些对其防洪调度有利。

从有无前坪水库来分析，有前坪水库，对削减下游泥河洼滞洪区、颍沙洼地临时滞洪区的蓄洪量作用显著。

（2）工程投资比较分析。工程投资方面，由于不增加移民投资，只影响工程投资，控泄 1000m³/s 方案校核洪水位为 422.41m，控泄 1500m³/s 方案校核洪水位为 422.29m，后者较前者校核水位仅降低 0.12m，大坝投资减少 0.018 亿元，相当于工程静态总投资 0.04 %，控泄 1500m³/s 方案对控泄 1000m³/s 方案的投资减小十分有限。

因此，控泄 1000m³/s 方案与控泄 1500m³/s 方案相比，对下游防洪减灾效益显著的同时，投资增加十分有限，故前坪水库 20～50 年一遇选择控泄 1000m³/s。

4.3 水库防洪库容

根据流域规划要求，水库兴建以后配合已建和拟建的工程，使漯河及以下河段防洪能力达到 50 年一遇，特别是当暴雨中心降落在水库上游时能有效地拦蓄洪水。故防洪高水位按防御 50 年一遇洪水考虑，才能满足漯河及以下河段防洪标准 50 年一遇的要求。

前坪水库 20~50 年一遇洪水之间，控泄 $1000m^3/s$ 方案 1982 年型洪水组成所需 50 年一遇防洪库容较大，为 20 912 万 m^3，以汛限水位 400.5m 起调计算，相应库水位为 417.13m。因此，水库防洪高水位采用 417.2m，水库防洪库容为 2.10 亿 m^3。

5 结束语

本文以河南省前坪水库工程为研究对象，根据前坪水库的防洪任务，研究工程的防洪调度方式。通过拟定不同方案进行比选，选定最优方案，为水库建成后安全运行及沙颍河水系防洪安全调度提供了可靠的技术支撑，对类似工程的设计具有重要的参考价值。

参考文献

[1] 周新春，闵要武，冯宝飞，等，大型水库中小洪水实时预报调度技术在三峡水库中的应用 [J]. 水文，2011，31（1）：180-184.

[2] 贺玉彬，杨忠伟，张祥金，等，瀑布沟水电站中小洪水实时预报调度技术研究 [J]. 人民长江，2012，43（7）：15-18.

作者简介

李琳（1982—），女，河南睢县人，高级工程师，主要从事水文规划、水资源论证工作。

前坪水库水资源配置规划研究[❶]

李 琳 王 兵 李冠杰

（河南省水利勘测设计研究有限公司）

[摘 要] 水资源是基础性的自然资源和战略性的经济资源，河南省北汝河沿岸各市县水资源较为贫乏。前坪水库是北汝河上游唯——一座大型水库，其下游各市县对水库供水需求日益迫切。本文针对如何科学合理利用前坪水库有限的水资源，进行前坪水库水资源配置规划研究。该规划对区域供水规划及经济社会发展规划具有指导意义，同时也将成为政府宏观调控，明晰初始水权、建立水资源宏观控制体系和微观定额体系的基础。

[关键词] 水资源配置 水库 灌溉 供水

前坪水库以防洪为主，结合供水、灌溉兼顾发电等综合利用的大型水库工程，总库容为 5.839 亿 m^3，兴利库容为 2.61 亿 m^3。前坪水库是北汝河干流上的大型防洪控制工程，控制流域面积 1325km^2，多年平均入库径流量 3.321 亿 m^3。区域内北汝河沿线城市供水困难，主要靠开采地下水，少量引用北汝河水，供水矛盾较为突出。对前坪水库水资源进行合理配置关系着水库效益的发挥，同时也对区域经济社会发展具有重要意义。因此，本文针对如何科学合理利用前坪水库有限的水资源，进行前坪水库水资源配置规划研究。

1 水库水资源

前坪水库坝址位于北汝河干流上游河南省汝阳县县城以西 9km 的前坪村附近。坝址以上干流长 91.5km，流域面积 1325km^2。北汝河是淮河流域沙颍河水系的主要支流，北汝河发源于伏牛山区，流经洛阳市的嵩县、汝阳县，平顶山市的汝州、宝丰、郏县、襄城、叶县和舞阳等县，在马湾闸上游约 25km 处的岔河口汇入沙河。北汝河干流河道长 250km，控制流域面积 6080km^2，汝阳县及以上流域面积 1866km^2，平顶山市境内流域面积 3226km^2，郏县与襄县交界处以上流域面积 5005km^2，许昌市境内流域面积 988km^2。

根据前坪水库 1952 年 6 月～2010 年 5 月实测旬径流系列，水文年共计 58 年，计算多年平均实测年径流量 3.321 亿 m^3。实测径流已包含上游人类活动对径流的影响。由于前坪坝址以上小型水库控制流域面积和库容占比例很小，人畜饮水、农业灌溉用水变化很小，对水库年径流量影响甚微，故实测年径流即为入库径流。

---

❶ 本文发表于《淮河研究会第六届学术研讨会论文集》。

2 水资源利用分析

2.1 河道基流供水

根据水规总院《水资源可利用量估算方法》，河道基流计算方法有：①90％保证率最枯月平均流量估算；②根据 10～3 月多年平均径流的 20％估算；③按多年平均径流的 10％估算。通过上述三种方法分析估算河道基流水量，枯水期河道基流量为 0.47～1.05m³/s，相应基流水量为 1478 万～3321 万 m³，其中，按多年平均径流量的 10％估算，河道基流年水量为 3321 万 m³。

根据环保要求，为利于下游鱼类的繁殖，4～7 月基流按多年平均径流的 20％计，为 2.1m³/s。因此，河道基流泄放方案为：8～次年 3 月河道基流量采用 1.05m³/s；4～7 月基流采用 2.1m³/s，河道基流年放水量为 4428 万 m³。

2.2 灌区农业灌溉供水

前坪水库灌区位于前坪水库下游北汝河左右岸的河南省洛阳市汝阳县、平顶山市汝州市和宝丰县，自西向东从汝阳县上店镇至宝丰县石桥镇。灌区范围内辖 16 个乡镇，266 个行政村，总人口 52.74 万人，总土地面积 92.36 万亩，控制耕地面积 60.90 万亩，前坪设计灌溉面积 50.8 万亩。

通过对灌区规划水平年水资源供需平衡分析，灌区多年平均总毛需水量为 18 654 万 m³，当地水资源以及再生水总的供水量为 6958 万 m³，可满足当地生活及工业用水，灌区多年平均缺水量为 11 696 万 m³，前坪水库需向灌区补充农业灌溉供水，且满足灌区 70％灌溉保证率要求。

2.3 城镇供水

前坪水库城镇供水区内有汝州市区、汝阳县城、汝阳工业区、小店镇、上店镇、郏县县城等用水单位，供水区现状供水水源主要为地下水，近年供水形势紧张，地下水超采严重。为了缓解当地水资源供需矛盾，以及减轻地下水超采现象，规划前坪水库为该区域供水。

根据供水区各城镇发展规划进行预测，规划水平年 2025 年，前坪水库城镇供水区总建成区面积 79.12km²，城镇人口约 76.22 万，年均人口增长率 3.74％，人均建设用地 103.8m²；完成工业增加值 148.89 亿元，年均增长率 7％，完成三产增加值 141.27 亿元，年均增长率 9.37％。通过对规划水平年水资源供需平衡分析，供水区总需水量为 10 950 万 m³，当地水资源、南水北调以及再生水总的供水量为 4650 万 m³，供水区城镇缺水量为 6300 万 m³，故前坪水库需向供水区城镇年供水量为 6300 万 m³。

2.4 发电

城镇工业及生活、河道基流在年内用水均匀、保证率高，灌溉、弃水为季节性，因此前坪水库水电站的特点是以常年发电与季节性发电相结合。不设专用发电库容，利用城市供水和河道基流常年发电；利用灌溉和部分弃水季节性发电。电站装机容量为 6000kW，多年平均发电量 1881 万 kWh。

3 水库水资源配置规划

3.1 水库水资源配置方案

水资源配置模拟模型基本原理是水量平衡计算。故前坪水库水资源配置方案的生成采用前坪水库供需平衡调节模型。采用时历法对 1952～2010 年旬径流系列进行多年径流调节，计算中计及蒸发渗漏损失和河道基流，并依据河道内生态环境需水、城镇需水（含生活、工业等）、农业灌溉需水的次序进行调节计算。

配置方案：在节水条件下，分析满足河道基流年供水量 4428 万 m^3，城镇年供水 6300 万 m^3，农业灌溉 50.8 万亩，各用水户的供水量及其保证率。

配置方案计算结果：前坪水库正常蓄水位 403.0m，兴利库容为 2.613 亿 m^3；农业限制水位 371.6m，相应库容 0.601 亿 m^3；死水位为 369.0m，相应库容为 5830 万 m^3；水库有效灌溉面积 50.8 万亩，多年平均供水量 10 107 万 m^3；供水区城镇生活和工业需供水量 6300 万 m^3，多年平均供水量 6186 万 m^3；河道基流需放水量 4428 万 m^3，多年平均放水量 4413 万 m^3；采用时历法进行多年兴利调节，满足城镇供水保证率 95％，灌溉保证率 70％ 的要求，水资源利用系数 0.49，库容系数 0.79。

3.2 水库水资源配置规划

根据前坪水库配置方案计算成果，分别对城镇供水区和灌区进行水资源配置规划研究，在满足供水保证率基础上，使得供水区和灌区的水资源达到供需平衡，以确保当地工农业可持续发展。

3.2.1 前坪水库城镇供水区水资源配置

根据前文对前坪水库供水区各城镇供需水分析预测，以及前坪水库调算结果，对前坪水库供水区的进行水资源配置规划，见表 1。通过表 1 结果分析，前坪水库建成后，通过给供水区补充水源，供水区规划水平年可以达到水资源供需平衡。

表 1 规划水平年 95％保证率前坪水库供水区水资源配置表 万 m^3

区域	需水量	供水量						缺水量
		地下水	地表水	南水北调	污水回用	前坪水库水	合计	
汝州市	4735	1197			1072	2466	4735	0
汝阳县城	1383	384			209	790	1383	0
汝阳工业区	1129	22			90	1017	1129	0
汝阳小店镇	840	18			41	781	840	0
汝阳上店镇	577	13			37	527	577	0
汝阳县小计	3929	437			377	3114	3929	0
郏县县城	2287	277		1000	290	720	2287	0
合计	10 950	1911	0	1000	1740	6300	10 950	0

3.2.2 前坪水库灌区水资源配置

前坪水库灌区涉及汝阳县、汝州市以及宝丰县的部分区域，故对前坪水库灌区水资源配置时，按行政区划分为三个区域，进行水资源配置规划。本文分析了前坪水库灌区多年平均水资源配置以及70%保证率的水资源配置，见表2和表3。通过结果分析，前坪水库建成后，通过为灌区补充农业灌溉水源，规划水平年70%保证率灌区可以达到水资源供需平衡。

表2　　　　　　　　　　前坪灌区多年平均水资源配置表　　　　　　　万 m³

片区	需水量	供水量										余缺水量（余+、缺-）
		水库水	当地地表水			地下水				中水	总计	
		农业	农业	工业三产	合计	人畜生活	工业三产	农业	合计	环境		
汝阳	6219	3650	273	1040	1313	755	0	0	755	24	5743	-476
汝州	9019	5255	374	1764	2139	805	0	0	805	26	8224	-794
宝丰	3417	1193	0	725	725	130	189	904	1223	4	3144	-273
合计	18 654	10 098	647	3529	4176	1690	189	904	2782	55	17 111	-1543

表3　　　　　　　规划水平年70%保证率前坪灌区水资源配置表　　　　　　万 m³

片区	需水量	供水量										余缺水量（余+、缺-）
		水库水	当地地表水			地下水				中水	合计	
		农业	农业	工业三产	合计	人畜生活	工业三产	农业	合计	环境		
汝阳	8357	5636	463	1289	7387	939	0	0	939	30	8357	0
汝州	8148	5577	340	1589	7507	621	0	0	621	20	8148	0
宝丰	3286	1626	0	839	2465	130	74	612	817	4	3286	0
合计	19 791	12 841	803	3717	17 359	1690	74	612	2377	55	19 791	0

3.3　水库水资源配置合理性分析

为分析前坪水库水资源配置的合理性，本文分析了水库水资源配置后与三条红线的符合性。

3.3.1　用水总量分析

本文计算算了增加前坪水库供水后各县市2025年需水总量，并且与各行政区的用水总量控制目标进行比较分析，计算结果表见表4。

表4　　　　　　　　　项目区所在各县（市）用水控制目标表　　　　　　万 m³

各地市	各县、行政区	2025年需水量	用水总量控制目标		
			2015年	2020年	2030年
洛阳	汝阳	9991	7560	8380	8400
	汝州	22 907	21 339	22 852	23 292
平顶山	宝丰县	15 055	13 417	14 748	15 192
	郏县	15 649	13 623	15 860	16 590

经上述分析，到设计水平年2025水库供水区，汝州市、汝阳县、宝丰县等市、县用

水量均高于 2020 年用水总量控制目标，郏县用水量低于 2020 年用水总量控制目标；汝州市、宝丰县、郏县等市、县用水量均低于 2030 年用水总量控制目标，汝州市、宝丰县用水量与 2030 年用水量控制目标相比，分别低 1.7％、0.9％；郏县用水量低于用水量控制目标，低 5.7％；汝阳县用水量相比 2030 年用水总量控制目标多 1591 万 m³，19％，这是由于该县境内前坪灌区 13.1 万亩，新增农业用水量较多。

根据洛阳市人民政府《关于汝阳县用水控制目标增加的函》："同意将汝阳县用水控制目标增加，新增部分在本市范围内调配使用"。汝阳县增加的水量可在洛阳市内进行调配。

3.3.2 用水效率分析

前坪水库用水效率与 2015 年各县市用水效率控制目标比较见表 5。

建库后各县灌溉水利用系数较 2015 年目标提高，万元工业增加值用水量较 2015 年降低 42％～49％。

表 5 各县（市）用水效率表

行政区	现状		2015 年控制目标		建库后 2025 年	
	灌溉水利用系数	万元工业增加值用水量（m³/万元）	灌溉水利用系数	万元工业增加值用水量（m³/万元）	灌溉水利用系数	万元工业增加值用水量（m³/万元）
汝阳县	0.49	50	0.512	41.0	0.60	21
汝州市	0.55	44	0.58	36.0	0.63	21
宝丰	0.53	41	0.57	36.0	0.62	19
郏县	0.64	40	0.68	36.0	0.70	21

3.3.3 水功能区水质分析

水库对各县市进行水资源配置后各水功能区水质预测见表 6。

表 6 水功能区水质概况

功能区名称	二级功能区名称	水质目标	水质现状	建库后水质
北汝河汝州开发利用区	北汝河汝阳农业用水区	Ⅲ	Ⅲ	Ⅲ
北汝河汝州开发利用区	北汝河汝阳排污控制区		Ⅲ	Ⅲ
北汝河汝州开发利用区	北汝河汝阳汝州过渡区	Ⅲ	Ⅲ	Ⅲ
北汝河汝州开发利用区	北汝河汝州市农业用水区	Ⅲ	Ⅲ	Ⅲ
北汝河汝州开发利用区	北汝河汝州排污控制区		Ⅳ	Ⅲ
北汝河汝州开发利用区	北汝河汝州郏县宝丰农业用水区	Ⅲ	Ⅲ	Ⅲ
北汝河汝州开发利用区	宝丰郏县排污控制区		Ⅴ	Ⅳ
北汝河汝州开发利用区	北汝河郏县襄城过渡区	Ⅲ	Ⅴ	Ⅲ
北汝河汝州开发利用区	北汝河襄城饮用水源区	Ⅲ	Ⅴ	Ⅲ
北汝河汝州开发利用区	北汝河襄城排污控制区		Ⅴ	Ⅳ
北汝河汝州开发利用区	北汝河襄城过渡区	Ⅲ	Ⅴ	Ⅲ
北汝河汝州开发利用区	北汝河许昌饮用水源区	Ⅲ	Ⅲ	Ⅲ
北汝河汝州开发利用区	北汝河襄城农业用水区	Ⅲ	Ⅴ	Ⅲ

从水功能区水质现状分析，供水区共 13 个水功能区，有水质目标的水功能区为 9 个，其中有 5 个现状水质达标，其余四个现状水质不达标，均为Ⅴ类。北汝河襄城段现状水质仅一个水功能区达标，其余为Ⅴ类，水质较差。建库后各水功能区的全年水质均可达标，较现状有所改善，仅个别月不达标，规划水平年应严格控制北汝河沿线排污量，且污水处理达标后方可排放。

通过以上分析可知，规划水平年增加水库供水后，城镇供水区和前坪水库灌区基本可达到水资源供需水平衡。增加水库供水后，仅洛阳市汝阳县超过用水总量控制目标，可通过洛阳市在其各县市范围内调配进行平衡。增加前坪水库供水后，用水效率和水功能区水质均有所提高，故水库水资源配置复合三条红线要求。因此，规划水平年水库水资源配置基本合理。

4　结束语

本文针对如何科学合理利用前坪水库有限的水资源，进行了前坪水库水资源配置规划研究。研究表明，通过合理配置水资源，前坪水库城镇供水区以及前坪水库灌区可以达到水资源供需平衡，且符合三条红线要求。该规划对区域供水规划及经济社会发展规划具有指导意义，同时也将成为政府宏观调控，明晰初始水权、建立水资源宏观控制体系和微观定额体系的基础。

作者简介

李琳（1982—），女，河南睢县人，高级工程师，主要从事水文规划、水资源论证工作。

衢江抽蓄电站折线型面板堆石坝应力应变分析

朱安龙[1] 郑树青[2] 张 萍[1] 冯仕能[1]

(1 中国电建集团华东勘测设计研究院有限公司 2 浙江衢江抽水蓄能有限公司)

[摘 要] 衢江抽水蓄能电站上水库大坝由于地形条件的限制和库容的要求,采用折线型混凝土面板堆石坝方案。针对该方案采用三维非线性有限单元法对其进行数值模拟,对大坝运行性态进行了综合研究。研究成果表明,大坝的整体变形规律与直线型混凝土面板堆石坝基本一致,面板拉应力和结构缝变形量值与同等规模的常规面板堆石坝坝相比在基本相当,大坝坝轴线采用折线布置是可行的。由于坝轴线的转折,大坝面板受拉和结构缝张拉趋势有所增大,尤其是转折部位,提高混凝土抗拉性能、细化面板结构缝设计是折线型混凝土面板堆石坝工程设计的关键。

[关键词] 衢江抽水蓄能电站 折线型混凝土面板堆石坝 混凝土面板 连接板 结构缝 拉应力

1 引言

衢江抽水蓄能电站上水库因地形条件限制、周边其他主体建筑物布置影响,以及库容要求等因素,大坝采用坝轴线折线布置的混凝土面板堆石坝方案,最大坝高 114.5m,坝轴线转折角度 42°。目前国内采用折线型混凝土面板堆石坝的工程较少,其中以巴山水电站大坝为代表,该坝最大坝高 155m,转折角度 35°,是已建的折线型混凝土面板堆石坝中坝高规模和转折角度最大的工程,其他折线型面板堆石坝工程还有琅琊山抽水蓄能电站下水库大坝、王二河水库大坝,但都属于 60m 左右的中低坝,转折角度均小于 30°。虽然本工程最大坝高低于巴山电站大坝,但折角达到 42°,已超出目前的工程经验。为了验证大坝布置的合理性和可行性,并为大坝细部结构设计提供依据,在可行性研究阶段针对该折线型混凝土面板堆石坝进行了三维数值模拟分析,并结合已建工程经验对大坝运行安全进行了评估、预测。

2 工程概况及大坝结构布置

衢江抽水蓄能电站位于浙江省衢州市衢江区黄坛口乡境内,装机容量 1200MW,为一等大(1)型工程。电站上水库采用混凝土面板堆石坝,由于天然库盆条件较差,为了有效控制水位变幅、降低坝顶高程,大坝坝轴线采用凸向下游的折线型布置方案,转折角度 42°,为目前我国混凝土面板堆石坝工程中(包括在建和拟建)坝轴线转折角度最大的混凝土面板堆石坝工程。

综合考虑地形条件、库容要求、坝体工程量等因素,大坝坝轴线的转折点位于左岸高程约为 628m 的岸坡,坝轴线全长 565m,由左岸和河床两段组成,其中左岸坝段利用一条相对低矮单薄的山脊布置以减小坝体填筑量，该段坝体轴线长 243.5m；右岸为河床坝段坝，为了增加天然库容，右岸偏向下游布置，尽量利用右岸相对宽厚的山脊，该段坝轴线与沟底的走向大致呈 65°夹角，长 321.5m。坝顶高程 694.50m，最大坝高 114.50m（趾板处）。拟定坝体上游面坡比为 1∶1.4，表面设 C30 钢筋混凝土面板，在转折设置 C30 混凝土连接板，通过周边缝与两侧面板连接。下游坝坡坡度为 1∶1.3，每隔 25m 高差设一级马道，马道宽 3m。大坝的填筑材料采取库内开挖的晶屑玻屑凝灰岩，筑坝材料饱和单轴抗压强度除少量次堆石外，均在 50MPa 以上，属于硬岩筑坝。坝体填筑材料自上游向下游分成垫层区、过渡区、上游堆石区和下游堆石区。大坝的平面布置见图1。

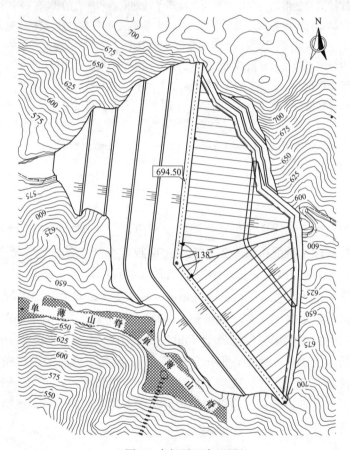

图1　大坝平面布置图

3　计算方案及参数

3.1　计算方法和计算模型

计算采用土石坝静、动力流固耦合可视化分析软件（Static and Dynamic Analysis Software for Dam's Stress and Seepage）三维有限元计算程序。该程序已在铜街子、天生桥一级、瀑布沟、公伯峡、绩溪等众多土石坝应力和变形的计算分析中得到成功应用。

坝体堆石材料采用 Duncan E-B 非线性弹性模型，该在模型应用和参数确定方面已经积累了较为丰富的经验，被目前工程所广泛采用。混凝土面板采用线弹性模型。面板混凝土与垫层料的刚度差异较大，为了反映两者之间的相互作用，采用无厚度 Goodman 接触面单元模拟。混凝土面板周边缝与垂直缝接缝材料采用缝单元模拟。

模型共划分了 44 个横剖面，结点总数 21 435 个、单元总数 19 881 个。大坝模型三维网格详见图 2。计算共分 17 级，模拟大坝填筑、趾板和面板浇筑（一次浇筑到顶）、蓄水过程等。

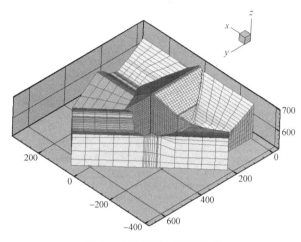

图 2　大坝模型三维网格图

3.2　计算参数

坝体填筑材料模型参数采用大型三轴试验成果整理的 Duncan-Chang 的 E-B 模型参数，详见表 1。面板、趾板、防浪墙的混凝土材料的物理及力学参数根据设计指标按规范取值，面板与垫层料间接触面模型的计算参数参照天生桥一级面板坝接触面试验结果确定为 $K = 4800$，$n = 0.56$，$R_f = 0.74$，$\delta = 36.6°$。

表 1　　　　　　　　　　　　坝体填筑材料模型计算参数

坝体分区	筑坝材料	ρ_d(g/cm³)	φ_0(°)	$\Delta\varphi$(°)	K	n	R_f	K_b	m
垫层区	新鲜、微风化料	2.18	56.1	10.2	1134.8	0.33	0.61	877.9	0.23
过渡区	新鲜、微风化料	2.15	58.6	12.8	1417.3	0.24	0.61	1092.1	−0.01
主堆石区	微、弱风化料	2.12	55.3	11.5	1050.9	0.26	0.62	597.7	0.11
下游堆石区	强、弱风化料	2.06	51.2	9.8	678.7	0.29	0.61	315.7	0.21

4　计算成果分析

4.1　坝体应力与变形

4.1.1　坝体应力分布

竣工期大、小主应力最大值分别为 1.85MPa 和 0.78MPa，蓄水后分别增大值

1.96MPa 和 0.84MPa。大、小主应力最大值均位于最大坝高处建基面附近。坝体内总体应力水平较低，竣工时最大应力水平 0.77，在主、次堆石界面处；蓄水后受水压力挤压密实作用，坝体整体应力水平减小，最大值约为 0.69，位于 1/2 坝高主次堆石分区交界处。蓄水前后坝体应力分布见图 3。

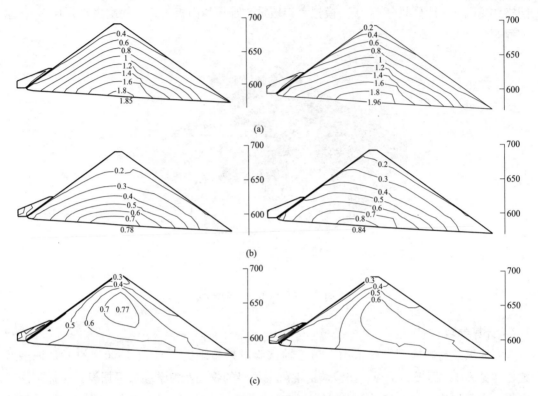

图 3 蓄水前后坝体应力等值线图（MPa）
（a）大主应力分布；（b）小主应力分布；（c）应力水平分布

4.1.2 典型坝体断面位移分布

　　竣工期，坝体最大沉降 62.63cm，分布在坝体填筑最深处约 1/2 坝高部位靠下游侧；顺河向位移（垂直于右坝段坝轴向的位移）分布以坝轴线向上游 5m 左右为分界线上游侧指向上游，下游侧指向下游，往下游侧最大 29.76cm，往上游侧最大 15.28cm。蓄水后，坝体最大沉降较竣工期有所增加，最大值 63.84cm；顺河向位移除上游坡脚部位之外整体指向下游，往下游侧最大位移 37.88cm，往上游侧仅为 3.11cm。从大坝最大沉降来看，蓄水前后最大沉降约占最大坝高的 0.55%～0.56%，最大沉降值与 100m 级硬岩筑坝的其他工程基本相当。竣工期以及蓄水后典型断面变形分布图分别见图 4 和图 5。

4.2 面板应力与变形

4.2.1 面板应力分布

　　对于坝轴向应力，连接板左侧面板除在河床附近有局部压应力，其余基本承受拉应力，最大拉应力为 1.67MPa，发生在左岸约 1/2 面板高度周边缝附近局部区域；连接板

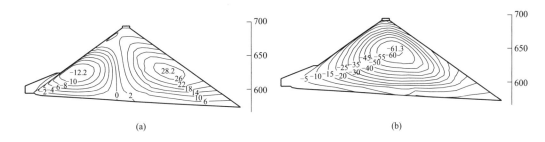

图 4　竣工期典型断面位移分布等值线（cm）

（a）顺河向位移分布；（b）沉降分布

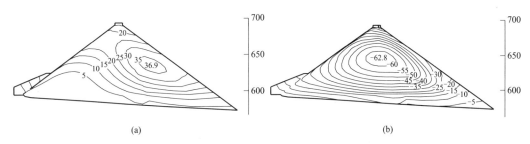

图 5　蓄水期典型断面位移分布等值线（cm）

（a）顺河向变形增量；（b）竖向位移增量

右侧面板坝轴向应力基本为中间受压，两侧周边缝附近部位受拉，最大拉应力和最大压应力分别为 1.2MPa 和 2.41MPa。对于顺坡向应力，除在连接板顶部靠近周边缝附近存在较小拉应力区域，其余基本承受压应力，连接板左侧和右侧面板的最大压应力分别为 5.22MPa 和 8.12MPa，连接板右侧面板压应力相对较大。面板应力分布详见图 6。从面板拉应力和分布规律可以看出折角部位面板受拉趋势明显。

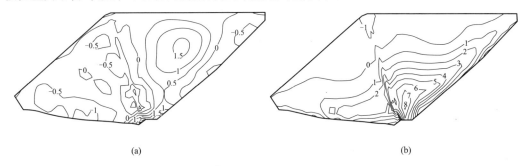

图 6　面板应力分布图（MPa）

（a）坝轴线向应力；（b）顺坡向应力

4.2.2　面板变形

水库蓄水至正常蓄水位后，连接板左侧坝体沿坝轴线方向有从左至右（即向河床方案移动）的位移趋势，最大值为 6.5cm。右侧坝体沿坝轴线方向有从右至左（即向河床方案移动）的位移趋势，最大值为 3.7cm。连接板受左右两侧面板约束，具有明显的位移不连续现象，可以看到连接板整体往坝体右侧移动，但量值小于左侧面板。面板挠度最大值为

27.6cm，位于右岸北部坝段最大剖面 650m 高程处，约为 1/2～2/3 坝高，挠度曲率 1.4‰。面板各方向的变形详见图 7。

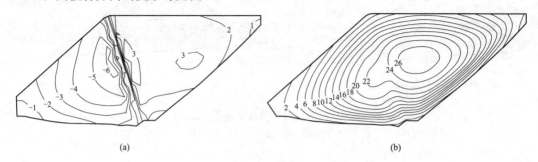

（a）　　　　　　　　　　　　　（b）

图 7　面板变形分布图（cm）

（a）面板沿坝轴向位移分布；（b）面板挠度分布

4.3　结构缝变形

4.3.1　面板垂直缝变形

水库蓄水后，连接板以左的面板垂直缝拉压变形主要表现为张开，最大张拉缝为 5.1mm，右岸面板垂直缝在连接板接缝附近和右岸周边缝附近为张开缝，但张开量总体比左岸小，其余靠近河床中间部位大部分为受压。结构缝变形分布见图 8（a）。

4.3.2　周边缝变形

蓄水至正常蓄水位后，面板与趾板之间的周边缝均为张拉缝，最大值为 24.1mm，发生在连接板右侧约 1/3 坝高处。从两岸周边缝张开变形分布来看，右岸面板周边缝张开量整体大于左岸，两岸中部高程以下的张开变形普遍较大；两岸周边缝剪切位移均指向河谷，最大剪切位移 11.9mm，发生在右岸靠近河谷部位；周边缝沉陷量相对较小，最大为 10.6mm，出现在右岸面板约 1/2 坝高处。

连接板两侧周边缝变形以张开为主，其次为剪切，错动变形不明显，最大张开变形 8.9mm，最大剪切位移 5.7mm，最大值均出现在中低高程。从连接板两侧分布的规律上看，张开值总体上左侧大于右侧，剪切值总体上则为右侧大于左侧。趾板及连接板周边缝三向变形见图 8（b）。

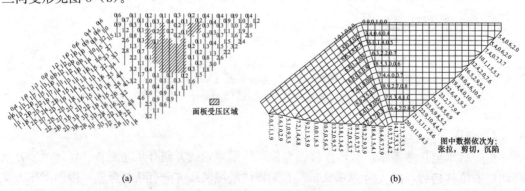

（a）　　　　　　　　　　　　　（b）

图 8　结构缝变形分布（cm）

（a）面板垂直缝；（b）周边缝

4.3.3 坝顶水平结构缝

面板与防浪墙之间的水平缝三向变形以剪切为主，沉陷岸坡大，河床小的趋势，最大剪切变形 11.8mm，位于左岸坝头附近；张开变形除在连接板顶部为压紧状态外，其余基本呈张开状态，但张开量都不大，最大为 2.0mm，位于河床部位坝段；沉陷变形除在连接板部位，受连接板底部约束影响而存在 2.9mm 的沉陷变形外，其他面板沉陷均较小，大部分在 1mm 以内。

4.4 应力与变形规律分析

4.4.1 坝体变形规律分析

影响面板变形的关键因素之一是面板下部堆石体的变形，面板的变形尤其是横河向变形，主要受堆石体向河谷变形的牵引影响。从沿轴线位移分布图（见图 9）可以看出，蓄水前坝体沿坝轴线向位移分布以河床为中心，与一般直线布置的面板堆石坝基本一致，但转折点附近等值线分布受坝体转折影响，与两侧坝体稍显不协调。蓄水后位移分布发生较大变化，增量位移分布显示，蓄水后坝体存在向转折点偏移的趋势。折线型坝体这一位移规律与直线型面板堆石坝坝体蓄水前后均是向河床中部位移的这一规律存在较大的差异。结合面板应力与结构缝变形规律综合分析，折线型坝体蓄水后这种向转折部位移动趋势引起的是拉伸变形，与直线型坝轴线河谷部位处于挤压状态是不同的，具体的原因分析见 4.4.2。

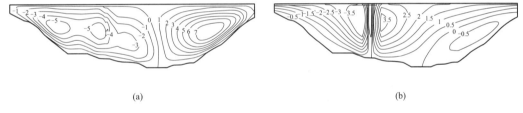

(a) (b)

图 9　轴线向位移分布图（cm）
(a) 竣工期位移；(b) 蓄水后增量位移

4.4.2 面板轴向应力与变形规律分析

面板坝轴线向应力和变形呈现三个明显的规律：① 面板坝轴线向应力总体以拉应力为主，压应力主要集中在两个局部区域，一个是靠近河床附近的底部，另一个是靠近河床的右岸岸坡段面板的中部；② 转折部位两侧的面板发生向转折处移动的趋势，其中左岸位移大于右岸，面板中部位移大于顶部和底部；③连接板两侧的周边缝及大坝面板垂直缝变形以张开为主，仅靠近河床的右岸岸坡段面板的中部存在压性缝。结构缝的变形规律与面板水平向应力分布规律是基本一致的，即拉应力区总体为张性缝，压应力区总体为压性缝，该规律与目前已建的折线混凝土面板堆石坝计算和实测数据反映的规律是一致的，均为张性缝，说明这是折线型面板堆石坝比较典型的现象。

从坝体蓄水后受力形态、沿轴线位移的分布规律方面分析上述现象：坝轴线转折时，水荷载对大坝的作用与直线型大坝有所不同。对于本工程，转折点凸向下游，面板转折处两侧坝体在水平荷载作用下向下游位移的方向不一致，各自朝着背离对方的方向移动。这种背离对方的运行同时受到坝体整体约束，因而在折点附近产生趋向转折处的拉伸位移（即图9所示的轴线向位移），这种拉伸位移增加了临近区域面板轴向拉应力分布和结构缝张开趋势。根据面板挠度的分布可以看出，面板挠度最大值基本分布在大坝的中高程部位，从图7和图8也可以看出此处也是面板轴向位移、连接板两侧周边缝张开变形相对较大的区域。由于坝体在水荷载作用下同时产生沉降变形，同样引起坝体轴向位移，因此不同因素引起的坝体轴向位移相互叠加。对于转折点左侧的坝体，两者位移同向叠加，而对于转折点右侧的坝体，两者位移方向相反，相互抵消，因此从两侧位移分布上看，左岸大于右岸。综上分析，本工程面板坝轴线向应力和变形呈现的规律与堆石体变形一般规律是相符的，计算成果是可靠的。

4.4.3 趾板周边缝变形规律分析

从结构缝变形量值来看，趾板周边缝结构变形量值较大，分布规律上表现为中下部变形相对较大，右岸大于左岸。根据大坝布置特点，左岸坝体填筑区位于山体上游，而右岸的坝轴线与右岸岸坡小角度斜交，这导致连接板两侧的趾板下游地形截然相反：连接板左岸的趾板下游地形平缓，坝轴线下游逐渐升高，填筑区相对较小，有效地约束了趾板向下游的变形；而连接板右岸趾板下游地形为逐渐下降的陡坎，趾板下游由于填筑体较厚，变形也相对较大（见图10）。因此周边缝的变形主要还是受下游地形和填筑厚度、受力水平决定的。

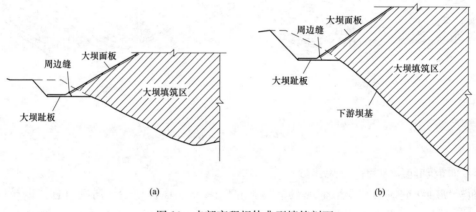

(a)　　　　　　　　　　　　(b)

图10　中部高程坝体典型填筑剖面

（a）左岸；（b）右岸

5　坝轴线折线布置的可行性评价

在坝体满足抗滑稳定的前提下，混凝土面板堆石坝的运行性能主要取决于面板及止水结构的运行情况，面板受力、结构缝的变形应分别在混凝土结构承载能力和止水结构可承受范围之内。因此，对大坝运行性能的评价主要针对面板应力、变形及结构缝变形进行分析，目前已建同等规模的普通直线型布置的混凝土面板堆石坝进行对比。

5.1　面板应力与变形评价

根据3.2计算成果，面板竖向受力除坝顶局部以外，均为压应力，自上而下逐渐增大，最大压应力位于河床部位，达到 8.12MPa，在 C30 混凝土抗压承载力范围之类。面板挠度最大值为 27.6cm，挠度曲率 1.4‰，挠度变形在一般工程经验范围之内。因此从面板竖向应力和挠度变形上来看，是满足面板安全运行的要求。

对于面板坝轴向应力，则较为复杂。面板在与河床接触部位出现局部压应力，但整体水平较低，最大值仅为 2.41MPa，远低于 C30 混凝土抗拉强度设计值，坝轴线方向挤压问题不突出。由于凸向下游的转折布置，整个面板受拉趋势较为明显，最大拉应力位于连接板底部高程 600～620m，最大值达到 1.67MPa。拉应力虽然较大，但低于 C30 混凝土抗拉强度的设计值，面板受拉整体是安全的。

针对折线型面板堆石坝转折部位拉应力相对突出的问题，笔者认为其对大坝的危害相对较小且易于处理。从目前我国混凝土面板堆石坝整体运行情况来看，虽然很多工程计算反映面板拉应力很大，但实际很少出现因坝轴线向水平拉应力过大而导致面板出现竖向裂缝的问题。目前公开资料显示仅公伯峡大坝一例，其主要原因也是寒潮所致。而且对于拉应力其处理措施也相对容易实现，例如利用结构缝释放拉应力。

5.2 结构缝变形评价

结构缝变形的极值按照结构缝类型进行统计见表 2。

表 2　　　　　　　　　　　结构缝变形统计　　　　　　　　　　　mm

项　目	面板垂直缝	连接板周边缝	趾板周边缝
张开	5.1	8.9	24.1
剪切		5.7	11.9
沉陷		1.0	10.6

从面板、趾板、连接板各结构缝的变形量值来看，结构缝变形最大值均出现在面板与趾板的周边缝上。从已建的混凝土面板堆石坝工程实测的周边缝变形数值来看（见表 3），本工程趾板结构缝变形未超出目前百米级混凝土面板堆石坝结构缝变形的量值范围，因此大坝的防渗结构的可靠性是能够得到保证的。大坝的转折虽然对面板的应力与变形虽然造成一定的影响，但从结构缝变形来看，连接板两侧以张开变形为主，其他两向变形相比非常小，基本属于一维变形，其量值总体较小，因此也易于处理。考虑到右岸趾板局部下游陡坎地形对周边缝变形影响较大，对该部位设置增模区对控制变形、提高大坝运行性能是有必要的。

表 3　　　　　　　　　　部分已建工程周边缝变形统计

坝名	坝高 （m）	周边缝位移（mm）		
		张开	剪切	沉降
天生桥一级	178	21.20	26.98	24.57
阿里亚	160	24	25	55
萨尔瓦兴那	148	9.7	15.4	19.5

坝名	坝高 (m)	周边缝位移（mm）		
		张开	剪切	沉降
安奇卡亚	140	125	15	106
格里拉斯	127	100		36
谢罗罗	125	30	21	>50
利斯	122	7		70
巴斯塔延	75	4.8	3	21.5
成屏一级	74.6	13.13	20.58	28.16
白溪	124.4	11.15	13.36	29.43
公伯峡	132.2	20.1	40.0	40.0

6 结论与建议

（1）根据对大坝三维计算成果分析，大坝典型断面的应力变形与常规的直线型混凝土面板堆石坝基本一致，面板应力水平在结构承载力范围内，结构缝的变形在目前的工程经验范围内，采用折点凸向下游的折线型混凝土面板堆石坝在技术上是可行的。

（2）计算结果显示结构缝变形最为复杂、量值最大的部位均为右岸趾板周边缝，与相应部位的地形条件有关，因此对于趾板下游局部存在倾向下游的陡坎部位设置一定的增模区，控制周边缝变形是有必要的。

（3）折线型混凝土面板堆石坝与普通直线型混凝土面板堆石坝相比，面板拉应力分布范围较大，连接板周边缝及两侧的面板结构缝均表现张性缝。因此，对于折线型混凝土面板堆石坝，对于面板的抗拉性能、结构缝的拉伸变形能力要求更高。

虽然本工程计算成果与结构材料参数以及已建工程的实测成果对比，均满足规范要求，但考虑到实际情况的复杂性，在详细的设计和施工过程中，进一步提高大坝面板抗拉性能，优化结构缝设计是有必要的。

参考文献

[1] 王登银，陈振文，汤旸，等.巴山水电站高折线面板堆石坝运行性状研究 [J].岩土工程学报，2011（9）：1483-1488.

[2] 吴吉才，赵轶，莫慧峰.琅琊山抽水蓄能电站上水库钢筋混凝土面板堆石坝设计 [J].2006年抽水蓄能学术年会会议论文集，2006：54-60.

[3] 何蕴龙，罗健.折线形面板堆石坝的变形与应力分析 [J].红水河，2003（4）：18-23.

[4] 朱晟，闻世强，黄亚梅.一座200m级高面板坝的变形和应力计算研究 [J].河海大学学报（自然科

学版），2003（6）：631-634.

[5] 徐泽平，尹蕾.云荞水库面板堆石坝三维非线性应力与变形分析 [J].水利水电技术，2002（6）：26-29.

[6] 朱岳明，贺金仁，章恒全，等.江坪河高面板堆石坝三维非线性结构有限元分析 [J].水力发电，2003（1）：28-32.

[7] 宋建庆.泽城西安混凝土面板坝三维非线性应力变形研究 [J].水利水电技术，2011（3）：31-34.

[8] 朱锦杰，王玉洁，张猛.公伯峡面板堆石坝面板竖向裂缝机理分析 [J].水力发电，2013（4）：40-42、46.

作者简介

朱安龙（1980—），男，江苏江宁人，硕士，高级工程师，注册岩土工程师、注册咨询工程师，主要从事水电站设计与科研工作。

双江口水电站300m级高坝泄洪消能关键技术研究

严沁之　邹　婷　段　斌　雷厚斌　魏雄伟

（国电大渡河流域水电开发有限公司）

[摘　要]　双江口水电站是大渡河干流上游控制性龙头水库电站，地处高山峡谷、高海拔、高寒地区，泄洪最大水头约250m，最大下泄流量约8200m³/s，泄洪消能技术难度大。结合双江口水电站泄洪系统"高水头、大泄量、窄河谷"的特点，开展了50m/s级高速水流水力特性、1200m³/s级高水头竖井漩流式泄洪洞水力空化特性及掺气减蚀措施、50m/s级高速水流抗冲耐磨材料等关键技术研究，研究成果和思路为双江口水电站提供有力的安全泄水保障，可供300m级高坝泄洪建筑物设计和建设参考借鉴。

[关键词]　双江口　300m级　泄洪消能

1　引言

对于300m级高坝工程，高水头、大泄量泄洪建筑物的空蚀空化和安全消能问题是工程建设亟待解决的关键问题之一。如何保障泄洪建筑物体型合理、结构安全、水流流态平顺、掺气充分、出口挑流雾化消能区安全运行一直是近年来水利水电工程界重点关注的难点。双江口水电站心墙堆石坝最大坝高312m，是世界在建的第一高坝。大坝上下游水位差大于240m，已超过小湾（226m）、锦屏一级（225m）和英古里（230m）等水电站，最大单宽流量近260m³/s，与水布垭（261m³/s）、乌东德（280.7m³/s）、糯扎渡（279m³/s）等水电站属同一量级，其泄洪消能难度在国内外同类工程中处于最高水平。由于国内外300m级高坝工程建设经验较少，且双江口水电站泄洪消能技术难度大，因此有必要对高坝大泄量泄洪消能技术进行研究，为双江口水电站工程建设提供必要技术支持，同时也为300m级高坝泄洪消能技术研究提供借鉴。

2　工程概况与基本条件

2.1　工程概况

双江口水电站是大渡河干流上游控制性水库，位于四川省阿坝州马尔康县、金川县境内大渡河上源足木足河、绰斯甲河汇口以下约2km河段。电站设计装机容量200万kW，多年平均发电量77.07亿kWh，具有年调节能力。电站枢纽工程由拦河大坝、引水发电系统、泄洪建筑物等组成。拦河大坝采用碎石土心墙堆石坝，最大坝高312m，坝顶长度698.9m，坝体填筑总量约4400万m³。

2.2　洪水条件

双江口水电站坝址处多年平均流量524m³/s，千年一遇洪水流量6900m³/s，可能最大洪水（PMF）洪峰流量为8630m³/s。

大渡河双江口以上的洪水主要由降雨形成。主汛期为 6～9 月。洪水单、双峰过程均可发生，起涨快，而退水缓慢；一次洪水过程一般为 5～7d。洪水具有洪量大、洪峰相对不高、峰形较为肥胖、历时长的特点。

2.3 地形及地质条件

双江口水电站坝址区两岸山体雄厚、河谷深切、谷坡陡峻，临河坡高 1000m 以上，自然坡度左岸 35°～50°、右岸 45°～60°，呈略不对称的峡谷状 V 形谷；出露地层岩性主要为燕山早期木足渡似斑状黑云钾长花岗岩和晚期可尔因二云二长花岗岩。坝址区无区域性断裂切割。除 F_1 断层规模相对较大外，主要由一系列低序次、低级别的小断层、挤压破碎带和节理裂隙结构面组成；同时，两岸岩体发育条数众多、随机分布的岩脉。

3 泄洪消能工程布置及特点

3.1 总体布置及特点

双江口水电站泄洪建筑物包括洞式溢洪道、深孔泄洪洞、利用施工中期导流洞改建的放空洞和施工后期导流洞改建的竖井泄洪洞，布置情况及工程特性分别见图 1 和表 1。其中，洞式溢洪道总长 2172.203m，最大流速约 50m/s，最大单宽流量近 260m³/s，最大泄量约 4200m³/s；竖井泄洪洞最大泄洪水头约 250m，最大流速为 32m/s，最大泄量约 1100～1200m³/s；放空洞工作闸门挡水水头高达 120m，最大流速为 40m/s。总体来说，双江口水电站泄洪规模大，泄洪消能技术难度较大。鉴于上述工程特点，本节着重介绍洞式溢洪道、竖井泄洪洞和放空洞的布置情况及泄洪消能难点。

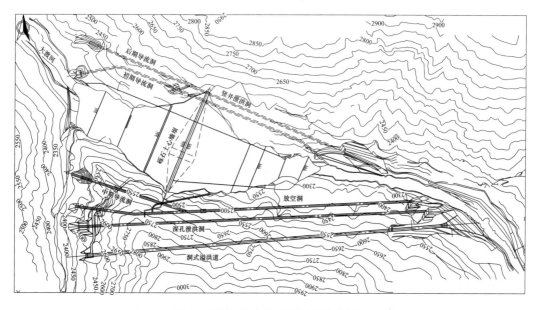

图 1 双江口水电站泄洪建筑物布置图

3.2 洞式溢洪道

洞式溢洪道布置于河道右岸，由进口段、无压洞段、明槽段和出口挑流鼻坎段组成，其中，明槽段由两个底坡段组成，两段底坡段由跌坎、水平段和圆弧连接，明槽断面为矩形；挑坎采用斜切鼻坎形式，两侧边墙非对称扩散，左侧边墙圆弧扩散，右侧边墙圆弧接直切线扩散，泄槽末端后设有挑流反弧段。

表1 双江口水电站泄洪建筑物工程特性表

泄洪建筑物		洞式溢洪道	深孔泄洪洞	竖井泄洪洞	放空洞
布置形式		实用堰进口 无压直坡隧洞 挑流消能	短有压进口 无压直坡隧洞 挑流消能	短有压进口 "漩流竖井"式 漩流竖井＋挑流	长有压进口 "龙伸腰"式 挑流消能
高程	进口（m）	2478.00	2440.00	2475.00	2380.00
	出口（m）	2348.70	2304.93	2264.16	2273.15
工作门尺寸（宽×高，m×m）		16×22	9×10.5	9×7	7×6.5
洞身断面（宽×高，m×m）		16×23	11×16	18（涡室直径） 12（竖井直径）	9×13.5
最大泄流量（m³/s）		4138 （校核洪水）	2768 （校核洪水）	1196 （校核洪水）	1286 （2460m水位）

由于溢洪道明槽起始段坡度由1.5%变为46.2%，变化较大，使得陡坡段水流沿程加速问题突出，若掺气减蚀设施体型设计不当，极易产生空蚀破坏。此外，为控制溢洪道泄槽流速过高带来的抗冲磨问题，溢洪道出口鼻坎位置较高，出口鼻坎下游消能范围也较大，要求泄洪水舌在不同泄洪工况下均能顺利归槽困难较大，大泄量时泄洪雾化对左岸岸坡的影响也较为显著。

3.3 竖井泄洪洞

漩流式竖井泄洪洞由后期导流洞改建而成，由短有压进口、无压隧洞上平段、涡室、竖井、无压隧洞下平段及出口挑流鼻坎组成。涡室和竖井直径分别为18m和12m。涡室与竖井通过渐变段连接。竖井底部同下平段无压隧洞连接，竖井底部留一段高为15m垂直盲段，形成水垫深度，减少水流对底部的冲击。沿洞轴线方向下游侧洞顶部采用椭圆加斜坡断形成收缩断面，以使水力条件更好。

由于竖井泄洪洞水头高、泄量大、流速快，其空化空蚀问题突出、掺气减蚀技术难度较大，如何保证各级流量进入竖井泄洪洞后均能起旋、贴壁进入竖井、保证中央通气空腔顺畅、侧壁掺气可行，是解决竖井泄洪洞空化空蚀、掺气减蚀问题的关键点。

3.4 放空洞

放空洞由中期导流洞改建而成，采用有压接无压的布置形式，由进口段、有压隧洞段、闸门竖井段、工作闸门室段、无压隧洞段及出口段组成。在隧洞进口处事故闸门孔口尺寸为7m×9m−121m/81m（宽×高−水头，下同），挡水水头121m，事故工况动水闭门水头81m。闸门门型为平面定轮闸门，上游止水，上游面板。工作闸门孔口尺寸为7m×6.5m−125/85m，挡水水头125m，操作水头85m。闸门采用充压止水，突扩跌坎门槽。

放空洞事故闸门及工作闸门水头高，流速大，应用工况复杂，在蓄水过程中放空洞将参与水库水位调蓄运行，运行水头变化大，在高水头小开度的运行时，易出现闸门振动和空蚀破坏。此外，本工程掺气减蚀、抗冲耐磨问题也较为突出。

4　可研阶段开展的泄洪消能关键技术研究

在可行性研究阶段，通过开展双江口水电站泄洪消能关键技术研究，为泄洪消能工程方案设计提供了技术支撑。通过大量的模型试验、理论研究和数值分析等研究工作，在水力空化特性、掺气减蚀措施、河道雾化问题、抗冲耐磨材料选用等关键技术上取得了较丰富的成果。

4.1　高水头、1200m³/s 级竖井漩流式泄洪洞水力空化特性及掺气减蚀措施研究

通过竖井泄洪洞单体模型试验，测量泄洪洞沿程的压力、水面线等，调整、优化进出口体型及布置，包括上平段体型优化、涡室体型优化、竖井及出口体型优化。模型按重力相似准则设计，模型比尺为 1：30 的正态模型，经过三次优化多次比选，最终确定竖井收缩段出口直径增大至 11m，由于水流的旋转，离心力较大，掺气空腔较短，流量较大的情况下，回水较多，调整掺气室直径至 16m。优化结果如图 2 所示，试验结果表明：

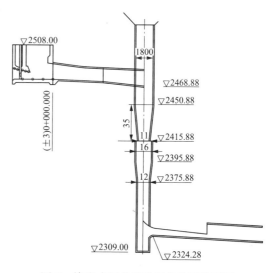

图 2　旋流式竖井泄洪洞优化后体型图

（1）各种工况均满足要求，双江口水电站后期导流洞改建竖井旋流泄洪洞是可行的，优化后的涡室在很小流量下就能顺利起旋，涡腔保持较好，并且上下贯通；水流出竖井后，下平段流态平顺，无水流窜起较高的不良流态。

（2）各种工况下，涡室及竖井壁面压力均为正值；设置掺气室是可行的，并且掺气效果较好，但是掺气后，竖井底部的脉动压力有所增加，可通过增加竖井底部水垫的深度来解决。

（3）消力井出口处的压坡段因水流紊动强烈，脉动压力较大，还需在掺气室、竖井底部及出口处做加强处理。

4.2　放空洞水力特性及流道空蚀防治研究措施

通过枢纽整体水力学模型试验，验证泄流能力、进口流态、洞身段及挑坎出口水力特性，优化设计，提出了合理的进、出口和洞身布置体型、掺气减蚀形式及出口挑坎形式。通过建立 1：40 的放空洞单体水工实验模型，对龙抬头宽度 11m 方案、9m 方案以及调整后的优化方案进行试验分析，试验结果表明：

（1）各种工况下，各级掺气坎上均可见明显掺气水流现象，且其上掺气浓度在 2％左右，优化方案拟定的各级掺气坎的体型、位置和设计的掺气保护长度是合理可行的，能满足掺气减蚀的要求。

（2）龙抬头抛物线段没有再发生负压；抛物线段最小空化数约为 0.14；明洞段在库水位 2460m 时空化数均小于 0.3，均需加设掺气设施。

（3）在有压段出口两侧加贴条形挑坎后，优化方案体型的侧墙掺气效果明显变好。

（4）仅通过中导闸室段补气能满足长洞段需气要求，长洞段之间可不设置补气设施。

（5）出口挑坎体型拟定还应结合施工导流运行工况的要求作进一步优化。

4.3 河道冲刷及雾化分区研究

本工程泄洪建筑物布置紧凑，轴线与下游河道交角大，泄洪水舌归槽、河道冲刷及雾化影响问题突出；前期对泄洪消能出口挑坎体型进行初步布置和物理模型动床试验，并据此进行雾化数值分析。泄洪雾化受泄水建筑物的体型及泄洪方式、流量、入水流速与角度等方面共同作用的影响。根据双江口洞式溢洪道泄洪工况资料，并通过对 RBF（径向基函数）网络学习，建立起泄洪雾化神经网络预报模型，结合百年洪水、设计洪水、校核洪水工况下溢洪道的挑流水舌的水力学特性，同时将下游地形数字化，得到泄洪雾化的等值线分布情况，见图 3。

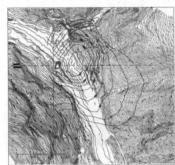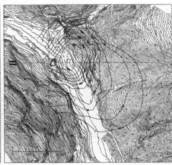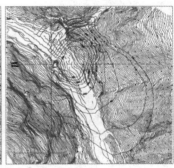

图 3　百年洪水工况、设计洪水工况、校核洪水工况下游泄洪雾化降雨强度分布图

（1）洞式溢洪道和深孔泄洪洞泄洪雾化雨区位于洞式溢洪道下游约 550m 范围内，预计零降雨区在洞式溢洪道下游 700m 范围以外。

（2）竖井泄洪洞泄洪雾化雨区位于洞式溢洪道下游约 230m 范围内，预计零降雨区在竖井泄洪洞下游 350m 范围以外。由于竖井泄洪洞出口距离电站交通洞口较近，因此，泄洪雾化可能对交通会有一定影响。

（3）由于放空洞出口距离电站交通洞口较远，故泄洪雾化对电厂交通影响很小。

5 实施阶段需要深化研究的关键技术

虽然在可研阶段针对双江口水电站泄洪系统工程特点开展的泄洪消能关键技术研究已取得大量成果，但随着实施阶段的不断推进，泄洪建筑物体型优化、抗冲耐磨材料的选用等方面将会更加符合现场实际情况。因此，在实施阶段有必要针对以上问题进行深化研究，以达到技术可行、安全可靠、运行方便、经济合理的建设目标。

5.1 竖井泄洪洞空化空蚀防治研究

在可研阶段已对竖井体型进行 3 次优化，确定了较为合理的体型方案。在实施阶段还需进行减压状态和常压状态下涡室、竖井段和压坡段的水流流态比较；研究减压状态下各种运行工况试验段的压力分布、水流空化噪声及水流空化特性；在出现空化水流的情况下，分析产生空化水流的原因，提出相应的改进措施，并根据试验成果提出竖井泄洪洞合理的运行方式。

5.2 洪水舌归槽及雾化神经网络模型优化研究

泄洪系统出口挑流水舌分布范围对河道冲刷及岸边流速分布影响很大，泄洪水头变化较大，挑流水舌存在小流量干砸本岸，大流量冲刷对岸和岸边流速过大的风险，导致河道开挖、岸坡防护范围及工程量较大，因此有必要在可研阶段物理模型试验基础上，对泄洪建筑物挑坎体型开展进一步优化工作。虽然可研阶段已建立泄洪雾化神经网络预报模型，得出了雾化雨量等值分布图，但由于受资料数量等因素的限制，该模型需要充实和完善：一方面优化网络模型的学习方法，以增加学习的稳定性和收敛性；另一方面，还需不断补充新的原型观测资料，通过网络模型的不断学习，提高模型的预测范围和精度。

5.3 速水流抗冲耐磨材料研究

在抗冲耐磨材料研究方面，已有多种材料应用于工程实践中，这些材料各有特点和利弊，工程应用上出现问题的也较多，对高强抗冲耐蚀混凝土的抗冲蚀机理和高性能混凝土的研究方面有必要进一步研究。

根据抗冲磨混凝土的初步研究结果表明，双江口水电站各料场骨料的压碎指标不足，配制 C40 以上抗冲磨混凝土较难，需进一步开展双江口水电站的抗冲蚀材料研究，确定抗冲磨混凝土技术方案的同时提高混凝土抗裂性能，也为抗冲耐磨混凝土温控计算提供试验参数和依据，保障泄洪消能结构耐久性和运行安全性。此外在实施阶段，有必要运用智能地下工程中的混凝土振捣智能监控模块，对混凝土的振捣过程进行实时监控，实现人工振捣棒的实时定位监控、振捣质量的实时预警和振捣监控信息的可视化展示，加强施工质量管控。

6 结束语

（1）双江口水电站泄洪系统水头高、泄量大，泄洪建筑物的空蚀、空化和安全消能问题突出。通过采用物理模型试验并辅以数值模拟方法，研究了洞式溢洪道、深孔泄洪洞、竖井泄洪洞、放空洞洞身水流与压力分布。同时开展了高水头、1200m³/s 级竖井漩流式泄洪洞水力空化特性及掺气减蚀措施、50m/s 级高速水流抗冲耐磨材料的选用、出流挑坎形式及下游河道冲刷及雾化影响问题等一系列关键技术的研究。随着双江口水电工程建设的深入推进和工程技术的不断提高，还需在竖井泄洪洞空蚀空化体型优化、减轻放空洞闸门有害震动措施、挑坎体型优化、高强度抗冲耐磨混凝土材料配制等方面的关键技术进行深入研究。

（2）双江口水电站高坝泄洪消能研究成果较为丰富，并明确了实施阶段泄洪系统工程技术研究方向和主要内容。以上研究成果和思路，为双江口水电站泄洪系统建设奠定坚实的技术基础，可供 300m 级高坝泄洪建筑物设计和建设参考借鉴。

参考文献

［1］孙双科．我国高坝泄洪消能研究的最新进展［J］．中国水利水电科学研究院学报，2009，（02）：249-255.

［2］戴会超，许唯临．高水头大流量泄洪建筑物的泄洪安全研究［J］．水力发电，2009，（01）：14-17.

［3］谢省宗，吴一红，陈文学．我国高坝泄洪消能新技术的研究和创新［J］．水利学报，2016，（03）：324-336.

［4］郑林平．国内泄洪隧洞洞内消能工的研究及应用进展［A］．中国水力发电工程学会水工及水电站建筑物专业委员会．2004年水工专委会学术交流会议学术论文集［C］．中国水力发电工程学会水工及水电站建筑物专业委员会，2004：6.

［5］王晓鹏．我国高坝泄洪消能研究现状［J］．中国水运（下半月），2015，（05）：164－165＋167.

［6］李善平，段斌．建设中的世界第一高坝——双江口心墙堆石坝［J］．Engineering，2016，（03）：30-33.

［7］陈五一，余挺，李永红，等．四川大渡河双江口水电站可行性研究报告［R］．中国电建集团成都勘测设计研究院有限公司，2014.

［8］张岩，肖培伟，邢丹．双江口水电站泄洪系统的关键技术问题及解决方案［J］．四川水力发电，2017，（02）：140-143.

作者简介

严沁之（1992—），男，四川汉源人，工学硕士，助理工程师，主要从事水电工程建设技术和管理工作。

邹婷（1992—），女，湖北天门人，工学硕士，助理工程师，主要从事水电工程建设技术和管理工作。

段斌（1980—），男，四川北川人，工学博士，高级工程师，主要从事水电工程建设技术和管理工作。

雷厚斌（1983—），男，重庆渝北人，工程硕士，高级工程师，主要从事水电工程建设技术和管理工作。

魏雄伟（1987—），男，湖北天门人，工学硕士，工程师，主要从事水电工程建设和技术管理工作。

基于强震监测记录的冶勒大坝动力反应特性初步分析[❶]

熊　堃[1]　何蕴龙[2]　肖　伟[1]　刘俊林[3]

（1　长江勘测规划设计研究有限责任公司　2　武汉大学水资源与水电
工程科学国家重点实验室　3　广东粤港供水有限公司）

[摘　要]　冶勒沥青混凝土心墙堆石坝最大坝高为 124.5m，坝址区地震烈度高，地质条件复杂。大坝上布设了 9 台强震仪组成的强震监测台阵，自 2005 年 12 月开始投入运行至 2014 年 12 月底，共获得有效记录 57 次，其中包括汶川地震、攀枝花地震和芦山地震记录。对典型强震记录进行时域分析和频谱分析，初步总结了冶勒大坝的动力反应特性。研究结果表明，大坝坝顶部位的动力反应主要以放大为主，并且随着底部 PGA 的减小，坝体放大倍数明显增大；由于地震动本身震源特性、传播途径的差异，大坝在不同地震中动力反应的频谱特性明显不同，但多次记录均显示土石坝体有较为明显的滤波作用。

[关键词]　冶勒大坝　强震记录　沥青混凝土心墙坝　动力特性

1　引言

我国现有土石坝抗震设计和安全评价标准仍主要依赖于 100m 级高土石坝的工程经验，抗震设计理论和方法还不够成熟完善。在工程现场进行原型观测（包括实际震害调查），无疑是认识结构的动力性态最直接最可靠的方法，而且也是验证理论分析，模型实验方法和成果的重要依据。并且随着抗震设计理论的发展，目前动力法正作为解决大型复杂工程问题的抗震分析手段得到重视和研究，其分析方法本身发展十分迅速，但动力法分析中坝址地震输入机制的确定十分困难，缺乏合适的地震输入资料是目前大坝抗震安全性评价的最大障碍之一，亟需专门的研究。解决这个难题的有效途径是进行基于强震观测台阵的大坝现场观测与监测，这也是开展大坝地震输入机制基础研究，检验和发展大坝抗震安全理论和方法的重要手段。

我国从 1962 年新丰江建立第 1 个强震观测台站至今，设立了地震台站的大型水利工程有近 40 座，但总体而言水工建筑物强震安全监测台阵数量少，加速度记录积累缓慢，且缺乏近场强震记录。在对土石坝强震监测的分析中，也以基线校正、加速度积分与求得反应谱等初步分析为主，较少结合实测记录对土石坝的动力特性与动力响应进行深入研

基金项目：长江科学院开放研究基金资助项目（项目编号 CKWV2015213/KY）。

❶　本文发表于《地震工程学报》2017 年第 3 期。

究。但台湾学者黄俊鸿曾基于 4 座土石坝的小震监测资料，对强震数据进行反应谱与傅里叶谱分析，较为深入地统计研究了这 4 座土石坝的动力特性与动力响应特征。国际上则更多地利用强震监测记录与有限元等数值分析成果进行对比分析，检验计算方法和计算成果的合理性。

2008 年我国发生了"5·12"汶川大地震，震区 6 座大型水库大坝，只有紫坪铺水库大坝布设了强震监测台站，遗憾的是地震发生时未能取得完整的大坝强震反应记录，使得这次汶川地震震中区无一座大坝强震记录。但位于四川南桠河上的冶勒沥青混凝土心墙堆石坝，虽然其坝址距离震中 258km，但汶川地震发生时坝区有较为强烈的震感，大坝上布设的强震监测台阵获得了主震及诸多余震大量的完整地震记录，之后还对 2008 年攀枝花地震、2013 年芦山地震等均获得有效记录，这些实测记录是分析、了解该类坝型地震动力反应特性及其抗震安全性的宝贵资料。本文即综合这些实测资料，对冶勒大坝的动力反应规律进行了初步分析总结，下一步计划研究利用弱震记录识别坝体动力参数，结合深厚覆盖层土石坝的地震动输入机制研究，更深入地探讨冶勒大坝这种深厚覆盖层上高土石坝的抗震安全性。

2　工程概况

位于四川省南桠河上的冶勒大坝为沥青混凝土心墙堆石坝，最大坝高 124.5m，在同类坝型中仅次于土耳其 139m 高的 Kopru 坝和挪威 128m 高的 Storglomvatn 坝。主坝坝顶宽度 14m，坝轴线长 411m。大坝典型断面形式由上游至下游依次为上游围堰体、坝壳次堆石区、心墙过渡层、沥青混凝土心墙、心墙过渡层、主堆石区、次堆石区和下游盖重区。上游坝坡 1：2.0（中间设一级 4m 宽马道）、下游坝坡分别为 1：1.8，1：2.2，1：2.2 和 1：2.2（中间设三级 4m 宽马道）。右岸台地副坝为钢筋混凝土心墙堆石坝，由钢筋混凝土心墙及堆石坝壳组成。大坝平面布置如图 1 所示，图 2 给出了大坝最大横剖面。

冶勒大坝位于安宁河活动断裂带的北段，库区距下游安宁河活动断裂西支约 2km，属外围强震波及区。在工程区虽无强震记录，但其外围发生 7 级以上的强震 6 次，波及库区的最大烈度达Ⅷ度，多数外围地震对坝区的影响不过Ⅴ度。经四川省地震局鉴定，冶勒水电站库坝区地震基本烈度为Ⅷ度，地震设计烈度Ⅸ度，设计地震加速度值高达 0.45g。

该工程地质构造背景十分复杂，超常规的地质现象较为突出。坝址处于冶勒断陷盆地边缘，坝基左岸基岩埋藏较浅、产状陡倾河心及下游，河床及右岸地表覆盖层深厚，坝肩基岩埋深 420m 以下，该套深厚覆盖地层由第四系中、上更新统卵砾石层、粉质壤土和块碎石土等组成，属冰水河湖相沉积层，在不同地质历史时期里经受了不同程度的泥钙质胶结和超固结压密作用，成分复杂，变形不均，因此造成了坝基左、右岸基础严重不对称，基础变形协调及防渗处理难度极大。大坝右坝肩基础防渗总深度超 200m，其中防渗墙深度达 140m，墙体分上、下两层施工，上层墙、下层墙之间通过钢筋混凝土廊道连接，下层防渗墙底以下续接 60m 深的灌浆帷幕，帷幕孔最大深度约 120m。

3 大坝强震监测台阵记录情况

3.1 大坝强震监测台阵

冶勒大坝上布设了由 9 台强震仪组成的强震监测台阵，强震仪采用了中国地震局哈尔滨工程力学研究所生产的 GDQJ-Ⅰ 和 GDQJ-Ⅱ 型固态地震动强度记录仪与 SLJ-100 三分向力平衡加速度计。当冶勒坝区外围发生地震时，强震仪会自动感应，触发震感并记录以及计算烈度。冶勒大坝坝轴线沿南北方向布置，垂直于坝轴线为东西方向，强震仪记录的顺河向以向东为正，横河向以向北为正，竖直向以向上为正。

强震仪基本沿大坝坝顶和最大横剖面布置，图 1 显示了强震仪的平面布置情况，图 2 显示了大坝的最大横剖面剖面及该剖面上强震仪的布置。其中位于坝顶的 T1、T4 和 T10 强震仪，和分别位于最大横剖面下游坝面约 3/4、1/2、1/4 坝高位置的 T5、T6、T7 强震仪主要监测主坝表面的地震反应，左岸灌浆平洞强震仪 T12 监测左岸基岩的地震情况，位于副坝坝顶的 T11 强震仪监测右岸副坝的地震反应。由于大坝的沥青混凝土心墙很薄，在监测廊道内的最大断面位置布置强震仪 T13 以监测心墙附近的地震反应，并由其反映坝底部的地震动情况。

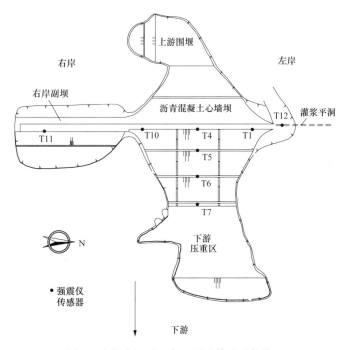

图 1　冶勒大坝平面布置图及其强震仪位置

3.2 数据记录情况

自 2005 年 12 月有 3 台仪器投入运行至 2014 年 12 月底，冶勒大坝强震监测台阵共取得强震记录 57 次，结合中国地震台网中心所公布的地震目录，各次地震的基本要素和台阵的监测记录情况见表 1。记录中包括了"5·12"汶川地震主震及数次余震、"8·30"

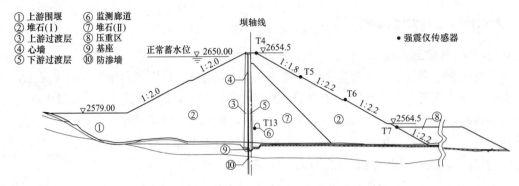

图 2　冶勒大坝最大横剖面及其强震仪位置

攀枝花地震主震、芦山地震主震及余震。从表中可知，监测台阵所记录的大部分地震震级较小，即使像汶川地震及攀枝花地震这样的大地震，也因大坝距震中较远而只引发了较小的坝体动力响应。这些记录中最大地震动峰值为 126.5gal。

表 1　　　　　　　　　　　　记录地震的基本要素与有效测站

记录编号	地震日期	发震时刻	震级	震中距（km）	库水位（m）	有效地震记录测站	备注
1	2006-05-24	21：58：27	3.3	35	2601.99	6	
2	2006-06-08	13：09：05	3.4	9	2609.53	6	
3	2006-12-16	18：40：37	2.8	20	2642.10	5	
4	2007-01-07	10：29：33	4.0	22	2638.46	5、11	
5	2007-01-16	10：19：22	3.3	6	2636.44	5、11	
6	2007-01-16	11：46：37	3.5	6	2636.44	5、11	
7	2007-08-23	18：09：47	2.8	9	2638.63	5	
8	2007-10-23	18：05：32	2.6	4	2648.03	4、5、6、7、10、11	
9	2007-11-07	09：39：49	2.7	18	2649.75	5、6、7、11、12	
10	2008-02-08	19：30：48	3.0	25.7	2630.04	5、6	
11	2008-02-16	14：00：06	4.2	78.1	2626.38	6	
12	2008-05-12	14：28：04	8.0	258	2599.48	4、5、7、12、13	汶川地震主震
13	2008-05-12	14：43：15	6.0	262	2599.48	4、5、13	
14	2008-05-12	15：34：47	5.0	262	2599.48	4、5、6	
15	2008-05-12	19：10：58	6.0	306	2599.48	4、5、6、13	
16	2008-05-12	21：40：54	5.1	262	2599.48	4、5、6、13	
17	2008-05-13	15：07：11	6.1	351	2599.38	4、5、6、7、13	
18	2008-05-25	16：21：02	6.4	454	2608.15	4	
19	2008-05-29	12：48：01	4.6	455	2610.55	5、6、12、13	
20	2008-06-18	20：59：32	4.2	74.34	2617.14	4、5、6、7、13	

续表

记录编号	地震日期	发震时刻	震级	震中距（km）	库水位（m）	有效地震记录测站	备注
21	2008-08-01	16：32：44	6.1	466.20	2622.68	1、4、10	
22	2008-08-30	16：30：50	6.1	262.54	2634.23	4	攀枝花地震主震
23	2008-09-09	01：07：24	3.1	50.62	2637.72	4、6	
24	2008-11-09	18：09：12	3.0	66.84	2649.96	4、5、6、11、12、13	
25	2009-01-01	07：57：37	2.5	56.83	2647.47	1、11	
26	2009-01-18	16：19：17	3.9	27.94	2643.79	4、5、6、11、12、13	加速度幅值最大
27	2009-03-23	17：33：08	1.7	62.03	2613.56	11	
28	2009-06-26	04：51：47	2.4	56.83	2612.09	1、5、10、11	
29	2009-11-15	04：24：02	2.1	47.31	2644.16	1、4、5、6、10、11、12、13	记录仪器最多
30	2009-11-23	15：25：21	4.8	291.83	2644.52	1、4	
31	2009-11-28	00：04：02	5.0	350.75	2644.72	4	
32	2010-02-03	06：27：22	2.0	72.42	2635.16	12	
33	2011-01-25	20：56：13	2.3	50.77	2634.95	6	
34	2011-02-12	16：45：57	2.2	56.83	2631.69	10	
35	2011-02-12	17：51：17	2.9	56.83	2631.69	1、10、11	
36	2011-03-01	18：08：31	2.5	66.84	2624.69	1、6、10、11、13	
37	2012-07-24	23：50：07	3.2	66.84	2633.01	6、11	
38	2013-04-20	8：02：46	7.0	212.474	2600.61	1、5、6、10、11	芦山地震主震
39	2013-04-20	8：06：38	4.8	198.462	2600.61	1、5、6、10、11	
40	2013-04-20	8：31：34	4.1	219.202	2600.61	6	
41	2013-04-20	8：37：12	4.1	198.462	2600.61	5、6	
42	2013-04-20	9：11：51	4.3	194.994	2600.61	1、5、6、10、11	
43	2013-04-20	9：20：09	4.6	198.462	2600.61	1、6、10、11	
44	2013-04-20	9：26：00	4.4	198.462	2600.61	5、6、10、11	
45	2013-04-20	9：37：28	4.9	208.793	2600.61	1、5、6、10、11	
46	2013-04-20	10：19：04	4.3	208.793	2600.61	6	
47	2013-04-20	10：38：34	4.6	198.462	2600.61	5、6	
48	2013-04-20	11：34：15	5.3	188.222	2600.61	1、5、10、11	
49	2013-04-20	15：18：32	4.1	219.202	2600.61	6	
50	2013-04-20	17：45：15	4.0	220.932	2600.61	1、5、6、10、11	
51	2013-04-20	18：59：00	3.8	222.708	2600.61	6	
52	2013-04-20	19：12：49	4.5	212.474	2600.61	6、10	
53	2013-04-21	04：53：44	5.0	212.474	2601.17	1、5、6、10、11	
54	2013-04-21	11：59：37	4.9	202.335	2601.17	1、5、6、10、11	
55	2013-04-21	17：05：22	5.4	212.474	2601.17	5、6	
56	2013-04-21	22：16：54	4.3	208.793	2601.17	6	
57	2013-04-23	05：54：49	4.5	222.708	2601.43	6	

三次主要地震中大坝监测台阵的记录情况为：

2008年5月12日汶川县境内发生了里氏8.0级地震，震中烈度达Ⅺ度，在已收集的记录中，最大加速度峰值达976gal，地震动持续时间长达1120s。冶勒大坝坝址距离震中258km，地震期间强震监测台阵有6台强震仪正常工作，共记录汶川地震主震及其余震9次，其中5台仪器获得了汶川地震主震和多次余震的记录，记录中包括"5·12"汶川大地震主震，以及6.0～6.4级地震5次，5.0～5.9级地震2次。

2008年8月30日在攀枝花市仁和区、凉山彝族自治州会理县交界处发生了里氏6.1级地震，主震后发生多次余震。冶勒大坝距攀枝花地震震中262.5km，坝上仅有位于最大断面坝顶的1台仪器记录了攀枝花地震的主震，所得地震加速度峰值小于3gal，持续时间为36.21s。

2013年4月20日四川省雅安市芦山县发生里氏7.0级地震，震源深度13km。此次地震发生在青藏高原和四川盆地的交界处，位于龙门山前缘构造带的南段，距离汶川地震震中约87km，受灾面积约15 720km^2。芦山地震为逆冲型地震，震源较浅，震中最大烈度达Ⅸ度。冶勒大坝距震中约212.5km，坝址区震感也较为强烈，强震监测台阵成功记录了坝址周边地区4.0级以上地震20次，其中有5台强震仪成功获得了主震记录及9次余震记录。

4 大坝动力反应特性初步分析

4.1 典型部位加速度反应时程特点

在三次大地震中，大坝典型部位的加速度时程记录见图3～图5，图中数据均经过了基线校正等处理，波形清晰完整，震相清楚。总的来看，坝顶部的动力响应相对较大，同一部位顺河向加速度最大，横河向次之，竖直向最小。图3显示在汶川地震中，加速度波形表现出了两个峰值，由于发震断层破裂延伸很长，导致大坝地震记录一个突出的特点是地震动持续时间长达200s，这在大坝强震监测中十分罕见。

4.2 动力反应的PGA放大倍数

将坝顶部的加速度记录峰值除以底部峰值，所得系数称为PGA放大倍数。冶勒大坝在下游坝脚（T7）和心墙底部（T13）的记录可反映坝底部的动力反应情况，但T7测站记录相对较少，因此分别用坝顶（T1、T4、T10）和坝体上部（T5）记录的PGA除以T7和T13的PGA，以考察坝体动力反应放大情况。

图6给出了坝顶（T1、T4、T10）和T5相对T6的动力放大情况，由图可知，由于震源特性、传播途径的不同，大坝动力反应的分布情况较为离散，但可以看出坝顶部位的动力反应主要以放大为主，而放大倍数也有小于1的情况出现，即坝顶相对于坝体中下部并不总是放大；而且，从图中可以看到一种趋势，就是随着底部PGA的减小，坝体放大倍数明显增大，这在三个方向的统计数据规律中均得到反映。

图7给出了坝体上部（T4、T5、T6）相对于心墙底部的动力放大情况，由图可知，三个方向的PGA放大倍数均大于1，即坝体在地震中对底部地震动动力反应均为放大。在顺河向和横河向，底部PGA减小时，放大倍数增大；在竖直向，放大倍数反而随着底

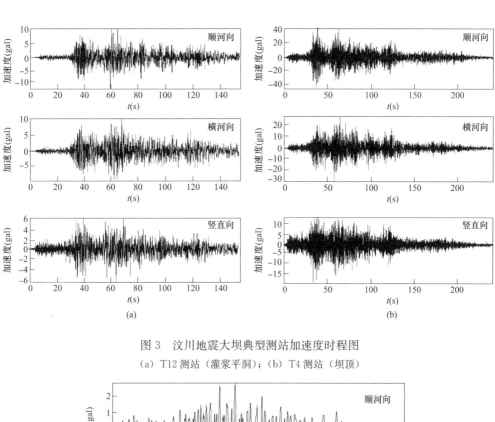

图 3　汶川地震大坝典型测站加速度时程图

（a）T12 测站（灌浆平洞）；（b）T4 测站（坝顶）

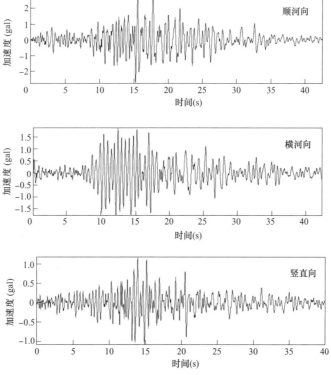

图 4　攀枝花地震大坝坝顶 T4 测站加速度时程图

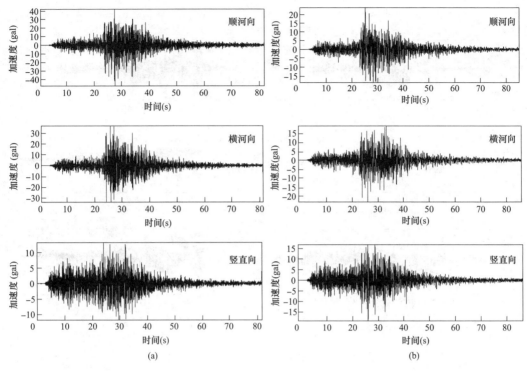

图 5　芦山地震大坝典型测站加速度时程图

（a）T1 测站；（b）T5 测站

部 PGA 的增大有增大的趋势。

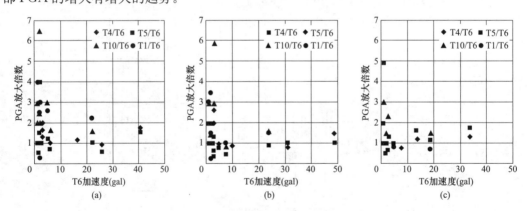

图 6　坝体上部相对于 T6 测点的放大倍数

（a）顺河向；（b）横河向；（c）竖向

4.3　动力反应的频谱特性

对地震记录进行快速傅里叶变换可得到傅里叶谱，图 8～图 10 给出了典型部位记录的三方向加速度傅里叶谱。

由图 8 知在汶川地震中，灌浆平洞测站所反映的基岩动力反应各方向主频均较小，在 1Hz 以下，坝顶反应的主频明显大于基岩，其中顺河向和横河向分别为 1.9、1.6Hz，竖直向的主频比其他两个方向高，为 3.1Hz。图中可以明显看出坝体的滤波作用，大坝对

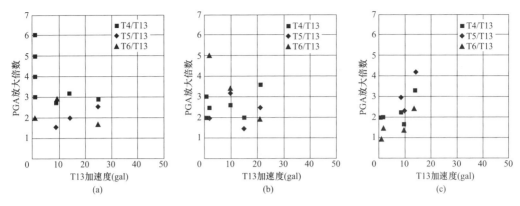

图 7　相对于 T13 心墙下部监测廊道位置的放大倍数

（a）顺河向；（b）横河向；（c）竖向

频率范围为 1.5～3.0Hz 的地震动有显著放大。而在图 9 的攀枝花地震记录中，坝顶部位傅里叶谱值较大的频率范围为 1～3Hz，三个方向主频分别为 1.8、1.9、2.3Hz。图 10 的芦山地震记录频谱图反映了在地震激励下，大坝表现出多个振型的振动，在三个方向上均有明显的双峰或多峰值现象，三方向幅值对应的主频率集中在 2～6Hz。

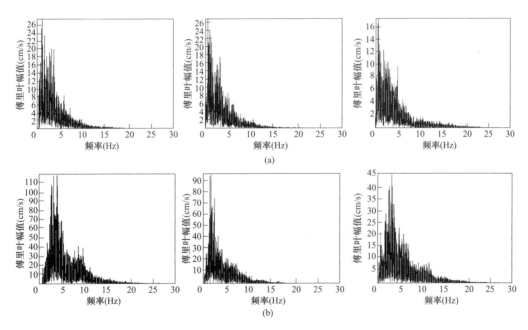

图 8　汶川大地震大坝顺河向、横河向和竖直向傅里叶谱

（a）T12 测站（灌浆平洞）；（b）T4 测站（坝顶）

5　结束语

（1）冶勒大坝上布设的强震监测台阵获得了 57 次完整有效的地震记录，这些实测记录是分析了解该类坝型地震动力反应特性及其抗震安全性的宝贵资料。

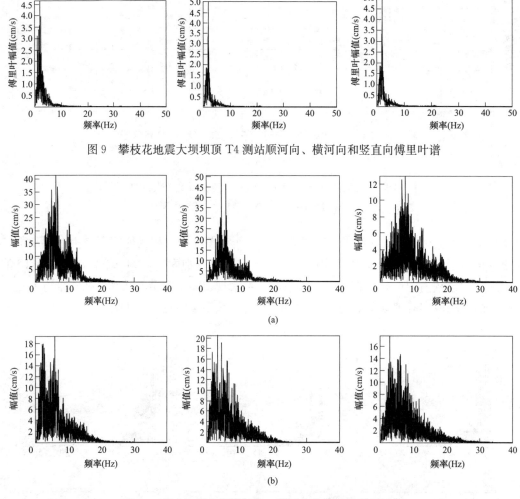

图 9　攀枝花地震大坝坝顶 T4 测站顺河向、横河向和竖直向傅里叶谱

（a）

（b）

图 10　芦山地震大坝顺河向、横河向和竖直向傅里叶谱

（a）T1 测站；（b）T5 测站

（2）通过时域分析可知，大坝坝顶部位的动力反应主要以放大为主，并且随着底部 PGA 的减小，坝体放大倍数明显增大；频域分析可知，由于地震动本身震源特性、传播途径的差异，大坝动力反应的频谱特性明显不同，但多次记录均表明坝体有较为明显的滤波作用。

（3）本文仅对冶勒大坝的动力反应规律进行了初步的分析总结，下一步计划研究利用弱震记录识别坝体动力参数，并结合深厚覆盖层土石坝的地震动输入机制研究，深入地探讨冶勒大坝这种深厚覆盖层上高土石坝的抗震安全性。

参考文献

［1］汪闻韶，金崇磐，王克成．土石坝的抗震计算和模型实验及原型观测［J］．水利学报，1987，（12）：1-16.

［2］郭永刚 . 水利水电工程强震监测和强震监测仪器［J］. 地球物理学进展，2005，20（3）：422-426.

［3］陈厚群 . 中国水工结构重要强震数据及分析［M］. 北京：地震出版社，2000.

［4］许光，苏克忠，郭永刚，等 . 国内水工建筑物强震安全监测技术进展［J］. 水电自动化与大坝监测，2012，36（2）：63-67.

［5］JIN-HUNG HWANG，CHIA-PIN WU，JUI-TE CHOU. Motion Characteristics of Compacted Earth Dams Under Small Earthquake Excitations in Taiwan［J］. Geotechnical Earthquake and Engineering and Soil Dynamics IV Congress 2008. 1-12.

［6］M Y ÖZKAN，M ERDIK，M A TUNÇER，Ç YILMAZ. An evaluation of sürgü dam response during 5 May 1986 earthquake［J］. Soil Dynamics and Earthquake Engineering. 1996，15（1）：1-10.

［7］MOURAD ZEGHAI，AHMED M. Abdel-Ghaffar. Analysis of behavior of earth dam using strong-motion earthquake records［J］. Journal of Geotechnical Engineering，1992，118，（2），266-277.

［8］S RAMPELLO E CASCONE N. GROSSO. Evaluation of the seismic response of a homogeneous earth dam［J］. Soil Dynamics and Earthquake Engineering. 01/2009.

［9］郭永刚，苏克忠 . 从汶川大地震论水利工程强震安全监测［J］. 水电自动化与大坝监测，2009，33（3）：56-59，67.

［10］熊堃，何蕴龙，张艳锋 . "5·12"汶川大地震时冶勒大坝实测动力反应［J］. 岩土工程学报，2008，30（10）：1575-1580.

［11］曹学兴，何蕴龙，熊堃，等 . 汶川地震对冶勒大坝影响分析［J］，岩土力学，2010，31（11）：3542-3548.

［12］苗君，何蕴龙，曹学兴，等 . 芦山地震冶勒大坝强震监测资料分析［J］，岩土力学，2015，36（1）：225-232.

［13］周朝晖 . 2008 年四川汶川 8.0 级地震强震动台网观测记录［J］. 四川地震，2008，4（4）：25-29.

作者简介

熊堃（1984—），男（汉），湖北谷城人，博士，高级工程师，主要从事水工结构抗震与 Hardfill 筑坝技术研究。

王甫洲水电站坝基主要工程地质问题及处理对策

王启国

（长江岩土工程总公司）

[摘 要] 王甫洲水电站系建在第四系土层和下第三系极软岩上的平原河道型水库，挡水建筑物总长度约 19km，本工程前后勘察周期达 20 余年，完成了大量勘察试验工作量，查明了枢纽工程存在的主要工程地质问题：石膏溶蚀、基岩承压水、极软岩强度、建基岩体易风化及保护、坝基渗透稳定、砂土震动液化等问题，针对建筑物地基存在的诸工程地质问题在施工时均采取了相应的工程处理措施，大坝下闸蓄水后经过 18 年的成功运行考验，表明当初坝基针对诸工程地质问题采取的工程措施是成功的。

[关键词] 主要工程地质问题 工程处理措施 安全运行 王甫洲水电站

1 引言

王甫洲水电站位于湖北省老河口市下游约 3km 处，上距丹江口水利枢纽约 30km，是汉江中下游规划兴建的七个梯级中第一个水利水电工程。主要任务为发电，兼顾航运，二等大（Ⅱ）型工程。正常蓄水位 86.23m，最大坝高 33.9m，库容 3.95 亿 m³，电站装机容量 109MW，船闸可通行 300t 级船队。枢纽建筑物包括泄水闸、非常溢洪道、土石坝、重力坝、船闸、电站厂房及围堤等，所有建筑物挡水前缘总长度约 19km，枢纽布置方案见图 1。该工程 1993 年 10 月开工，2000 年竣工。

王甫洲水电站工程地质勘察工作始于 1977 年，1991 年完成可行性研究阶段的地质勘察工作，1993 年完成初步设计阶段的工程地质勘察工作，工程开工后进行了施工地质和部分补充勘察工作，项目勘察工作前后历时达 23 年。完成了各类比例尺地质测绘 495km²、钻探 11 578m、1/200（500）基坑地质编录 96 440m²、岩石物理力学试验 49 组等大量勘察试验工作量，查明了枢纽工程存在的主要工程地质问题（石膏溶蚀问题、基岩承压水问题、极软岩强度问题、建基岩体易风化及保护问题、坝基渗透稳定问题、砂土震动液化问题等），并针对性地采取了工程处理措施，保证了枢纽工程顺利建设和安全运行。

2 坝址区地质概况

王甫洲水电站位于南襄盆地的西南边缘。从燕山运动末至喜山运动期间，该地区强烈下沉，沉积了数百米至数千米的白垩——第三系红色碎屑岩。坝址西部邻近山地，多有规模较大的断裂向南襄盆地延伸，部分隐伏于盆地之下，其中距坝址较近规模较大的断裂有均郧断裂、白河——谷城断裂和青峰断裂，均具有孕震构造特征，但距坝址均在 30km 以远，对坝址稳定性影响甚微。

工程区属于长江中下游地震区（华中地震区），历史地震对坝址的影响烈度均小于Ⅵ

度。坝址区发生中强地震的可能性小，构造环境比较平静。未来 50 年超越概率 10% 的基岩地震加速度峰值为 0.049g，相应地震烈度为Ⅵ度。

坝址区地势开阔，地形平缓。王甫洲是一个江心洲，长 7km 左右，宽 3km 左右，地面高程 86.0m 左右，它把汉江分为左、右两条河道，其中右河道是常年流水的宽度 400～800m 的主河道，水深 1.0～4.5m。汉江河槽漫滩和两岸Ⅰ级阶地发育，其中Ⅰ级阶地宽度一般都在 1000m 以上，台面高程 88.0～90.0m，后缘与Ⅱ级阶地或岗地以陡坎、斜坡相接。

坝址区第四系全新统冲积层广泛分布，物质主要为黏土、壤土、中细砂、砂壤土、砂砾石等，厚度 2.0～13.1m。下伏基岩属下第三系夹马槽组（E_1）陆相沉积碎屑岩，主要岩性有黏土岩、砂质黏土岩、砂岩、含砾中粗砂岩、砂砾岩等。

根据基坑地质编录资料，坝址区下

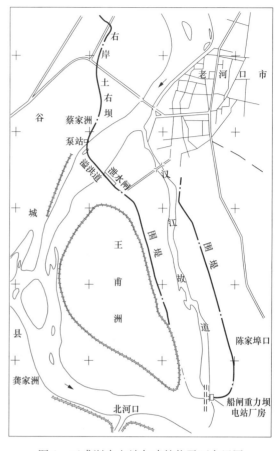

图 1　王甫洲水电站各建筑物平面布置图

第三系基岩岩层产状近于水平，岩体中的断层数量不多（见图 2）、规模不大，裂隙的密度也不大（见图 3），岩体受构造破坏的程度轻微，岩体完整性较好。

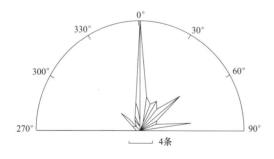

图 2　泄水闸断层走向玫瑰图

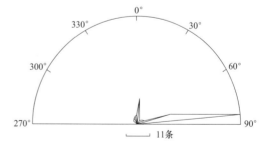

图 3　泄水闸裂隙走向玫瑰图

坝址区地下水主要为下第三系基岩层间承压水和第四系松散层潜水。基岩承压水储存于半胶结砂岩或半胶结砂砾岩以及疏松砂岩或疏松砂砾岩中，承压水位略高于勘探点的汉江水位或潜水水位。孔隙水主要储存于砂砾石层和砂层中，Ⅰ级阶地、高漫滩和低漫滩的砂砾石层之间均有水力联系，实际上是一个统一的含水层，其中Ⅰ级阶地下部砂砾石层

（上部为黏性土层）中的地下水略具承压性质。

3　坝基主要工程地质问题及处理对策

枢纽建筑物中泄水闸、重力坝、船闸、电站厂房建于下第三系极软岩上，主要存在石膏溶蚀问题、基岩承压水问题、极软岩强度问题、建基岩体易风化及保护问题；非常溢洪道、土石坝及围堤建于第四系土层上，主要存在坝基渗透稳定和砂土震动液化问题。

3.1　石膏溶蚀问题

据钻探和基坑编录资料，在王甫洲上段即泄水闸地段，岩石中含有富集程度不同的石膏和硬石膏，有分散的星斑点状，有不规则的团块状，还有纹理状甚至极薄层状，另外裂隙亦常充填石膏；在王甫洲下段即电厂和船闸地段，石膏、硬石膏多成为岩石的胶结物，含量一般小于1%。

据岩石薄片偏光显微镜观察结果，含石膏岩石的盐粒矿物共生组合为硬石膏、石膏、变晶石膏及方解石、白云石。一般硬石膏呈板状，石膏呈纤维状，变晶石膏呈竹叶状，方解石和白云石呈粒状。石膏在岩石中存在的形式不同，其含量亦不同。含薄层状及团块状石膏的岩石，石膏含量较高，占岩石总重的11.9%～14.6%；含星、斑点状石膏的岩石，石膏含量一般小于6.0%；岩石中所夹的薄层状石膏，石膏含量为94.0%。

含石膏的岩样经基岩地下水和汉江水浸泡后的室内渗透溶滤和溶蚀试验（见表1和表2）表明：

表1　　　　　　　　　　泄水闸含石膏岩块渗透溶滤和溶蚀试验成果表

岩样名称	试样编号	试验用水	溶蚀历时天数	试验比降	平均流量（cm³/s）	试验流速（cm/s）	溶蚀试验后的岩样描述
砂质黏土岩（含星斑点石膏、成岩较好）	Ⅰ/缝隙	基岩地下水	94	0.25～0.35	0.05	7.1×10⁻¹	试样经94天滴渗后，其上、下游表壁均产生崩解，有剥落、掉块现象，过水通道缝隙进口与出口处均见洗蚀痕，裂隙增大，试验结束折样时，岩体微软化
	Ⅱ/缝隙	汉江水	78	0.7～0.75	0.05	8.3×10⁻¹	试样经78天后滴渗后，其上、下游表壁均产生崩解，有剥落、掉块现象，缝隙过水通道上见有岩盐溶穴，缝隙下游出口上亦有洗蚀痕，试验结束折样时，岩体轻微软化
细砂岩（含星斑点石膏、胶结较好）	Ⅲ/小孔	基岩地下水	82	0.1～0.3	0.05	1.0	试样经82天滴渗后，其上、下游壁面上未见岩体剥落，仅有少量粉状颗粒沉积，表壁上有盐溶孔洞，渗水孔通道见扩大
	Ⅳ/小孔	汉江水	85	0.1～0.3	0.05	1.0	试验经85天滴渗后，其上、下游表壁未见岩体剥落，仅有少量粉状颗粒沉积，表壁上产生2mm左右的盐溶孔洞，渗水孔道略见扩大

表 2　　　　　　　　　　　　　　　　含石膏岩块溶蚀试验成果表

名　称	浸提次序	pH 值	化学成分（mg/L）							干涸残渣（mg/s）	备　注
			HCO_3^-	Cl^-	SO_4^{2-}	K^+	Na^+	Ca^{2+}	Mg^{2+}		
泥质粉砂岩（王 52-1）	1	7.40	155.00	13.47	5.28	1.83	7.33	33.87	11.65	176.0	含星斑点石膏
	2	7.72	152.55	12.06	17.29	1.45	4.85	39.48	9.13	168.0	
	3	7.90	160.73	10.32	8.60	1.25	5.00	40.28	8.36	144.0	
中砂岩（王 52-2）	1	7.58	150.10	13.19	556.67	2.02	7.48	263.93	6.57	924.0	夹薄层石膏
	2	7.70	152.55	12.76	207.49	1.44	5.00	144.29	6.32	514.0	
	3	7.85	154.75	11.77	172.04	1.25	5.00	120.84	6.83	424.0	
细砂岩（王 52-3-1）	1	7.68	148.89	14.18	282.9	2.02	4.83	147.69	14.23	560.0	含团块状石膏
	2	7.56	151.33	10.99	150.81	1.63	5.15	93.39	11.67	396.0	
	3	7.85	154.75	10.32	129.49	1.25	5.15	81.36	10.75	312.0	

（1）岩石中的石膏均可发生溶蚀，特别是用 SO_4^{2-} 离子含量很少的汉江水浸泡后，溶蚀更强烈。

（2）石膏的溶蚀与石膏在岩石中存在形式有关，层状石膏和团块状石膏的溶蚀程度较星、斑点状石膏强烈。

（3）石膏的溶蚀与岩石的透水性有关。黏土质岩石的过水通道上只有溶蚀痕，表面剥落，通道扩大，岩体轻微软化等现象；砂岩在过水通道表壁上有 2mm 左右溶蚀孔洞，碎屑颗粒散落，通道扩大等现象。

根据勘探资料，坝址含石膏的岩层只有局部表层 0.5～2.5m 之间有微弱溶蚀，这已被基坑开挖揭露证实。这种情况，除石膏在岩石中分布不连续或小范围自成封闭的原因外，岩体透水性微弱则是更主要的原因。

由于石膏在坝基中广泛分布，位于基岩上的混凝土建筑物不可能避开含石膏的地层。根据石膏试验结果分析，一旦含石膏地层与江水接触，石膏溶蚀现象明显，且电站建成后，由于水头的增加，加速了江水向含水层的渗透速度，有利石膏溶蚀。石膏溶蚀对工程的危害有两个方面：① 岩石结构遭到破坏，使之变得松散软弱，降低地基岩体的强度；② 水中硫酸离子大大增加而对混凝土具有硫酸盐腐蚀性。因此，防止透水岩体中的石膏不被溶蚀，对于建筑物的安全运行是至关重要的。

针对各坝段石膏分布特点对坝基采取了相应的工程处理措施，其中电站厂房、混凝土重力坝、船闸坝段坝基石膏含量小（多小于 1%），基坑形成并清理后立即用抗硫酸盐水泥砂浆进行了防护，基础底部厚度 0.5～0.9m 的混凝土使用了抗硫酸盐水泥；泄水闸部位基岩中石膏含量相对较大，处理工程量也就较大，即在闸室的上游做了截水墙和防渗帷幕，防止江水的渗入，局部石膏密集部位采取了适当深挖处理，同样基坑底面和基础底部使用了抗硫酸盐水泥。

3.2　基岩承压水问题

在泄水闸、电站厂房、重力坝及船闸地段钻探揭露的基岩深度内，各有一层较稳定的由疏松或半胶结含砾中粗砂岩、砂岩、砂砾岩构成的承压含水层，据钻孔压水试验，该层透水率为 1.0～9.5Lu，具弱透水性。泄水闸地段承压含水层厚度 1.0～7.6m，顶板高程 65.0～71.0m，承压水位 81.5m 左右；电站厂房、重力坝及船闸地段承压含水层厚度 3.7～7.4m，顶板高程 54.0～57.0，承压水位 78.5m 左右。施工中一旦隔水顶板被承压水顶破将造成基坑渗水，使疏松或半胶结含砾中粗砂岩、砂岩、砂砾岩受到扰动破坏，并直接影响基坑岩体的完整性和边坡岩体的稳定，且承压水还加大了基础底面的扬压力进而降低建筑物的抗滑稳定性。

泄水闸部位清基后隔水顶板黏土岩厚度 4.0～8.0m，黏土岩单轴抗压强度最小值为 1.0MPa，而承压水头仅 10.5～16.5m，不会对隔水顶板造成破坏。电站厂房、重力坝及船闸地段承压水头 21.5～24.5m，基坑开挖高程 56.3m，隔水顶板基本被破坏，针对该地段承压水问题，在施工过程中采用集水井降低承压水头的工程措施，据观测集水井大量排水降低了承压水位，当开挖到高程 60m 时承压水位 61m（承压水头 5m），降低承压水头 17.5m，保证了施工的正常进行。

3.3 极软岩强度问题

坝址区各类岩石的物理力学性质见表 3～表 5，可见：①岩石强度变化范围大，这反映了岩性岩相变化大和胶结程度不均匀的实际情况；②各类岩石成岩程度差，强度低，均属极软岩，建基岩体基本质量为Ⅴ级；③各类岩石的抗水性差，岩石用水浸泡后其抗压强度要降低很多，一般只有天然状态下岩石的 1/2 左右。

表 3 　　　　　　　　　　　　岩石室内物理力学性质试验成果表

岩石类别	状态	物理性指标				单轴抗压强度		变形指标		三轴抗剪强度	
		重度（kN/m³）		天然含水率（%）	孔隙率（%）	天然（MPa）	湿（MPa）	变形模量（GPa）	弹性模量（GPa）	内聚力（MPa）	摩擦系数
		天然	干								
黏土岩	胶结好	19.5～23.6	15.9～21.5	9.2～13.5	22.6～37.6	1.00～4.90	0.23～2.20	0.04～0.35	0.33～0.83	0.35	0.70
粉砂岩		19.4～23.3	17.4～21.6	9.7～11.9	22.7～26.4	2.17～6.80	0.53～3.09	0.015～0.74	0.18～1.14	0.15～1.20	0.63～0.71
细砂岩		22.7～23.2	20.7～21.4	8.0	19.2～27.5	4.00～18.80	1.34～2.92	0.20～1.60	1.25	1.00～1.60	0.58～1.0
砂砾岩		24.0	22.5		15.5	7.10	4.20	1.23	2.41	1.50	0.67
细砂岩	半胶结	21.5～22.7	18.3～21.2	7.8～10.2	21.1～32.5	1.02～1.27	0.91			0.15	0.79
砂砾岩		22.1	19.9		22.7	0.68	0.62				

本工程在重力坝、泄水闸地段建基面存在软岩强度不足问题，其他地段均满足设计要求。重力坝地段在建基面附近分布有疏松状砂岩与砂砾岩，其强度达不到设计要求，对此本工程采取了挖除措施，即将该地段建基面下疏松状砂岩与砂砾岩予以挖除，至半胶结岩体为止。泄水闸建基面下有厚度 0.2～0.5m 的黏土岩风化层，地基强度达不到设计要求，对此采取了换填法进行处理，即对建基面超挖 0.7m，回填强度较高的砂砾石，并碾压夯

实。在大坝抗滑稳定问题上，采取了基础加宽、坝体加厚的措施，保证了建筑物的安全运行。

表 4　　　　　　　　　　　　现场岩体荷载与变形试验成果表

位置	试验点	岩性	风化	编号	试验面积（cm²）	比例极限 P_a(MPa)	屈服极限 P_b(MPa)	荷载极限 P_c(MPa)	变形模量（GPa）	弹性模量（GPa）	泊松比 μ
厂房船闸	二号竖井	疏松砂砾岩	新鲜	1	2000	1.80	3.60	4.50	0.062	0.226	0.30
				2		3.00	5.50	7.00	0.101	0.283	
				3		1.80	3.60	4.80	0.063	0.134	
				4		1.92	3.42	4.42	0.052	0.181	
泄水闸	一号竖井	黏土岩	弱风化	1	500	0.50	1.50	1.80	0.040	0.098	0.35
				2		0.30	1.01	1.35	0.051	0.142	
				3		0.60	2.00	2.40	0.029	0.087	
				4		1.00	2.61	3.00	0.046	0.098	

表 5　　　　　　　　　　　　现场岩体抗剪试验成果表

地段	试验点	岩性	风化	试验方法	试验数量	剪切面尺寸（cm×cm）	正应力 σ（MPa）	抗剪断 f	抗剪断 C(MPa)	摩擦 f	摩擦 C(MPa)
厂房船闸	二号竖井	疏松砂砾岩	新鲜	现场斜推	6 点	50×60	0.12～0.72	0.88	0.114	0.80	0.088
		砂砾岩与黏土岩界面		室内平推	6 块	27×27	0.06～0.79	0.84	0.087	0.75	0.089
					7 块		0.06～0.75	0.58	0.150	0.49	0.128
泄水闸	一号竖井	黏土岩与混凝土界面	弱风化	现场斜推	5 点	50×60	0.05～0.25	0.55	0.120	0.54	0.076
		黏土岩与回填砂砾石界面			5 点		0.05～0.25	0.49	0.055	0.47	0.058
		黏土岩风化层与砂砾石界面	强风化	室内平推	5 块	27×27	0.05～0.25	0.48	0.020	0.47	0.002

3.4　建基岩体易风化及保护问题

坝址区基岩岩层平缓，断层和裂隙不甚发育，而且上覆第四系松散层较厚，因此基岩风化程度轻微。据钻探资料，基岩风化层厚度一般 0.02～1.0m。但是泥质含量高的岩体都有快速风化的特点，尤其是黏土质岩体风化速度更快，如黏土岩、泥质粉砂岩暴晒阳光下，三天左右即裂缝、岩块松动，再浸水后即行崩解（见表 6）。

针对极软岩易风化特征，尤其黏土岩、泥质粉砂岩暴露数小时即失水干裂，遇水快速软化、泥化，对此各建筑物基坑形成并清理后立即用抗硫酸盐水泥砂浆护砌，以防止岩体快速风化。

表6   黏土岩类岩石快速风化特征表

试验时间	气温（℃）	风力（级）	暴露时间（h）	岩石风化状况
六月下旬	32～40	2～3	0.25	开始出现裂纹
			1.00	裂纹裂缝增多，出现裂纹、裂缝交汇及连接现象
			4.00	裂纹裂缝更加增多，网纹加密
			8.00	裂纹裂缝间距一般为1～3cm，裂缝最宽达0.7mm
			24.00	裂纹裂缝仍在增多，裂缝宽度增大，最大宽度1.0mm
			48.00	裂纹裂缝增多不显著，多数裂纹扩展成裂缝，缝间岩块松动
			72.00	变化不明显，将岩块放入水中，岩块表面有1～2cm厚的碎片、碎屑、碎块

3.5 坝基渗透稳定问题

坝址区Ⅰ级阶地前缘和高漫滩上部主要为砂层，下部为砂砾石；河床和低漫滩分布砾砂、砂砾石。这些砂层和砂砾石层连续展布，构成土石坝（围堤）地基透水层，厚度4～15m。由渗透试验表明（见表7）：砂层具中等～强透水性；砂砾石具强透水性。砂层、砾砂、砂砾石在渗透水流作用下是易发生渗透变形的土体，渗透变形试验成果见表8和表9，其中砂层、砾砂的渗透破坏形式为流土；砂砾石在砾石含量63%时渗透破坏形式为流土，砾石含量80%时破坏形式为管涌。

土石坝（围堤）地基的砂层、砾砂、砂砾石天然结构疏松，有较强的透水性，渗透变形临界比降值小，所以做好坝基防渗对于坝基稳定和减少渗漏损失是至关重要的。

对此本工程针对坝基地质条件采取多种渗控措施，其中主河床土石坝采用垂直混凝土防渗墙对覆盖层进行防渗封闭；左河道两岸围堤在一般围堤段采用土工膜斜墙和平均长度45m的土工膜水平铺盖防渗措施，并在背水坡坡脚下游设置反滤排水沟等，在围堤与泄水闸、船闸和厂房等接头部位，采用混凝土刺墙和黏土心墙防渗处理措施；右岸土石坝采取的防渗措施为：坝段迎水侧采用黏土水平铺盖防渗（铺盖长17m，前端厚0.7m，末端厚1.0m）措施，并在背水坡坝脚处设置1.0m深的排水沟。

表7   土的渗透试验成果表

部 位	土层类别	渗透系数（cm/s）	透水性评价
土石坝	细砂	$(0.09～5.99)\times10^{-2}$	中等～强
	中砂	$(1.06～30.0)\times10^{-3}$	中等～强
围堤	砂砾石	5.4×10^{-2}	强
	细砂	$(0.35～5.0)\times10^{-2}$	中等～强
河床	砂砾石	$(2.8～9.8)\times10^{-2}$	强

3.6 砂土震动液化问题

坝址区Ⅰ级阶地前缘和漫滩分布的中砂、细砂，颗粒均匀，天然结构疏松，天然孔隙比大（部分中、细砂的天然孔隙比几乎接近最大孔隙的状态），相对密度小，用标准贯入试验、相对密度指标方法判别坝基砂土液化见图 4 和图 5，经分析在Ⅵ度地震背景条件下坝基结构疏松的中细砂层存在震动液化问题。

表 8　　　　　　　　　　　砂土现场渗变试验成果表

试体编号	砂土名称	天然密度（kN/m³）	不均匀系数	渗流方向	渗径（m）	水头（m）	临界比降	破坏形式
Wg1	中砂夹粉质壤土	14.8～15.5	2.6～7.1	向上	0.5	0.2	0.4	流土
Wg2	中砂夹细砂	15.2～17.6	1.8～11.3	水平	1.10	0.41	0.37	流土

表 9　　　　　　　　　　砾砂及砂砾石渗透变形试验成果表

土类名称	砾石含量（%）	干密度（kN/m³）	相对密度	相对方向	渗径（cm）	渗透系数（cm/s）	临界比降	破坏比降	破坏形式
砾砂	44	18.2	0.2	向上	35	1.97×10^{-2}	0.6	1.0	流土
		18.76	0.44		35	1.37×10^{-2}	0.8	1.1	
		19.25	0.63		35	9.76×10^{-2}	0.8	1.2	
砂砾石	63	19.5	0.21	向上	35	1.14×10^{-2}	0.6	1.0	流土
		20.1	0.44		35	8.76×10^{-3}	0.6	1.2	
		20.56	0.63		35	4.50×10^{-3}	0.6	1.4	
		19.5	0.21	水平	$L_{min}=30cm$ $L_{cp}=45cm$	3.87×10^{-2}	0.6	0.8	流土
		20.1	0.44			1.85×10^{-2}	0.61	0.96	
		20.56	0.63			1.29×10^{-2}	0.75	1.35	
砂砾石	80	20.0	0.2	向上	35	6.76×10^{-2}	0.15	0.31	管涌
		20.7	0.44		35	3.12×10^{-2}	0.20	0.70	
		21.3	0.63		35	2.86×10^{-2}	0.30	0.60	

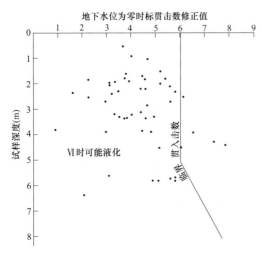

图 4　标准贯入击数判别砂土液化图

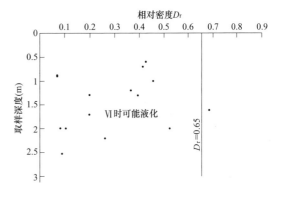

图 5　相对密度试验判别砂土液化图

坝基中砂、细砂层分布平坦，基本上没有黏性土覆盖，液化砂土的破坏形式主要表现为再固结变形导致的地面沉降（液化震陷），经分析，取砂层的起始相对密度为 0.30，震陷体应变为 3‰，假设坝基砂层（平均厚度为 6m）全部液化，则坝基砂层的液化震陷值为 18cm。

存在砂基震动液化问题的地段主要分布在左河道两岸围堤一带，对此采取的工程处理措施为：在围堤上游坡脚 10~12m 范围采用了夯实处理，以提高中砂和细砂层的密实度；在下游坡脚做了宽 10m，高 3m 的砂砾石压重平台。

4　结论

王甫洲水电站为平原河道型水库，径流式电站，建在第四系土层和下第三系极软岩上的枢纽工程，挡水建筑物总长度约 19km。经过大量勘探试验与地质分析工作，查明了枢纽工程的地质条件和存在的主要工程地质问题，经施工开挖验证与前期勘察结论比较吻合。

针对建筑物地基存在的诸工程地质问题在施工时均采取了相应的工程处理措施，枢纽工程蓄水运行 18 年来，从各建筑物监测数据表明均无变形迹象，工程运行正常，可见坝基针对诸工程地质问题采取的工程措施是成功的。

参考文献

[1] 王启国，马敢林，潘坤，等．汉江王甫洲水电站工程竣工地质报告 [R]．武汉：长江水利委员会综合勘测局，2000.

[2] 林仕祥，王启国．王甫洲水电站坝基石膏溶蚀研究及处理对策 [J]．人民长江，2007，38（9）：40-42.

[3] WANG QIGUO, DU SHENGHUA, XU JUN, et al. Analysis of the confined water of dam foundation in Laluo water resource project, Tibet [J]. Journal of china university of geosciences, 2007, 18 special issue：185-188.

[4] 刘特洪．软岩工程设计理论与施工实践 [M]．北京：中国建筑工业出版社，2001.

[5] 边智华，张利洁，景锋，等．软岩基本质量评价及强度特性试验方法研究 [J]．长江科学院院报，2008，25（5）：37-42.

[6] 龚福洪，潘坤，罗荣环．王甫洲水电站坝基极软岩的工程特性与工程地质问题 [J]．资源环境与工程，2008，22 增刊：20-24.

[7] 杨宗才，张俊云，周培德．红层泥岩边坡快速风化特性研究 [J]．岩石力学与工程学报，2006，(2)：275-283.

[8] 张永安，李峰，陈军．红层泥岩水岩作用特征研究 [J]．工程地质学报，2008，16（1）：22-26.

[9] 马贵生，冯明权．水利水电工程地质论文选集 [M]．武汉：长江出版社，2006.269-272.

作者简介

王启国（1972—），男，汉族，湖北丹江口人，高级工程师，主要从事水利水电工程地质勘察工作。

土工膜缺陷渗漏对土石坝渗流
特性及坝坡稳定的影响[❶]

岑威钧　王　辉　李邓军

（河海大学水利水电学院）

[摘　要]　采用饱和-非饱和渗流有限元理论，对一坝高 30m 的典型土石坝分别开展土工膜坝面和心墙防渗时大坝渗流场计算分析，重点考察土工膜缺陷高程和缺陷尺寸对大坝浸润线及渗流量的影响规律，进而对上下游坝坡进行稳定分析。计算结果表明：大坝采用坝面或心墙土工膜防渗时，坝内浸润线总体较低，膜后浸润线高度随土工膜缺陷高度呈先增加后减小的局部变化规律；土工膜坝面防渗时大坝渗流量随土工膜缺陷高度增加呈先小幅增加后减小的变化特性，土工膜心墙防渗时渗流量随缺陷高度增加而单调减小，渗流量变幅均在两倍之内；土工膜缺陷高度对大坝上下游坝坡的抗滑稳定安全系数影响较小。

[关键词]　土工膜缺陷　坝面防渗　心墙防渗　渗流特性　坝坡稳定性

土工膜是一类高分子聚合物薄膜材料，与黏土、混凝土、沥青混凝土等传统防渗材料相比，具有更为优越的防渗性能，且工程施工速度快、造价低廉，因此广泛用于堤防、围堰、库盘、蓄水池、渠道、混凝土坝（修复）、垃圾填埋场等各类防渗工程，同时也用于土石坝等（较）高水头防渗工程中。根据国际大坝委员会 2010 年的统计资料，国际上已有 160 余座大型堆石坝采用土工膜防渗，并取得了良好的工程效果。我国从 20 世纪 80 年代开始陆续建造一些土工膜防渗土石坝（含渗漏修复），其中 2008 年建成的深厚覆盖层（最大厚度 143m）上 56m 高的仁宗海复合土工膜防渗堆石坝（土工膜最大挡水水头 40m）为土工膜坝面防渗的最高新建土石坝；2011 年建成的 69m 高的华山沟堆石坝为土工膜心墙防渗的最高新建土石坝；2001 年加固的坝高 85m 的石砭峪定向爆破堆石坝为土工膜渗漏修复的最高土石坝。与同时代起步的混凝土面板堆石坝及碾压混凝土坝相比，土工膜防渗土石坝的建坝数量和坝高差距明显，发展明显滞缓，至今尚无坝高百米以上的高坝。土工膜防渗土石坝的建设涉及土工膜的选型、受力变形、渗流特性、缺陷渗漏、抗滑稳定、耐久性及细部构造等一系列技术问题，本文主要从渗流角度研究土工膜缺陷渗漏对土石坝渗流特性及坝坡稳定的影响，通过数值模拟获得一般规律性成果，供设计时参考。

1　土工膜防渗布置形式

与混凝土面板堆石坝相似，（复合）土工膜可以铺设在坝面作为柔性防渗面板，这是

基金项目：江苏省自然科学基金（BK20141418），国家自然科学基金（51679073），江苏高校优势学科建设工程资助项目（YS11001）

❶　本文发表于《武汉大学学报》（工学版），2018，51（7）。

坝工界主要采用的土工膜防渗布置形式。根据上游坝坡的陡缓程度不同，设计略有差异。一般来说，砂砾（卵）石坝的上游坝坡较平缓，（复合）土工膜可以直接铺设在整平的坝坡面，而堆石坝上游坝坡较陡，可用胶粘等方法把（复合）土工膜固定在坝面上。阿尔巴尼亚的 Bouilla 坝、西班牙的 Poza de Los Ramos 坝及我国的仁宗海坝、西霞院坝、石砭峪定向爆破坝加固工程等均采用坝面防渗布置形式。

由于坝面铺设土工膜用材较多，且易受外界环境影响，因此可将土工膜置于坝体中间作为防渗心墙。根据实际工程情况，土工膜可铺设成直线型或之字形，与坝体填筑协同进行。由于之字形铺设更能适应坝体变形，不会产生过大的拉应变，使运行期土工膜因坝体变形导致破损的可能性减小，是土工膜心墙防渗的主要铺设形式。我国云南塘房庙坝、三峡二期土石围堰、水口围堰等工程均采用此类防渗布置形式。

2 土工膜防渗土石坝渗流场及坝坡稳定计算方法

2.1 土工膜的渗透性与缺陷渗漏

由于水分子直径极小（约 $4 \times 10^{-4} \mu m$），在一定的水压力作用下能透过土工膜超微孔隙区形成微量渗流。假定 Darcy 定律可以用于描述土工膜微细观层面的渗流行为，据此测得土工膜渗透系数一般为 $10^{-11} \sim 10^{-13} \mathrm{cm/s}$。实际铺设于坝面或坝内的土工膜，存在局部夹杂异物和厚度不均等潜在质量问题，以及在土工膜铺设、垫层和保护层填筑过程中存在由土石颗粒、施工机械等引起的土工膜顶破和刺破缺陷问题。另外，在土工膜拼接时也可能存在脱焊、虚焊（或脱胶）等引起的连接缺陷。可见，实际工程中土工膜的缺陷成因复杂，缺陷不可避免，因此对大坝进行渗流分析时应考虑土工膜的缺陷渗漏。缺陷渗漏特性除与缺陷的位置、形状、数量和大小有关外，还与土工膜下垫层的特性密切相关。

完好的土工膜能使得蓄水期膜后坝体浸润线较低，坝体大部分处于非饱和状态。考虑到非饱和区渗透流速小，雷诺数小，坝体渗流依然可按层流考虑，因此采用饱和-非饱和渗流理论计算土工膜防渗土石坝的渗流场是合适的。采用有限元计算时，通常按照流量等效的原则将土工膜放大处理成具有一定厚度的等效多孔渗透介质。土工膜的缺陷渗漏行为则可通过设置局部水头边界或放大渗透系数的方法进行处理。

2.2 非饱和坝坡的抗滑稳定性

土工膜缺陷渗漏在一定程度上改变了大坝局部的渗流特性，因此为了精确分析缺陷渗漏对坝坡抗滑稳定性的影响，坝体材料的抗剪强度考虑非饱和项的贡献。无论坝面防渗还是心墙防渗，柔性土工膜对坝坡稳定基本无影响，因此坝坡抗滑稳计算可不考虑土工膜的力学作用，其坝坡稳定安全系数可按下式计算

$$F_s = \frac{\displaystyle\sum_{i=1}^{n_s} \frac{c_i' b_i + (W_i + P_i \cos\beta_i - u_a b_i)\tan\varphi_i' + (u_a - u_w)b_i \tan\varphi_b}{[1 + (\tan\varphi_i' \tan\alpha_i)/F_s]\cos\alpha_i}}{\displaystyle\sum_{i=1}^{n_s} (W_i \sin\alpha_i - r_i P_i)} \tag{1}$$

式中：n_s 为划分的土条数；c_i' 为第 i 土条底部的有效黏聚力；W_i 为第 i 土条的质量；P_i 为第 i 土条上作用的水压力；β_i 为坡面与水平面的倾角；u_a 为孔隙气压力；b_i 为第 i 土条的宽度；φ_i' 为第 i 土条底部的内摩擦角；u_w 为孔隙水压力；φ_b 为基质吸力贡献所对应的摩擦角；

α_i 为第 i 土条底面和水平面的夹角；r_i 为圆心到 P_i 的距离。

3 土工膜缺陷对大坝渗流特性及坝坡稳定性的影响

3.1 分析对象

计算模型为一高 30m 的砂砾石坝，上下游坝坡均为 1∶1.7，正常蓄水位 28.00m。分别考虑坝面和心墙土工膜两种防渗方案，记方案 A 和方案 B，计算模型见图 1。方案 A 膜后垫层厚度 50cm；方案 B 土工膜两侧之字形垫层水平宽度 80cm，结构形式与每层填筑厚度 80cm 相适应。根据流量等效原则，将厚度 1mm 的土工膜等效为 10cm 厚的多孔介质防渗层。土工膜缺陷直径分别考虑 5、10、20cm 三种工程中易出现的可能尺寸。方案 A 和方案 B 中土工膜缺陷高程均分别设置为 0.4、1.2、…、27.4m 等情况，即按高差 0.8m 逐一设置土工膜缺陷位置。

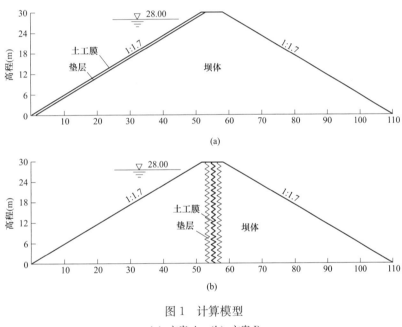

图 1　计算模型

（a）方案 A；（b）方案 B

表 1 给出了渗流和稳定计算所需的基本材料参数，其中垫层和坝壳的土水特征曲线和渗透系数随基质吸力的变化曲线见图 2。

表 1　材料计算参数

材料类型	密度（kg/m³）	渗透系数（cm/s[11]）	抗剪强度指标	
			c(kPa)	φ(°)
土工膜	—	10^{-11}	—	—
垫层	2150	4.5×10^{-4}	8.3	22.0
坝壳	2100	1.2×10^{-3}	2.6	34.6

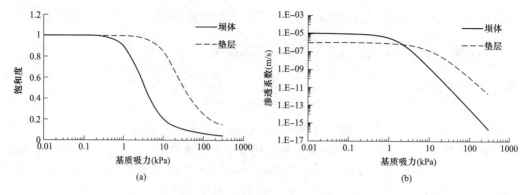

图 2 坝体材料非饱和渗流特性函数

(a) 土水特征曲线；(b) 渗透系数变化曲线

3.2 坝体非饱和渗流特性

图 3 为方案 A（土工膜坝面防渗）时不同位置（紧贴膜后；$x=66m$ 剖面处，位置参见图 1，下同）浸润线高度随土工膜缺陷高程的变化曲线。由图 3 可见，坝面土工膜防渗时大坝浸润线高度随土工膜缺陷高度呈先增加后减小的变化规律，其中当缺陷高度位于 8.4m 附近时，膜后浸润线有明显抬高现象。

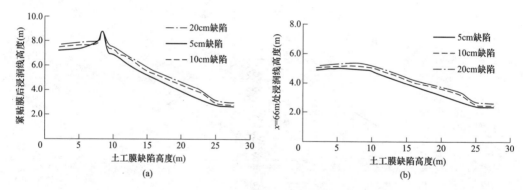

图 3 方案 A 大坝浸润线随缺陷高程的变化规律

(a) 紧贴膜后；(b) 典型剖面（$x=66mm$）

图 4 为方案 A 时土工膜缺陷分别位于 7.6、8.4、9.2m 时大坝浸润线分布及膜后局部区域分布详图，其中土工膜缺陷尺寸为 5cm。土工膜缺陷尺寸为 10cm 和 20cm 时浸润线分布规律与此相似，不再一一给出。由图 4 可见，当缺陷位于 9.2m 高程时，缺陷附近垫层形成局部独立的饱和区，但其下部浸润线依然紧贴土工膜下降，未影响到下部坝体饱和区浸润线分布；当缺陷位于 8.4m 时，膜后垫层局部饱和区域影响到了下部坝体浸润线，两者形成贯通，致使膜后浸润线出现抬高现象。

图 5 为方案 B（土工膜心墙防渗）时不同位置（膜后，$x=66m$ 剖面处）浸润线高度随土工膜缺陷高程的变化曲线。浸润线高度总体上随土工膜缺陷高度呈先增加后减小的变化规律，与方案 A 相似。当缺陷高度位于 4.4m 附近时，膜后浸润线有明显抬高现象；图 6 为心墙土工膜缺陷位置分别为 5.2、4.4、3.6m 时大坝浸润线分布及膜后局部区域详

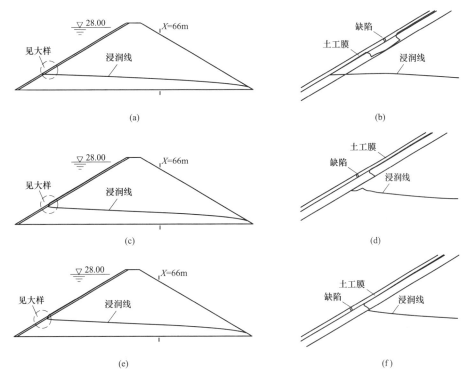

图 4　方案 A 不同土工膜缺陷位置时大坝浸润线分布（缺陷尺寸 5cm）

（a）坝体浸润线（缺陷高度 $Y=9.2$m）；（b）局部放大图（缺陷高度 $Y=9.2$m）；

（c）坝体浸润线（缺陷高度 $Y=8.4$m）；（d）局部放大图（缺陷高度 $Y=8.4$m）；

（e）坝体浸润线（缺陷高度 $Y=7.6$m）；（f）局部放大详图（缺陷高度 $Y=7.6$m）

图，其中土工膜缺陷尺寸为 5cm。浸润线局部抬高现象也是由于受缺陷后垫层区局部饱和区的影响所致。

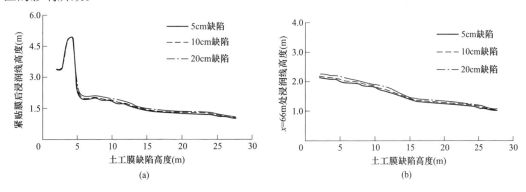

图 5　方案 B 大坝浸润线随缺陷高程的变化规律

（a）紧贴膜后；（b）典型剖面（$x=66$m）

图 7 和图 8 分别为土工膜两种不同防渗布置和不同缺陷尺寸时大坝渗流量随土工膜缺陷高程的变化曲线。由图可见，土工膜位于坝面（方案 A）时，随着土工膜缺陷高度的增加，大坝渗流量先有稍许的增加，继而出现减小；而土工膜位于坝内心墙（方案 B）时，

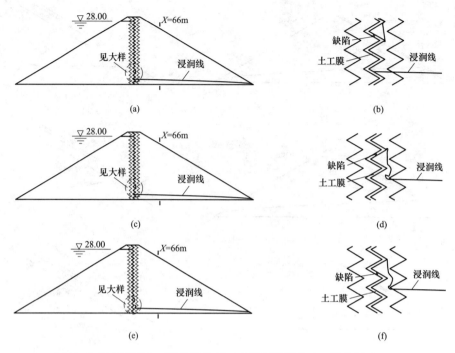

图 6   方案 B 不同土工膜缺陷位置时大坝浸润线分布（缺陷尺寸 5cm）

（a）坝体浸润线（缺陷高度 $Y=5.2$m）；（b）局部放大图（缺陷高度 $Y=5.2$m）；

（c）坝体浸润线（缺陷高度 $Y=4.4$m）；（d）局部放大图（缺陷高度 $Y=4.4$m）；

（e）坝体浸润线（缺陷高度 $Y=3.6$m）；（f）局部放大图（缺陷高度 $Y=3.6$m）

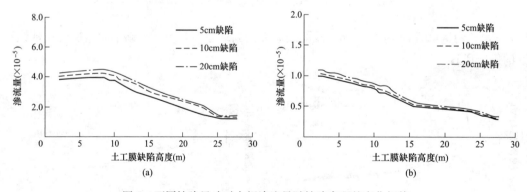

图 7   不同缺陷尺寸时大坝渗流量随缺陷高程的变化规律

（a）方案 A；（b）方案 B

大坝渗流量随着土工膜缺陷高度的增加呈单调减小的变化规律。土工膜缺陷尺寸越大，大坝渗流量越大，但增加幅度不大。

3.3 坝坡稳定性

由于土工膜缺陷的存在，不同程度上改变了大坝局部的渗流特性，可能对坝坡抗滑稳定性产生一定的影响。图 9 为方案 A 下大坝上游坝坡抗滑稳定安全系数随土工膜缺陷高程的变化曲线。由图可见，安全系数随缺陷高程增加有微小变化，缺陷尺寸对安全系数影

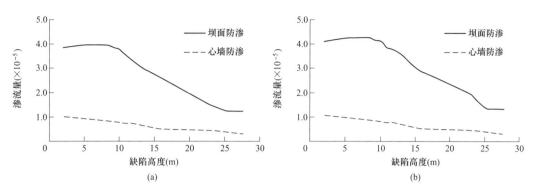

图 8　不同防渗形式下大坝渗流量随缺陷高程的变化规律

(a) 5cm 缺陷；(b) 10cm 缺陷

响很小。当土工膜位于心墙（方案 B）时，因上游部位坝体渗流场未变化，因此不同缺陷位置和缺陷尺寸下上游坝坡安全系数保持不变。

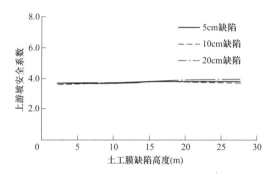

图 9　方案 A 上游坝坡抗滑稳定安全系数与土工膜缺陷高程的关系

图 10 为缺陷 5cm 长时上、下游坝坡抗滑稳定安全系数随缺陷位置的变化规律。由图可见，对于上游坝坡，方案 A 的安全系数明显大于方案 B 的情况。这是由于坝面土工膜的存在使得库水以面力的形式直接压在上游坝面，极大地提高了上游坝坡的抗滑力，使坝坡抗滑稳定安全系数明显提高。而对于土工膜心墙防渗，上游坝坡不存在这种"面力"荷

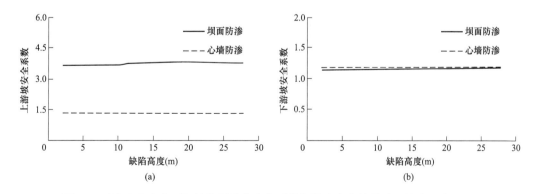

图 10　两种防渗方案下坝坡抗滑稳定安全系数与缺陷高度的关系（缺陷尺寸 5cm）

(a) 上游坝坡；(b) 下游坝坡

载，因此安全系数明显小很多。对于下游坝坡，由于两种土工膜防渗形式下下游坝体部分渗流场分布规律相似，因此下游坝坡的抗滑稳定安全系数接近。土工膜缺陷尺寸为 10cm 和 20cm 时上下游坝坡稳定安全系数变化规律与此相似，不再赘述。

4　结论

完好无损的土工膜具有显著的防渗性能，用于土石坝坝面或心墙防渗时可有效降低坝内浸润线和大坝渗流量，其中心墙防渗时效果更优。根据现有土工膜的生产及施工技术水平，实际土石坝工程中土工膜缺陷是难以避免的。当土工膜缺陷位置较高时，在缺陷附近垫层形成局部饱和渗流区，其余部位浸润线沿着土工膜与垫层交界面逐渐下降，与坝体浸润线相接。当缺陷位置接近下部坝体饱和区时，缺陷附近垫层局部饱和区会与下部坝体饱和区相连通，膜后坝体浸润线出现局部抬高。缺陷渗漏发生时，缺陷附近垫层的抗渗能力显著提高，因此缺陷位置对坝体浸润线的总体分布及上下游坝坡抗滑稳定性的影响不大。缺陷尺寸对大坝渗流量影响不大，但是缺陷位置的影响较大，低缺陷引起的渗漏量约是高缺陷时渗漏量的 2 倍，这是因为水头引起的垫层坡降变幅超过了缺陷渗漏面积的影响效应。总体上，土工膜缺陷渗漏对大坝造成的影响是局部的、有限的，因此在控制土工膜缺陷数量的条件下，土工膜防渗土石坝的渗流安全性及坝坡稳定性是可保证的。

参考文献

[1] ROBERT M KOERNER. Designing with Geosynthetics (5th Edition) [M]. Prentice Hall，2005.

[2] MULLER W W. HDPE geomembranes in geotechnics [M]. Berlin：Springer，2007.

[3] ICOLD. Geomembrane sealing systems for dams：design principles and return of experience (Bulletin 135) [R]. Paris：The International Commission on Large Dams，2010.

[4] 顾淦臣. 土工膜用于水库防渗工程的经验 [J]. 水利水电科技进展，2009，29 (6)：34-38，40.

[5] 束一鸣. 我国水库大坝土工膜防渗工程进展 [J]. 水利水电科技进展，2015，35 (5)：20-26.

[6] 岑威钧，温朗昇，和浩楠. 水库工程防渗土工膜的强度、渗漏与稳定若干关键问题 [J]. 应用基础与工程科学学报，2017，25 (6)：1183-1192.

[7] 崔中兴，刘兰亭. 土工膜渗透特性测试试验研究 [J]. 西北水资源与水工程，1994，5 (4)：30-35.

[8] 岑威钧. 土石坝防渗（复合）土工膜缺陷及其渗漏问题研究进展 [J]. 水利水电科技进展，2016，36 (1)：1-7.

[9] 岑威钧，耿利彦，和浩楠. 防渗土工膜缺陷探测方法述评 [J]. 河海大学学报. 2018，46 (1)：43-51.

[10] 岑威钧，和浩楠，温朗昇. 防渗土工膜的缺陷特性与缺陷渗漏研究进展 [J]. 河海大学学报. 2017，45 (1)：36-44.

[11] 岑威钧，王蒙，杨志祥. （复合）土工膜防渗土石坝饱和—非饱和渗流特性 [J]. 水利水电科技进展，2012，32 (3)：6-9.

[12] 岑威钧. 土工膜缺陷对土石坝渗流特性的影响及控制措施 [J]. 水利水电科技进展，2017.37 (3)：61-65，71.

［13］岑威钧，都旭煌，耿利彦，等．随机多缺陷条件下土工膜防渗土石坝渗漏特性［J］．水利水电科技进展，2018，38（3）：60-65.

［14］孙冬梅，张杨，SEMPRICH S，等．水位下降过程中气相对土坡稳定性的影响［J］．地下空间与工程学报，2015，11（2）：511-518.

作者简介

岑威钧（1977—），男，博士，副教授，主要从事土工膜防渗工程及土石坝抗震方面的研究工作。

水库工程防渗土工膜的强度、渗漏与稳定若干关键问题[❶]

岑威钧　温朗昇　和浩楠

（河海大学水利水电学院）

[摘　要]　土工膜作为性能优越的防渗材料，已较广泛用于水库防渗工程。从规范角度分析我国水库工程土工膜防渗土石坝发展速度滞缓的原因，并扼要阐述当前土工膜防渗设计时存在的主要技术疑虑。在此基础上，就设计中需重点关注的涉及土工膜强度分析、土工膜渗透机理、土工膜缺陷与缺陷渗漏、土工膜周边连接、坝面土工膜稳定性等若干关键问题进行深入阐述和分析，建议了合适的强度复核计算方法、缺陷控制措施、垫层设计思想、周边限漏连接设计及陡坡坝面土工膜增稳方法，期望能够消除或减轻设计人员使用土工膜防渗时的一些技术疑虑，促使土工膜在水库防渗工程中得以广泛应用。

[关键词]　水库工程　土工膜　强度分析　缺陷渗漏　周边连接设计；增稳措施

土工膜是由高分子聚合物通过吹塑、压延或涂刷方法制成的工程薄膜材料。复合土工膜由土工膜与土工织物复合而成。与黏土、混凝土、沥青混凝土等传统的工程防渗材料相比，（复合）土工膜有着更为优越的防渗性能，且具有适应变形能力强、施工速度快、造价低等优点，主要用于土石坝、堤防、混凝土坝（修复）、围堰、库盆等水库工程，以及蓄水池、渠道、垃圾填埋场等其他防渗工程。

我国水库工程的设计都是严格要求遵照相应规范开展实施，其中超规范的设计内容需要相应的专题论证和研究。已建水库工程中，土石坝的数量占据 92% 以上。其中土工膜防渗土石坝与同时代起步的碾压混凝土坝和混凝土面板堆石坝相比，其发展明显滞缓，这与一些土石坝设计规范的限制不无关系。著名土石坝专家顾淦臣教授认为现阶段个别设计规范对土工膜的限定过于严格，很大程度上抑制了土工膜在土石坝中的推广应用。目前，水利水电行业中涉及土工膜防渗的设计或应用的现行规范主要有《碾压式土石坝设计规范》（SL 274—2001）、《碾压式土石坝设计规范》（DL/T 5395—2007）、《土工合成材料应用技术规范》（GB/T 50290—2014）、《水利水电工程土工合成材料应用技术规范》（SL/T 225—1998）、《水电工程土工膜防渗技术规范》（NB/T 35027—2014）及《聚乙烯（PE）土工膜防渗工程技术规范》（SL/T 231—1998）等。SL 274—2001 的 3.3.3 规定"3 级低坝经过论证可采用土工膜防渗体坝"，这里的 3 级低坝限定了最大坝高为 30m，且使用土

基金项目：江苏省自然科学基金（BK20141418）；国家自然科学基金（51679073）；江苏高校优势学科建设工程资助项目。

❶　发表于《应用基础与工程科学学报》2017，25（6）。

工膜防渗还需论证，这条规定完全沿袭了该规范前一版 SDJ 218—1984 的 1.0.4，未考虑近 20 年来土工膜在生产质量、设计水平及相关理论研究等方面的快速发展。最新的 GB/T 50290—2014 的 5.3.1 规定"土工膜用于 1 级、2 级建筑物和高坝时应通过专门论证，膜厚度应按堤坝的重要性和级别采用。1 级、2 级建筑物土工膜厚度不应小于 0.5mm。高水头或重要工程应适当加厚；3 级及以下的工程，不应小于 0.3mm"。根据这一条文，可以理解为只要经过科学的专门论证，防渗土工膜可应用于高土石坝中。另一新实施的技术规范 NB/T 35027—2014 的 1.0.3 规定"本规范适用于防渗水头不大于 70m 的工程，防渗水头大于 70m 的土工膜防渗工程，应进行专门研究"，与 GB/T 50290—2014 的 5.3.1 是相适应的。较 SL 274—2001 相比，对土工膜防渗土石坝的坝高限制和应用要求均有所放松，且给出了可供操作的相关设计条文，指导设计人员具体应用。目前，SL 274—2001 规范仍为水利行业现行规范，或许受其强力约束，或许是设计人员的设计习惯，近几年来我国仍未有土工膜防渗高土石坝出现。

土工膜防渗土石坝发展滞缓除了规范原因外，还与国内外已建经典工程宣传度不够，相关技术未能推广使用外有关。一些设计人员尚未充分认识和掌握土工膜优良工程特性及关键设计要点，往往易受"土工膜厚度薄，难以承受高水头""土工膜容易破损，不易修复""缺陷渗漏如何预防和控制""陡坡坝面土工膜如何保持稳定""土工膜易老化"等问题困扰，这些技术疑虑使设计人员不愿主动选择土工膜进行水库工程防渗设计。针对上述问题，本文详细阐述了土工膜强度分析方法、土工膜渗透机理、土工膜缺陷与缺陷渗漏、垫层设计思想、土工膜周边防渗连接设计及土工膜坝面增稳措施等涉及土工膜强度、渗流（渗漏）及稳定的若干关键技术问题，并对这些问题进行较为深入地解释、分析或解答，期望能使设计人员消除技术疑虑，大胆创新，热衷采用土工膜防渗，促使水库工程土工膜防渗的快速发展。关于土工膜老化和耐久性，已有研究和使用经验表明，在合适的保护下土工膜的使用寿命推测在百年以上另文撰述。

1 土工膜强度复核理论与厚度选择

土工膜防渗土石坝设计时，合理选择土工膜的规格是非常重要的，主要从材料的物理力学特性、经济性、耐久性及可施工性等方面进行综合比选确定。水库工程中土石坝使用的防渗土工膜厚度一般为 0.5～2.0mm，因此设计人员很关心水压作用下土工膜是否会被击穿。苏联研究成果表明，垫层颗粒级配越好，土工膜耐水压力越强；良好级配垫层上厚度 0.65mm 的土工膜，其击穿水头在 200m 以上。可见，对于坝高百米级及以上的高土石坝，垫层精心设计后可确保土工膜安全使用。土工膜承受水荷载的能力可通过土工膜强度复核计算进行验证，这也是土工膜厚度选择的依据，一般可采用曲线交汇法进行计算。曲线交汇法需要两条曲线，一条是拉伸曲线，用于表征土工膜自身抵抗受拉的能力，由拉伸试验得到。在小应变时基本呈线性应力应变关系，在拉力峰值前呈单调递增关系。土工膜越厚，峰值拉力越大，但峰值拉力对应的拉应变或极限拉应变越小。另一条为受水荷载作用时变形后的土工膜张力与应变关系曲线，目前主要有两种方法计算获得，一种是理论公式，另一种为有限元法。NB/T 35027—2014 推荐使用顾氏薄膜理论公式，这是顾淦臣教授基于薄膜理论推得受水作用土工膜在长条窄缝、正方形孔洞、圆形孔洞等工程常见边界条件下的拉力与应变关系式。结合土工膜拉伸曲线即可求得土工膜在特定水压作用下的工作拉力和工作应变，进而计算拉力和应变安全系数，选择满足强度要求的土工膜。表1为仁宗海土工膜防渗堆石坝坝面土工膜在不同边界条件下承受40m水头时的拉力和应变安全系数，表中同时给出长条缝边界下Giroud公式计算得到的安全系数。考虑施工破坏、蠕变影响、化学破坏和考虑生物破坏，对于水库堤坝工程，一般强度安全系数允许值取5.0。表1中不同边界条件得到的安全系数均满足要求，其中长条缝边界下顾氏公式与Giroud公式计算结果较为接近。由于顾氏公式抛弃了Giroud公式中水压作用下土工膜呈圆形变形的假定，理论上更为严密，计算得到的拉力比Giroud公式稍大，因此拉力安全系数会有所减小。

表1　　　　　　　　　　　　不同方法计算得到的土工膜安全系数

土工膜规格	400/HDPE1.2/400		400/HDPE2.0/400	
安全系数	拉力安全系数	应变安全系数	拉力安全系数	应变安全系数
顾氏公式（正方形边界）	15.4/13.3	141.2/164.0	16.9/12.2	118.2/131.2
顾氏公式（圆形边界）	16.6/13.7	150.1/164.6	17.7/13.1	128.1/133.1
顾氏公式（长条缝边界）	14.4/12.9	132.2/159.4	15.0/12.9	132.1/160.0
Giroud公式（长条缝边界）	16.4/11.9	114.1/125.6	16.4/11.8	113.5/125.0

薄膜理论公式计算时假定下部垫层对土工膜形成的边界条件固定不变，这在边界条件明确的情况下计算成果是合理精确的。实际上，土工膜在承受水压时会影响到下部土石垫层的变形，使边界条件发生变化，土工膜重新达到新的工作平衡点。另外，边界的宽度、边长等尺寸对计算结果影响较大，其大小确定目前主要依赖于经验。当垫层表面采用砂浆固坡时，不会形成局部土工膜受力支撑边界，此时无法利用薄膜理论公式。有限元法可合理考虑上述边界变化情况，亦可模拟柔性土工膜的受力变形特性。平面问题计算时可借鉴杆单元，三维问题计算时可采用广义平面应力单元，核心之处在于上述两类单元在受压时去除抗压作用。通过有限元迭代计算，合理反映土工膜实际受力变形特性，获取不同条件下土工膜的应力应变。由于土工膜铺设时一般不会处于紧绷状态，留有一定的变形余度，因此受拉区域土工膜实际所受拉力较小。对于高度不大仅用单膜防渗土石坝，可不考虑土工膜与垫层之间的摩擦滑移，将两者之间按照共节点"黏结"考虑。对于复合土工膜防渗高土石坝，复合膜的抗拉劲度较单膜大，且较大的坝体变形使得土工织物与坝面之间可能出现剪切滑移现象，此时需在复合膜与垫层之间设置接触模型。值得注意的是，对于上游坝面土工膜防渗土石坝，土工膜是在坝体填筑完成后铺设的，因此计算蓄水期土工膜应变时应扣除施工期坝面土体变形引起的土工膜累积应变，否则会使结果偏大。

土工膜强度复核也可用于选择合适的土工膜厚度。强度复核计算表明，一般工程除特殊部位外，复合土工膜纵横向抗拉安全系数较易满足5.0的要求，且抗拉安全系数随着复合土工膜厚度的增加而增加，说明厚度大的土工膜抗拉能力更强（见表1）。实际上，随着土工膜厚度增大，厚度2mm及以上的土工膜局部柔性大为降低。在与周边刚性结构连接时，为避免出现"夹具效应"，需预留一定的变形空间（伸缩节）进行连接。当两个相交的伸缩节拼接相连时，过厚的土工膜会使拼接附近土工膜吸收变形能力大为降低，同时也增加了施工难度。因此，建议在满足强度要求的前提下，不应选择过厚的土工膜，以保证局部区域土工膜足够变形的柔性连接。另外，在选择土工膜厚度时，亦有设计人员考虑通过增加土工膜厚度以延长土工膜老化时间。实际上，已有试验研究表明，良好保护的土工膜浸于水中时，土工膜的强度随时间变化甚微，预测寿命超过 100 年。因此，在延长土工膜使用寿命方面应着重考虑保护层的设计，而不是一味地增加土工膜的厚度。

2 土工膜的渗透性与土工膜缺陷渗漏

2.1 土工膜的渗透机理

与常规土体结构不同，宏观看来，土工膜不属于多孔介质。胡利文等采用光学显微镜和电镜对不同受力延伸状态下土工膜的微结构进行分析，发现在 600 倍光学显微镜下土工膜表面颗粒大致分 3 类：①大粒径圆形颗粒，有一定凸出厚度（$3\sim8\,\mu m$），粒径在 $20\,\mu m$ 左右；②小粒径圆形颗粒，粒径在 $2\sim5\,\mu m$ 左右，有一定弹性，其特点是在拉伸率达到一定程度才大量显露；③不参与变形的颗粒，其特点是不随膜的拉伸有任何变形。与这些微小颗粒相比，水分子的直径更小（约 $4\times10^{-4}\,\mu m$）。因此，在一定水压作用下，水分子可以扩散、渗入和穿过土工膜高聚物大分子链间、结晶区、无定形区中存在的超微孔隙，形成微量渗透水。当土工膜受拉后，超微孔隙区不断发展，水会逐步冲开一些潜在的微小孔隙通道，加大渗透量。土工膜垂直渗透试验表明，在较高脱气压力水作用下土工膜出现微小渗水量。考虑土工膜微观结构特点，可认为水分子是通过土工膜中微观"孔隙"或"裂隙"渗透的，膜内渗透通道微小，渗透流速也很小（约为 $10^{-9}\,m/s$），因此，可以推定通过土工膜的水流应为层流状态，并考虑将表达宏观渗流现象的 Darcy 定律用于描述土工膜微细观层面渗流行为，即沿用现有的 Darcy 线性渗流理论。试验研究表明，当水压较低时，渗透系数随压力的增加而加大。这是因为不断增大的水压力会使土工膜中潜在的微细观"孔隙"或"裂隙"通道不断被水击穿，从而增加了渗透通道，加大了过水量。而当膜上水压力较大时，渗透系数随压力的增加反而减小。这是由于较大的水压使土工膜厚度压缩，土工膜在平面内发生膨胀，使得膜内原先敞开的渗水通道不断闭合或阻塞，渗透性降低，故而渗透系数也随之逐渐减小。因此，土工膜应该存在某一特定压力下的最大渗透系数。

2.2 土工膜防渗土石坝的渗流分析方法

室内试验测得性能完好的土工膜渗透系数位于 $10^{-11}\sim10^{-13}\,cm/s$，比渗透性 $10^{-7}\sim10^{-9}\,cm/s$ 的混凝土更小。由于土工膜厚度很小，用常规有限元法对土工膜防渗土石坝进行网格剖分和计算时，不易模拟厚度仅毫米级的土工膜渗流行为。通常将土工膜放大处理成具有一定厚度的等效多孔介质，并认为其满足 Darcy 渗流定律。岑威钧等采用流量等效原则模拟土工膜的渗流行为，即将土工膜的厚度增大 n 倍，土工膜法向渗透系数增大 n 倍，膜平面渗透系数减小 $1/n$ 倍。根据这一方法比较计算发现，不同的土工膜厚度放大倍数下，浸润线仅在土工膜厚度等效区内有较大区别，膜后坝体部位基本保持不变；而渗流量虽随着土工膜厚度放大倍数的增大稍有减小，但在同一量级内变化微小，说明按流量等效原则将土工膜放大处理是可行的。计算也表明土工膜后坝体浸润线高度主要取决于膜后土石料的渗透性，基本不受土工膜渗透性的影响。随着与土工膜渗透系数的差距加大，膜后浸润线降低，但大坝渗流量变大；反之亦然。也就是说，同样的土工膜用于黏土坝（可能用于渗漏加固）和堆石坝坝面防渗时，黏土坝内膜后浸润线会明显高于堆石坝，但前者渗流量较后者小。

另外，当膜后坝体浸润线较低时，坝体大部分位于非饱和区，考虑到非饱和区渗透流速较小，雷诺数较小，坝体渗流依然可按层流考虑，因此，采用饱和-非饱和渗流理论或饱和渗流理论计算大坝渗流场都是合适的，两种理论得到的大坝渗流场分布规律接近；同一土工膜厚度放大倍数下，按饱和-非饱和渗流理论计算所得的渗流量偏小；随着放大倍数增加，饱和-非饱和渗流理论计算得到的渗流量逐渐增大，而根据饱和渗流理论计算得到的渗流量逐渐减小，两者有趋近趋势。

2.3　土工膜缺陷及缺陷渗漏

土工膜的缺陷有细观和宏观之分，细观缺陷引起的渗漏微小，不会对土石坝安全造成影响，因此工程设计时应重点关注土工膜宏观缺陷。国外曾对某工程 28 处 20 万 m^2 土工膜进行质量检测，结果表明平均每 1 万 m^2 中有 26 个漏水孔，其中 15％为孔眼缺陷。Noska 等通过对 300 多处大约 3.25×10^6 m^2 进行质量检测，结果表明大小为 $0.5 \sim 10 cm^2$ 的缺陷占总缺陷的 85.8％，其中由下垫层石块引起的顶破/刺破占缺陷总数的 71.17％。Young 等人对土工膜缺陷的统计分析表明，土工膜上缺陷的平均密度为 43 个/万 m^2，缺陷类型有圆孔型、裂缝型和裂纹型等。不同工程，影响因素不同，土工膜工作条件可能相差较大，因此国外统计资料得到的土工膜缺陷率差别较大。岑威钧从产品质量、受力、施工、设计、运行等方面详细阐述了土石坝中防渗土工膜各类宏观缺陷形式及其产生原因。土工膜的宏观缺陷主要包括拉破、顶破、刺破、液胀破坏等因局部受力变形过大引起的破损，还包括施工机械造成的破损，以及因焊接或胶接质量引起土工膜连接的不完整性。图 1 为某 47.8m 高土工膜防渗堆渣坝土工膜施工后检查发现的破损，缺陷尺寸较大。因此，为了有效控制因施工造成的土工膜缺陷，必须由专业的施工和监理队伍承担，并严格执行施工程序和施工标准进行现场试验和精心施工。

现阶段，土工膜防渗工程要做到完全不出现缺陷是不可能的，科学预防与合理可控才是关键。土工膜破损会导致缺陷处集中渗漏。水库工程中土工膜的缺陷渗漏不同于垃圾填埋场需非常严格的控制，合理的渗漏量是允许的。对于高土石坝，由于土工膜承受水头大，因此土工膜的缺陷渗漏对大坝整体防渗性能的影响应引起重视。一旦坝面防渗土工膜出现较大的宏观缺陷，缺陷附近坝体局部渗流场将发生较大改变，缺陷后坝体浸润线明显抬高，大坝渗漏量也明显增加。

为有效预防和控制土工膜缺陷渗漏，可从垫层的选择和设计着手。针对不同的水库大坝，目前主要有 3 种不同的设计模式：①对于堆石坝，缺陷渗漏不会引起大坝堆石体结构安全问题，因此可以考虑透水垫层，将缺陷处的渗漏水直接排入堆石体内至下游；②如为砂砾石坝或壤（黏）土均质坝（比如渗漏修复），不宜采用透水垫层，否则可能会引发缺

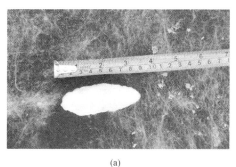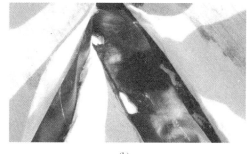

(a)　　　　　　　　　　　　　　　(b)

图 1　坝面土工膜施工产生的缺陷

（a）椭圆形缺陷；（b）连接处缺陷

陷附近坝体渗透稳定问题，此时可以考虑采用半透水垫层，并在缺陷处垫层局部区域进行抗渗加强处理，抗渗加强后的垫层能明显抑制缺陷处坝体浸润线的上升，相应的渗漏量也有明显减小，当然，此时垫层由于发挥了辅助防渗功能，因此需做好过渡层对其的反滤保护；③对于防渗漏要求特别重要或高水头工程，可考虑膜后增设低透水性黏土层，或者采用 GCL 土工垫，这种垫层设计体现了"膜-土"联合防渗的思想，除提高整体防渗性外，也弥补了土工膜缺陷渗漏问题。国外垃圾填埋场工程常采用这种防渗方式，可考虑将其应用于高土石坝工程中。上述工程设计措施是从预防土工膜缺陷渗漏角度出发。对于已建土工膜防渗土石坝，如果出现严重渗漏问题，由于目前尚无成熟的土工膜缺陷探测技术，可借鉴常规土质（斜）心墙、斜墙防渗土石坝，采用灌浆等技术进行大坝渗漏修复处理。若是坝面防渗土工膜出现严重破损，则可借鉴葡萄牙 Paradela 混凝土面板堆石坝和我国石砭峪沥青混凝土面板堆石坝工程，采用坝面重新铺设土工膜进行渗漏修复，工程造价较常规灌浆处理小很多，因此可优先考虑。

2.4　土工膜与周边防渗漏连接设计

为了形成完整封闭的防渗体系，除土工膜之间密封连接外，土工膜与周边地基或结构的科学连接也是至关重要的。若周边是黏土结构，则可采用将土工膜分层弯曲埋设、分层夯实黏土的方法使土工膜与黏土紧密结合，精心施工后两者之间一般不会形成接触渗流。实际工程中，还常遇到土工膜与溢洪道、防渗墙等刚性混凝土结构相连，此时土工膜的连接设计需同时考虑土工膜的变形适应性和接触渗漏问题，即既要预留变形空间，又要确保与周边紧密连接。图 2 给出了连接设计细节图。其中两点需要注意，土工膜顶部转弯处应逐渐过渡，以平顺吸收水压作用下土工膜沉降与周边混凝土结构之间的非协调变形，图 2（a）在实际运行时会出现土工膜无法展开的现象，甚至会挤压破坏直立段；另外一个问题是未在混凝土结构处预埋槽钢，易在内侧锚固处形成接触渗流，这是由于水分子直径约为 $10^{-4}\mu m$，很容易通过微小缝隙。土工膜连接设计压水试验表明，在肉眼看似已经平整的混凝土表面即使使用橡胶垫片、加密螺栓或加大螺栓力等措施，在高压水头作用下可能仍会出现接触渗漏。土工膜与混凝土结构直接相连时通过刷底胶和设垫片的方式可有效避免或控制周边连接处的接触渗漏。可见对于高水头土工膜防渗水库工程，土工膜与周边混凝土结构连接时提高连接处的平整度和密封性尤为重要。

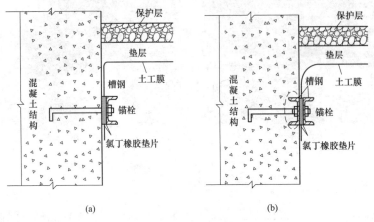

图2 土工膜与周边刚性结构的连接设计

(a) 存在缺陷的设计；(b) 良好的设计

3 坝面土工膜的抗滑增稳设计

防渗土工膜可用于任何类型的土石坝，尤其在堆石坝、砂卵石坝和石渣坝中尤能体现其优越的防渗效果。由于这几类坝的筑坝材料强度参数较一般土石料大，因此坝坡可设计较陡，以节省坝体工程量。而土工膜和下垫层的种类较多，其间的摩擦系数相差较大，常见的PVC光膜与细砂的摩擦系数为0.22～0.34。在此情况下，土工膜可能难以在砂垫层上维持稳定，为此一些设计人员考虑采用放缓坝坡的方法。事实上，如果坝坡自身无稳定问题，则可采取胶粘剂等措施增加土工膜与坝面垫层之间的黏结力即可。不同坡比的坝坡可选择不同的固坡层和胶粘剂。可按如方法进行设计施工：先用碎石将上游坝坡找平，再用振动碾将坝坡碾压密实，然后浇筑6cm厚无砂混凝土；在铺设复合土工膜之前，刷乳化沥青或热沥青，铺膜后用辊筒辊压或砂袋压实，使之牢固黏合。铺设热沥青时温度不宜超过130℃，以免土工织物烫坏变形。涂刷沥青时一般是沿坝坡方向成条涂刷（沥青条宽度可由土工膜的抗滑稳定性反算得到），以便膜后渗入的雨水或渗漏水沿沥青条带间排出。

宁宇等人、蔡斌等人介绍了一种新型的土工膜增稳设计方法，将其成功应用于老挝南欧江六级土工膜防渗堆石坝。该坝为目前世界上软岩填筑比例最大的最高土工膜防渗堆石坝，上游坝面坡比1∶1.6，垫层施工借鉴混凝土面板坝挤压式边墙固坡技术。在挤压边墙上间隔6m埋设宽42cm，长165cm由PVC和无纺土工布组成的锚固带，锚固带与挤压边墙逐层施工埋设。待整个坝面施工完后铺设土工膜，并将土工膜与锚固带焊接在一起，很好地起到了土工膜坝面增稳作用。图3为锚固带设计尺寸及施工过程。

除上述增稳方法外，亦可将土工膜按一定高程弯曲埋设于上游坝体内，但这种方法与坝坡施工互相干扰。也可采用增设坝面格栅梁或马道加固槽的方法增加土工膜抗滑稳定性。

复合土工膜与膜上保护层亦有稳定问题。如采用预制混凝土板，同样可用乳化沥青或

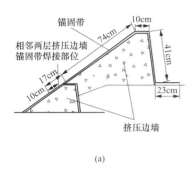  

(a)   (b)   (c)

图 3　锚固带土工膜增稳方法

（a）挤压边墙及锚固带的设计；（b）锚固带的安装；（c）土工膜与锚固带的焊接

热沥青将预制混凝土板黏结在复合土工膜上。如采用现浇混凝土板护坡，因其水泥砂浆会渗入复合土工膜的土工织物中，黏结力达 $200 \sim 250 kN/m^2$，能牢固黏结。另外，在复合土工膜上喷混凝土也是种可考虑的护坡方案。混凝土喷射厚度高坝宜取 20cm，低坝可取 10cm，同时需做好保护层分缝设计排水。

4　结束语

土工膜具有非常优越的防渗性能，且自身整体柔性大，适应变形能力强，因此土工膜很适合用于水库防渗工程，尤其对于软岩填筑坝和深厚覆盖层上的高土石坝，土工膜更能同时发挥其优越的防渗性能和变形适应能力。选择合理的垫层设计，可有效预防和控制土工膜的缺陷渗漏。细致的周边连接设计可使土工膜有效避免出现"夹具效应"，同时也能避免连接处的接触渗流。对于上游坝坡较陡情况，只要坝坡自身能维持稳定，便可采取合适的工程措施使土工膜牢固地附着于坝面之上。当然，良好的施工条件是确保土工膜各项防渗设计思想实现的重要保障，因此在解决上述技术问题的同时，还应着力培养和培训土工膜专业施工和监理队伍，这也是水库工程大力推广使用土工膜防渗的首要任务之一。有关土工膜施工中存在的若干技术问题及相关处理措施等细节问题，笔者将另文撰述。

参考文献

［1］MULLER W W. HDPE geomembranes in geotechnics［M］. Berlin：Springer，2010.

［2］ROBERT MKOERNER. Designing with Geosynthetics（5th Edition）［M］. Prentice Hall，2005.

［3］顾淦臣. 复合土工膜或土工膜堤坝实例述评［J］. 水利水电技术，2002，33（12）：26-32.

［4］束一鸣. 我国水库大坝土工膜防渗工程进展［J］. 水利水电科技进展，2015，35（5）：20-26.

［5］本书编委会. 土工合成材料工程应用手册［M］. 北京：中国建筑工业出版社，2000：118-127.

［6］R K ROWE，S RIMAL，H SANGAM. Ageing of HDPE geomembrane exposed to air，water and leachate at different temperatures［J］. Geotextiles and Geomembranes，2009，27（2）：137-151.

［7］R. Kerry Rowe，Henri P Sangam. Durability of HDPE geomembranes［J］. Geotextiles and Geomembranes，2002，20（2）：77-95.

［8］顾淦臣. 承压土工膜厚度计算研究［C］. 天津：天津大学出版社，1992：249-257.

［9］岑威钧，沈长松，童建文. 深厚覆盖层上复合土工膜防渗堆石坝筑坝特性研究［J］. 岩土力学，2009，30（1）：175-180.

［10］束一鸣，顾淦臣. 土工薄膜中央防渗土石坝有限元计算［J］. 河海大学学报，1988，（增刊）：79-92.

［11］沈长松，顾淦臣. 复合土工膜厚度计算方法研究［J］. 河海大学学报，2004，32（4）：395-398.

［12］胡利文，陈嘉鸥. 土工膜微结构破损机理分析［J］. 岩土力学，2002，23（6）：702-705.

［13］崔中兴，刘兰亭. 土工膜渗透特性测试试验研究［J］. 西北水资源与水工程，1994，5（4）：30-35.

［14］岑威钧，王蒙，杨志祥.（复合）土工膜防渗土石坝饱和-非饱和渗流特性［J］. 水利水电科技进展，2012，32（3）：6-9.

［15］GIROUD J P. Design of geotextiles associated with geomembranes［R］. Las Vegas：Industrial Fabrics Association International，1982：37-42.

［16］NOSKO V，TOUZE-FOLTZ N，NOSKO V. Geomembrane liner failure：modelling of its influence on contaminant transfer［C］Proceedings of the 2nd Eurogeo Geosynthetics Conference. Bologna，2000：557-560.

［17］YOUNG H M，JOHNSON B，JOHNSON A，et al. Characterization of infiltration rates from landfills：Supporting groundwater modeling efforts［J］. Environmental Monitoring and Assessment，2004，96：283-311.

［18］岑威钧. 土石坝防渗（复合）土工膜缺陷及其渗漏问题研究进展［J］. 水利水电科技进展，2016，36（1）：1-7.

［19］浙江华东特种材料工程有限公司. 泰安蓄能电站上库土工膜与混凝土连接板机械连接选择现场试验［R］. 浙江华东特种材料工程有限公司，2004.

［20］宁宇，喻建清，崔留杰，等. 土工膜面板软岩堆石高坝设计［J］. 水力发电，2016，42（5）：57-61，102.

［21］蔡斌，宣李刚，唐存军. 南欧江六级水电站大坝复合土工膜施工［J］. 水利水电施工，2015，（5）：26-28，52.

作者简介

岑威钧（1977—），男，博士，副教授，主要从事土工膜防渗工程及土石坝抗震方面的研究。

动力触探杆长适应性及其修正试验研究

李会中[1,2,3]　　郭　飞[3]　　潘玉珍[1,2]　　傅少君[4]　　肖云华[1,2]

（1　长江勘测规划设计研究有限责任公司　　2　长江三峡勘测研究院有限公司

3　河海大学地球科学与工程学院　　4　武汉大学土木建筑工程学院）

[摘　要]　西部地区河床深厚覆盖层勘探取样及工程特性是水电工程地质勘察中常遇技术难题，动力触探（DPT）因操作简单、适用土类多而成为西部地区河床覆盖层原位测试首选方法。现行规范如《岩土工程勘察规范》GB 50021—2001 等仅给出了 20m 杆长范围的修正方法，对超此范围重型、超重型动力触探杆长适用性及修正问题，长期以来业内则颇多争议却少有研究。鉴于此，利用现场试验与数值模拟相结合，通过对动力触探试验杆上各测点应变现场实测并得到各测点应力分布，再利用 LS-DYNA 软件进行反演分析并确定相关计算参数，而后进行杆长 25、40、60、80、120m 的数值模拟计算得到了杆长适用范围及修正系数。试验研究方法及成果可供类似问题研究与深厚覆盖层地区工程勘察借鉴或参考。

[关键词]　动力触探试验　LS-DYNA 软件　杆长适应性　修正系数

1　引言

西部地区构造活动频繁、河流作用强烈、地质灾害频发，河床覆盖层往往厚度大（一般达数十米乃至上百米）、成因杂、结构松、颗粒粗，致使河床深厚覆盖层钻探取样与原位测试均极为困难。河床深厚覆盖层工程特性研究不仅是工程设计的基础，而且事关工程投资与工程安全，因而是深厚覆盖层上建坝的关键技术问题之一。动力触探因操作简单、适用土类多、应用范围广，加之试验成果可与土的物理力学指标建立关系而倍受青睐，成为河床深厚覆盖层地区最常用原位测试方法之一。

然而，根据《岩土工程勘察规范》（GB 50021—2001）的规定，重型、超重型圆锥动力触探适用范围分别为杆长 20m、锤击数 50 与杆长 19m、锤击数 40，这已不能适应或满足深厚覆盖层地区原位测试需要。对超出规范适用范围，动力触探杆长适用范围及其修正问题，至今不仅尚无成熟经验借鉴与公认标准可依，而且也鲜有研究——左永振等进行了杆长分别为 2.0、8.9、16.4、23.4、30.0、36.0m 的动力触探室内试验，得到了只考虑杆长的重型动力触探修正系数，并认为超过 21m 时，$N_{63.5}$ 值仍能有效反映土的力学性质；李会中等对《岩土工程勘察规范》（GB 50021—2001）中杆长、锤击数修正系数进行非线性函数拟合与外延研究，得到重型、超重型杆长理论最大适用范围分别为 60m 和 127m。因此，对于动力触探杆长适应性及其修正问题研究已成为动力触探试验方法应用扩展亟待解决的难题。

本文以某工程为依托，以动力触探试验实测资料为依据，参照现行规程，应用有限元软件 ANSYS/LS-DYNA，建立数值分析模型，进行仿真分析计算，反演相关参数，并利用反演参数进行杆长 25、40、60、80、120m 的动力触探试验数值模拟，重点研究了动力触探试验杆长适应性、试验指标与杆长关系等，提出了杆长修正系数建议值。

2 现场试验研究

2.1 试验设计

现场试验选在武汉市阳逻长江大桥堤防旁边，土层自上而下依次为回填土—黏土—砂土—砾石，结合工程勘察分别进行了杆长 25.87、40.92、46.85m 重型动力触探试验，并通过应变测试系统（沿杆长布置应变计）（见图 1）来测试试验过程中探杆应力分布情况。

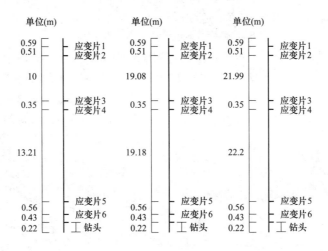

图 1 应变计布置图（左 25.87m，中 40.92m，右 46.85m）

2.2 成果分析

试验过程中，每一锤击各测点应变值均保存在应变测试系统中，应变-应力换算后，可得到应力与时间关系。限于篇幅，这里仅列出各测点部分应力与时间关系及应力包络图，见图 2～图 4。

从应力-时间图可以看出：各测点应力随时间推移呈波动性减小，且最终趋于稳定；每次锤击时，各测点应力峰值均不一样，差异约在 15％，究其原因可能为：探杆在被落锤撞击后，再次锤击时探杆位置发生偏移，即探杆垂直度及接触条件（落锤与探杆顶部接触面，探杆与侧壁接触面）发生变化。从应力包络图可以看出：不同杆长中 1、2 号测点接近探杆顶部，应力最大，接近锤击点；沿杆分布的 1～6 号测点，应力逐渐减小，5、6 号点接近探头位置，应力平均值约为杆顶端应力值的一半，即衰减比例约为 50％，且与杆长不呈线性关系。

由应力包络图拟合得到沿杆长应力变化规律见表 1。

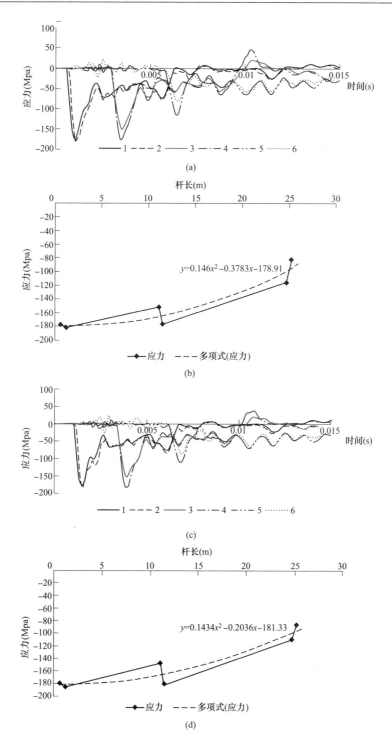

图 2　杆长 25.87m 动力触探试验过程沿杆应力分布情况

（a）第 18 次锤击时各测点应力-时间曲线；（b）第 18 次锤击时应力包络线；

（c）第 30 次锤击时各测点应力-时间曲线；（d）第 30 次锤击时应力包络线

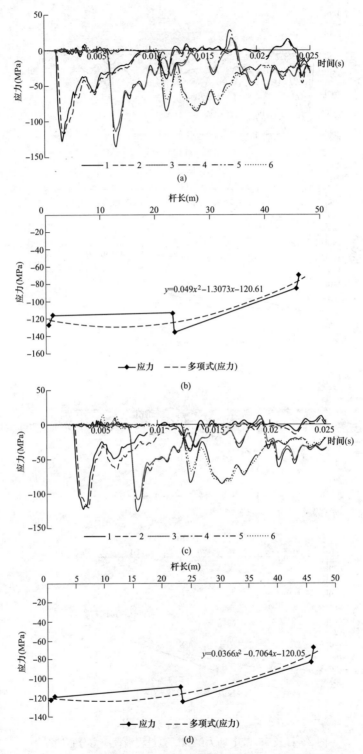

图 3　杆长 40.92m 动力触探试验过程沿杆应力分布情况

(a) 第 21 次锤击时各测点应力-时间曲线；(b) 第 21 次锤击时应力包络线；

(c) 第 41 次锤击时各测点应力-时间曲线；(d) 第 41 次锤击时应力包络线

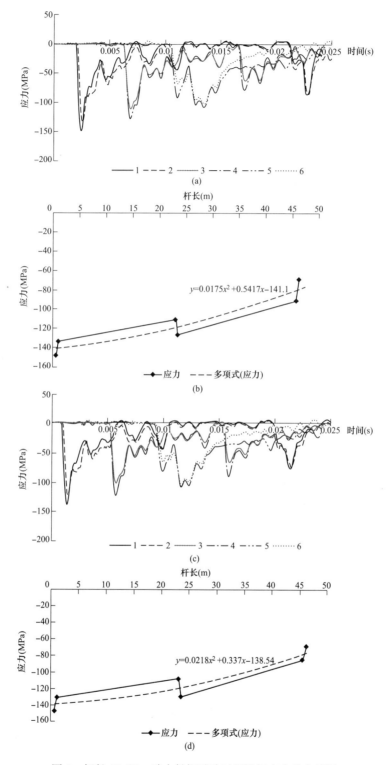

图 4　杆长 46.85m 动力触探试验过程沿杆应力分布情况

（a）第 20 次锤击时各测点应力-时间曲线；（b）第 20 次锤击时应力包络线；

（c）第 40 次锤击时各测点应力-时间曲线；（d）第 40 次锤击时应力包络线

表1 动力触探现场试验应力沿杆长变化规律

杆长	杆顶应力(MPa)	杆底应力(MPa)	衰减比例(%)	沿杆长应力变化规律
25.87m	160	95	40.63	$\sigma = 0.143\,4L^2 - 0.203\,6L - 181.33$
40.92m	140	70	50.00	$\sigma = 0.048\,5L^2 - 1.025\,8L - 137$
46.85m	140	68	51.43	$\sigma = 0.021\,8L^2 + 0.337L - 138.54$

3 数值模拟分析

3.1 LS-DYNA简介

LS-DYNA是功能齐全的几何非线性(大位移、大转动和大应变)、材料非线性(140多种材料动态模型)和接触非线性(50多种)的通用显式动力分析程序,能够模拟真实世界的各种复杂问题,特别适合求解各种二维、三维非线性结构的高速碰撞、爆炸和金属成型等非线性动力冲击问题,在工程应用领域被广泛认可为最佳的分析软件包,与实验的无数次对比证实了其计算的可靠性。

3.2 边界条件分析

通过规程规范与现场试验可知,影响动探试验主要因素有杆长、触探杆垂直度、接头数量与连接程度、贯入器及触探头磨损程度、土体特性等,次要因素为杆径、触探设备、落锤高度、落锤质量、钻进方法及清孔情况、导向杆光滑度等。

从能量角度看,动探落锤锤击能量应包含落锤与探杆的碰撞、探杆的弹性变形、探杆与孔壁土体的摩擦、土体对探头的阻力、探头贯入土体产生的弹塑性变形能等,为使问题简化,数值分析时进行了理想化假定,引入阻尼系数等效综合考虑探杆的实际边界条件和能量耗散效果,主要考虑了探杆的弹性变形能(不考虑接头、探杆垂直度等)、落锤与探杆的碰撞耗散能、探头与土体接触时的弹性变形能、黏性耗散效应和横向惯性引起的弥散效应。

对于边界,土体顶面(即与探杆地面接触的面为自由面),土体底面为非反射边界,以此减少土的反射波对杆的影响;落锤与探杆、探杆与土的接触均采用自动面面接触(ASTS)。

3.3 模型尺寸及网格模型

重型动力触探落锤落距为76.0cm,超重型动力触探落锤落距为100.0cm,其模型尺寸见表2。

表2 数值试验模型尺寸表

材料	外径(cm)	内径(cm)	高度(cm)
落锤63.5kg	28.0	0.0	24.8
落锤120.0kg	26.0	0.0	15.0
土	150.0	0.0	1000.0

落锤、探杆、土体均采用 SOLID164 单元进行离散，单元水平方向尺寸控制在 10mm 以内，探杆铅直方向控制在 20 倍水平方向尺寸以内，网格模型如图 5 所示。其中模型单元 70 008 个，结点 101 260 个。

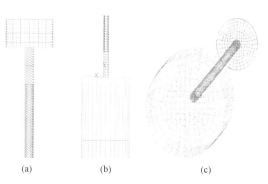

图 5　动力触探数值模拟网格模型图
（a）落锤与探杆网格图；（b）探杆与土体网格图；
（c）试验整体网格图

3.4　计算参数

影响动力触探的因素很多，且具有非常大的随机性。为此，在数值分析模型中引入阻尼系数以等效综合考虑探杆的实际边界条件和能量耗散效果。

杆长 0～20m 阻尼系数主要根据现场试验成果及现行《岩土工程勘察规范》锤击数修正系数反演得到；超过 20m 杆长且无原位试验数据的阻尼系数，则根据杆长变化规律外延得到。同时反演得到落锤、土与杆的相关参数，均假设为弹性材料，由于土体穿透模型不定，不考虑探头贯入土体，具体计算参数见表 3 和图 6。

表 3　　　　　　　　　　　　主要计算参数

材　料	密度（g/cm³）	弹性模量（Pa）	泊松比
落锤	7.85	2.10×10^{11}	0.269
探杆	7.85	2.16×10^{11}	0.269
土	1.80	6.00×10^{6}	0.300

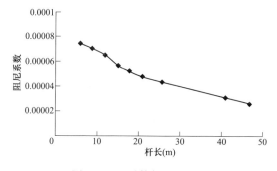

图 6　阻尼系数与杆长关系

为探究探杆底端土体参数的应力影响，特别考虑了不同参数的探杆底端土体，其计算参数见表 4。

表 4　　　　　　　　　　　　探杆底端计算参数表

序　号	弹性模量（Pa）	杆长（m）/杆径（mm）
1	3.00×10^{6}	40/50
2	6.00×10^{6}	40/50
3	10.00×10^{6}	40/50
4	20.00×10^{6}	40/50
5	30.00×10^{6}	40/50

3.5 分析工况

数值计算工况见表5。

表5 数值计算工况表

工况序号	重锤（63.5kg）		超重锤（120kg）
	杆径 42mm（a）	杆径 50mm（b）	杆径 50mm（c）
1	25	25	25
2	40	40	40
3	60	60	60
4	80	80	80
5	120	120	120

3.6 成果分析

（1）与现场试验对比分析。为便于与现场试验进行对比，本文根据现场试验杆长（25.87、40.92、46.85m）建立数值计算模型，采用表3计算参数，计算结果见图7～图9。

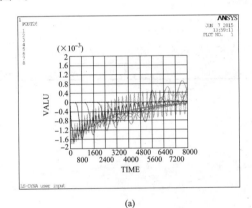

(a)

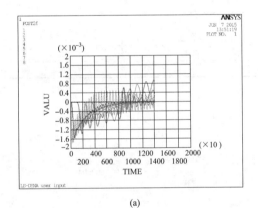

(a)

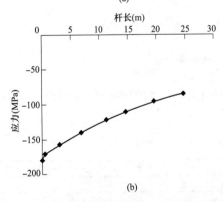

(b)

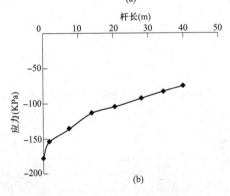

(b)

图7 杆长25.87m数值模拟结果

（a）各测点应力与时间关系曲线；（b）应力包络线

图8 杆长40.92m数值模拟结果

（a）各测点应力与时间关系曲线；（b）应力包络线

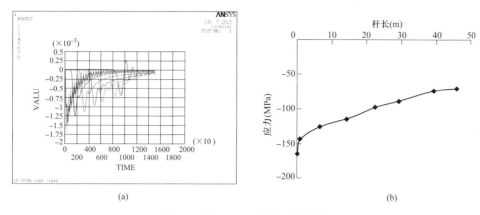

(a) (b)

图 9 杆长 46.85m 数值模拟结果

（a）各测点应力与时间关系曲线；（b）应力包络线

可以看出：数值计算结果反映了沿杆长应力逐渐减小的规律，衰减比例为 43％～47％，这与现场试验结果基本吻合；应力包络线较现场试验更具规律性、无波动数据。究其原因：现场试验影响因素过多，而传感器较敏感，而数值计算过程，影响因素单一可控。

（2）杆底端土体参数敏感性分析。由图 10 可以看出，土体弹性模量由 3MPa 变化至 30MPa 时，传递至杆底端应力变化范围在 48.39～51.54MPa，即随着土体弹性模量增大，传递至杆底端的应力有所增大，但增加非常缓慢，因而可以认为杆端土体弹模与传递到杆底端的应力衰减关系不大。

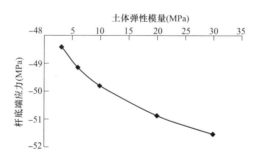

图 10 杆底端应力与土体弹性模量的关系

（3）杆长敏感性分析。根据表 5 所列工况，进行数值模拟计算，得到不同杆径（42mm 和 50mm）、不同重锤质量（63.5kg 和 120kg）组合条件下杆上各点的应力分布。

为了分析动力触探数值模拟中阻尼系数的影响，特考虑无阻尼系数时各工况组合条件下杆上各点应力分布情况，但限于片幅，这里仅列出杆径为 50mm、重锤质量为 120kg（有阻尼系数与无阻尼系数）时各工况应力包络图，具体见图 11、图 12 和表 6。

可以看出，在数值模拟中，无论是否考虑阻尼系数，落锤锤击探杆后，均反映了应力沿杆长逐渐衰减的变化规律，且同一工况下，随杆长增加衰减幅度逐渐减小；应力随杆长的衰减呈非线性关系，其中考虑阻尼系数衰减幅度远大于未考虑阻尼系数的情况。其他工况的组合条件反映的变化规律，与此情况一致，这里不再赘述。

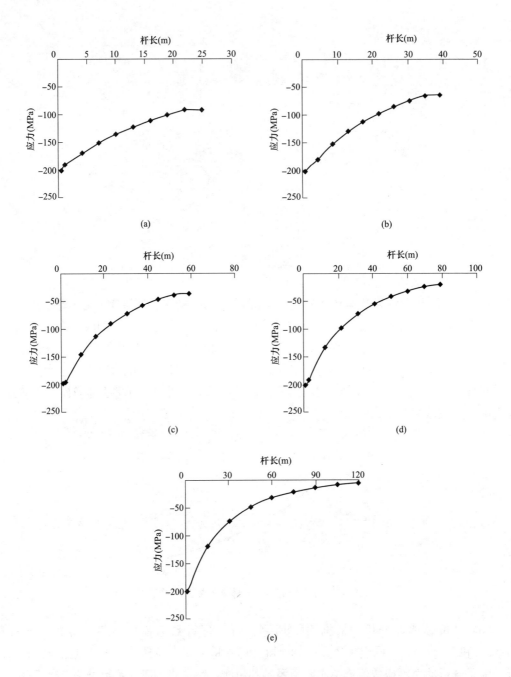

图 11　杆径 50mm、落锤质量 120kg 时各工况应力包络线（考虑阻尼系数）
（a）工况 1 应力包络线；（b）工况 2 应力包络线；（c）工况 3 应力包络线；
（d）工况 4 应力包络线；（e）工况 5 应力包络线

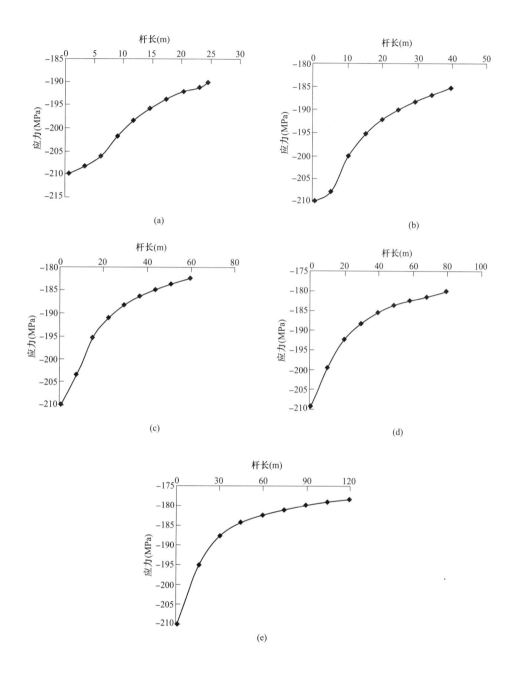

图 12　杆径 50mm、落锤质量 120kg 时各工况应力包络线（未考虑阻尼系数）

（a）工况 1 应力包络线；（b）工况 2 应力包络线；（c）工况 3 应力包络线；

（d）工况 4 应力包络线；（e）工况 5 应力包络线

表 6　　　　　　　　　　　　动力触探数值模拟应力沿杆长变化规律

杆长(m)/ 杆径(mm)	考虑阻尼系数			未考虑阻尼系数		
	杆顶 应力 (MPa)	杆底 应力 (MPa)	衰减 比例 (%)	杆顶 应力 (MPa)	杆底 应力 (MPa)	衰减 比例 (%)
25/50	201	93	53.9	210	190	9.5
40/50	201	64	68.4	210	185	11.9
60/50	198	36	81.7	210	183	12.9
80/50	201	19	90.0	209	180	14.3
120/50	201	5	97.3	210	178	15.2

注　1. 换算得到的杆底应力为多位小数，这里只作说明，故取整数。

　　2. 两个方案第一个监测点选取不同，考虑阻尼系数时，第一个监测点距离杆顶 0.7m，不考虑阻尼系数时，第一个监测点距离杆顶 0.6m。

4　综合分析探讨

4.1　应力传递规律

由现场试验与数值模拟结果对比分析可知：

（1）落锤锤击探杆后，应力均沿杆长逐渐衰减，而且应力随杆长的衰减呈非线性关系；

（2）杆顶应力传递至杆底应力的衰减幅度（比例）随杆长增加而增大，现场试验较数值模拟更为明显。

4.2　杆长适应性

由于动力触探实际过程相当复杂，为了方便开展科学问题的研究，在进行数值模拟分析时对边界条件进行了大量简化，并引入阻尼系数等效综合考虑探杆的实际边界条件和能量耗散效果，因而数值分析与现场试验结果存在一定差异，但其所反映的规律是完全一致的。

由于土体穿透本构模型不定，数值分析模型尚不能模拟贯入深度，因而仅能从能量衰减幅度、杆底冲击力贯入土体能力等指标评价杆长适应性。

根据能量衰减规律分析，对于重型动力触探试验，杆长 72m 时，杆底冲击力约为 24kN，能量衰减约 73%，参考《建筑桩基技术规范》（JGJ 94—1994）关于桩端阻力的取值建议表和《铁路桥涵设计规范》（TBJ 2—1985）关于桩尖极限承载力的取值建议表，取极限承载力为 5000kPa，探头截面积取 43cm²，而此时贯入土体所需要的冲击力为 21.5kN，即表明杆长超过 72m 后，传至杆底冲击力不易将探头贯入卵砾块石土中；对于超重型动力触探试验，亦是如此，杆长 114m 时杆底冲击力约为 24kN，能量衰减约 83%，杆长超过 114m 后，24kN 的冲击力已不易贯入卵砾块石土中。因此，动力触探试验杆长适用性：重型宜控制在 72m 内，超重型宜控制在 114m 内。

4.3 锤击数修正系数

锤击数杆长修正是指对某一均匀土层因深度不同引起锤击数变化，将这种变化与某一标准深度的锤击数 $N_{63.5}$ 比较而采取的修正，即

$$N_{63.5} = \alpha N'_{63.5} \tag{1}$$

式中：α 为杆长修正系数。

$$\alpha = \frac{\beta_{(L, N)}}{\beta_{(L_0, N_0)}} = \frac{\dfrac{E(L, N)}{MgH}}{\dfrac{E(L_0, N_0)}{MgH}} = \frac{E(L, N)}{E(L_0, N_0)} \tag{2}$$

式中：$E(L, N)$ 为任意动力触探时有效锤击能；$E(L_0, N_0)$ 为标准深度 L_0、锤击数 N_0（2m 杆长，5 击/10cm）时有效锤击能；MgH 为锤击能，$\beta_{(L, N)}$ 为 $E(L, N)$ 与 MgH 比值；$\beta_{(L_0, N_0)}$ 为 $E(L_0, N_0)$ 与 MgH 比值。

根据式（1）和式（2），以及数值计算结果，得到杆长修正系数见表 7 和表 8。

表 7　　　　　　　　　重型动力触探锤击数杆长修正系数表

杆长 （m）	杆底冲 击力（kN）	有效能 （N·m）	杆长修 正系数	水工 公式	有效能 公式
2	90.954	421.231	1.00	1.00	1.00
4	78.137	383.320	0.91	0.97	0.98
6	70.640	374.896	0.89	0.92	0.94
9	63.143	358.046	0.85	0.86	0.84
12	57.824	345.409	0.82	0.81	0.79
15	53.698	332.772	0.79	0.77	0.74
18	50.327	324.348	0.77	0.73	0.71
21	47.477	311.711	0.74	0.70	0.68
24	45.008	299.074	0.71	0.67	0.65
27	42.830	290.649	0.69	0.65	0.63
30	40.882	278.012	0.66	0.62	0.61
33	39.120	269.588	0.64	0.60	0.59
36	37.511	261.163	0.62	0.58	0.57
39	36.031	252.739	0.60	0.57	0.56
42	34.660	240.102	0.57	0.55	0.55
45	33.385	231.677	0.55	0.54	0.54
48	32.191	223.252	0.53	0.53	0.53
51	31.071	219.040	0.52	0.52	0.52
66	26.303	181.129	0.43	—	0.48
69	25.481	176.917	0.42	—	0.47
72	24.694	168.492	0.40	—	0.47

表 8   超重型动力触探锤击数杆长修正系数表

杆长（m）	杆底冲击力（kN）	有效能（N·m）	杆长修正系数	水工公式	有效能公式
2	136.777	1124.803	1.00	1.00	1.00
4	117.584	1079.811	0.96	0.97	0.98
6	106.356	1057.315	0.94	0.92	0.94
9	95.129	1034.819	0.92	0.86	0.84
12	87.163	1001.075	0.89	0.81	0.79
15	80.984	967.331	0.86	0.77	0.74
18	75.936	944.835	0.84	0.73	0.71
21	71.667	911.090	0.81	0.70	0.68
24	67.970	888.594	0.79	0.67	0.65
27	64.708	866.098	0.77	0.65	0.63
30	61.791	832.354	0.74	0.62	0.61
33	59.152	809.858	0.72	0.60	0.59
36	56.742	787.362	0.70	0.58	0.57
39	54.526	764.866	0.68	0.57	0.56
42	52.474	742.370	0.66	0.55	0.55
45	50.564	719.874	0.64	0.54	0.54
48	48.776	697.378	0.62	0.53	0.53
51	47.098	674.882	0.60	0.52	0.52
66	39.958	584.898	0.52	—	0.48
69	38.728	562.402	0.50	—	0.47
72	37.549	551.153	0.49	—	0.47
78	35.333	517.409	0.46	—	0.46
81	34.288	506.161	0.45	—	0.45
84	33.281	483.665	0.43	—	0.45
87	32.309	472.417	0.42	—	0.45
90	31.370	461.169	0.41	—	0.44
93	30.462	449.921	0.40	—	0.44
96	29.583	427.425	0.38	—	0.44
99	28.731	416.177	0.37	—	0.43
102	27.905	404.929	0.36	—	0.43
105	27.102	393.681	0.35	—	—
108	26.320	382.433	0.34	—	—
111	25.556	371.185	0.33	—	—
114	24.808	359.937	0.32	—	—

　　需要说明的是，对杆长的修正，我国各行业规范或规程不尽相同，对于超规范杆长的修正系数，目前尚无成熟经验借鉴与公认标准可依。根据文献［8］列出的杆长50m外修正系数表，如水工公式、有效能公式，日本的宁都—马公式、桩基公式等，考虑到国内的应用情况，将本文数值分析得到的修正系数与水工公式、有效能公式进行比较：对于重型动力触探杆长在72m范围内，对于超重型动力触探杆长在114m范围内，本文所列修正

系数值与水工公式、有效能公式修正系数基本一致（详见表 7 和表 8）。

为便于电算，又将表 7、表 8 修正系数拟合为如下估算公式：

$$重型：\alpha = \begin{cases} 1 & (L \leqslant 2) \\ 0.9514e^{-0.012L} & (2 < L < 72) \end{cases} \tag{3}$$

$$超重型：\alpha = \begin{cases} 1 & (L \leqslant 2) \\ 1.0029e^{-0.01L} & (2 < L < 114) \end{cases} \tag{4}$$

5 结论

本文将现场试验研究与数值模拟分析相结合，通过应变测试系统获得动力触探试验中探杆应力传递信息，然后利用 LS-DYNA 软件进行相关参数反演分析，并开展杆长 25、40、60、80、120m 的数值计算，重点研究了动力触探杆长适用性及修正问题。主要结论如下：

（1）现场试验与数值模拟成果均表明，落锤锤击探杆后，应力沿杆传递呈非线性衰减态势，因而对动力触探试验成果进行杆长修正是必要的。

（2）根据土力学地基临界荷载公式，结合数值计算得到的杆底冲击力分析，重型、超重型动力触探杆长适用范围分别为 72、114m。

（3）根据杆长修正系数定义及数值分析成果，得到重型、超重型动力触探锤击数杆长修正系数（表 7、表 8），并分别可用式（3）、式（4）估算。

（4）经对比分析，本文给出的动力触探锤击数杆长修正系数与水工公式、有效能公式所得修正系数基本一致，故本研究成果可信度较高，可供类似问题研究与深厚覆盖层地区工程勘察借鉴或参考。

参考文献

[1] 李会中，郝文忠，向家菠，等．金沙江乌东德水电站坝址河床深厚覆盖层勘探取样与试验研究 [J]．工程地质学报，2008，16：202-207.

[2] 徐晗，汪明元，程展林，等．深厚覆盖层 300M 级超高土质心墙坝应力变形特征 [J]．岩土力学，2008，29：64-68.

[3] 李会中，郭飞，潘玉珍，等．重型超重型动力触探锤击数修正系数外延 [J]．人民长江，2015，46（1）：30-35.2014，35（5）：1284-1288.

[4] 石修松，程展林，左永振，等．坝基深厚覆盖层密度辨识方法 [J]．岩土力学，2011，32（7）：2073-2084.

[5] 左永振，程展林，丁红顺，等．动力触探杆长修正系数试验研究 [J]．岩土力学，2014，35（5）：1284-1288.

[6] 石少卿，康建功，汪敏，等．ANSYS/LS-DYNA 在爆炸与冲击领域内的工程应用 [M]．北京：中国建筑工业出版社，2011.

[7] 白金泽．LS-DYNA3D 理论基础与实例分析 [M]．北京：科学出版社，2005.

[8] 林宗元．岩土工程试验监测手册 [M]．北京：中国建筑工业出版社，2005.

安徽金寨抽水蓄能电站上水库大坝填筑碾压试验分析

王 波 文 臣

（中国水利水电建设工程咨询北京有限公司）

[摘 要] 抽水蓄能电站上下水库大多为面板堆石坝，影响上下库大坝填筑质量、安全、进度的主要原因为堆石料摊铺碾压质量，在坝体填筑前，结合现场坝体填筑材料，通过坝料性能检测与现场碾压试验来论证坝料设计填筑标准的合理性，并通过现场碾压试验，确定满足设计要求的施工碾压参数和填筑工艺，确保填筑施工质量。

[关键词] 抽水蓄能电站 堆石料 碾压试验 参数 成果

1 概述

1.1 工程概况

安徽金寨抽水蓄能电站上水库大坝坝址位于官田溪、寨湾沟两沟交汇处，坝型为混凝土面板堆石坝。坝顶长 542m，坝顶宽 8m，最大坝高 77m（趾板处），坝顶高程 599m，坝体上游面坡比为 1:1.405，下游面坡比 1:1.5。坝体填筑材料分成反滤层料、垫层料、特殊垫层料、过渡料、主次堆石料、下游堆石。其中反滤料 18 219m³，垫层料 73 940m³，特殊垫层料 19 462m³，过渡料 173 128m³，主堆石料 1 190 850m³，次堆石料 763 207m³，坝后排水层 82 945m³。

1.2 碾压试验的目的

（1）核实填料设计填筑压实标准的合理性。设计要求的填料颗粒级配、压实干密度、相对密度等能否达到设计要求。

（2）在已选定的压实机具和施工机械条件下，确定达到设计压实标准时，经济的、合理的压实参数，包括铺料厚度、洒水量、碾压遍数等，为大坝填筑现场质量检测提供依据。

（3）通过试验确定填筑料坝体填料施工工艺，包括：铺填方式、碾压方法、行车速度、洒水方式和洒水量等。

2 坝料性能与设计要求

2.1 上水库碾压试验坝料来源

堆石坝的主次堆石料取自上水库石料场，出露的基岩主要为片麻岩。设计提供其物理力学指标见表 1。

表1   主次堆石料物理力学指标

岩性	风化	类别	颗粒密度(g/cm³)	干燥状态(g/cm³)	天然状态块体密度(g/cm³)	饱和状态块体密度(g/cm³)	孔隙率(%)	吸水率(%)	干抗压强度(MPa)	饱和抗压(MPa)	软化系数	弹性模量(GPa)	泊松比
Ar2y混合片麻岩	弱风化	范围值	2.66~2.71	2.59~2.64	2.60~2.66	2.61~2.67	1.49~2.63	0.21~0.58	101~146	76~134	0.67~0.95	38.2~40.9	0.25
		平均值	2.68	2.62	2.63	2.64	2.13	0.36	118.6	106.6	0.86	39.6	0.25
		变异系数	0.01	0.01	0.01	0.01	0.2	0.35	0.14	0.22	0.12	0.05	0.00
		组数	7	3	7	7	7	7	7	7	7	2	2
	微风化	范围值	2.65~2.80	2.59~2.75	2.60~2.75	2.61~2.76	1.49~2.57	0.18~0.47	102~152.5	89.8~134	0.86~0.92	38.2~41.3	0.24~0.26
		平均值	2.70	2.65	2.65	2.67	1.98	0.32	123.8	114.3	0.89	37.5	0.25
		变异系数	0.02	0.03	0.02	0.02	0.23	0.35	0.18	0.17	0.03	0.19	0.05
		组数	7	3	7	7	7	7	7	7	7	3	3
$\phi 1o1-2$角闪岩	弱风化	范围值	3.04~3.24	3.08~3.18	3.08~3.20	3.09~3.21	0.93~1.91	0.12~0.27	101.8~134	91.3~124	0.90~0.94	41.4~64.4	0.23~0.28
		平均值	3.19	3.13	3.15	3.17	1.38	0.18	113	107.5	0.92	50	0.25
		变异系数	0.02	0.02	0.02	0.01	0.29	0.33	0.11	0.12	0.03	0.21	0.11
		组数	8	2	5	8	8	8	8	8	8	6	3
	微风化	范值	3.06~3.25	3.12	3.02~3.20	3.02~3.21	1.07~1.60	0.12~0.23	103.9~134	93.3~126	0.87~0.95	35.4~61.6	0.24~0.26
		平均值	3.20	3.15	3.16	3.19	1.32	0.17	117.5	108.7	0.92	54.6	0.25
		变异系数	0.02	0	0.03	0.02	0.14	0.26	0.08	0.11		0.24	0.06
		组数	7	2	7	7	7	7	7	7	7	4	2

2.2 大坝坝体填筑设计指标

上水库大坝坝体填筑设计指标见表2。

表2   上水库坝体分区材料和设计压实指标

序号	分区	材料要求	施工参数			压实指标		
			D_{max}(cm)	填筑厚度(mm)	加水量(%)	干密度(g/cm³)	孔隙率(%)	渗透系数(cm/s)
1	特殊垫层料	加工后微风化，新鲜石料	4	200	10	≥2.20	≤18	$1.0×10^{-4}$~$1.0×10^{-3}$
2	垫层料	加工后微风化，新鲜石料	10	400	10	≥2.19	≤18	$1.0×10^{-3}$~$5.0×10^{-3}$
3	过渡料	加工后微风化，新鲜石料	30	400	15	≥2.16	≤19	—
4	主堆石料	弱、微风化石料	80	800	15	≥2.13	≤20	—
5	次堆石料	弱、微风化石料，包括小部分强风化料	80	800	10~20	≥2.11	≤21.0	—
6	反滤料	加工后微风化，新鲜石料	3	200	10~15	≥2.26	≤18	—

3 坝料性能试验成果

3.1 坝料材质试验成果

碾压试验前，为了充分了解堆石料岩性，按《水利水电工程岩石试验规程》DL/T 5368—2007 进行岩石单轴抗压强度、软化系数等试验，试验结果见表 3。

表 3 坝料材质试验成果

填料产地	单轴抗压强度（MPa）			软化系数		粗颗粒吸水率（％）	
	组数	干燥	饱和	组数	结果	组数	结果
上水库料场	1	234.1	216.5	1	0.92	1	0.23

3.2 坝料颗粒级配试验成果

在进行坝料爆破后，从爆破的不同部位分别挖取爆破料，进行全料颗粒级配试验，验证爆破堆石料和过渡料是否满足设计级配要求。现场颗粒级配试验采用木筐抬筛，筛筐尺寸为 45cm×60cm，筛孔径为 20、30、40、50、60、80、100mm，大于 100mm 用直尺量测，分级称量。考虑筛分精度，现场仅进行 20mm 以上颗粒筛分，小于 20mm 试样，在现场称取不少于 4000g 送室内烘干后进行含水量和筛分试验，试验筛孔径为 10、5、2、1、0.5、0.25、0.075mm，并将细料筛分与现场粗料筛分连接成全料级配曲线。

主堆石料的颗粒筛分曲线见图 1；过渡料从 C2 标（输水发电系统及金属结构安装工程施工）洞挖料中经二次筛选后剔除大于 300mm 的颗粒进行筛分。

垫层料和特殊垫层料由骨料加工系统生产，从料堆的不同部位挖取混合料，进行全料颗粒级配试验，验证由骨料加工系统生产的垫层料和特殊垫层料的颗粒级配是否满足设计级配要求。填筑料的筛分数据见表 4。

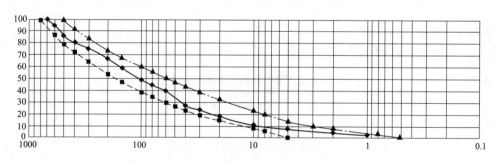

图 1 主堆石料筛分颗粒级配曲线

表 4 填筑料筛分数据

填筑分区名称	最大粒径（mm）	<5mm 含量（％）	<0.1mm 含量（％）	曲率系数 C_c	不均匀系数 C_u
主堆石料	800	<15	—	—	—
主堆石实测值	700	7.1	0.4	1.3	17.2
次堆石料	800	—	—	—	—

续表

填筑分区名称	最大粒径（mm）	<5mm 含量（%）	<0.1mm 含量（%）	曲率系数 C_c	不均匀系数 C_u
次堆石实测值	600	9.6	0	1.62	30.14
过渡料	300	5～20	—	—	—
过渡料实测值	200	10.7	2.3	3.16	14.86
垫层料	80	33～47	0～9	—	—
垫层料实测值	80	41.4	2.0	1.98	117.6
特殊垫层料	40	46～60	5～12	—	—
特殊垫层料实测值	40	47.4	5.2	1.05	49.4
反滤料	30	47～78	<10	—	—
反滤料实测值	30	72.3	6.0	1.64	29.2

从堆石料全料筛分颗粒级配曲线看，级配曲线接近下包线，颗粒粒径偏大，100～300mm 的粒径含量偏多，但总体在设计包络线范围内。从过渡料全料筛分颗粒级配曲线看，级配曲线接近下包线，颗粒粒径偏大，级配曲线在设计包络线范围内。从垫层料全料筛分颗粒级配曲线看，级配曲线基本顺滑，级配曲线在设计包络线范围内。从特殊垫层料全料筛分颗粒级配曲线看，级配曲线圆滑，在设计包络线范围内。从反滤料全料筛分颗粒级配曲线看，5mm 以下含量较多，但级配曲线在设计包络线范围内。

4 现场碾压试验

根据施工进度安排及结合现场实际，通过现场勘查，选定在上库次堆石区顶部高程 557m 进行堆石料、过渡料、反滤料、特殊垫层料、垫层料的碾压试验。要求场地平整，堆石料、过渡料按 2.0m×2.0m 方格网布置沉降点，反滤料、特殊垫层料、垫层料按 1.5m×1.5m 方格网布置沉降点，做好标记便于测量高程，并平整处理和振动压实，使基础的沉降量每压一遍不超过 2mm，试验场地表面不平整度控制±10cm，沉降量保持稳定时，方可作为碾压试验场地使用。为同时满足试验单位面积及错车、转向要求，大坝主堆石料等试验场地尺寸为 27m×33m，试验区场地尺寸为 6m×15m。见图 2。

根据现场实际情况选定碾压试验的碾压机具。此次试验碾压机械设备参数见表 5。

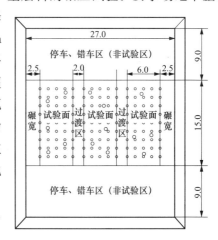

图 2 金寨试验场地及 2m×2m 沉降网点检测点布置

4.1 碾压参数确定与压实

试验碾压参数按照上水库大坝坝体填筑工艺性碾压试验方案进行：

（1）铺料厚度。主次堆石料松铺厚度为 90cm；垫层料松铺厚度为 45cm；特殊垫层料松铺厚度为 25cm；过渡料松铺厚度为 45cm；反滤料松铺厚度为 25cm。

表 5 　　　　　　　　　　　　　　碾压机械设备参数表

名称	生产厂家	型号	碾压质量	激振（kN）	振动频率	振幅（mm）
自行式振动碾	徐工集团	XS263J	26t	405/290	27/32Hz	1.9/0.95
自行式振动碾	厦工	XG620MH	20t	350/210	28/32Hz	2.0/1.2
冲击夯	永兴隆数控机械厂	HCD/HCR110	90kg	90	420/700 次/min	40/65

（2）碾压遍数。主次堆石料、过渡料采用 6、8、10 三种碾压遍数；特殊垫层料、垫层料、反滤料采用 4、6、8 三种碾压遍数。

（3）洒水量。主次堆石料、过渡料固定为 15％；特殊垫层料、垫层料、反滤料固定为 10％。

（4）铺土方法。

1）主堆石、次堆石：采用进占法铺料，推土机整平。

2）过渡料、反滤料、垫层料、特殊垫层料：采用后退法铺料，推土机或挖机整平。

（5）碾压试验方法及基本流程。碾压方法采用进退错距法，前进、后退为二遍计，轮压重叠 15～20cm。基本流程是：碾压场开辟→碾压场压实→布设控制点、平整度测量→进料（进占法）推平→洒水→静碾→松铺高程测量→碾压→沉降测量、压实密度、含水量、级配检测→回填试坑→碾压→基面测量→下一场。

4.2 现场碾压试验场次的确定

完成了主次堆石料、过渡料、垫层料、特殊垫层料、反滤料，铺料厚度及碾压遍数的选择试验，共计 8 大场、24 小场。

4.3 现场碾压试验检测项目和方法

各试验组合均按 2m×2m 布置网格测点，用水准仪测量基面、铺填层面及不同压实遍数后，在同一测点上测量高程以计算松铺厚度和不同碾压遍数沉降率。

4.3.1 密度测定

根据不同填筑料最大粒径，坑直径不小于最大粒径的 2～3 倍，堆石料套环直径为 200cm，过渡料套环直径为 120cm，垫层料套环直径为 50cm。堆石料、过渡料及垫层料采用灌水法检测，反滤料及特殊垫层料采用灌砂法检测。灌水法塑料薄膜厚度不宜大于 0.04mm 且有良好的韧性。按《碾压土石坝施工规范》DL/T 5129—2013 进行塑料薄膜体积校正，体积校正系数为 1.03。

4.3.2 颗粒级配

（1）在试验单元内挖坑取样，进行全料颗粒分析试验及颗粒形状测定。坑径为最大粒径的 2～3 倍，且不大于 200cm。坑深为铺填厚度。

（2）颗粒级配试验，采用与坝料材质试验一致的方法。

（3）若粒径不大于 5mm 的堆石料质量大于试坑取试样总质量的 5％时，按 DL/T 5355 有关规定进行，分粒径组称石料质量。

（4）当颗粒粒径 100mm 以上各粒径组中针、片状颗粒较多时，宜进行颗粒形状测定。用尺量测颗粒的长度、宽度、厚度，分别称出针状、片状颗粒质量。

（5）在进行碾压前后颗粒分析及破碎分析时，碾压后在同一位置挖坑取样。将称量后

的各粒径组混合后全部回填于对应的试坑。

4.3.3　含水率试验

（1）分级测定不同粒径各料源的含水率。

（2）填料采用＜5mm 试样和＞5mm 颗粒试样分级测定含水率，取各粒径组颗粒含水率的加权计算结果表示填料的综合含水率。

本试验组合预定的所有检测项目完成并经现场校核无误后，将挖出的堆石料均匀回填。振动碾压回填部位，恢复至挖坑前的状态。碾压后的堆石体作为下一场次碾压试验单元的基层时，应满足对试验场地的要求。

4.3.4　孔隙率计算

压实干密度相应的孔隙率由下式计算而得

$$n = 1 - \rho_{d0}/(G_s\rho_w)$$

式中：n 为孔隙率（％）；ρ_{d0} 为现场填筑干密度（g/cm³）；G_s 为石料各粒径组加权比重；ρ_w 为水的密度，取 1.0g/cm³。

4.3.5　原位渗透系数测试

原位渗透试验成果见表 6。

表 6　　　　　　　　　　现场原位渗透检测成果统计表

填料名称	铺料厚度（cm）	设计渗透系数（cm/s）	设计＜5mm含量（％）	实测＜5mm含量（％）	实测干密度（g/cm³）	渗透系数平均值（cm/s）
垫层料	45	$1.0\times10^{-3}\sim$ 5.0×10^{-3}	33～47	32.1～47.6	2.74	1.02×10^{-3}
特殊垫层料	25	$1.0\times10^{-4}\sim$ 1.0×10^{-3}	46～—60	46.8～62.5	2.69	2.08×10^{-4}

通过试验结果来看，渗透系数的影响因素主要是填料中＜5mm 颗粒含量和压实干密度。现场检测＜5mm 颗粒含量基本在设计范围内，且渗透系数平均值满足设计要求。

4.4　现场碾压试验检测成果

经过在碾压试验场地进行密实度、颗粒级配等试验检测工作，经过室内试验数据处理，由于碾压试验各种料的试验参数较多，仅列出主堆石料的碾压试验参数成果及不同工况颗粒级配筛分成果，见表 7 和表 8。

表 7　　　　　　　　　　　主堆石碾压试验结果汇总表

层厚（cm）	洒水量（％）	碾压遍数	编号	坑深（mm）	最大粒径（mm）	＜5mm含量（％）	＜0.1mm含量（％）	＜20mm含量（％）	曲率系数C_c	不均匀系数C_u	湿密度（g/cm³）	含水率（％）	干密度（g/cm³）	孔隙率（％）	表观密度（g/cm³）	设计干密度（g/cm³）	设计指标孔隙率（％）
80	15	6	6-1	800	450	6.8	1.9	22.5	2.2	73.2	2.18	2.2	2.13	23.9	2.80	≥2.13	≤20.0
			6-2	800	410	3.4	0.4	7.2	1.9	63.0	2.13	1.3	2.10	25.0			
			6-3	770	610	5.7	0.8	10.0	2.2	25.5	2.12	1.8	2.08	25.7			
			平均值	790	490	7.7	1.0	13.2	2.1	53.9	2.14	1.8	2.10	24.9			

续表

层厚(cm)	洒水量(%)	碾压遍数	编号	坑深(mm)	最大粒径(mm)	<5mm含量(%)	<0.1mm含量(%)	<20mm含量(%)	曲率系数C_c	不均匀系数C_u	湿密度(g/cm³)	含水率(%)	干密度(g/cm³)	孔隙率(%)	表观密度(g/cm³)	设计干密度(g/cm³)	设计指标孔隙率(%)
80	15	8	8-1	800	480	9.9	1.1	16.3	6.9	49.4	2.31	2.0	2.26	19.3	2.80	≥2.13	≤20.0
			8-2	800	520	6.1	0.6	11.4	10.3	64.5	2.16	1.5	2.13	22.9			
			8-3	750	508	7.7	0.8	12.8	8.6	45.4	2.20	2.2	2.15	23.2			
			平均值	783	503	7.9	0.8	13.5	8.6	53.1	2.22	1.9	2.18	21.8			
		10	10-1	800	480	10.6	0.7	17.2	2.28	37.4	2.28	1.9	2.24	20.0			
			10-2	800	680	5.5	0.6	9.4	1.5	73.2	2.31	1.6	2.27	18.9			
			10-3	800	415	15.0	1.1	31.9	7.5	43.9	2.31	2.6	2.25	19.6			
			平均值	800	825	11.7	0.8	19.5	4.3	51.5	2.30	2.0	2.25	19.5			

表8 主堆石碾压试验级配结果

主堆石碾压遍数	最大粒径(mm)	<5mm含量(%)	<0.1mm含量(%)	d_{60}(mm)	d_{30}(mm)	d_{10}(mm)	曲率系数C_c	不均匀系数C_u
6	490	7.7	1.0	140.1	27.9	2.6	2.1	53.9
8	503	7.9	0.8	100.2	40.5	1.9	8.6	53.1
10	525	11.7	0.8	185.4	53.5	3.6	4.3	51.5

4.5 填料不同碾压遍数、厚度与压实沉降率的关系

总体看，压实密度随碾压遍数增加而提高比较明显，随着碾压遍数的增加，干密度的增长率逐渐减小。

通过现场碾压试验，碾压遍数与压实沉降率（见图3）检测结果见表9。

表9 坝料不同碾压遍数压实沉降率检测成果统计表

填料名称	碾压机具	铺料厚度(cm)	洒水量(%)	压实沉降率（%）				
				2遍	4遍	6遍	8遍	10遍
主堆石料	26t	90	15	2.753	4.270	5.468	6.237	7.240
次堆石料	26t	90	15	3.501	4.387	4.992	5.701	5.971
过渡料	20t	45	15	4.08	6.48	9.34	10.63	11.36
垫层料	20t	45	10	4.03	9.01	9.81	11.28	—
特殊垫层料	20t	25	10	7.474	5.716	8.387	10.708	—
反滤料	20t	25	10	9.754	11.215	12.390	13.334	—
特殊垫层料	冲击夯	25	10	9.914	12.443	14.336	14.413	14.698
反滤料	冲击夯	25	10	9.985	12.673	14.218	14.326	14.413

4.6 颗粒级配的影响

填料颗粒级配一般用最大粒径、小于某颗粒粒径含量（P5含量和<20mm颗粒含量）以及全料不均匀系数d_{60}/d_{10}来衡量级配的优劣，通常认为，最大粒径愈大，压实干密度愈高，材料不均匀系数愈大，压实性能愈好，也愈易获得最大的压实密度。但填料最大粒

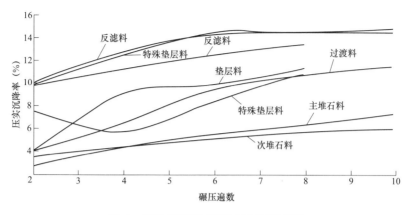

图 3　坝料不同碾压遍数压实沉降率图

径决定于铺填厚度，一般最大粒径为铺填厚度的 2/3 较好，若最大粒径接近于铺填厚度则大粒径料周围的细料得不到有效压实。

本次碾压试验坝料不均匀系数变化较大，主要与爆破料级配有关，从几次爆破试验结果看，改善爆破参数在一定程度上可以调整材料的级配，但很难使各种坝料都达到优良级配，从现场岩石节理裂隙看，岩体被裂隙切割成不同大小块体，因此裂隙对爆破颗粒级配影响超越了炸药本身的影响。若进一步调整爆破参数，会导致坝料最大粒径减小，而细料也增加不多。施工中很难获得理想的最佳级配坝料，在施工时应根据经验对于不同岩石裂隙情况采用不同的爆破参数，以尽可能获得接近于最佳级配的坝料。

通过室内试验和现场碾压试验确定达到设计孔隙率相应的碾压施工参数见表 10。

表 10　　　　　　　　　　　推荐填料施工碾压参数和控制标准

填料类型	碾压机具	行车速度	松铺厚度	碾压遍数	设计干密度	设计孔隙率
主堆石料	26t 振动碾	2～3km/h	90cm	10	≥2.13g/cm³	≤20.0%
次堆石料	26t 振动碾	2～3km/h	90cm	10	≥2.11g/cm³	≤21.0%
垫层料	20t 振动碾	2～3km/h	45cm	8	≥2.19g/cm³	≤18.0%
特殊垫层料	20t 振动碾	2～3km/h	25cm	8	≥2.20g/cm³	≤18.0%
过渡料	20t 振动碾	2～3km/h	45cm	10	≥2.16g/cm³	≤19.0%
反滤料	20t 振动碾	2～3km/h	25cm	6	≥2.26g/cm³	≤18.0%
特殊垫层料（手扶）	90N·m 冲击夯	10～15m/min	25cm	10	≥2.20g/cm³	≤18.0%
反滤料（手扶）	90N·m 冲击夯	10～15m/min	25cm	10	≥2.26g/cm³	≤18.0%

5　总结

（1）从试验成果可以看出，堆石料粒径从 0.1～800mm 范围变化，施工过程中铲、运、摊铺、卸料引起颗粒分离是很难避免的。资料显示，级配变化造成同一单元压实干密度有一定的波动，这表明材料的不均匀性造成实测密度不均匀性的实际情况是客观存在的，宜采用平均值来衡量其压实效果。保证进场材料级配的均匀性和施工的均匀性，避免骨料分离，使填料颗粒紧密排列，降低颗粒间接触应力，提高压实密度。坝料级配是提高压实密度、降低坝体沉降变形的关键，施工中尽最大努力给予保证。

（2）工程所采用的片麻岩填料，因变化程度不均匀以及风化程度变化，岩石密度差异较大，在施工过程中可能岩石密度还会有变化，在施工过程中视岩性变化不定期进行岩石密度试验，以精确计算压实孔隙率。

（3）施工过程中尽最大努力控制坝料级配在设计范围内，并严格控制铺土厚度、碾压遍数。对于坚硬岩石吸水量较小，岩石洒水量多少对压实效果提升不明显。

（4）通过上水库现场碾压试验，确定了填筑料坝体填料施工工艺，确定了符合设计要求的碾压参数，为进一步大坝填筑施工具有指导意义，通过现场实际不断优化填筑碾压参数，有利地保证了大坝填筑质量和施工进度。

作者简介

王波（1969—），男，本科，高级工程师，主要从事抽水蓄能电站工程咨询与管理工作。

文臣（1991—），男，硕士研究生，工程师，主要从事抽水蓄能电站工程咨询与管理工作。

仙居抽水蓄能电站上水库坝料爆破开采技术研究[1]

王 波 王家鹏 付 纪

（中国水利水电建设工程咨询北京有限公司）

[摘 要] 根据仙居坝料开采强度、质量及库盆石料场的地质情况，通过开采爆破试验的经验成果，采用大中型孔径、中深孔全偶合装药爆破，通过爆破试验可满足大坝填筑和垫层料加工对级配曲线及粒径的要求，做到改善开采的方式方法，提高石料级配质量，降低开采成本，确保施工工期等方面，做了初步的研究和尝试。

[关键词] 上水库坝料 爆破开采技术 仙居抽水蓄能电站

1 引言

仙居抽水蓄能电站位于浙江省仙居县湫山乡境内，距仙居县城 50km。电站由上水库、输水系统、地下厂房、地面开关站及下水库等建筑物组成，总装机容量为 1500MW（4×375MW）。上水库由一座主坝和一座副坝组成，主、副坝均为混凝土面板堆石坝，最大坝高分别为 86.70m 和 59.70m，上水库总库容约 1294 万 m^3；土方开挖量约 101 万 m^3，石方开挖量约 249 万 m^3，大坝石方填筑量约 227 万 m^3，主、副坝采用分层填筑碾压的方法，填筑料主要利用进/出水口、东南库岸、西南库岸等部位的开挖料，因此在施工时应尽量安排开挖与坝体填筑同期施工，便于开挖料直接上坝，减少二次转运。本文着重探讨大坝堆石、过渡料开采爆破方式。

2 爆破试验技术背景

2.1 上水库岩石地层岩性

上水库出露地层有侏罗系上统高坞组（J_{3g}）、西山头组（J_{3x}）火山岩及火山碎屑岩，局部见燕山晚期侵入的中性、基性脉岩，上覆厚度不一的第四系残坡积层（Q_{4el+dl}）。

2.2 上水库岩石地质构造

上水库出露的地层以穿过副坝垭口的 F_2 断层为界，断层北盘为高坞组地层，南盘为西山头组地层，呈单斜地质构造。上水库节理发育，受断裂构造、岩性的影响，在不同的岩层内其产状及发育程度不一。高坞组（J_{3g}）地层节理以铁锰质渲染为主，深部为钙质充填。

2.3 岩石物理力学性质

试验表明，弱风化角砾凝灰岩、沉凝灰岩吸水率、孔隙率较大，表明这类岩石受风化

---

[1] 本文发表于《水利建设与管理》2012 年第 7 期（总第 227 期）。

影响明显，抗压强度低、离散性较大；其余试样结构较致密，尤其是含砾晶屑熔结凝灰岩的指标最优。其中弱风化角砾凝灰岩饱和单轴抗压强度为 31.1MPa，软化系数为 0.51，微风化分别为 96.1MPa 和 0.83；弱风化安山岩分别为 81.8MPa 和 0.87，微风化分别为 95.5MPa 和 0.74；弱风化玄武岩分别为 73.4MPa 和 0.91，微风化分别为 80.5MPa 和 0.72；弱风化含砾晶屑熔结凝灰岩为 124MPa 和 0.64，微风化分别为 163.4MPa 和 0.78；角砾凝灰岩、安山岩及玄武岩三类岩石的物理力学性质具有一定的离散性，反映该类岩石的物质组成的不均一性。

2.4 设计的开采料级配要求

2.4.1 开采料颗粒级配（见表1）

表1   开采料颗粒级配表

材料分区		材料颗粒级配（粒径：mm）																				
		0.1	0.3	0.5	0.8	1	2	3	5	8	10	20	30	40	50	60	80	100	150	200	300	400	600	800
过渡区	上包线				3	5	10	14	20	28	31	45	54	61	68	74	85	91	100					
	下包线								5	11	13	23	29	35	39	44	52	58	71	83	100			
主堆石	上包线					4	8	11	15	21	23	33	39	44	48	52	57	61	68	75	85	93		
	下包线								2	7	8	14	20	24	27	31	36	39	48	54	65	74	88	100

2.4.2 开采料级配包络线（见图1和图2）

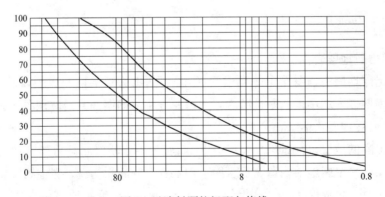

图1　过渡料颗粒级配包络线

3 石料开采方案比较

目前国内抽水蓄能电站坝料开采爆破，大致有以下几种方法，见表2。

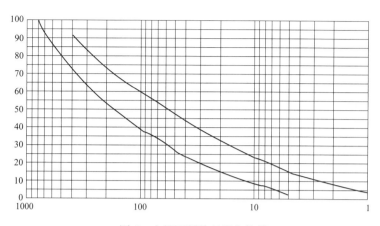

图 2   主堆石颗粒级配包络线

表 2 <td></td> 坝料开采方案比较

方案名称	方案比较	结　论
石料中小孔径装药爆破	$\phi80$ 以下的凿岩机械钻孔，人工装药，以散装炸药偶合装药及条形药包不偶合装药结构，火炮及电炮爆破开采。 优点：无需大型钻爆机械设备及附属设施，灵活方便，石料级配质量较高。 缺点：成本高，开采强度低，劳动强度大，工期长等	规模小，成本高，无法满足工程进度要求
石料大孔径深孔不偶合装药爆破	采用 $\phi120\sim200$ 较大型凿眼机械进行深孔梯段人工装药爆破，以条形药包不偶合装药结构，电雷管及非电雷管进行梯段爆破开采。 优点：爆破地震效应可控制，破坏及影响范围较小，爆破震动及飞石可有效地得到控制，爆破网路安全可靠，开采强度较高，爆破开采效果较好。 缺点：顶部大块率高，石料细颗粒粒含量偏少，材料用量较大，钻孔量大，经济效益不明显，工期较长等	开采强度受到限制于工程进度不利
石料中大孔径深孔全偶合装药爆破	采用 $\phi80\sim138$ 中大型凿眼机械进行深孔梯爆破，以散装 2 号铵油炸药或散装 4 号防水铵油炸药全偶合装药结构，电雷管及高精度非电雷管进行梯段爆破开采。 优点：爆破地震效应可控制，破坏及影响范围较小，爆破震动及飞石可有效地得到控制，爆破网路安全可靠，开采强度高，爆破开采效果好。 缺点：散装炸药在有溶洞溶槽及严重的地质缺陷的部位使用存在较大困难	开采粒径得到较好的控制，可满足开采强度及工程进度，且经济效益明显

4   试验采用的爆破技术

4.1   堆石及过渡料开采爆破技术

本次坝料爆破试验采用深孔 V 微差挤压爆破技术，优点是：

（1）微差顺序爆破网络是利用雷管毫秒延时的作用起爆药包，爆轰波的相互叠加作用和爆破的岩石相继碰撞，有利于岩石破碎。

（2）V形网络连接方式，增加了孔距，形成大间距和小抵抗线，使岩石特别在致密状难破碎的岩层，产生更多的扭曲和撕裂作用，从而改善爆破效果。

（3）在自由面前有意保留堆渣而产生的挤压作用，使岩块块度均匀，大块率低，可以获得一定块定、级配的特殊用途的石渣材料。

（4）爆堆规整，对运输线路影响小，减少运输设备的停滞时间。

4.2 堆石及过渡料开采爆破参数

已知参数：钻孔直径 $D=90\text{mm}$，梯段高度 $H=12\text{m}$，炸药品种为2号岩石乳化胶状铵梯炸药。

未知参数：孔距 a、排距 b、装药结构、单耗药量、超钻深度、堵塞长度、起爆网络。

爆破梯段高度控制在12m以内，主要采用DX700钻机造孔，钻孔角度为75°，采用方形布孔。

（1）盘底抵抗线（W_1）计算公式

$$W_1 = nD$$

式中：n 为排距系数20～30，硬岩取小值、软岩取大值；D 为炮孔直径。

（2）孔距（a）计算公式

$$a = mW_1$$

式中：m 为密集系数，一般取0.8～1.4，在宽孔距爆破中取2～4或更大，第一排孔应选较小系数。

（3）排距（b）计算公式

$$b = 0.8a$$

（4）炸药单耗量选择。

单耗量计算公式

$$Y_{80} = e^{[0.58B - 0.145(S/B) - 1.18(q/c) - 0.82]}$$

式中：Y_{80} 为破碎的爆岩有80%通过的筛孔尺寸（m）；B 为底盘抵抗线（m）；S 为孔网面积（m^2）；q 为单耗药量（kg/m^3）；c 为岩石系数（kg/m^3）。

经过试算，可分别确定首次主、次堆石料和过渡料的孔网参数和炸药单耗。根据再根据首次爆破情况，结合地质条件和以往爆破经验，进行爆破参数修正。

超钻深度是指炮孔深度超出梯段高度以下的一段孔深，其作用是降低装药中心位置，克服梯段底板的夹制作用，使爆后不留底块。超深一般按下式计算

$$h = (0.15 \sim 0.30)W$$

如果岩石坚硬，结构面不发育，则超深要加大。

堵塞长度：合理的堵塞长度和良好的堵塞质量，有利于改善爆破效果。过短的堵塞容易造成岩块飞散甚至冲炮和出现根底；过长的堵塞容易在孔口部分形成大块。堵塞长度计算公式为

$$L = 0.75W$$

4.3 堆石料爆破试验参数

4.3.1 试验固定参数

已知参数：钻孔直径 $D=90$mm，钻孔角度 80°，孔深 13m，梯段高度 $H=12$m，炸药品种为 2 号岩石乳化胶状铵梯炸药，堵长 2.0m，孔网形式为矩形，起爆网络 V 形见图 3 和图 4。

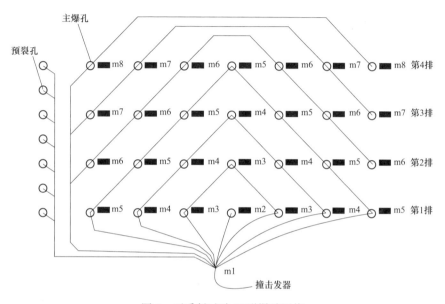

图 3　开采料试验 V 形爆破网络

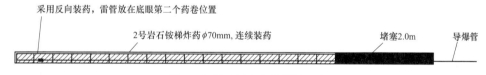

图 4　主爆不耦合装药结构示意

4.3.2 试验可变参数

根据堆料和过渡料的爆破试验参数计算成果，结合实际工程经验，初步确定本次爆破试验可变参数，见表 3。

表 3　　　　　　　　　　　　爆破试验的可变参数计算表

爆破参数	第 1 组	第 2 组	第 3 组	第 4 组
排距（m）	2.5	3.0	3.5	4.0
孔距（m）	3.0	3.0	3.5	4.0
单耗（kg/m³）	0.8	0.65	0.5	0.4

注　1. 每次爆破总孔数不大于 50 个孔，以避免增加爆破网络联网困难。

　　2. 表中采用的参数非固定值，要根据爆渣的筛分试验结果，运用逐步逼近法调整相应的爆破试验参数。

4.3.3 装药结构

采用连续偶合装药结构。

4.4 过渡料的爆破试验参数

4.4.1 试验固定参数

已知参数：钻孔直径 $D=90\text{mm}$，钻孔角度 80°，孔深 13m，梯段高度 $H=12\text{m}$，炸药品种为 2 号岩石乳化胶状铵梯炸药，堵长 2.0m，孔网形式为矩形，起爆网络 V 形。

4.4.2 试验可变参数

根据堆料和过渡料的爆破试验参数计算成果，结合实际工程经验，初步确定本次爆破试验可变参数，见表 4。

表 4　　　　　　　　　　　爆破试验的可变参数计算表

爆破参数	第 1 组	第 2 组	第 3 组	第 4 组
排距（m）	2.0	2.5	2.5	3.0
孔距（m）	2.5	2.5	3.0	3.0
单耗（kg/m³）	1.25	1.0	0.85	0.7

注　1. 每次爆破总孔数不大于 50 个孔，以避免增加爆破网络联网困难。

　　2. 表中采用的参数非固定值，要根据爆渣的筛分试验结果，运用逐步逼近法调整相应的爆破试验参数。

5 仙居坝料开采爆破方案

综上所述，根据仙居坝料开采强度、质量石料场的地质情况，借鉴泰安开采和响水涧采石场开采爆破试验的经验成果，采用大中型孔径、中深孔全偶合装药爆破，可以满足仙居大坝填筑和混凝土骨料加工对级配曲线及粒径的要求。

5.1 钻爆参数选择

仙居库盆开挖爆作业中，在距开挖边坡较远处可采用较大孔径，邻近边坡依次减小钻孔直径：主爆孔径以 102～138mm 比较合适；在边坡和基建面附近采用 90～105 孔径，台阶高度 10.0m。对东南库岸料场，由于距建筑物较远，可选择较大孔径的钻机，主要选用 115～138 孔径，靠近边坡爆破孔可选用 102 孔径，预裂孔选用 90 孔径，台阶高度 12.5m。使用硝铵炸药全偶合装药结构，孔网参数根据料场地质条件和不同级配料的具体要求确定，选用高精度毫秒非电雷管 V 形起爆网络，同时对边坡开挖采用中小孔径不偶合爆破等措施，以减小主爆孔爆破对边坡的影响。此种合二为一的形式，不但可以达到库盆开挖、料场开采爆破设计的要求，又能开采出符合坝料级配要求。

5.2 石料合理级配开采的技术措施

5.2.1 炸药和起爆器材、钻孔设备

根据我国目前水利工地上已有的炸药类型、规格和起爆材料在坝料开采中使用的情况认为：

（1）$\phi70$、$\phi90$ 柱状 2 号岩石乳化炸药：炮孔利用率低，为不耦合装药，爆破压缩圈小，只能作为一般块石开采和普通的爆破开挖。

（2）2 号岩石粉状炸药，爆破威力较大，耦合装药炮孔利用率高，爆破效果较好，但不具备防水性能，因此在雨季和有水的钻孔中可采用防水 2 号岩石铵油炸药装药。是仙居电站大坝坝料开采的主要炸药品种。采取全耦合装药，炮孔利用率高，爆破压缩圈范围较大，300mm 以下块径石料含量明显增加，尤其是 P5 含量可提高 3%～5%。

（3）普通导爆管起爆网络安全性好，操作方便，起爆规模不受网络本身的限制，但起爆时间间隔太长，且精度不高，容易发生盲炮。高精度非电雷管精度高，操作简单方便，是岩石爆破及石料开采非常理想的起爆雷管。

（4）中大孔径深孔微差挤压爆破是提高主、次堆石料和细堆石料的较好开采方法，能大幅度提高符合 5mm 以下粒径的百分比，比较接近严格的设计包络曲线，从钻爆效率来看，主、次堆石料和细堆石料开采的钻孔设备直径不宜过小或过大，阿特拉斯 ROC-D7型高风压潜孔钻机和露天液压钻机有较好的适应性和普遍性，而直径在 89～138mm 较为适宜。仙居石料开采钻孔和装药设备见表 5。

表 5　　　　　　　　　　　　仙居石料开采钻爆机械选型

编号	钻爆机械	钻孔直径（mm）	月生产能力（万 m³）	备注
1	高风压潜孔钻机 460PC8 瑞典	105～13	8.0	主爆破孔
2	露天液压钻机 ROC-D7	89～102	7.0	主爆破孔
3	潜孔钻机 QZJ-100B	80～100	1	预裂爆破孔及辅助钻孔
4	手持式汽腿钻机 YTP-28	42	0.1	水平光爆及解炮钻孔

5.2.2　孔网布置

（1）在坝料开采爆破施工中，采用矩形布孔和梅花形布孔两种布孔方式，为了药量分布的均匀性和起爆顺序起爆网络的灵活性，建议密集系数（孔距/排距）为 1.5～1.8 较好。钻孔角度 75°～90°，从实际钻孔和爆破效果看，垂直孔便于控制，但倾斜孔（75°～85°）的破碎效果较好，残留炮垠较小。

（2）前排抵抗线的大小对爆破效果的影响很大，也是保证爆破安全的重要因素之一。坝料开采爆破采用抵抗线为 2.5～3.5m 较为合适，但最小抵抗线不宜小于 2.5m。合理的前排抵抗线一般与装药直径成正比，一般取值约为 20～30 倍装药直径，以保证爆破的安全和合理的坝料级配曲线。

5.2.3　梯段高度、超钻和堵塞

梯段的高度受钻孔精度、孔排距、炸药及起爆材料的限制。坝料开采的理想梯段高度为 12.5m 左右，超钻按抵抗线的 0.20～0.40 倍控制，一般为 0.5～1.5m。

炮孔采用黏土或钻孔岩粉封堵，堵塞长度约为药卷直径的 25～30 倍，严禁在堵孔内混有石块或碎石，以免造成飞石伤害事故。在保证安全的条件下，堵塞长度宜尽量减小，现场按 2.0～3.0m 控制。堵塞长度大于 3.0m 的部分，采用小直径的破碎药包延长装药结构，以增加表层破碎效果，辅助药包炸药用量按公式 $Q=KL^3$ 计算，（式中 K 取 0.08～0.1kg/m³，L 为堵塞长度），辅助药包位置放在堵塞段 2/3～1/2 处。

5.2.4 装药结构

在坝料的开采爆破施工中，采用全耦合装药与不耦合装药、连续与间隔装药的方式对比来看，全耦合装药方式的爆破效果明显优于不耦合装药方式；在同一单耗情况下，耦合装药方式产生石料的特征是：粒径小，均匀系数小，均匀系数的影响不是很大，但间隔装药操作困难，炮孔利用率低。

5.2.5 爆破规模与起爆方式

中大孔径深孔梯段爆破全部采用毫秒微差爆破，包括排间和孔间两种方式。起爆顺序采用 V 形起爆、斜排起爆、直线起爆三种网络方式。V 形起爆、斜线起爆方式均可以成功起爆，爆堆较集中，差别不大。而梯段前堆渣进行微差挤压爆破，其爆破能量得以充分利用，尤其爆后爆堆更集中，石料中的细颗粒含量明显增加，是坝料爆破开采的优选方案。

坝料爆破每次孔数不宜超过 50 个，排数不宜超过 5 排，其规模控制在 3000～5000m³ 范围内。规模太小，细料的比例相对下降，而且影响上坝强度；规模过大，起爆单段药量难以控制，增大爆破震动，对高边坡、附近居民和建筑物造成不良影响。

6 结论

采用中大孔径深孔全耦合装药的爆破方案，开采大坝堆石级配料，具有经济、高效等优点，因此，成为仙居电站大坝坝料开采的主要方法。现阶段国内外对大坝堆石级配料爆破开采的研究和理论较多，但对结合工程实际，运用操作存在较大偏差。本文结合山东泰安、响水涧开采爆破经验，改善开采的方式方法，提高石料级配质量，降低开采成本，确保施工工期等方面，做了初步的研究和尝试。

作者简介

王波（1969—），男，本科，高级工程师，主要从事抽水蓄能电站技术咨询与管理工作。

阿尔塔什趾板混凝土配合比设计及防裂研究

谭小军　周天斌　王红刚

（中国水利水电第五工程局有限公司）

[摘　要]　趾板是面板堆石坝防渗体系中的重要组成部分，作为防渗体的趾板混凝土，对耐久性能要求较高。文章通过对新疆阿尔塔什水利枢纽工程趾板混凝土配合比设计，提高混凝土自身的抗拉强度，使混凝土具有低绝热温升、高抗拉强度、低收缩、低弹模、高极限拉伸特性，同时利用混凝土抗裂设计及评价方法，研究纤维及抗裂防水剂在阿尔塔什趾板混凝土中的应用效果，提高趾板混凝土自身抗裂及耐久性能。

[关键词]　趾板；配合比；抗裂性；耐久性

1　工程概况

阿尔塔什水利枢纽工程被誉为"新疆三峡"，是国家"十三五"规划的重点工程，也是目前新疆在建的最大水利枢纽工程项目，位于南疆莎车县霍什拉普乡和阿克陶县的库斯拉甫乡交界处。本工程地处高寒干燥地区，昼夜温差大，气候干燥，日照长，雨量少。多年平均气温为 11.4℃，极端高温气候 39.6℃，极端低温 －24℃，多年平均降水量 51.6mm，多年平均蒸发量 2244.9mm，最大风速 22m/s，全年平均风速 1.8m/s，最大冻土深 98cm，最大积雪厚度 14cm。

2　趾板混凝土设计要求

趾板混凝土设计指标见表 1。

表 1　　　　　　　　　　　　　趾板混凝土设计指标

强度等级	级配	设计坍落度 (cm)	抗渗等级	抗冻等级	极限拉伸值 ($\times 10^{-4}$)	最大水胶比	最小胶材用量 (kg/m³)	入仓方式
C30	二	14～16	W12	F300	≥1.0	0.45	300	泵送

3　原材料检测

3.1　水泥

新疆地区普硅水泥碱含量普遍较高，多为 1% 左右，有少数水泥厂生产低碱水泥，但成本较高，约是普通硅酸盐水泥的两倍。工程采用叶城天山普通硅酸盐水泥，水泥物理化学指标检测均满足《通用硅酸盐水泥》（GB 175—2007）的要求，但总碱含量为 0.92%，不利于混凝土总碱含量的控制。通过厂家控制水泥比表面积在 300～350m²/kg（15 年均值为 400m²/kg），熟料生产中控制 C_3A 的矿物成分小于 6%（15 年均值 8.2%），有利于减小水泥早期强度过高、水化热过快、凝结快、干缩变形大而造成混凝土裂缝的产生。

3.2　粉煤灰

采用华电喀什电厂生产的Ⅰ级粉煤灰，需水量比、细度、烧失量、碱含量、氯离子含量均满足规范要求。

3.3　骨料

采用阿尔塔什工程现场的C3料场砂石骨料（天然骨料混掺部分人工破碎），经检测粗细骨料物理指标均满足《水工混凝土施工规范》（SL 677—2014）的要求。采用砂浆棒快速法试验进行骨料碱活性检验，结果表明，天然骨料具有潜在碱活性。

3.4　外加剂

采用建宝天化的高性能减水剂、引气剂和抗裂防水剂，经检测均满足规范要求。

3.5　纤维

纤维采用聚乙烯醇PVA纤维，该纤维是一种低弹模纤维，在混凝土中有较好的分散性，与混凝土具有较好的协调变形能力，起到阻裂增韧作用。经检测满足长度12mm±1mm、断裂强度大于1500MPa、初始模量大于36GPa、断裂伸长率6%～8%的技术要求。

3.6　拌和用水

混凝土拌和用水采用叶尔羌河河水，检测结果满足拌和用水技术要求。

4　混凝土配合比参数选择

混凝土配合比参数选择主要从配制强度、含气量、粗骨料级配、粉煤灰掺量、砂率和用水量六个方面进行试验。

趾板混凝土设计等级为C30W12F300，配制强度为37.4MPa；当骨料最大粒径为40mm时，适宜含气量为5.5%±1.0%。

粗骨料级配采用最大振实容重法进行紧密密度与孔隙率的测试，当小石和中石比例40：60时，紧密密度最大、孔隙率最小，最佳级配比例为40：60。

混凝土中掺用粉煤灰具有改善混凝土和易性及物理力学性能，减小混凝土温升，抑制碱活性，降低工程成本等。在保证工程质量的前提下，合理掺用粉煤灰，易于施工及节约成本。当掺量为30%时，对混凝土28d强度值影响较大；掺量小于30%时，强度值影响较小，粉煤灰掺量小于30%较为适宜。砂浆棒快速法抑制骨料碱活性试验表明：掺入15%的粉煤灰不能很好地抑制碱骨料反应，当掺入大于20%的粉煤灰后，14d膨胀率为0.028%～0.045%。从工程的安全性和耐久性考虑，结合不同粉煤灰掺量对混凝土强度的影响和对碱骨料反应的抑制效果分析确定粉煤灰的掺量为25%。

砂率指在保证混凝土拌和物具有良好的黏聚性、保水性，能达到最好工作性能，用水量最小的砂率。合理的砂率不仅可以使拌和物具有良好的和易性，而且能使硬化的混凝土获得较好的力学性能、耐久性能。试验结果表明，当水胶比为0.35、0.38、0.41时二级配混凝土最佳砂率为37%、38%、39%。

用水量是在固定水胶比，采用最佳的粉煤灰掺量、砂率等的前提下，使混凝土具有良好工作性能的用水量。

5 混凝土强度和水胶比的关系

试验选用三个经验值水胶比（0.35、0.38、0.41）进行拌和物性能和力学性能试验，最后通过数据回归分析计算混凝土的水胶比取值。趾板混凝土水胶比取值见表 2，混凝土 28d 强度（f_c）与胶水比（B/W）的关系见图 1。

表 2 　　　　　　　　　　　　　　　　趾板混凝土水胶比取值

设计等级	设计龄期 (d)	级配	强度保证率 P（%）	粉煤灰 （%）	配制强度 （MPa）	回归关系方程式	水胶比 计算值	水胶比 取值
C30	28	II	95	25	37.4	$f_{cu} = 19.64(C+F)/W - 14.91$	0.375 5	0.37

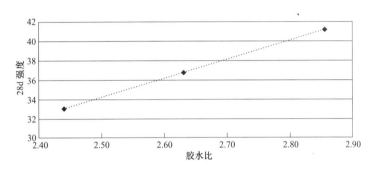

图 1　混凝土 28d 强度（f_c）与胶水比（B/W）的关系

6 不同抗裂方案对混凝土性能的影响分析

通过不同的材料组合，研究纤维、抗裂防水剂对混凝土性能的影响，从中寻找出混凝土自身抗裂能力最优，性能可靠的混凝土配合比。

6.1 掺纤维混凝土的性能

从混凝土拌和物的性能来看，纤维的加入略微减小了混凝土的含气量，较好地改善了混凝土的和易性，说明纤维在混凝土中的均匀分布，阻碍了集料的沉降，减少了混凝土的泌水通道，使混凝土中的孔隙率有所降低。力学性能方面，掺纤维后，混凝土抗压强度变化不大，但劈裂抗拉强度增长 6%～8%，轴向拉伸强度平均增长 6%，极限拉伸值平均增长 8%，弹性模量降低 1%。说明掺入纤维可以提高混凝土的韧性、抗拉力，阻止开裂。变形性能方面，混凝土掺纤维后可以减小混凝土的干缩。通过混凝土抗裂试验—平板试件试验评价混凝土的塑性收缩，试验结果表明，掺 PVA 聚乙烯醇纤维的混凝土明显提高了混凝土的抗裂性能，抗裂等级为 I 级，未发现有裂缝的出现，纤维对混凝土平板抗裂影响的试验结果见表 3。

6.2 掺抗裂防水剂混凝土的性能

掺入 2% 的抗裂防水剂，可在一定程度上改善混凝土拌和物的性能，增加了混凝土拌和物的黏稠度，具有较好的流动性和保水性；力学性能变化不大；变形性能方面，单掺抗裂防水剂，混凝土的干缩值有所降低。从平板抗裂试验结果来看，单掺抗裂防水剂延迟了混凝土的开裂时间，裂缝的宽度变小，开裂面积降低，但还是出现了开裂，开裂等级为Ⅱ级，试验结果见表4。

表3　　　　　　　　　纤维对混凝土平板抗裂影响的试验结果

编号	水胶比	纤维 (kg/m³)	开裂时间	开裂面积 A(mm²/根)	单位面积裂缝数目 (根/mm²)	单位面积开裂面积 C (mm²/m²)	抗裂性等级
JZ-1	0.37	—	358	5.4	13.7	84.3	Ⅱ
XW-1		0.9	—	0	0	0	Ⅰ

表4　　　　　　　　抗裂防水剂对混凝土平板抗裂影响的试验结果

编号	水胶比	抗裂防水剂 (%)	开裂时间	开裂面积 A(mm²/根)	单位面积裂缝数目 (根/mm²)	单位面积开裂面积 C(mm²/m²)	抗裂性等级
JZ-1	0.37	—	358	5.4	13.7	84.3	Ⅱ
WHDF-1		2	486	2.4	12.2	45.3	Ⅱ

6.3　复掺纤维和抗裂防水剂混凝土的性能

复掺纤维和抗裂防水剂，混凝土拌和物的和易性良好，力学性能与单掺纤维一致，但混凝土的干缩值降低幅度较大，由此看来，材料组合中复掺纤维和抗裂防水剂能更有效地减小混凝土的干缩变形。不同材料组合干缩值与时间关系见图2，不同材料组合混凝土抗冻抗渗试验结果见表5。

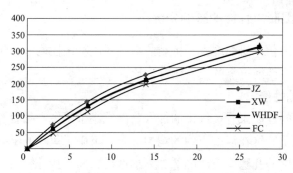

图2　不同材料组合干缩值与时间关系图

表5　　　　　　　　　不同材料组合混凝土抗冻抗渗试验结果

编号	水胶比	实测压力 (MPa)	平均渗水高度 (mm)	冻融次数	平均相对动弹模量（%）标准要求	平均相对动弹模量（%）检测结果	平均质量损失率（%）标准要求	平均质量损失率（%）检测结果
JZ	0.37	1.4	4.8	F300	>60	70	<5	3.02
XW	0.37	1.4	3.4			83		2.72
WHDF	0.37	1.4	2.2			76		3.64
FC	0.37	1.4	1.8			87		2.47

7 推荐趾板混凝土施工配合比

综合阿尔塔什趾板混凝土配合比设计和不同抗裂方案试验结果，推荐的阿尔塔什趾板混凝土配合比见表6，推荐配合比总碱含量和氯离子含量计算结果见表7。

表6　　　　　　　　　　　　阿尔塔什趾板混凝土推荐配合比

设计等级	水胶比	砂率 (%)	级配	粉煤灰 (%)	纤维 (kg/m³)	WHDF (%)	减水剂 (%)	引气剂 (/万)
C30W12F300	0.37	38	II	25	0.9	2	1.3	0.25

混凝土材料用量（kg/m³）									
水	水泥	粉煤灰	砂子	小石	中石	减水剂	引气剂	抗裂防水剂	纤维
130	263	88	729	476	714	4.563	0.009	7.02	0.9

表7　　　　　　　　　推荐配合比总碱含量和氯离子含量计算结果

设计等级	总碱含量（kg/m³）	氯离子含量（%）
C30W12F300	2.91	0.06

8 结束语

（1）阿尔塔什项目天然骨料具有碱活性，且当地所产水泥碱含量较高，通过现有的材料控制总碱含量小于 3kg/m³，有效抑制了碱硅反应对趾板混凝土的危害，并提高混凝土的耐久性能，节约工程成本。

（2）通过不同抗裂方案分析可得出单掺纤维及单掺抗裂防水剂均能起到一定的抗裂作用，综合比较分析，在保证各项指标满足设计要求的前提下，复掺纤维及抗裂防水剂效抗裂性能达到最佳状态。

（3）经过一年多的实践验证，浇筑的趾板混凝土自身抗裂性能较强，阿尔塔什水利枢纽工程中施工的趾板混凝土极少发现开裂。

作者简介

谭小军（1976—），男，四川射洪人，高级工程师，学士，总工程师，从事试验检测工作。

膨润土海水制浆技术的研究与应用

王保辉[1]　王　超[2]　刘德政[3]

（1　中国水电基础局有限公司　2　中国水电基础局有限公司

3　中国水电基础局有限公司）

[摘　要]　在海上钻孔灌注桩施工中，由于淡水供应难度较大，若能采用全海水制浆或采用部分海水与淡水混合制浆，将为施工提供很多便利条件，同时也能降低施工成本。我国的海水制浆技术以往曾在多座跨海大桥的桩基施工中进行应用，但因膨润土指标、海水成分、浆液性能要求差异化等原因，浆液配制的方法互有不同，膨润土海水制浆具有技术含量高、差异性大的特点。本文通过卡西姆电站卸煤码头海上钻孔灌注桩膨润土海水制浆技术的介绍，意在为今后类似项目提供借鉴和参考。

[关键词]　膨润土浆液　海水　配合比　应用

1　工程概况

巴基斯坦卡西姆燃煤电站卸煤码头工程位于卡拉奇市东 35km，濒临阿拉伯海。项目包括引桥及卸煤码头两部分，整体采用高桩基正交梁板结构形式。海上桩基采用施工平台船配合旋挖钻机施工工艺，由于地质条件复杂、桩径大、成孔护壁难且工期紧张等特点，海上桩基能否按期完工成为整个项目的关键控制节点。由于现场淡水供应能力不足，若全部使用淡水制浆，将难以满足施工需求。施工初期经多次试验反复配制研究，较好地解决了膨润土海水制浆的技术难题，很好地满足了施工需求，降低了施工成本，取得了良好的社会和经济效益。

2　海水泥浆试配

2.1　试验条件

根据就地取材的原则，当地能够买到的制浆材料有钠基膨润土、工业纯碱 Na_2CO_3、羧甲基纤维素 CMC 等，在膨润土海水浆液试配前，首先对泥浆配制需要的各种原材料进行了物理、化学性能指标检测。

2.1.1　海水物理化学指标检测（见表 1）

表 1　　　　　　　　　　　　海水物理化学性能指标

分析项目	游离二氧化碳 (mg/L)	pH 值	阳离子 (mg/L)		阴离子 (mg/L)		
			Ca^{2+}	Mg^{2+}	SO_4^{2+}	HCO_3^-	Cl^-
报告编号 FHDI-SH-2015-032	26.33	7.32	541.08	1937.09	1326.67	195.02	22 616.39
报告编号 FHDI-SH-2015-033	29.62	7.35	703.4	1805.76	980.00	212.23	21 469.94

2.1.2 钠基膨润土

选用品质较好的钠基膨润土，钠基膨润土加入水后，水能很快进入蒙脱层的晶格层，使膨润土很快湿胀，并形成一种带电荷的亲水胶体，通过颗粒的静电斥力保持稳定的悬浮状态。

通过试验检测，物理化学性能指标见表2。

表 2 钠基膨润土性能指标

项目	粒度	pH 值	SiO_2	Al_2O_3	Fe_2O_3	MgO	CaO	Na_2O	K_2O	烧失量
数量	200 目通过 96%	8.2	71.95%	8.23%	0.54%	1.05%	1.58%	2.1%	1.75%	12.8%

2.1.3 分散剂 Na_2CO_3

分散剂的作用是使进入水中的膨润土颗粒分散开来，形成外包水化膜的胶体颗粒，减少内部阻力。使用海水配制的泥浆中含有 Mg^{2+}、Ca^{2+}、Na^+ 等金属离子，泥皮的形成性能降低，比重增加，致使膨润土凝聚、泥水分离，有可能造成孔壁坍塌。使用分散剂可以解决这些问题，改善泥浆的性能。

纯碱 Na_2CO_3 可与海水中的 Ca^{2+}、Mg^{2+} 起化学反应，生成碳酸钙，使金属离子惰性，因此分散效果较好。由于 Na_2CO_3 在海水中能电离水解，提供钠离子和碳酸根离子，可使泥浆 pH 值增大，使黏土颗粒分散，黏土颗粒表面负电荷增加，更好地吸收外界的正离子，增加水化膜的厚度，提高了泥浆的胶体率和稳定性，降低失水率，泥浆呈碱性稳定性好，而且碱性环境对钢筋的锈蚀起到保护作用。

2.1.4 增黏剂 CMC

选用羧甲基纤维素（俗称CMC），具有乳化分散剂、固体分散性、保护胶体、保护水分等性能，在酸碱度方面表现为中性，主要理化指标有黏度、取代度、pH 值、纯度和重金属等。

2.2 试验配制

经对海水进行理化试验分析发现，Cl^-、Mg^{2+}、Ca^{2+} 含量较高，若按常规的黏土或膨润土直接造浆，根本就无法达到泥浆护壁的要求，海水盐分含量较高，淡水资源也比较缺乏，按常规造浆海水与膨润土发生化学反应，很快形成沉淀，对钻孔桩护壁起不到作用，孔内水与泥形成分离，达不到钻孔护壁和悬浮沉渣的目的。若采用抗盐膨润土，不但造价高，而且还难以买到，因此，按就地取材的原则，对现有制浆材料进行试验配制，寻求适合的泥浆配合比。

通过拟定的以海水为配制泥浆的主原料，掺入钠基膨润土、增黏剂 CMC、纯碱 Na_2CO_3 分别进行单独调试和混合调试等多组试验研究，反复优化调试和测定试配泥浆的各项性能指标，最后优选确定以下海水泥浆配合比，经测定该配合比的试配海水膨润土泥浆性能较为稳定，各项指标满足泥浆护壁要求，见表3。

表3   海水膨润土泥浆配合比

项目	海水 （kg）	淡水 （kg）	膨润土 （kg）	CMC （kg）	Na_2CO_3 （kg）
配合比	70	30	12	0.001	0.5

经现场配制后测试，海水膨润土浆液性能指标见表4。

表4   泥浆测试各项性能指标

pH值	密度 （g/mL）	含砂率 （%）	失水量 （mL）	黏度 （S）	静切力 （g/cm²）	胶体率 （%）	泥皮厚 （mm）
9.5	1.06～1.19	<2	17	22～16	3.2	98.5	1.5～2.0

3 试验结果分析

经试验数据发现，利用纯海水造浆技术，不管是掺入 Na_2CO_3 或 CMC 配制出的泥浆，其性能极不稳定，乃至掺 CMC 作为分散剂，钠基膨润土与 CMC 很快就泥水分离，沉淀很快，达不到泥浆护壁和悬浮孔内沉渣的目的。但使用淡水、海水综合配制泥浆，只需要掺入 Na_2CO_3 作为泥浆分散剂，配制出的泥浆性能较为稳定，使用效果好，钻孔进度大大提高，同时清孔速度快，效果好，能很好地满足施工和设计规范要求。

与淡水泥浆相比，海水泥浆比重大、胶体率低、稳定性差，这是由于海水中含有大量的盐分及各种金属离子，泥浆易受到污染，对膨润土的造浆性能影响很大。研究表明：当水中的 Ca^{2+} 浓度达到 100mg/L 以上时，膨润土就会凝聚和沉降分离，当水中的 Na^+ 浓度达到 500mg/L 以上时，膨润土的湿胀性就下降极快，达到近于海水浓度时（3400mg/L）就会产生凝聚。另外，海水中 Cl^- 离子含量较高，挤压双电层现象严重，电动电位较低，使黏土颗粒水化膜变薄产生聚结下沉，致使泥浆黏度和切力均有所降低，泥浆失水量加大，稳定性不好。

4 应用及评价

在桩基钻进过程中，为保证泥浆的护壁效果，施工中每 1～2h 测定一次泥浆的黏稠度、密度、胶体率等参数，并根据孔内泥浆成分的变化，做出相应的调整，将泥浆比重控制在 1.06～1.19g/mL 区间内。在钻进过程中要密切关注潮水涨落情况，及时补充海水泥浆，严格控制孔内外水压差，保证孔内海水泥浆比海水高出 2m 为宜。钻孔完成后，采取气举反循环方式进行清孔，清孔完成后，经测定孔内泥浆各项指标均较好满足施工和设计规范要求。

考虑到膨润土泥浆掺入海水后，浆液可能会对桩体混凝土质量造成影响。在试桩施工完成后，对灌注桩实体进行了钻芯取样，进行了混凝土氯离子渗透性能（电通量法）试验，经检测其电通量试验结果满足设计规范要求，试验证明未对桩基实体质量造成不利影响。

根据项目实际应用的综合评价，海水膨润土浆液可完全满足施工和各项设计指标要

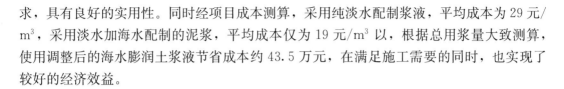

求，具有良好的实用性。同时经项目成本测算，采用纯淡水配制浆液，平均成本为 29 元/m³，采用淡水加海水配制的泥浆，平均成本仅为 19 元/m³ 以，根据总用浆量大致测算，使用调整后的海水膨润土浆液节省成本约 43.5 万元，在满足施工需要的同时，也实现了较好的经济效益。

5　结束语

采用淡水和海水联合配制的膨润土浆液，有效解决了海上桩基施工中淡水缺乏和供应困难的施工难题，实现了良好的技术创新，推动了膨润土浆液的应用，具有较好的社会和经济价值，值得今后类似项目的参考和借鉴。

参考文献

[1] 高超，刘可兵，姚磊华 . 杭州湾大桥工程中的海水造浆技术 [J]. 市政技术 . 2007，25 (2)：93-95.
[2] 周庆礼，谭海军 . 海域工程地质钻探中泥浆循环工艺的应用 [J]. 市政技术 . 2011，48 (4)：57-59.

作者简介

王保辉（1978—），男，高级工程师，主要从事岩土工程及水利水电工程施工工作。
王超（1976—），男，高级工程师，主要从事岩土工程及水利水电工程施工工作。
刘德政（1988—），男，工程师，主要从事岩土工程及水利水电工程施工工作。

混凝土缺陷处理施工技术
在小浪底水利枢纽工程的开发与应用

燕新峰[1]　赵传雷[2]　傅家薇[3]

（1　江苏赛富项目管理有限公司　2　江苏赛富项目管理有限公司

3　四川路桥建设集团股份有限公司）

[摘　要]　黄河小浪底水利枢纽工程规模宏大，技术要求高，施工难度大，是国内外专家公认的最具有挑战性的水利工程之一。施工期间，大量引进国内外管理者的先进管理经验，以及新技术、新工艺、新材料。直至今日仍对国内水利工程建设起到引导作用。本文根据小浪底水库混凝土缺陷处理实际施工经验，阐述多种混凝土缺陷处理施工技术在小浪底工程中的应用与开发，详细介绍多种混凝土缺陷施工技术及修补材料在小浪底工程中的应用。

[关键词]　小浪底　混凝土　缺陷　环氧砂浆　环氧胶泥　环氧树脂　裂缝

1　引言

黄河小浪底工程位于河南省洛阳市北 40km 处的黄河干流上，水库最高运用水位 275m，设计总库容 126.5 亿 m³，工程全部竣工后，水库面积达 272.3km²，控制流域面积 69.42 万 km²；总装机容量为 180 万 kW，年平均发电量为 51 亿 kWh；每年可增加 40 亿 m³ 的供水量。工程以防洪、减淤为主，兼顾供水、灌溉和发电，蓄清排浑，除害兴利，综合利用。

小浪底工程由拦河大坝、泄洪建筑物和引水发电系统组成。

泄洪建筑物包括 10 座进水塔、3 条导流洞改造而成的孔板泄洪洞、3 条排沙洞、3 条明流泄洪洞、1 条溢洪道、1 条灌溉洞和 3 个两级出水消力塘。由于受地形、地质条件的限制，所以均布置在左岸。其特点为水工建筑物布置集中，形成蜂窝状断面，地质条件复杂，混凝土浇筑量占工程总量的 90%，施工中大规模采用新技术、新工艺和先进设备。

由于黄河高泥沙的特点，考虑到耐磨和抗冲刷等要求，小浪底混凝土工程设计强度较高，溢洪道部分混凝土设计强度达到 C70。且由于地质条件限制和水工混凝土的特点，分块划仓尺寸大，几乎均为大体积混凝土，所以避免不了出现裂缝和掉块等混凝土缺陷。本文仅从水工混凝土缺陷处理工艺在小浪底工程中的应用，和常见的几种修补材料、施工工艺及施工工器具做简单介绍。

2　混凝土主要缺陷分类

常见的混凝土缺陷主要为混凝土错台、掉块、蜂窝、麻面、裂缝及流道混凝土的冲蚀、气蚀。由于混凝土各类缺陷成因、部位及缺陷程度不同，因此对水工建筑物的危害也不尽相同，严重的可直接危害水工建筑物的结构，影响正常使用，并存在严重安全隐患。根据缺陷的不同类型，参照国家相关规范，在缺陷处理时应采取缺陷情况，采取不同工艺、材料来进行处理。

2.1 混凝土表面缺陷

混凝土表面缺陷主要包括错台、掉块、蜂窝以及运行期的冲蚀和气蚀。

（1）错台。多发生施工缝及伸缩缝处，主要为模板支护不好引起变形，造成相邻混凝土板块之间出现高差。

（2）掉块和蜂窝。大部分由于混凝土浇筑期间振捣不匀，造成混凝土脱落形成掉块，或者骨料分离形成蜂窝。

（3）冲蚀。多发生在混凝土过流面，由于水流的流速快、含泥沙高，对混凝土表面造成严重冲刷，致使骨料外露，形成冲蚀缺陷。

（4）气蚀。主要发生在过流建筑物的空腔部分，由于高速水流通过，带动空气形成高速气流，对混凝土表面造成损坏，缺陷表现严重时和冲蚀相同。

上述缺陷如不及时进行处理，在高速水流和气流的影响下，将进一步破坏加剧和扩大，不但会影响到水的流态，并严重到水工建筑物的正常使用和造成严重安全隐患。

2.2 混凝土内部缺陷

混凝土内部缺陷主要为混凝土裂缝，由于小浪底地质复杂，水工建筑物集中布置，大体积混凝土较多，且由于新工艺和新设备的大量使用，不可避免地存在裂缝，而裂缝是混凝土结构物承载能力、耐久性及防水性降低的主要原因。并且建筑物的破坏往往是从裂缝开始，因此，对裂缝的控制和处理至关重要。

混凝土裂缝根据形态一般分为静止裂缝和活动裂缝，静止裂缝指已经停止发育和几乎静止的裂缝，如微细裂缝和非贯穿性裂缝。活动裂缝指还在发育或者处于变动状态的裂缝，如伸缩缝和贯穿性裂缝。而根据裂缝缺陷现象裂缝则主要分为渗水裂缝和干裂缝。

混凝土裂缝的处理重点在处理方法的选择，而施工工艺选择的重要依据就是裂缝的定性，定性的准确性直接影响到处理工艺的选择，并且影响到处理效果。因此混凝土裂缝的定性是一个复杂和漫长的过程，往往要经过长时间的观察和观测，才能对裂缝性质进行确定，准确选择相应施工工艺。

3 混凝土缺陷处理主要材料介绍

3.1 混凝土表面缺陷处理材料

混凝土表面处理材料主要为环氧砂浆和环氧树脂，环氧砂浆主要用于混凝土掉块和错台类缺陷使用，环氧树脂主要用于混凝土气蚀和冲蚀处理。

3.1.1 环氧砂浆

由于水流中含泥沙含量高、水利工程水塔流道水流流速大。为防止高速含沙水流对水工建筑物过流面的磨蚀和破坏，对急速流道、洞口与缺陷部位做环氧砂浆抗冲磨处理。如小浪底工程就在导流洞进水口段做环氧砂浆的抗冲磨涂层，并用于流道内混凝土掉块及错台缺陷处理。小浪底工程经过现场论证和试验，最终选择了上海树脂厂和中国水电十一工程局研制的，NE 型环氧砂浆作为小浪底工程的修补材料。该产品是由环氧树脂及助剂、特殊的矿物填料及颜料、固化剂等组成。采用 100% 反应型活性环氧树脂，固化后无残留无化学污染，主要特点有施工方便、具有较好的亲水性、耐磨、强度高和固化周期短等优点。主要技术指标见表 1。

表 1　　　　　　　　　　　　NE 新型环氧砂浆主要技术指标

项目	指标	项目	指标
一次抹面厚度（mm）	10～30	干燥时间：表干（h）	≤2
抗压强度（MPa）	10d 龄，≥45	干燥时间：实干（h）	10mm，24
抗折强度（MPa）	10d 龄，≥8	完全固化（天）	14
抗拉强度（MPa）	10d 龄，≥5	黏结强度（MPa）	10d 龄，≥2.8

3.1.2　环氧胶泥

小浪底工程修补施工，大部分使用的是瑞士西卡公司生产的环氧胶泥。由于生产厂家及技术力量不同，相关技术参数也不尽相同。西卡公司的环氧胶泥一种无溶剂、可在潮湿基面上施工的、双组分、触变性环氧结构黏结剂和修补砂浆。是由环氧树脂和一种特殊填料组成，适用温度为 10～30℃。广泛用于小浪底混凝土缺陷处理的气蚀和冲蚀处理，并在裂缝处理施工中作为裂缝表面封堵材料使用。主要特点包括施工方便、亲水性较好、黏结力强、固化后无收缩变形和良好的耐磨性及抗腐蚀性。

3.2　混凝土内部缺陷处理材料

3.2.1　渗透结晶型防水材料

渗透结晶型防水材料由国外发展而来，国内主要检测其混凝土结构的二次抗渗能力［见《水泥基渗透结晶型防水材料》（GB 18445—2001）］。二次抗渗能力的含义是反复多次的抗渗作用。渗透结晶型防水材料中含有的活性化学物质，通过表层水对结构内部的侵浸，被带入了结构表层内部孔缝中，与混凝土中的游离子交互反应生成不溶于水的结晶物，这个结晶生成的过程实际上就是渗透—结晶的过程。结晶物在结构孔缝中吸水膨大，由疏至密，使混凝土结构表层向纵深逐渐形成一个致密的抗渗区域，大大提高了结构整体的抗渗能力。并且它所产生的渗透结晶除了能深入到混凝土结构内部堵塞结构孔缝外，作用在混凝土结构基面的涂层由于有膨胀的性能，能起到补偿收缩的作用，能使施工后的结构基面具有很好的抗裂抗渗作用。

3.2.2　水溶性聚氨酯灌浆材料

水溶性聚氨酯化学灌浆材料包水量大，渗透半径大，适合动水地层的堵漏涌水，土质浅层和表面层的结固和防护。又因为水溶性聚氨酯化学灌浆材料固结体弹性好，所以，最适合混凝土活动裂缝的防渗堵漏。此材料的主要特点为，水即为固化剂也是诱导剂，施工非常方便。材料遇水后在几秒至几分钟内迅速与水反应（凝结时间根据渗漏情况可调），生成一种弹性体，短时间内即可止水，适用于漏水较大的裂缝和伸缩缝的灌浆施工，见表 2。

表 2   **某型水溶性聚氨酯技术指标**

项目	技 术 指 标
黏度（cP）	280
比重（kg/cm³）	1.02
膨胀率（%）	366.7
诱导凝固时间（s）	20
毒性	聚合体无毒
特点	遇水发生固化反应，固化时间在几秒至几分钟之间可调。固化体有较好的弹性，失水收缩遇水膨胀

3.2.3 环氧树脂灌浆材料

环氧树脂作为化学灌浆材料，与混凝土相比具有强度高，黏度低，渗透力强，可灌性好，耐化学腐蚀且有一定的柔韧性等优点，为混凝土裂缝补强加固处理施工的主要材料，见表 3。

表 3   **某型环氧树脂灌浆液性能指标**

性能	比重 (g/cm³)	本体强度（MPa）		与混凝土黏结强度 (MPa)	固化收缩率	耐久性	优点
		抗压	抗拉				
指标	1.05~1.15	≥60	10~15	≥3	0.15%左右	优良	有弹性

4 混凝土缺陷处理施工工艺

4.1 混凝土表面缺陷处理

4.1.1 混凝土掉块处理

首先根据掉块的形状，确定处理尺寸，使用石笔标出需处理的外缘线，标注时尽量避免锐角、小斜角等形状。再使用切割机沿标注线切割，切割深度一般根据缺陷情况定，切割时注意避开钢筋或其他预埋件。

切割后将处理区域内的碎混凝土块凿除，清理，用清水将碎石屑、石粉等冲洗干净，再用烘干机将基面烘干才能进行环氧砂浆回填施工。

基面烘干后首先涂抹环氧底层基液（黏结材料），底层基液按照比例调配好后，使用毛刷将待回填基面涂抹均匀，待底层基液手摸有拔丝现象时才能回填环氧砂浆，一般在涂抹后 20min 左右开始回填。

根据回填区域的大小，确定材料使用量后，按照比例搅拌均匀。环氧砂浆的每次回填厚度一般不得超过 2cm，超过 2cm 时应该分层回填，分层时每层的结合部按照基面技术要求进行处理。回填区域过大时应分区处理，在回填区域固定水泥钉，以控制回填厚度。回填时使用抹刀拍打环氧砂浆，直至油脂溢出表面为合格标准。环氧砂浆使用的工器具，必须及时用丙酮进行清洗，以确保正常使用。

4.1.2 混凝土错台、掉块的处理

将高出部分进行局部凿除，凿除时尽量使用小型工器具，避免对混凝土造成更大伤

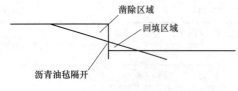

图1 错台修补方法剖面示意

害，然后使用角磨机打磨光滑，在另一侧用环氧砂浆进行修补，修补基础面应使用凿毛头等工具形成粗糙面，以提高黏结强度。在填充修补环氧砂浆前，应在伸缩缝处用油毡等材料隔开，隔离宽度不宜低于原设计伸缩缝宽度，并且必须保证平顺，见图1。

4.1.3 冲蚀和气蚀缺陷处理

冲蚀及气蚀处理主要分为打磨、修补材料回填两种。打磨处理仅限于缺陷较轻，打磨后与周边区域无明显差别的。打磨时磨光机要放平，避免出现波浪纹等情况。

如冲蚀或气蚀缺陷位置较深，则使用钢丝刷，配合压力风将表面清理干净，然后直接涂刮环氧胶泥。涂刮使用抹刀或刮刀进行，一次涂刮厚度不宜太厚，避免出现流挂，涂刮后表面应平整光洁。

4.2 混凝土内部缺陷处理

4.2.1 混凝土裂缝处理工艺选择

裂缝处理工艺主要分为补强加固和渗漏处理。补强加固又分为内部补强和外部加固，由于外部加固影响到整体美观，因此除非在内部补强无法解决时，否则一般不采用外部加固，多采用内部补强灌浆以恢复构筑物原设计要求。渗漏处理主要针对渗水裂缝，由于裂缝处存在流动水，需采用特殊材料先对渗漏进行处理。由于渗漏处理材料强度较低，因此不属于补强加固。如渗水裂缝位置重要，也可在渗漏处理后，再结合补强加固处理。

4.2.2 裂缝表层处理

裂缝表层处理工艺主要针对表层微细裂缝，由于表层细微裂缝宽度和深度较低，完全没采用内部补强加固处理法，裂缝表层处理材料主要为渗透结晶型防水材料。

首先使用角磨机沿裂缝表面打磨，将修补基面的油污等杂物打磨干净，并尽量平整。然后使用压缩空气将封面清理干净，特别是裂缝表层的碎石屑和灰尘等杂物。清理后的基础面不能有浮灰、油污、凹凸、破损不平的要进行找平及修补，找平时可以用普通水泥砂浆替代。

施工可分为刮涂施工法和刷涂施工法，刮涂施工法和刷涂施工法的主要区别在于施工工器具不同，因此造成材料使用量不同，对施工质量的影响不大，施工方法各有优劣。施工前要对基面充分湿润，涂布后的防水涂层必须在初凝前用喷细雾保养，必须边涂布边保养，这一点非常关键。用油漆刷在表面拉刷，既可把涂层涂布均匀，又可使涂层非常致密，20min后防水涂层达到早强。

4.2.3 渗水裂缝处理

混凝土渗水裂缝处理使用材料主要为水溶性聚氨酯灌浆液，采取的是高压斜孔灌浆法，主要控制工序为孔位选择和灌浆压力的随时调节。

根据裂缝渗水情况及宽度选择孔位，钻孔时必须定位开孔，定位开孔根据混凝土中钢筋排放具体情况调整钻孔位置和角度。施工缝和裂缝（裂缝较窄）则要求深、浅孔相结合，孔间距不宜过大；渗漏点则应钻深孔找到渗漏源头，渗漏面应多点灌浆才会有较好效果。钻孔后，使用压力壶用清水清洗灌浆孔，直至回水变清。然后再安装配套的，以膨胀原理制作的灌浆塞，见图 2。

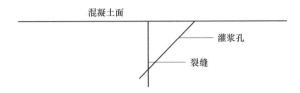

图 2　斜孔高压灌浆法钻孔示意

灌浆开始时控制压力和进浆速率，逐渐提高灌浆压力（≤1.5MPa）下部灌浆孔的灌浆以相临孔出浆为结束标准，换灌出浆孔；上部灌浆孔的灌浆在一定的压力下，达到基本不吸浆或进浆量小于 0.01L/min 后，继续保压灌浆 5min 后，可结束该孔灌浆，依次灌完所有灌浆孔。灌浆结束后，及时清理缝面残留浆液，将灌浆孔清理干净后，使用同标号水泥砂浆或环氧砂浆封孔。

4.2.4　裂缝内部补强加固

混凝土裂缝内部补强加固处理使用材料主要为环氧树脂灌浆液，采取高压斜孔灌浆法，主要控制工序为孔位选择和灌浆压力的随时调节。主要工序和渗水裂缝处理相同，但由于环氧树脂固化时间较慢，因此需对裂缝表面采取封闭处理，表面封闭材料为环氧胶泥。

封缝前先用磨光机将缝面杂物打磨干净，再用压缩空气或吹风机，将表面灰尘和浮渣等物，清理干净后才能封缝。封缝材料为环氧胶泥，首先按照厂家提供比例搅拌均匀，再用小抹刀涂抹到缝面并压实，封缝宽度不得低于 8cm。

裂缝内部灌浆应在表面封闭结束 24h 以后进行，气温较低时应推迟灌浆时间，以达到最好效果。环氧树脂灌浆时应严格控制灌浆压力，应低压开机，缓慢增加灌浆压力，尽量避免浆液外溢，造成工作面污染。环氧树脂灌浆时，施工人员必须佩戴护目镜和防护服等。灌浆结束后应将裂缝表面封闭环氧胶泥打磨干净。

5　混凝土缺陷处理质量控制与检测

5.1　混凝土缺陷检测

小浪底工程混凝土缺陷检测主要分为普查、描述、归类及动态监测。首先根据要求对单个或多个构筑物，进行全面混凝土缺陷调查，并且画图描述、归类登记成册。描述应标明缺陷类型，如掉块或裂缝。裂缝应画图标出裂缝所在构筑物位置，统计裂缝长度、宽度和深度。

缺陷的动态监测主要为缺陷情况的发展状况，特别是裂缝，详细的观察和检测将为处理工艺的选定，提供重要依据。裂缝的宽度主要使用裂缝宽度检测仪和读数显微镜进行检测，裂缝长度使用超声波探测仪检测。

5.2　混凝土裂缝修补质量检查

小浪底工程裂缝修补质量检测，主要分为目测、钻孔取芯和超声波探测相结合。

表层裂缝处理以目测为检测手段，检测涂层的完整性和均匀性，确保无漏涂、起皱等次生缺陷。渗水裂缝处理以裂缝表面无渗水，干燥为合格条件。

由于需要内部补强加固的裂缝已经属于严重缺陷，因此检测手段比较慎重。多采用在裂缝上取芯和使用超声波裂缝探测仪进行检测，取芯部位用环氧砂浆进行修复。条件允许的情况下应优先考虑使用超声波探测仪检测，避免对混凝土造成二次伤害。

6 结论

经过多年努力，及多项新工艺、新材料和新技术的引进，小浪底工程混凝土缺陷已完全处于可控状态。各构筑物均处于良好运行状态，各性能指标均达到或超过设计指标，满足运行要求。同时，由于多年的实践和摸索，混凝土缺陷修补技术，在小浪底工程也得到了完善与改进，为水利行业的混凝土缺陷处理技术起到了促进作用。为水电站水工建筑物的维修维护提供了宝贵经验。

但是，在看到成绩的同时，也应注意随着施工技术的进步和质量要求的提高，现在工程上常用的修补工艺，或多或少还存在不足，在对缺陷修补的同时，对混凝土也造成一定的损坏。并且处理过的混凝土表面色差和美观也有待改进。因此，今后混凝土微损化处理，甚至是无损化处理，以及修复后构筑物的整体协调性，应成为施工技术人员的主要研究方向。

参考文献

[1] 曹恒祥，殷保合. 新型环氧砂浆在小浪底工程的论证与应用. 水利水电技术，2001 (05).

[2] 曹恒祥，殷保合. 超细水泥修补与加固混凝土裂缝技术的应用与开发. 水利水电科技进展，2000，20 (6)：45-49.

[3] 马建革，潘志新，马伟. 混凝土缺陷处理技术及应用. 郑州：黄河水利出版社，2009.

作者简介

燕新峰 (1982—)，男，工程师，主要从事水利工程施工监理工作。

赵传雷 (1979—)，男，高级工程师，主要从事水利工程施工监理工作。

傅家薇 (1990—) 女，工程师，主要从事工程施工管理工作。

大坝系统安全风险识别评估方法研究：以糯扎渡水电站高心墙堆石坝为例

严　磊[1,3,4,5]　迟福东[2]　李剑萍[1,3,4,5]

（1　中国电建集团昆明勘测设计研究院有限公司　2　华能澜沧江水电股份有限公司
3　云南省岩土力学与工程学会　4　云南省水利水电土石坝工程技术研究中心
5　国家能源水电工程技术研发中心高土石坝分中心）

[摘　要]　大坝复杂灾变系统可以视为由致灾因素、孕灾环境和承灾体共同组成的区域（大坝影响区）安全系统，研究大坝安全风险，必须以大坝系统整体为研究对象。针对大坝系统的安全评估问题，本文采用改进层次分析法，对风险成因进行挖掘，确定大坝安全风险的主要影响因素及潜在失事模式、失事路径，建立致灾因素权重模型，并结合失事成因的风险发生率，最终形成大坝系统风险评估模型。并以已竣工投产的糯扎渡水电站高心墙堆石坝为例，依据工程基础资料和运行监测信息，对糯扎渡高心墙堆石坝进行安全风险识别与评估。研究表明，本文提出的风险识别评估方法从大坝灾变系统整体出发，挖掘大坝主要失事模式及失事路径，可为大坝系统的安全运行和风险决策提供科学依据。

[关键词]　大坝灾变系统　风险识别　风险评估模型　改进层次分析法　事故树

1　引言

水电开发是我国改善能源结构、保障能源安全的重大需求，也是减少温室气体排放、实现节能减排目标的重要措施。在国家"大力发展水电""优先发展水电"等方针政策支持下，水电开发得到了飞速发展。然而，水电开发面临着极大的潜在风险。我国的水利水电建设在许多河流上已进入梯级开发的阶段，地形陡峭，地质复杂，环境恶劣，地震烈度高，降雨强度大，流域内存在众多可能导致工程破坏的致灾因素，威胁整个梯级库群系统的安全。梯级水库群系统由流域空间上一系列单体大坝组成，各单体大坝相互联系，上游水库失效将对相邻下游水库带来一定程度的影响，因而流域库群系统的安全关键在于保证单体大坝子系统的安全运行。

在工程安全方面，由于单体大坝系统受到地震、暴雨洪水等自然风险和规划、设计、施工、运行等人为风险及上游水库破坏与溃决等工程风险的综合影响，存在极大的大坝安全风险隐患。大坝安全风险是指在一定时空条件下，大坝受不确定因素的影响，发生安全事故（漫坝、溃坝等）的概率及对上下游可能后果的严重程度，可用事故发生的概率（一般称为风险率）与其导致可能后果的乘积来度量。大坝安全风险是贯穿大坝全生命周期

基金项目： 十二五科技支撑计划课题"流域水电开发安全保障技术研究"（2013BAB06B01）。

的，在大坝全生命过程的每一阶段——勘察设计、施工、运行、维修、报废等都存在着大坝安全风险。

2004 年美国陆军工程师团（USACE）发布的《大坝安全 政策与过程》，给出了迄今为止最全面的大坝安全的定义，它包含三层含义：工程安全性与耐久性；大坝风险应满足社会和公众的可接受风险；降低风险至可接受风险的措施和办法。从大坝安全定义的发展来看，大坝安全已经由工程安全发展为大坝系统的整体安全性。大坝系统包括上游影响区子系统、大坝子系统及下游影响区子系统。因此，研究大坝安全风险，必须以大坝系统整体为研究对象。大坝复杂灾变系统可以看作是由致灾因素、孕灾环境和承灾体共同组成的区域（大坝影响区）安全系统，在此系统中，大坝及其周围环境有着不断的物质、能量和信息的交换，从而使得致灾因素、孕灾环境和承灾体间的相互作用关系非常复杂。图 1 给出了大坝复杂灾变系统的组成结构。

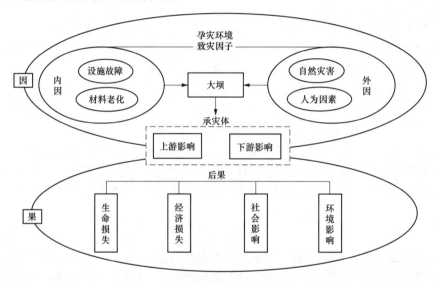

图 1   大坝复杂灾变系统组成结构

水电工程安全风险识别的关键问题之一就是如何科学合理地确定影响水电工程失事模式和失事路径的主要致灾因素以及这些致灾因素的权重。权重确定的恰当与否，直接影响水电工程失事分析的结果。因此，水电工程风险识别是一个难度较大，但又迫切需要解决和完善的应用性研究新课题，具有重要的研究价值和实际意义。水电工程风险识别应以现有的分析理论为基础，并结合其他领域风险识别方法，寻求一套适合于水电工程风险识别的方法。

本文以大坝系统整体为研究对象，针对大坝系统的风险评估问题，采用改进层次分析法，对风险指标体系进行挖掘，确定大坝安全风险的主要影响因素及潜在失事模式、失事路径，建立致灾因素权重模型，并结合失事路径的发生概率，最终形成大坝系统风险评估模型。并以已竣工投产的糯扎渡水电站高心墙堆石坝为例，依据工程基础资料和运行监测信息，采用区间层次分析法的综合权重模型，确定糯扎渡大坝失事模式集及失事路径集的各影响因子的权重，对糯扎渡大坝系统进行风险识别与评估。研究表明，本文提出的风险识别评估方法从大坝灾变系统整体出发，挖掘大坝主要失事模式及失事路径，可为大坝系统的安全运行和风险决策提供科学依据。

2 大坝系统风险识别

2.1 大坝系统风险识别流程

从理论体系上，风险分析方法主要分为定性分析法、定量分析法及定性与定量相结合的方法。定性分析法主要以专家经验法为主，用于非定量化风险评估，操作方便，但受人主观因素影响很大；定量分析法主要以安全系数法、可靠度分析法等为主，用于量化风险，但由于风险因子的不确定性，实际应用时假定较多且范围受限。联合使用上述两种方法，优势互补，效果较好。

针对水电工程风险分析中影响因素的不确定性与专家评判意见的主观性，文章提出了采用区间层次分析法（interval analytic hierarchy process，IAHP）分析各风险因子的权重，并结合专家经验法识别主要风险源及失事路径。区间层次分析法是一种定性与定量分析相结合的多准则决策方法。特别是对决策者的经验判断给予了量化，在目标结构复杂并且缺乏必要的数据情况下，更为实用。大坝系统风险识别的具体方法为：

（1）综合分析历史水利水电工程失事案例，并结合具体工程设计、监测资料挖掘出该工程潜在失事成因事故树，建立层次分析模型。

（2）组织专家对各失事成因进行量化分析，其中定量因素可根据统计资料或结构力学计算等方法求解指标值，而定性因素可组织专家对层次分析模型各指标进行经验打分，为反应专家评价时的主观性，引入区间判断矩阵。

（3）对区间判断矩阵的一致性进行检验、调整。

（4）采用粒子群算法（particle swarm optimization，PSO）求解区间判断矩阵的权重模型（权重模型范围及最优权重值），得出各失事成因的组合权重及相应目标层的权重。

（5）对大坝失事路径层次进行排序，即计算同一层次所有元素相对于最高层（目标层）相对可能性的排序权重，由目标层到指标层逐层进行。

（6）结合专家经验法，由区间层次分析法确定各层目标权重，最终得到指标层各失事成因的风险发生率，计算水电工程总风险率，并依据大坝安全风险评价标准实现大坝系统安全风险评估。大坝系统安全总风险率评估模型为

$$P_\mathrm{f} = \sum_{i=1}^{h} \sum_{j=1}^{m} \sum_{k=1}^{l} A_i B_{ij} X_{jk} P_k \tag{1}$$

式中：P_f 为水电工程总风险率；A_i 为一级准则层第 i 个目标的权重；h 为一级准则层目标数；B_{ij} 为二级准则层第 j 个目标对一级准则层第 i 个目标的权重；m 为二级准则层目标数；X_{jk} 为指标层第 k 个目标对二级准则层第 j 个目标的权重；l 为指标层目标总数；P_k 为指标层第 k 个目标的发生概率。

2.2 PSO 优化区间判断矩阵的权重模型

PSO 算法中的每一个粒子都代表一个问题的可能解，通过粒子个体的简单行为，群体内的信息交互实现问题求解的智能性. 由于 PSO 操作简单、收敛速度快，因此在函数

优化、图像处理、大地测量等众多领域都得到了广泛的应用。

PSO求解优化问题时,每个粒子都有自己的位置和速度（决定飞行的方向和距离）,还有一个由被优化函数决定的适应值。各粒子记忆、追随当前的最优粒子,在解空间中搜索。算法首先初始化一群随机粒子,然后通过迭代找到最优解。在每一次迭代中,粒子通过跟踪两个极值更新自己的速度与位置。第一个极值是粒子本身所找到的最优解即个体极值P,第二个极值是整个种群目前找到的最优解即全局极值P_g。在找到这两个最优解后,粒子根据式（2）和式（3）来更新自己的速度和位置。

设粒子群中粒子的个数为m,粒子i $(i=1, 2, \cdots, m)$的信息可用n维向量表示,位置表示为$x_i = (x_{i1}, x_{i2}, \cdots, x_{in})^T$,速度表示为$v_i = (v_{i1}, v_{i2}, \cdots, v_{in})^T$,此粒子的个体极值表示为$P_i = (P_{i1}, P_{i2}, \cdots, P_{in})^T$,种群的全局极值表示为$P_g = (P_{g1}, P_{g2}, \cdots, P_{gn})^T$,则速度和位置更新方程为

$$v_{id}^{k+1} = w\,v_{id}^k + c_1 r(P_{id}^k - x_{id}^k) + c_2 r(P_{gd}^k - x_{gd}^k) \tag{2}$$

$$x_{id}^{k+1} = v_{id}^{k+1} + x_{id}^k \tag{3}$$

式中:w为惯性权重因子;c_1,c_2为学习因子或加速常数;r为介于（0,1）的随机数;v_{id}^k,x_{id}^k分别为粒子i在第k次迭代中第d维的速度和位置;P_{id}^k为粒子i第d维的个体极值的位置;P_{gd}^k为粒子群全局极值P_g在第d维的位置。

3 糯扎渡大坝系统安全风险识别评估

3.1 糯扎渡水电站基本资料

糯扎渡水电站位于云南省普洱市境内,是澜沧江中下游河段梯级规划"二库八级"中的第五级,距昆明直线距离350km,距广州1500km,作为国家实施"西电东送"的重大战略工程之一,对南方区域优化电源结构、促进节能减排、实现清洁发展具有重要意义。

糯扎渡水电站以发电为主,并兼有下游景洪市（坝址下游约110km）的城市、农田防洪及改善下游航运等综合利用任务。电站装机容量585万kW,多年平均发电量239亿kWh,是我国已建第四大水电站、云南省境内最大电站;水库正常蓄水位812m,总库容237亿m³,为澜沧江流域最大水库;总投资611亿元,为云南省单项投资最大工程。

糯扎渡水电站枢纽由心墙堆石坝、左岸开敞式溢洪道、左岸泄洪隧洞、右岸泄洪隧洞、左岸地下式引水发电系统等建筑物组成。心墙堆石坝最大坝高261.5m,为国内已建最高土石坝,居世界第三;开敞式溢洪道规模居亚洲第一,最大泄流量31 318m³/s,泄洪功率5586万kW,居世界岸边溢洪道之首;地下主、副厂房尺寸418m×29m×81.6m,地下洞室群规模居世界前列,是世界最具代表性的土石坝枢纽工程。电站洪水标准按1000年一遇洪水设计,PMF校核。坝址区地震基本烈度为Ⅶ度,50年超越概率为10%的基岩水平峰值加速度为0.113g,100年超越概率为2%的基岩水平峰值加速度为0.283g。建库后库区有发生诱发地震的可能,对工程区的影响为小于Ⅴ度。

糯扎渡水电站于2004年4月开工筹建,2007年11月大江截流,2008年12月大坝心墙区开始填筑,2011年11月导流洞下闸开始蓄水,2012年8月首台机组投产发电,2012年12月大坝填筑至设计顶高程,2013年10月首次蓄水至正常蓄水位,2014年6月9台

机组全部投产发电，2016 年 5 月通过枢纽工程专项验收。电站历经 7 个洪水期考验，最高库水位在 2013、2014 年连续两年超过正常蓄水位，挡水水头超过 252m。电站初期运行及安全监测成果表明，工程各项指标与设计吻合较好，工程运行良好，在中国工程界有良好的信誉和品牌优势，被著名水电工程专家、中国工程院院士谭靖夷先生誉为"无瑕疵工程"。

糯扎渡水电站具有中国独立自主知识产权的创新性成果突出，共获国家科技进步奖 6 项，省部级科技进步奖 20 余项，省部级优秀工程勘察设计奖 10 余项；荣获第十五届中国土木工程詹天佑奖、国际菲迪克（FIDIC）2017 年工程项目优秀奖及第四届堆石坝国际里程碑工程奖，对我国西部地区在黄河上游、大渡河、金沙江、澜沧江、雅砻江上游及怒江、雅鲁藏布江等拟建、在建的二十余座 300 米级超高土石坝枢纽工程具有重大引领和重要借鉴作用。

3.2 糯扎渡大坝系统安全风险识别

基于对国内外大坝失事情况的广泛调研工作，针对各种坝型总结其工程失事的主要原因，建立大坝失事数据库，共统计国内失事工程 414 个，国外失事工程 329 个，总结出溃坝分布规律、挖掘灾害特征。进一步结合糯扎渡水电站设计、施工、安全鉴定及运行等资料，可以鉴别出与大坝特征或失事机理相关的潜在失事成因事故树，见图 2，由图可知，漫顶、管涌、坝体或防渗体破坏对糯扎渡大坝系统安全至关重要。

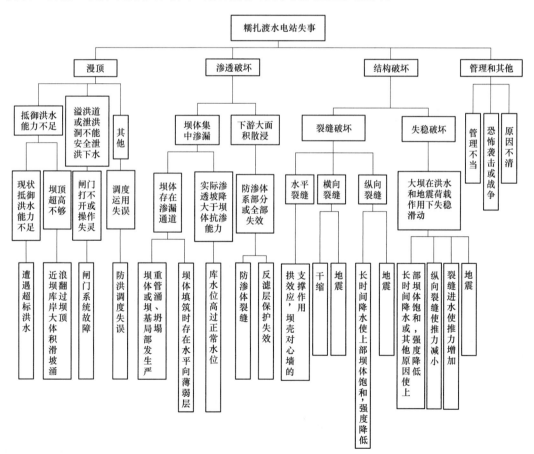

图 2　糯扎渡大坝系统潜在失事成因事故树

糯扎渡水电站属于一等大（1）型工程，对糯扎渡水电站潜在失事成因的识别可知，糯扎渡水电站可能失事模式及其路径见表1。采用区间层次分析法挖掘其主要失事模式及路径。糯扎渡水电站失事模式及其失事路径的挖掘时建立在详细的大坝资料（包括地质、设计、施工、管理、检测等资料）和丰富的专家知识的基础上，由风险评估专家通过专家打分对糯扎渡水电站潜在失事模式和路径进行评判分析，确定其潜在失事成因的相对重要性。

表1 糯扎渡水电站可能失事模式及其路径

潜在失事模式	潜在破坏路径
漫顶	洪水—闸门操作正常—坝顶高程不足—漫顶—冲刷坝体—工程失事
	洪水—部分闸门故障—逼高上游水位—坝顶高程不足—漫顶—冲刷坝体—工程失事
	洪水—泄水建筑物泄量不足—逼高上游水位—坝顶高程不足—漫顶—冲刷坝体—工程失事
	洪水—大坝下游坡滑坡—坝顶高程降低—坝顶高程不足—漫顶—冲刷坝体—工程失事
	洪水—闸门全部开启—上游水位下降过快—上游坡滑坡—坝顶高程不足—漫顶—冲刷坝体—工程失事
结构破坏	洪水—持续降雨—上游坝体饱和—纵向裂缝—坝体局部失稳—坝顶高程降低—工程失事
	洪水—坝体深层横向贯穿性裂缝—集中渗漏破坏—工程失事
	地震—坝体横向裂缝—漏水通道—管涌—工程失事
	地震—坝体纵向裂缝—坝体滑动—坝顶高程降低—漫顶—工程失事
	地震—基础液化—大坝破坏（坝顶高程降低、滑动、裂缝）—漫顶或管涌—工程失事
渗透破坏	洪水—坝体集中渗漏—管涌—工程失事
	洪水—坝基集中渗漏—管涌—工程失事
	洪水—下游坡大范围散浸—浸润线抬高—坝体失稳—坝顶高程降低—漫顶—工程失事
	洪水—坝体渗流管涌破坏—坝体失稳—坝顶高程降低—漫顶＋管涌—工程失事
	坝体、坝基集中渗漏—管涌—失事
	坝体渗流管涌破坏—坝体失稳—坝体高程降低—漫顶＋管涌—工程失事
	洪水—坝体集中渗漏—管涌—工程失事
其他	战争/恐怖袭击—坝体破坏或漫顶—工程失事
	管理不当—坝体破坏或漫顶—工程失事

大坝失事模式识别的层次分析模型见图3，根据建立的糯扎渡水电站潜在失事模式及其路径的层次框图，邀请多位专家针对每一层次的多个因素进行相对重要性判断，并按照1-9标度法进行相对重要度打分。以最顶层为例，专家一致认为漫顶破坏及渗透破坏比结构破坏显得更为重要，取所有专家意见中的最大、最小值作为相对重要性区间数的上、下限，得出重要性区间，依此类推，构造区间判断矩阵。然后对区间判断矩阵的一致性程度进行计算，$\eta=84\%>60\%$，区间判断矩阵一致性较好。

采用PSO算法求得最可能权重向量分布 [0.370，0.482，0.069，0.079]，依此类推，分别建立其他子结构的区间判断矩阵，求得各子结构的权重向量为 [0.033，0.164，0.322]、[0.074，0.087]、[0.205，0.076]、[0.039]。重复上述过程至指标层，便可得到所有失事路径相对于目标层的排序权重，从而实现所有失事路径的可能性排序，最终融合计算得出总的权重向量为 $[0.033，0.164，0.322，0.040，0.025，0.005，0.004，$ $0.047，0.035，0.005，0.066，0.126，0.013，0.076，0.039]$，相应失事模式及其路径的权重值见图 3。

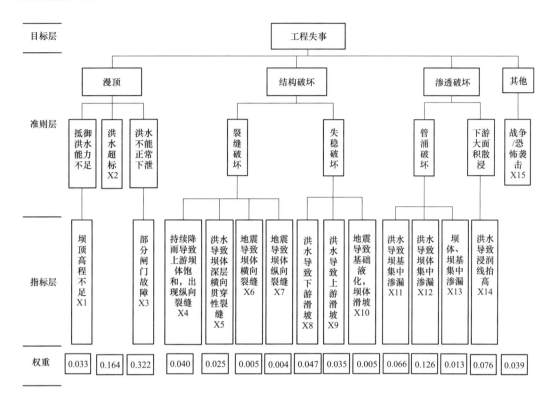

图 3　糯扎渡水电站潜在失事模式及其路径的层次框图

将可能性非常小的失事路径从最初的失事路径集中提除，挖掘出大坝主要的失事路径，取前 5 种失事路径作为糯扎渡水电站主要的潜在失事路径进行分析，为下一步的大坝运行安全风险率评估提供依据。糯扎渡水电站前 5 种主要潜在失事路径排序分列如下：

（1）部分闸门故障—洪水不能正常下泄—漫顶—工程失事；

（2）洪水超标—漫顶—工程失事；

（3）洪水导致坝体集中渗漏—管涌破坏—渗透破坏—工程失事；

（4）洪水导致浸润线抬高—下游大面积散浸—渗透破坏—工程失事；

（5）洪水导致坝基集中渗漏—管涌破坏—渗透破坏—工程失事。

采用专家经验法来定量确定糯扎渡水电站失事过程中各个路径发生概率为 $[3.513×$ $10^{-8}，7.435×10^{-8}，4.312×10^{-8}，13.972×10^{-8}，7.024×10^{-8}，9.560×10^{-8}，14.262×$ $10^{-8}，4.286×10^{-8}，7.501×10^{-8}，7.861×10^{-8}，5.007×10^{-8}，8.161×10^{-8}，10.416×$ $10^{-8}，3.714×10^{-8}，4.812×10^{-8}]$，由式（1）计算糯扎渡水电站总风险率为 $6.030×10^{-8}$。根据表 2 知，基于溃坝概率的糯扎渡工程安全等级为 A 级，属可接受风险，满足一等大（1）型水利水电工程风险控制标准。综合考虑以上 5 种主要失事模式在总风险率中的权

重，可以得出超标洪水、漫顶破坏、管涌等渗透破坏对大坝安全影响较大，故在糯扎渡水电站运行维护中，应采取必要的措施保证大坝系统的安全运行，例如：优化洪水调度方案；对坝体、坝基渗流进行监测；并对库区范围内潜在滑坡体进行安全监测、及时加固等。

表 2 基于溃坝概率的大坝工程安全等级划分阀值汇总表

安全类型	A 级	B 级	C 级	备 注
防洪	(0, 0.000 001]	(0.000 001, 0.015 625)	[0.015 625, 1.0)	
大坝抗滑	(0, 0.000 001]	(0.000 001, 0.015 625)	[0.015 625, 1.0)	
大坝抗裂	(0, 0.000 001]	(0.000 001, 0.015 625)	[0.015 625, 1.0)	初始事件：纵向裂缝
	(0, 0.000 010]	(0.000 01, 0.031 250 0)	[0.031 250, 1.0)	初始事件：横向裂缝
大坝抗渗	(0, 0.000 010]	(0.000 01, 0.031 250 0)	[0.031 250, 1.0)	
溢洪道	(0, 0.000 001]	(0.000 001, 0.015 625)	[0.015 625, 1.0)	初始事件：闸门抗滑
	(0, 0.000 100]	(0.000 100, 0.062 500)	[0.062 500, 1.0)	初始事件：溢洪道冲毁
隧洞	(0, 0.000 001]	(0.000 001, 0.015 625)	[0.015 625, 1.0)	初始时间：闸门故障
	(0, 0.000 100]	(0.000 100, 0.062 500)	[0.062 500, 1.0)	初始事件：接触冲刷破坏

4 结论

本文对大坝系统安全进行研究，总结大坝系统的风险识别评估方法流程，并以糯扎渡水电站为例，详细论述糯扎渡水电站风险识别评估过程，挖掘其主要失事模式和失事路径，进而计算出大坝总风险率。主要结论如下：

（1）大坝系统的失事是在外部荷载和内部薄弱环节（相对性）共同作用下发生的，本文基于改进层次分析法，提出单体大坝子系统安全风险识别及评估流程，对风险指标体系进行挖掘，形成"荷载—大坝—破坏—失事"的大坝失事路径。

（2）结合专家经验法，由区间层次分析法确定各层目标权重，得到指标层各失事成因的风险发生率，进而形成水电工程总风险率评估模型，依据大坝安全风险评价标准实现大坝系统安全风险评估。

（3）以糯扎渡水电站为例，应用文章提出的单体大坝风险识别评估方法，结合糯扎渡水电站设计基础资料和成果及运行监测系列，挖掘出糯扎渡水电站潜在的主要失事模式及失事路径。并基于专家经验法求得糯扎渡水电站总风险率，满足一等大（1）型水利水电工程风险控制标准。同时，应采取必要的措施保证大坝系统的安全运行，如优化洪水调度方案；对坝体、坝基渗流进行监测；对库区范围内潜在滑坡体进行安全监测、及时加固等。

参考文献

[1] 张锐. 梯级水库群漫坝失事风险分析及其应急处置研究 [D]. 大连：大连理工大学，2016.

[2] 蔡文君. 梯级水库洪灾风险分析理论方法研究 [D]. 大连：大连理工大学，2015.

[3] 徐佳成，杜景灿，周家骢，张宗玟. 现行水电行业标准隐存的梯级水库大坝群风险分析 [J]. 水利发

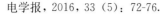

电学报，2016，33（5）：72-76.

［4］严磊．大坝运行安全风险分析方法研究［D］.天津：天津大学，2011.

［5］马福恒．病险水库大坝风险分析与预警方法［D］.南京：河海大学，2006.

［6］邓小武，刘立．基于集对分析的土石坝安全风险评价［J］.人民黄河，2013，35（11）：93-98.

［7］吴胜文，秦鹏，高健，等．熵权—集对分析方法在大坝运行风险评价中的应用［J］.长江水科院院报，2016，33（6）：36-40.

［8］严磊．澜沧江流域库群系统安全的主要风险源及其作用机制［R］.昆明：中国电建集团昆明勘测设计研究院有限公司，2016.

［9］张士辰，厉丹丹，郭利娜．基于工程安全程度与溃决概率关系的中国水库工程安全等级划分标准初步研究［A］.大坝技术及长效性能国际研讨会论文集［C］：郑州：中国水力发电工程学会，2011.

作者简介

严磊（1982—），男，工学博士，高级工程师，主要从事土木工程及水利水电工程设计科研及全生命周期 BIM 技术应用等工作。